普通高等教育"十二五"规划教材

普通昆虫学及实验

General Entomology and Experiments

樊 东 主编

化学工业出版社

·北京·

本书共分七篇，包括前言、昆虫外部形态、昆虫内部解剖及生理、昆虫生物学、昆虫分类学、昆虫生态学以及昆虫学实验。又细分为29章，另附十二个实验。理论教学内容比较详细地论述了昆虫的多样性，昆虫与人类的关系，昆虫的形态结构及相应的生物学功能，昆虫的生长、发育、变态以及繁殖，昆虫分类原理、方法及从目到科的分类简介，并对昆虫生态学进行了简单介绍。实验内容则涵盖了昆虫形态特征、昆虫生理学、昆虫生物学以及重要昆虫类群的识别和鉴定。

本书适用于农林院校植物（森林）保护专业作为教学用书，也适于相关研究及技术人员作为参考书使用。

图书在版编目（CIP）数据

普通昆虫学及实验/樊东主编. —北京：化学工业出版社，2012.7
（2022.1重印）

普通高等教育"十二五"规划教材
ISBN 978-7-122-14299-3

Ⅰ. 普… Ⅱ. 樊… Ⅲ. 昆虫学-实验-高等学校-教材 Ⅳ. Q96-33

中国版本图书馆 CIP 数据核字（2012）第 098987 号

责任编辑：赵玉清		文字编辑：张春娥
责任校对：周梦华		装帧设计：尹琳琳

出版发行：化学工业出版社（北京市东城区青年湖南街 13 号　邮政编码 100011）
印　　装：涿州市般润文化传播有限公司
787mm×1092mm　1/16　印张 18¼　字数 485 千字　2022 年 1 月北京第 1 版第 4 次印刷

购书咨询：010-64518888　　　售后服务：010-64518899
网　　址：http://www.cip.com.cn
凡购买本书，如有缺损质量问题，本社销售中心负责调换。

定　　价：48.00 元

《普通昆虫学及实验》编委会

前　言

　　普通昆虫学是植物保护专业的一门主干课程，是学习其他相关昆虫学课程的基础。作为该专业本科生的必修课，目的在于使学生系统掌握有关昆虫的基础知识，包括昆虫形态学、生物学、生理学、分类学、生态学，并学会认识和初步鉴别昆虫。该课程内容可作为认识昆虫及害虫防治的基础，也可培养学生对昆虫的兴趣以及了解昆虫在植物保护中的重要性。

　　普通昆虫学相关教材对于学生全面系统、准确掌握昆虫学的基本理论和实践技能至关重要，希望我们这本教材也能有这样的作用。

　　承蒙化学工业出版社的鼓励和支持，编写小组获得了编写《普通昆虫学及实验》教材的机会。在编写过程中，编写人员发挥各自专长，分工编写各章节，由主编和副主编统一定稿。本书的编写融汇了各校在普通昆虫学教学方面的精华，借鉴了多部国内外优秀教材内容。本着为农林院校植物（森林）保护专业使用的原则，本教材的编写过程注意做到内容系统、简明，理论阐述深入浅出，概念清晰明确。但鉴于编者水平和时间的限制，在编写过程中难免会出现各类问题，恳请各位读者多提宝贵意见，以便我们在今后的工作中改进。

　　本书编写过程中受到所在学校各级领导和老师的关怀和支持，化学工业出版社也给予了大力支持，在此一并表示感谢。

编者

2012 年 2 月 18 日

目 录

第四篇　昆虫生物学

第五篇　昆虫的分类学

第六篇　昆虫生态学

第七篇　昆虫实验

第一篇　绪　论

第一章　昆虫的多样性

第一节　昆虫纲的特征

节肢动物 Arthropods 是动物界 Animalia 中的一个重要门 Phylum，是动物界中种类最繁多的一类动物，所有的昆虫组成节肢动物门下的一个纲——昆虫纲 Insecta，昆虫纲是动物种类多样性的重要组成部分。

一、节肢动物特征

节肢动物除具有动物界的共同特征外，还具有该门特有特征：整个体躯被有含几丁质和蛋白质构成的外骨骼；体躯分节；具有分节的附肢（如触角、足等）；身体左右对称；主要循环器官背血管位于身体的背面；由一系列神经节组成的腹神经索位于身体的腹面。

二、昆虫纲特征

昆虫纲昆虫除具有动物界节肢动物门的特征外，还具有以下特征（图 1-1），其中形态特征是指昆虫成虫的形态特征。

① 身体分为三个体段：头、胸、腹，每一体段均有特殊功能。

② 头上有口器、眼（单眼和复眼）、触角和其他感觉器官，其内着生脑，是感觉和取食的中心。

③ 胸部着生三对足，一般有两对翅，少数种类一对翅或无翅，是昆虫进行各种运动的中心。

④ 腹部含有许多内脏器官，是内脏和生殖的中心。

⑤ 一生要经历一系列变态。

绝大多数昆虫是陆生的，而且昆虫适应陆地生活的形式多样：昆虫体壁可以为昆虫提供身体支撑，又可以最大限度地减少体内水分散失；昆虫通过密布在体内的气管系统和位于体表的气门进行呼吸，气门很小，很多昆虫的气门还可以关闭，这些都可以减少体内水分蒸发；昆虫进化出适合陆生生活的感觉器官，包括眼和触角上的感觉器，以及能够探测到食物的物理和化学性状的口器；绝大多数昆虫到成虫期会发育完成发达的翅，翅对于昆虫求偶、繁殖、迁移扩散具有重要作用；昆虫具有特化的排泄器官——马氏管，这个器官可以最大限度地减少水分的排出；昆虫产的卵具有能够防止水分流失的卵壳。

部分昆虫适应水生生活，进化出适应水生生活的呼吸系统和行动器官，如气管鳃和游泳足等。

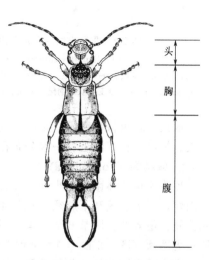

图 1-1　昆虫基本构造（该昆虫为革翅目昆虫）（仿 Capinera，2001）

1

第二节 昆虫在动物界中的地位

昆虫是地球上陆生动物中生存最为成功的无脊椎动物。据估计，地球上昆虫数量是人数量的300万倍。已经定名的昆虫目前已经达100万种之多，比其他所有动物的总和还要多很多。有些昆虫学家估算，至今还有几百万种甚至上千万种昆虫还不被人类所知。

昆虫纲早期的分类中又包括原尾目 Protura、双尾目 Diplura 和弹尾目 Collembola 3 类无翅昆虫，现在的分类中已将这 3 个目上升为 3 个纲，不再包含在昆虫纲中，而昆虫纲（原又称六足纲）与原尾纲、双尾纲和弹尾纲 3 个纲合称为六足总纲 Hexapoda。

昆虫与同在一个门的其他节肢动物也是近亲，现把其他主要节肢动物的各个纲介绍如下，以便与昆虫相区别。

1. 原尾纲 (Protura)

体微型，体长 2mm 以下；体色浅淡，极少深色；上颚和下颚内藏，有下颚须和下唇须；无触角；缺复眼和单眼；无翅；足 5 节，前足很长，向前伸出；腹节 12 节，第 1～3 节上各有一对附肢；生殖孔位于 11～12 节之间；无尾须（图 1-2 A）。全世界已知 650 种，我国目前已发现 200 种。

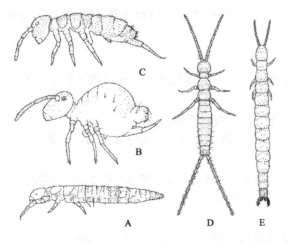

图 1-2 非昆虫纲的六足总纲动物
（仿 Gullan 和 Cranston，2005）
A—原尾纲昆虫 Acerentulus；B，C—弹尾纲昆虫 Isotoma 和
Sminthurinus；D，E—双尾纲昆虫 Campodea 和 Parajapyx

图 1-3 双斑叶螨 *Tetranychus urticae*
雌性成虫（仿 Capinera，2001）

成虫、若虫行动缓慢，生活在潮湿的环境中，如土壤、泥炭、砖石下，树皮内或林地落叶层、树根、苔藓附近。一般分布在 30cm 以内的表土层。食腐木、腐败有机质、菌类等。

2. 弹尾纲 (Collembola)

也称跳虫，体微型至小型，体长一般 1～3mm，少数可达 12mm；体色多样；上颚和下颚内藏，无下颚须和下唇须；触角 4 节，少数 5～6 节；无复眼，或复眼极不发达；无单眼和无翅；足 4 节；腹节 6 节，具 3 对附肢，即第 1 节的腹管、第 3 节的握弹器以及第 4 节弹器；无尾须（图 1-2 B，C）。全世界已知 9000 种，我国有 300 种。

常生活在潮湿处，如落叶下、石下、青苔间、地面、水边或积水地面上、腐殖土中、蚁与白蚁巢穴中，雪地上也有发现。以腐殖质、菌类、地衣为主要食物，有些种类为害植物的种子、根茎、嫩叶，被认为是农作物及园艺作物的害虫。

3. 双尾纲 (Diplura)

体型细长而扁平。外骨骼多不发达。多数白色、黄色或褐色。体长一般在 20mm 以内，有毛或刺毛，少数种类有鳞片。头大，前口式。无眼和翅。触角丝状，多节。口器咀嚼式，陷入头内，上颚和下颚包在头壳内。胸部侧板不发达；3 对足相似，跗节 1 节，有 2 爪（图 1-2 D，E）。已知种类达 200 种以上，我国已记载的有 28 种。

分布极广，多生活在砖石下、枯枝落叶下或土壤等潮湿荫蔽的环境中，极怕光，行动活泼。以活的或死的植物、腐殖质、菌类或捕食小动物等为食。

4. 蛛形纲 (Arachnida)

包括蜘蛛 spiders、螨 mites（图 1-3）、蜱 ticks，蝎子 scorpions。身体分为头胸部和腹部 2 部分（头与胸部愈合成头胸部 cephalothorax），头胸部上生有 4 对分节的足，无触角。

大部分蜘蛛和蝎子属于捕食性种类；螨和蜱吸食脊椎动物的血液、取食植物、捕食其他螨类；绝大多数陆生。

5. 甲壳纲 (Crustacea)

大部分甲壳纲动物有分节的附肢，用以行走和游泳，部分特化成有特殊作用的器官，如虾和蟹的前爪；不同类群身体节数不等；两对触角，一对眼。

多数种类生活在海水和淡水中，如虾和蟹；少数种类生活在陆地上，如鼠妇，也就是我们俗称的潮虫。大多数植食性，部分种类肉食性或腐食性。

6. 唇足纲 (Chilopoda)

头上具有眼、口器和一对触角；除头外，体躯扁平，多节，每一节具有一对足，第一对足特化为有毒的爪，用于捕捉猎物和防御外敌。

唇足纲动物通常是夜出性动物，捕食其他节肢动物，常见的蜈蚣、蚰蜒即为唇足纲动物。

7. 重足纲 (Diplopoda)

与唇足纲相似，体躯多节，但每一体节都具

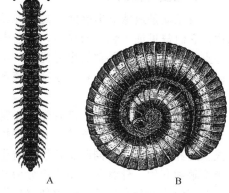

A   B

图 1-4　重足纲动物（仿 Capinera，2001）
A—重足纲马陆 *Oxidus gracilis*；
B—马陆卷曲状

有 2 对足（图 1-4 A），受到惊扰时呈现卷曲状（图 1-4 B）。生活在朽木中、落叶和石头下面，取食腐烂的植物和真菌。常见的如马陆等。

由于唇足纲与重足纲比较相似，有时在分类时又把这 2 个纲合称为 1 个纲，叫多足纲 Myriapoda。

第三节　昆虫的多样性

一、昆虫发生特点

1. 种类繁多

自从林奈为动物和植物建立现代命名体系以来，已被命名的昆虫种类目前已经超过 100 万种，占全部动物种类的 2/3，但是昆虫与其他动物的比例关系还远没有最后确定。现在发现一种新的脊椎动物的可能性越来越小，因此在过去的 20 年间只有少数新种的脊椎动物被发现，但是对于昆虫来说则不然，至少有几百万种昆虫有待于被发现和研究，昆虫学家每年鉴定的昆虫新种就可以达到几百种，甚至更多，而且估计还有一半到三分之二的昆虫区系还没有被发觉。

2. 数量众多

昆虫在地球上的优势还体现在昆虫的种或种群的密度。由于昆虫个体小、繁殖率高，昆虫种群经常会达到很高的种群密度。如澳大利亚白蚁的一个巢穴通常会有几百万个个体；一群飞蝗的数量有时可以达到100亿只，能够覆盖几千公顷的面积。在热带地区，一个蚂蚁的巢穴可以容纳2千万头蚂蚁。在温带的森林和草原上昆虫数量也很大；在一棵大型果树的根部就可能有4万只蝉在取食。如果把现有昆虫平均分配到地球上的60亿人，每人可以拥有1×10^{18}只昆虫。

3. 分布广泛

昆虫可以分布在地球上的每一块陆地和淡水中。它们可以生活在喜马拉雅山顶、阴森的洞穴甚至地下。有些种类可以生活在50℃的温泉水中；另一些种类可以生活在几乎无水、白天温度达到60℃的沙漠中。昆虫可以生活在河流、湖泊的水面上或水面下。一种蝇 *Helaeomyia petrolei* 可以在原油中完成发育过程，另一种蝇 *Ephydra cinera* 可以在高盐的湖水中繁衍。在地球上唯一昆虫比较少的地方就是海洋，那里被另外一类节肢动物，即甲壳纲动物所占据。

二、昆虫繁茂的原因

昆虫无疑是地球上丰盛度最高、种类最多的生物，4亿年来一直在生态系统中占有重要地位。它们曾见证了恐龙的兴衰，并在人类极力根除它们的环境中兴盛不衰。昆虫具有的很多特点使之具有不同寻常的生存优势。昆虫之所以兴旺不衰主要是由于昆虫具有外骨骼、身体微小、具有飞行能力、具有较高繁殖潜能、能够变态、能够适应变化的环境等能力。

1. 昆虫具有外骨骼

昆虫与脊椎动物不同，其骨骼位于身体的外部，形成外骨骼。外骨骼可以作为内部器官和外界环境之间的保护性屏障，具有保护身体的作用，还可以防止机械损伤，防止体内水分蒸发及外界毒物侵入；同时也是肌肉着生的地方，表皮的内层还是营养的贮存库，必要时可以被降解和利用。外骨骼的主要成分由几丁质和多种蛋白质组成，具有弹性和可塑性。外骨骼上存在膜质部分和接缝，使得体壁可以在一定程度内自由活动。

2. 昆虫个体小

与其他动物相比，昆虫身体微小。多数种类体长在2~20mm之间，昆虫个体大小差异悬殊，如一种昆虫刚孵化出来的幼虫到成虫个体大小会增加上万倍；一种甲虫的个体只有0.1mm，很多寄生蜂身体也特别微小，但热带雨林的一种大蚕蛾翅展可以达到30cm，一些已经灭绝的昆虫的个体更大。由于昆虫个体小，昆虫只要取食很少的食物就可以完成它的存活与繁殖。昆虫往往在一株植物或一个动物体上就可以完成其整个世代或多个世代，对其存活和繁殖非常有利。潜叶蝇可以在一个植物叶片内取食叶肉而完成其整个幼虫阶段。一些种类的蚂蚁，它的一个种群都可以在一个橡子或虫瘿内生活。卵寄生蜂可以在其他昆虫卵内完成其整个发育过程。

昆虫个体小还有利于昆虫躲避天敌的攻击和取食。昆虫可以躲避在岩缝中、土壤、树皮下或其他动物体表或体内。小型身体、体形和颜色的完美组合使得很多昆虫种类能够融入到它们生存的环境，起到很好的保护作用。

3. 昆虫可以飞行

现存动物中只有鸟类、蝙蝠和昆虫可以飞行，而昆虫是无脊椎动物中唯一可以飞行的动物。飞行扩大了昆虫的活动范围，使得昆虫种群可以迁移到新的栖居地，利于取食和繁殖；同时飞行利于昆虫躲避天敌攻击。昆虫可以有效地利用能量进行长距离迁移或利用气流进行长时间迁移。很多昆虫，如蛾类、蜻蜓、蝗虫、甲虫等可以利用气流进行长距离迁移，如飞

蝗 *Schistocerca gregaria* 可以一次飞行 9 个小时而不停歇。在北美洲黑脉金斑蝶，通称帝王蝶 *Danaus plexippus*（图 1-5），可以从出生地到越冬地飞行 2800km。

图 1-5　黑脉金斑蝶 *Danaus plexippus*
（仿 Swan 和 Papp，1972）

4. 昆虫具有巨大的繁殖潜能

生物生存成功的重要标志就是在繁殖上的成功。在昆虫种群中，雌性可以产大量的卵，而这些卵的大部分又能孵化，同时昆虫又能很快产生下一代。这几个特点综合在一起使得昆虫种群很容易达到大量的个体。典型热带地区的雌性昆虫生命周期中可以产 100～500 枚卵，但是也不乏一生产几千粒卵的例子。非洲白蚁的蚁后一生可以活 20～25 年，产生后代 1000 万只。昆虫学家估算，在理想状态下，一对丽蝇 *Calliphora erythrocephala* 产生后代为 144 只，一半雌性，一半雄性，一年可以繁殖 10 代，其种群数量可以达到 1×10^{17} 个个体。这种估算实际不可能发生，因为它忽略了所有对丽蝇的限制因子，如食物、天敌、天气等。但是这个数据也可以说明昆虫繁殖速度如此之快，也可以解释有些昆虫可以在很短时间内造成大暴发，给农业生产带来巨大损失的原因。

5. 昆虫具有很强的适应性

昆虫的一个种由很多不同的地理种群组成，同时昆虫所具有的繁殖潜能、相对短暂的生命周期都使得大多数昆虫具有很快适应变化了的环境的遗传资源。昆虫非凡的适应能力令人瞩目。昆虫作为一个群体，经历了 4 亿年气候和地理条件的变迁。

适应性是一个不断进行的过程。环境发生变化时，昆虫种群也要不断变化，以适应变化了的环境。最近几千年，随着人类在地球上的数量越来越大，形成了一种新的生态环境，昆虫则要不断地适应这种人类创造的新环境，取食一些"人造食品"。昆虫环境适应性最为典型的例子就是害虫种群都能适应很多化学和生物杀虫剂。第二次世界大战以后，美国试图通过利用 DDT 来彻底消灭家蝇 *Musca domestica*，几年以后家蝇种群数量明显减少，这场战争似乎胜利了。但是一部分家蝇由于产生了可以对 DDT 进行解毒的酶从而存活了下来。产生抗性的这些个体通过繁殖把这些抗性传递给了下一代。这样具有 DDT 抗性的家蝇重新恢复了种群数量。其他昆虫也与家蝇类似。目前已经有 500 多种昆虫对杀虫剂产生了明显抗性。

第二章　昆虫与人类的关系

昆虫在多个方面影响人类生活。没有蜂类、甲虫、蝶类等传粉昆虫，很多开花植物就不会授粉；很多甲虫、蚂蚁和蝇类又是重要的分解者，可以分解死亡的动植物，为自然界的物质循环做出重要贡献。还有很多昆虫是重要的农林害虫和医学害虫，给农林生产和人类生活带来损害和干扰，甚至危害人类生命。

第一节　有害昆虫

一、有害昆虫分类

我们可以把有害昆虫分为两大类：一类是医学和卫生害虫，一类是农林害虫。

1. 医学和卫生害虫

这些昆虫通过不同方式攻击人类，如蚊类可以吸食人类血液，还能传播疟疾、登革热、嗜睡病，每年造成几百万人的死亡；蝇类、蟑螂、体虱、跳蚤等昆虫也可以传播疾病或刺吸人体血液给人类带来烦恼和为害，影响人类正常生活（图 2-1，图 2-2）。

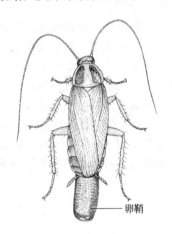

图 2-1　重要卫生害虫德国小蠊 *Blatella germanica* 雌虫及其携带的卵鞘（仿 Cornwell，1968）

图 2-2　重要卫生害虫淡色库蚊 *Culex pipiens* 在产卵（仿 Clements，1992）

2. 农林害虫

这些昆虫通过直接为害农作物和传播植物病毒影响农业生产和林业生产。每年由于昆虫为害造成的作物产量损失就达到作物总产量的 10%，严重为害时损失更大。昆虫为害作物的方式多样：可以直接取食植物根、茎、叶、花、果实、种子等；可以在植物表面取食，也可以钻蛀到植物内部取食（图 2-3）。热带地区昆虫由于种类多，生长速度快，繁殖代数多，所以其为害比温带地区更严重。据肯尼亚官方统计，其作物总量的 75% 被害虫毁坏。特别是一些爆发性昆虫，如蝗虫可以造成植物的绝产。在中国南方害虫的为害也比北方严重。

二、害虫问题不容易解决

至今为止，杀虫剂并不能完全解决害虫问题，这是由于一方面杀虫剂的大量使用，当它们杀死害虫的同时给人类也带来了巨大的威胁，另一方面杀虫剂的使用也为昆虫的进化创造

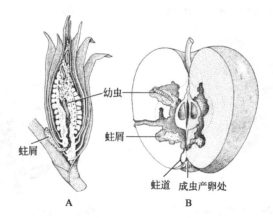

图 2-3　昆虫的钻蛀性为害（仿 Frost，1959）
A—欧洲玉米螟 *Ostrinia nubilalis*；B—苹果蠹蛾 *Cydia pomonella* 的为害

了条件，大量抗性昆虫的产生证明了这一点。对人类没有任何影响而却能消除害虫为害的杀虫剂几乎不存在。现在昆虫学家能做的比较现实的工作就是对于害虫的暴发采用化学和生物结合的方法进行防治，以减少化学农药的用量。生物防治则可以通过大量饲养、释放不育性的雄性昆虫，使用昆虫病原微生物，培育抗虫植物，引进害虫的捕食性和寄生性天敌昆虫等方式来完成。尽管人们为了控制害虫为害做了许多工作，但到目前为止还没有一种人类想要消灭的昆虫被消灭掉。

第二节　有益昆虫

有益昆虫对人类的影响是多方面的，有些影响是直接的，有些影响是间接的。最明显的有益昆虫种类就是那些能为人类生产出有价值产品的昆虫，而实际上更有价值的则是那些能够传播植物花粉的昆虫。其他有益昆虫还可以作为食物、害虫的生防因子、药用以及科学研究的材料。

1. 其产品具有重要商业价值的昆虫

我们熟知的蜜蜂 *Apis mellifera*、家蚕 *Bombyx mori*、紫胶虫 *Laccifer lacca* 都属于这类昆虫。蜜蜂产品——蜂蜜和蜂蜡已经被人类利用了几千年。尽管后来人类又发现了甘蔗和甜菜，导致人类对蜂蜜的依赖性下降，但它始终仍旧是人类最有价值的产品之一。我国是世界最大的蜂蜜生产国，生产的蜂蜜占世界蜂蜜产量的 20%。其他蜂产品还有蜂胶、蜂毒等。

家蚕的幼虫可以吐丝作茧，蚕丝是丝绸原料的主要来源，在人类经济生活及文化历史上有着重要地位，目前我国仍然是世界最重要的丝绸生产地之一。

紫胶、白蜡、五倍子都是半翅目昆虫的产品。紫胶是紫胶虫 *Laccifer lacca* Kerr 雌虫的分泌物，白蜡是白蜡虫 *Ericerus pela*（Chavannes）雄虫的分泌物经过加工的产品，五倍子主要是五倍子蚜 *Schlechtendalia chinensis*（Bell）在漆树属植物叶子上产生的虫瘿。紫胶虫、白蜡虫、五倍子蚜是重要的工业原料生产者，还是重要的药用昆虫，紫胶、白蜡、五倍子可以药用。

2. 昆虫作为传粉者

昆虫与植物关系密切，植物可以产生供昆虫取食的花粉和花蜜，而昆虫通过采集花粉和花蜜使植物授粉，如果没有昆虫作为媒介，很多植物将不能正常繁殖甚至灭绝。最著名的传粉昆虫就是蜜蜂，在世界各地人们利用蜜蜂为农作物、果树和蔬菜传粉。许多温室和大棚内的蔬菜通过人为释放传粉昆虫大大提高了产量，目前国内外已有许多公司生产供温室和大棚生产栽培植物传播花粉的蜂类和其他昆虫（图 2-4，图 2-5）。

图 2-4　蝶类传粉（仿 Gullan
和 Cranston，2010）

图 2-5　鞘翅目吉丁甲取食花粉并传粉
（仿 Gullan 和 Cranston，2010）

　　传粉昆虫多属于鞘翅目、双翅目、膜翅目，此外还见于鳞翅目、直翅目、半翅目、缨翅目等。

3. 昆虫作为生防因子

　　近年来，有益昆虫在控制害虫和有害植物方面的作用越来越引起人们的重视。特别是在某些情况下，由于人类的活动把某些有害昆虫带到一个新的地区，该地区由于缺乏害虫的天敌而其他条件又适合害虫的发生，结果造成害虫的暴发，此时筛选和引进该害虫的天敌是必要和有效的。最为经典的昆虫作为生防因子来控制害虫的例子是利用澳洲瓢虫防治吹绵蚧。

图 2-6　寄生蜂作为生防因子
（仿 Jervis，2000）

　　吹绵蚧 *Icerya purchasi* 于 1860 年左右由澳大利亚传到美国的加利福尼亚州，之后的 20 年间，吹绵蚧给南加州的柑橘产业造成了毁灭性的为害。美国昆虫学家通过在吹绵蚧原产地筛选天敌种类把澳洲瓢虫 *Rodolia cardinalis* 引入到加利福尼亚。到 1890 年，吹绵蚧被澳洲瓢虫彻底控制。以此为借鉴，澳洲瓢虫被引入到其他 60 多个国家用于防治吹绵蚧。

　　目前害虫的生物防治已经成为害虫综合治理中的重要方法，在害虫的防治中起到重要作用，其基本原理就是利用害虫的天敌昆虫，包括寄生性天敌昆虫和捕食性天敌昆虫来控制害虫的为害。目前，已有多种害虫的寄生性和捕食性天敌昆虫通过饲养而扩大其种群数量以用于防治害虫（图 2-6）。

4. 昆虫作为人类的食物和动物的饲料

　　昆虫作为植食性、肉食性或腐食性动物在生态系统的能量流动中具有重要作用。在世界上的许多国家和地区，昆虫（包括直翅目的蝗虫、鞘翅目的幼虫和成虫、鳞翅目幼虫、膜翅目的蜂类和蚂蚁、等翅目的白蚁、半翅目的蝉等）都是人类喜欢食用和摄取动物蛋白的重要来源。在非洲的许多国家，人们通过取食白蚁来获得动物蛋白。在亚洲的许多国家，田鳖 *Lethocerus indicus* 和蚕 *Bombyx mori* 蛹都是人们喜欢的昆虫，在美国的许多超市中也可以见到从韩国和泰国运过去的蚕蛹。

　　开发家蝇 *Musca domestica* 幼虫蛋白作为食用及滋补保健品在国内外均有记载。近年来，许多学者大力尝试开发蝇蛆在食用及保健方面的应用技术，如蝇蛆锅巴、蝇蛆活性粉、蝇蛆蛋白提取液、蝇蛆食品添加剂、蝇蛆保健酒等，其前景十分广阔。

　　很多昆虫还可以作为动物的饲料。如家蝇幼虫、黄粉虫 *Tenebrio molitor* 都可以用来作为饲料中蛋白的来源。据国内外对蝇蛆营养成分的分析：蝇蛆含粗蛋白59％～65％，脂肪2.6％～12％。无论原物质还是干粉，蝇蛆的粗蛋白含量都与鲜鱼及肉骨粉相近或略高。蝇蛆的营养成分较全面，含有动物所需的多种氨基酸，且每一种氨基酸含量都高于鱼粉，同时，蝇蛆体内还含有多种生命活动所需要的微量元素。饲养试验证实，用蝇蛆代替部分鱼粉作饲料，喂养畜禽、鱼类等均取得了较好的效果。

5. 土壤栖居和腐食性昆虫

栖居在土壤中的昆虫对于植物的生长往往起着重要的作用，而这些作用往往被人类所忽视。它们通过在土壤中的活动起到松土、通气、排水的作用。许多昆虫还把动物尸体和植物组织搬运到地下供它们做巢、取食和繁殖后代之用。土壤栖居昆虫里面的一大类是腐食性昆虫，是物质循环中重要的一个环节。腐食性昆虫中最值得我们注意的是蜣螂科 Scarabaeidae 昆虫，俗称屎壳郎，这个科的绝大多数种类把卵产在新鲜的粪便里。蜣螂会在几个小时之内把动物的粪便转入地下，减少或杜绝在粪便上产卵的蝇类数量，创造相对卫生的环境条件（图 2-7）。

图 2-7　腐食性昆虫蜣螂（仿 Green）

另有一类埋葬虫，属于昆虫中最大的一个目——鞘翅目，埋葬虫科。绝大部分埋葬虫食动物死亡和腐烂的尸体，把它们转化成在生态系统中更容易进行循环的物质，像是自然界中的清道夫，起着净化自然环境的作用。

6. 作为科学试验的材料

由于昆虫具有容易饲养、短的世代周期和高的繁殖力，短时间内可以获得大量个体的特征，使得昆虫在生物学教学和科研上被广泛应用。我们熟悉的黑腹果蝇 Drosophila melonagaster 在遗传学课堂上被熟知，其在遗传学的深入研究中必将对生物学的发展起到更重要的作用。

7. 文化昆虫

许多昆虫可以丰富人们的文化生活，传播文化知识。昆虫由于具有美丽的颜色（如蝶类、甲虫等）、美妙的鸣叫声（蟋蟀、螽蟖、蝉等）（图 2-8）而深受人们的喜爱。各种昆虫被制成标本作为展示和用来传播生物知识。在丰富多彩的古代民俗活动中，斗蟋蟀和畜养鸣虫是两项极有趣味和吸引力的活动。利用鳞翅目等昆虫的翅可以制作成美丽的翅贴画。很多国家都出版了以昆虫为图案的邮票；很多国家还建有昆虫博物馆和昆虫生态园，传播了昆虫和生物知识，同时也丰富了人们的文化生活。

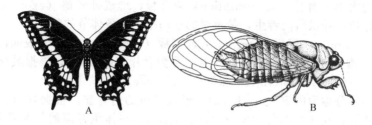

图 2-8　2 种文化昆虫（A 仿 Capinera，2001；B 仿 Martin，1991）
A—黑凤蝶 Papilio polyxenes Fabricius；B—蝉 Cicadetta montana

第二篇　昆虫的外部形态

昆虫种类繁多，而且形态各异，这是由于它们在长期演化过程中，对生活环境适应的结果。生活环境的改变，必然引起昆虫新陈代谢机能的改变，最后导致外形结构的相应变化。昆虫形态学的任务就是通过分析归纳，抽象出昆虫外形的基本构造和功能，并从整体出发，探求某些构造在演化过程中的变异，通过对比找出其同源关系和成因，为学习研究昆虫生理学、昆虫生态学，特别是昆虫生物学和昆虫分类学奠定基础。

第三章　昆虫体躯的一般结构

第一节　昆虫的体躯和体节

一、体躯和分段

昆虫体躯由一系列环节组成，每一个环节称为 1 个体节（segment 或 somite）。在胚胎学中，昆虫的体躯由 18～20 个体节组成。有些体节的侧面着生有成对和分节的附肢（appendage）。昆虫的体壁常硬化成骨片，但是体节之间仍然存在着未经骨化的柔软的节间膜（intersegmental membrane）。这些体节分别集合成昆虫的头、胸、腹 3 个体段（tagmata），一般认为昆虫的头部由 6 个体节愈合而成，头部具有 1 对触角和 1 对复眼，0～3 个单眼，是昆虫感觉和取食的中心。胸部由 3 个体节组成，依次称为前胸、中胸和后胸，每个胸节的侧腹面分别着生有 1 对足，即前足、中足和后足。大部分昆虫在中、后胸的背侧面各着生有 1 对翅，即前翅和后翅，胸部是昆虫的运动中心。腹部由 9～11 个体节和尾节组成。雄虫的生殖器官位于第 9 腹节，雌虫的生殖器官则位于第 8～9 腹节。肛门在尾节内。腹部第 1～8 节两侧各着生 1 个气门，为呼吸系统在体壁上的开口。昆虫的内脏器官大部分位于腹部体腔内，所以腹部是昆虫的新陈代谢和生殖中心。

二、体躯的外骨骼和内骨骼

昆虫的体壁大部分骨化（sclerotization）为骨板，形成外骨骼（exoskeleton）。体壁的骨化具有保护作用，并供肌肉着生，是重要的运动结构。各体节的骨化区，根据其位置分别命名为：背板（tergum）、腹板（sternum）和侧板（pleuron）。有的骨板间向里褶陷，称为沟（sulcus），由沟可将骨板划分为若干小片，称为骨片（sclerite），根据其所在骨板，分别称为背片（tergite）、腹片（sternite）和侧片（pleurite）。

体壁的内陷部分称为内突（apodeme），形成昆虫的内骨骼。根据其所在的部位和形状不同，名称也不同：在头部的称为幕骨（tentorium），在体躯背面的称为悬骨（phragma），腹面的称为内刺突（spina）和叉突（furca），侧面的称为侧内脊（apophysis）。所有的内突统称为昆虫的内骨骼（endoskeleton）。具有增强体壁强度和增加肌肉着生面的作用。

三、体形、体向和体色

1. 体形

昆虫的成虫一般呈圆筒形、椭圆形或圆球形，有的扁平或侧扁，有的细长，有的奇形怪状（图 3-1）。虫体的大小差异很大，最小的如鞘翅目缨甲科（Ptilidae）的某些种类体长仅0.25mm，而某些极细瘦的竹节虫体长超过 300mm。昆虫的体长是指头部的最前端到腹部末端的长度，不包括头部的触角、口器和腹末尾须及外生殖器等的长度。翅展是指翅展开时，两前翅翅尖之间的直线长度。

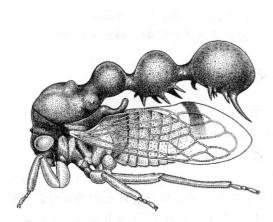

图 3-1　昆虫的体形变化（示意一种
非洲蚂蚁）（仿 Boulard，1968）

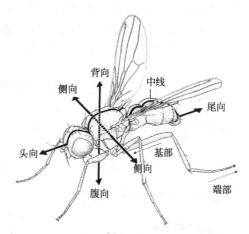

图 3-2　昆虫体躯方向（仿 McAlpine，1987）

在分类学中描述昆虫的大小常以大型、中型、小型或微小型表示，一般采用以下尺度划分：2mm 以下为微小型，2～5mm 为很小型，5～10mm 为小型，10～30mm 为中型，30～50mm 为大型，50～80mm 为很大型，80mm 以上为巨大型，超过 200mm 则为极大型。一般昆虫的体长在 5～30mm 之间，翅展在 l5～50mm 之间。

2. 体向

为描述昆虫各部分的相对位置，将昆虫一定的体躯部分作为定向的基础，按照体躯各部分的位置和方向，分为以下 6 个体向（图 3-2）。

① 头向（cephalic）：与头部的方向一致，与体躯纵轴相平行。

② 尾向（caudal）：与尾部的方向一致，也与体躯纵轴平行，但与头向方向相反。

③ 中向（mesal）：向着虫体中轴的方向，与体躯纵轴相垂直。

④ 侧向（lateral）：与中向相反，背离体躯中轴的方向。

⑤ 背向（dorsal）：向着虫体背面的方向，背向朝上。

⑥ 腹向（ventral）：向着虫体腹面的方向，腹向朝下。

以上是昆虫的 6 个基本方向，由于许多体部构造和斑纹在虫体上的方向不是正的而是斜的，往往介于上述 6 个方向中的 2 个或 3 个方向之间，如昆虫的触角可能既是头向又是侧向或背向，根据其具体位置可记述为头—侧向或者头—背向，其余类推。

除上述体向外，在形态描述中也常用到下列部位及名称。

① 基部（proximal）和端部（distal）：昆虫的附器和外长物，以其靠近虫体的部分为基部，远离虫体的部分为端部。前胸背板的后方是基部，前方是端部，而甲虫类的鞘翅则以靠近前胸的部分为基部，远离前胸的部分为端部。

② 外边（ectal）和内边（intal）：昆虫的体部和附器，凡与体躯纵轴比较接近的一边称为内边，与体躯纵轴较远的一边称为外边。

③ 前缘（anterior）和后缘（posterior）：昆虫的体部和附器与体躯纵轴垂直的部分，离头部较近的一方为前缘，离头部较远的一方为后缘。

④ 纵或长（length）、横或阔（width）：昆虫的体部和附器凡与体躯纵轴平行的称纵或

长，与体躯纵轴垂直的称横或阔。

3. 体色

昆虫体色多样，多数色暗，呈棕、褐或黑色；有的颜色鲜艳，呈红、黄、蓝、绿等色。有的由几种颜色组成美丽的斑纹，有的还具有金属光泽。一般营隐蔽生活的昆虫体色较浅，营裸露生活的体色较深暗。生活于植物上的多为绿色，生活于地面的多为黄、褐、黑色。夜出性的昆虫一般比日出性昆虫体色深暗。昆虫体色的不同是长期自然选择的结果，一般与周围环境的颜色接近，对昆虫具有一定的保护作用，能更好地进行隐蔽，避免天敌侵袭。

第二节　昆虫体躯的分节方式

昆虫体躯的分节方式有两种，一种是初生分节（primary segmentation），另一种是次生分节（secondary segmentation）（图 3-3）。

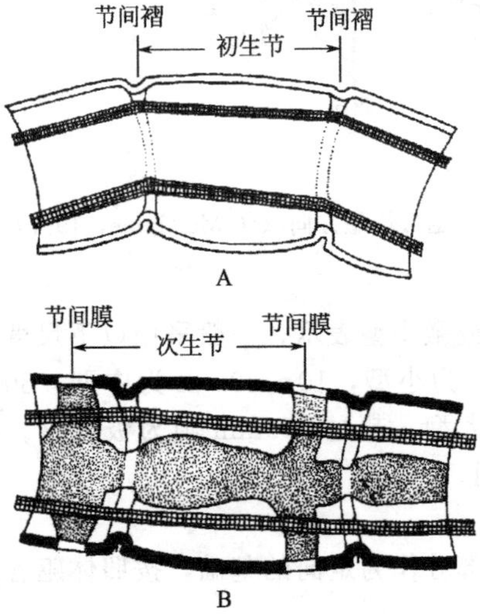

图 3-3　昆虫的体躯分节方
式（仿 Snodgrass，1935）
A—初生分节；B—次生分节

一、初生分节

在软体的分节动物中，如环形动物和某些昆虫的幼虫期，体躯的分节是以体壁的环形凹陷划分的。在体躯的内面，这些节间凹陷称为节间褶（intersegmental fold），两节间褶之间的部分为一个体节。纵肌附着在节间褶上，当纵肌收缩时，体节随之缩短；纵肌放松时，体节随之伸长，体节可自由活动。这种分节方式与胚胎分节一致，称为初生分节。初生分节是较原始的分节方式，它所形成的体节叫做初生节（primary segment）（图 3-3 A）。

二、次生分节

成长的节肢动物，如昆虫成虫，体壁大多骨化，节间褶也骨化，节间褶向里突起形成内脊，供肌肉着生。在节间褶的前面有一狭条形未经骨化的膜质部分，称作节间膜，节间膜为体节的分界线，这种分节方式与原始的初生分节方式截然不同，称为次生分节（图 3-3 B）。以次生分节方式所形成的体节，称为次生节（secondary segments）。随纵肌的张弛，前后体节的骨板以前套后的套叠方式使虫体体躯缩短或伸长。

次生节内包含原初生分节的节间褶，该褶骨化向里形成内脊，称前内脊（antecosta），在外面留下的沟叫前脊沟（antecostal sulcus）。前脊沟将次生节分为两部分：在背板上，前脊沟前的狭片称为端背片（acrotergite），沟后部分称为主背片（basistergite）；在腹板上，前脊沟前的狭片称为端腹片（acrosternite），沟后部分称为主腹片（basisternum），也称为基腹片。

第三节　昆虫的附肢

节肢动物具有成对分节的附肢（appendage）。附肢的原始功能为运动器官，但在各类节肢动物中，已演化成不同功能的器官。例如昆虫头部的附肢演变为具有感觉作用的触角和用以取食的口器；胸部的附肢演化为用以行动的足，随昆虫的种类不同，足又演化为具有步行、捕捉、开掘、游泳、携粉、抱握、攀握等许多功能的器官；腹部的附肢大多已消失，仅末端几节的附肢演化为外生殖器的一部分和尾须。

　　胚胎时期，各个体节的两侧均有 1 对管状的外长物，这便是附肢的雏形。孵化前，一部分附肢消失，其余的附肢则发生分节，并转化成具有不同功能的器官，尽管它们外形变化很大，但其基本构造相同，来源同一，故称为同源器官。

　　附肢的每个分节称为肢节（podite），其基部着生肌肉，可以自由活动，每个肢节又可分为若干亚节，但这些亚节由于没有着生肌肉，所以不能单独活动。肢节的数目最多为 7 节，但常有合并和减少的现象。节肢动物的附肢，和身体相连的一节称为基肢节（coxopodite），其余各肢节统称端肢节（telopodite）。基肢节可分为亚基节（subcoxa）和基节（coxa）两个亚节。附肢的内侧和外侧常常着生有可活动的突起，称为内叶（endite）和外叶（exite）。基肢节的内叶叫做基内叶（basendite），基肢节的外叶叫做基外叶，也叫做上肢节（epipodite）。

第四章　昆虫的头部

头部是昆虫体躯最前面的一个体段，体壁硬化形成坚硬的头壳，通常呈圆形或椭圆形。头部有两个孔，前方的一个叫口孔，其周围有由 3 对附肢组成的口器；后方的孔叫头孔，头部的神经、消化器官、背血管等通过此孔与胸腹部相连。由于头部的外面着生有主要的感觉器官和用于取食的口器，里面有脑、消化道的前端及有关附肢的肌肉等，因此头部是昆虫的感觉、联络和取食中心。

第一节　昆虫头部的分节

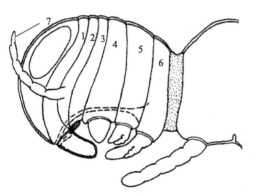

昆虫的头部是由数个体节愈合而成的一个完整的头壳，外观上已看不出分节的痕迹。因此昆虫的头部节数，只能从胚胎发育和比较解剖中去寻找证据。但是，不同学者由于在研究工作中取材不一和对一些现象的解释不同，对昆虫头部的分节至今仍存在若干争议，因而提出了不同的学说，有三节说（Ferris，1942）、四节说（Holmgren，1916；Hanstrom，1927～1930；Snodgrass，1935）、六节说（Goodrich，1879；Tiegs，1940；Manton，1949；Rempel，1975）、七节说（Folson，1900；Weismann，1926）、八节说（Verhoeff，1904）、九节说（Janct，1899）等，其中比较被多数学者所接受的是六节说，其次为四节说。

图 4-1　昆虫胚胎期由六节组成的
头部示意图（仿 Rempel，1975）

1—前触角节；2—触角节；3—闰节（上颚前节）；
4—上颚节；5—下颚节；6—下唇节；7—触角

六节说认为原头是由前触角节（proantennary）、触角节（antennary）和闰节（intercalary）组成，再加上颚头部的 3 节，因此头部是由 6 个体节组成，其根据和理由是胚胎时期可见到 6 对体腔囊，以及相应的神经元节和附肢（图 4-1）。近期胚胎学的研究证明，前触角节常辨认不清，因此也认为昆虫头部是由 5 个体节所组成。

第二节　昆虫头壳的构造

昆虫的头壳是一个完整的高度骨化的硬壳，称为颅壳。头壳上各体节的分节界限虽然已经消失，但有数条由体壁内陷形成的沟，其中除了次后头沟可能代表下颚节和下唇节的分界线，其余都是与分节无关的后生沟。如石蛃目和东亚飞蝗 *Locusta migratotia manilenis* Meyen 均保留次后头沟。某些沟向内深陷形成头部的内骨骼。头壳的上部两侧着生一对复眼，通常在两复眼间还有 2～3 个单眼，头的前上方有一对触角，下方着生有口器（图 4-2）。随昆虫种类的不同，上述各部分也发生了种种不同的变化。

一、头壳上的蜕裂线和沟

1. 蜕裂线（ecdysial cleavage line）

位于头部背面，一般呈倒"Y"形，过去称为头盖缝（epicranial suture）（图 4-2）。其中干［过去称为冠缝（coronal suture）］起自胸部背面中央，伸达头部复眼之间分叉成为两条侧臂［过去称为额缝（frontal suture）］。幼虫蜕皮时就沿着这条线先裂开，故称为蜕裂线。这条线的外表皮不发达，故颜色较浅，当体内液压加大时，便容易由此裂开。蜕裂线在幼虫期很显著。在成虫期，如无变态和不全变态类的昆虫，还有部分或全部留存的现象；而在全变态类的成虫中，则全部消失。蜕裂线侧臂的位置变化很大，有的在触角外侧，有的在触角内侧，有的达复眼边缘，有的直达唇基，有的没有中干，有的中干很短，有的只有中干而无侧臂。

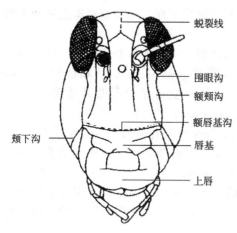

图 4-2　东亚飞蝗的头部正面观（仿 Snodgrass，1935）

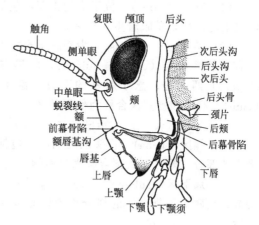

图 4-3　东亚飞蝗的头部（仿 Snodgrass，1935）

2. 沟

昆虫头壳上沟的数目和位置变化很大，常见的有以下几条（图 4-2，图 4-3）。

（1）额唇基沟（clypeofrontal sulcus）　又称口上沟（epistomal sulcus），位于口器上方，两个上颚基部前关节之间，是额区和唇基区的分界线。通常呈横线形，也有的上拱成"∧"形（如鳞翅目幼虫），有的甚至中断或消失。额唇基沟的两端内陷成臂状突起，称为幕骨前臂（anterior tentorial arms），外面所留下的凹陷叫前幕骨陷（anterior tentorial pits），故额唇基沟的位置可用前幕骨陷来确定。

（2）额颊沟（frontogenal sulcus）　位于复眼下方至上颚基部之间，是额区和颊区的分界线。此沟并不普遍存在，只常见于直翅目和革翅目昆虫中。

（3）围眼沟（ocular sulcus）　环绕复眼周围的体壁内陷形成的沟。围眼沟向里形成的环形内脊称为眼膈，眼膈有支持和保护复眼的功能。鞘翅目昆虫的眼膈尤为发达。

（4）颅中沟（cranial median sulcus）　在有些昆虫（主要为幼虫）的头壳上，沿蜕裂线的中干还常常内陷成一深脊，外面留下的沟就叫颅中沟。从表面看，这条沟易与蜕裂线的中干混淆，但颅中沟的颜色较深，并且大多数昆虫的颅中沟往往伸过蜕裂线的分叉点，故易区别。

（5）后头沟（occipital sulcus）　头后面环绕头孔的第 2 条拱形沟叫后头沟。后头沟的两端下伸达到上颚的后头节处，直翅目昆虫常具有这条沟。

（6）次后头沟（postoccipital sulcus）　头后面环绕头孔的第 1 条拱形沟叫次后头沟。这条沟向内突起形成很宽的内脊，是颈部和胸部的肌肉着生处。次后头沟的下端内陷形成的 1 对突起称为幕骨后臂（posterior tentorial arms），外面留下的凹陷叫后幕骨陷，故次后头沟的位置可以用后幕骨陷来确定。

（7）颊下沟（subgenal sulcus）　颊下沟位于头部侧面的下方，是额唇基沟到次后头沟之间的一条横沟。这条沟并不普遍存在，只在少数昆虫如直翅目才具有。其内脊叫颊下脊，它的功能在于加强头壳下缘以承受上颚强大肌肉的牵引力。颊下沟在上颚前、后关节间的部分称为口侧沟，其余部分称为口后沟；但口侧沟和口后沟很少同时存在。口后沟在鳞翅目幼虫中尤为发达。

二、头壳的分区

根据昆虫头壳上的沟和线，可将头壳划分为若干区，各个区的形状和位置常随沟和线的变化而变动。通常可分为以下各区。

（1）额区（frons）　位于头的正面，包括蜕裂线侧臂的下面、两条额颊沟之间和额唇基沟之上的区域，单眼着生在额区。

（2）唇基区（clypeus）　为额唇基沟之下和上唇之间的一块方形骨片，某些昆虫的唇基上有一条唇基沟（clypeus sulcus），将唇基分为后唇基（postclypeus）和前唇基（ante-clypeus）两部分。悬于唇基的下方，盖在口器上面的一块可活动的骨片称为上唇（labrum）。额区和唇基区合称为额唇基区（frontoclypeal area）。

（3）头顶（vertex）　指额区之上、两复眼之间，即头壳的背面部分，也称颅顶。

（4）颊区（gena）　指头的两侧面，包括复眼之下、额颊沟之后、后头沟之前、颊下沟之上的部分。颊区与头顶合起来又称颅侧区（parietal area）。

（5）颊下区（subgenal area）　指颊下沟下面的狭小骨片。其下缘具有支接上颚的两个关节。在两个关节之间的部分称为口侧区（pleurostomal area），上颚基部以后的部分称为口后区（hypostomal area）。

（6）后头区（occipital area）　后头沟与次后头沟之间的拱形骨片称为后头区。通常把颊区后面的部分称为后颊（postgena），头顶后面的部分称为后头（occiput），但是两者之间并无分界线。

（7）次后头区（postocciput area）　位于头部后面，是后头区之后环绕头孔的拱形狭片。

三、头部的内骨骼

昆虫的头壳十分坚硬，以承受强大的口器肌肉的牵引力和保护内部脑等器官。头壳除具后生沟向里形成的内脊外，还有特殊的内突即头部的内骨骼，统称为幕骨（tentorium）。幕骨除具有支撑和加强头壳的作用外，还可供口器附肢、舌和部分前肠肌肉着生，以支持前肠。

幕骨由头壳的两对内突愈合而成，一对是由额唇基沟（口上沟）的两端内陷形成的幕骨前臂，另一对是由次后头沟下端内陷形成的幕骨后臂，两幕骨后臂通常连接成横形骨板，称为幕骨桥（tentorial bridge），并与幕骨前臂接合呈"II"形。某些昆虫在幕骨前臂上各发生一突起，这对突起称为幕骨背臂（dorsal tentorial arms），向上直伸至触角基部的头壳下面。

幕骨的形状及相对位置在各类昆虫中变化很大，如蝗虫、蟋蟀等的幕骨呈"×"形；白蚁的幕骨后臂特别发达，形如屋脊，前臂位于前端，后幕骨陷延长成缝状。此外，也有的幕骨前臂或后臂退化而仅留其中之一，有的甚至全部消失。

第三节　昆虫的头式

由于昆虫的取食方式不同，其口器在头部的着生位置和方向也不同，根据这个特点将昆虫头部的形式（即头式）分为 3 种类型（图 4-4）。

（1）下口式　口器向下，头的纵轴与虫体纵轴大致垂直，称为下口式（hypognathous）。

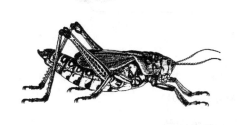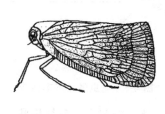

A   B   C

图 4-4   昆虫的三种头式（A 仿 Capinera，2001；B 仿周尧，1985；C 仿 Swan 和 Papp，1972）

A—下口式（蝗虫）；B—后口式（蛾蜡蝉）；C—前口式（步甲）

大多数取食植物茎、叶的昆虫如蝗虫、蟋蟀和鳞翅目的大多数幼虫属此类型。该类型昆虫的取食方式比较原始。

（2）前口式　口器向前，头的纵轴与虫体纵轴成一钝角或近于平行，称前口式（prognathous）。很多捕食性及钻蛀性昆虫属此类型。如步甲、潜蛾幼虫等。

（3）后口式　口器向后，头的纵轴与虫体纵轴成一锐角，称为后口式（opisthognathous）。常见于刺吸式口器昆虫，如蝉、蝽象、蚜虫等。

不同的头式，反映了昆虫的取食方式不同，这是昆虫长期适应环境的结果，利用头式可以区分昆虫的类别，故在分类上常用。

第四节　昆虫头部的感觉器官

昆虫的主要感觉器官大都着生在头部，其中最主要的是触角、复眼和单眼。此外，在口器附肢和舌上也生有各种类型的感觉器。

一、触角

触角（antenna）是昆虫头部的第 1 对附肢。除高等双翅目和膜翅目幼虫的触角退化外，大多数昆虫都具有 1 对触角。触角一般着生在头部的额区，有的位于复眼之前，有的位于复眼之间。但多数幼虫和若干种类成虫的触角前移到头部前侧方的上颚前关节附近。

1. 触角的基本构造和功能

触角的基部着生在一个圆形的膜质窝内，这个窝叫做触角窝（antennal fossa）。触角窝的周围有一圈很窄的环形骨片，称为围角片（antennal sclerite）。围角片上有一小突起，称为支角突（antennifer），它与触角的基部相支接，整个触角以支角突为关节，可以自由活动。

触角是分节的构造，由基部向端部通常可分为柄节、梗节和鞭节 3 部分（图 4-5）。柄节（scape）一般较粗大，与触角窝相连。梗节（pedicel）是触角的第 2 节，通常较短小，有些昆虫（如雄蚊）的触角在梗节上具有一种特殊的感觉器，称为江氏器（Johnston's organ）。梗节以上（不包括梗节）的端部各节，合称为鞭节（flagellum），鞭节通常又可分为若干亚节，在各类昆虫中变化很大，但在同一种内，一般都有固定的数目。有些渐变态昆虫，在每次蜕皮后亚节数目有增多的现象，到了成虫期亚节数目便不再发生变化。

在膜翅目小蜂总科（Chalcidoidea）中，鞭节又可分为环节（ring segment）、索节（funicle）和棒节（club）3 部分。环节是鞭节基部 1~3 个成环状的小节；索节 1~7 节，稍粗，

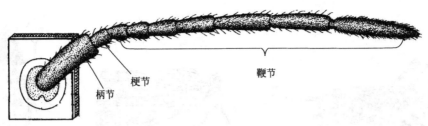

图 4-5　昆虫触角基本构造（仿彩万志，2001）

各节大小相同；棒节 1～3 节，较膨大，呈棍棒状，位于触角端部。

触角的活动除靠一定的关节外，主要靠起源于头部幕骨前臂或幕骨背臂着生于柄节的肌肉，梗节内也着生有起源于柄节、附着在梗节基部的肌肉，多数昆虫的鞭节内一般无肌肉。

触角的功能主要是嗅觉和触觉，有的也有听觉作用。在触角上有许多嗅觉器，使昆虫能嗅到各种化学物质从不同距离散发出来的气味，借以觅食、聚集、求偶和寻找适当的产卵场所等。很多昆虫的雌性成虫，在性成熟后，能分泌具有特殊气味的化学物质，被称为性信息素（sex pheromone），可吸引同种雄虫前来交配。雄虫的嗅觉器往往特别发达，可在几百米外的距离嗅到雌虫分泌的性信息素的气味，并飞向雌虫进行交配。此外，有些昆虫的触角还有其他功用，如仰蝽在仰泳时，触角展开有平衡身体的作用；雄性芫菁在交配时可用触角抱握雌体等。

2. 触角的类型

触角的变化主要发生在鞭节部分，其形状因种类不同而变化很大，大致可分为下列基本类型（图 4-6）。

①刚毛状（setaceous）：触角很短小，基部 1～2 节稍粗，鞭节纤细，类似刚毛。如蝉、蜻蜓等的触角（图 4-6 A）。

②丝状（filiform）：也称线状。触角细长如丝，鞭节各亚节大致相同，向端部逐渐变细。如蝗虫、天牛等的触角（图 4-6 B）。

③念珠状（moniliform）：或称串珠状。触角各节大小相似，近于球形，整个触角形状似一串念珠。如白蚁等的触角（图 4-6 C）。

④锯齿状（serrate）：或简称锯状。鞭节的各亚节向一侧突出成三角形，整个触角形状似锯条。如芫菁和叩头虫雄虫的触角（图 4-6 D）。

⑤栉齿状（pectiniform）：或称梳状。鞭节各亚节向一侧突出成梳齿，形状如梳子。如绿豆象雄虫等的触角（图 4-6 E）。

⑥羽状（plumose）：又称双栉齿状（bipectiniform）。鞭节各亚节向两侧突出成细枝状，形如篦子或羽毛。如大蚕蛾、家蚕蛾等的触角（图 4-6 F）。

⑦膝状（geniculate）：又称肘状或曲肱状。柄节特别长，梗节短小，鞭节由若干大小相似的亚节组成，基部柄节与鞭节之间呈膝状或肘状弯曲。如胡蜂、象甲等的触角（图 4-6G）。

⑧具芒状（aristate）：触角短，一般为 3 节，端部一节膨大，上面有一刚毛状的构造，称为触角芒，芒上有时还有许多细毛。如蝇类的触角（图 4-6 H）。

⑨环毛状（whorled）：除触角的基部两节外，鞭节的各亚节环生一圈细毛，愈靠近基部的细毛愈长，渐渐向端部逐减。如蚊类的触角（图 4-6 I）。

⑩球杆状（clavate）：或称棍棒状。鞭节基部若干亚节细长如丝，端部数节渐膨大如球，全形像一棒球杆。如蝶类的触角（图 4-6 J）。

⑪锤状（capitate）：类似球杆状，但端部数节突然膨大，末端平截，形状如锤。例如

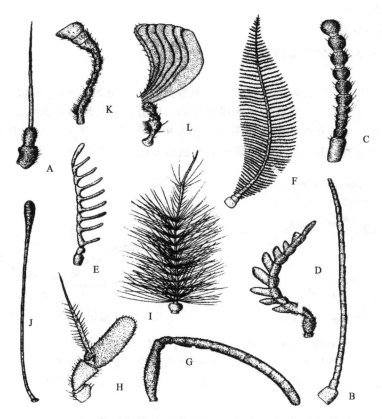

图 4-6　触角的基本类型（仿周尧，1977；管致和，1981等）

A—刚毛状；B—丝状；C—念珠状；D—锯齿状；E—栉齿状；F—羽状；G—膝状；

H—具芒状；I—环毛状；J—球杆状；K—锤状；L—鳃叶状

瓢甲、郭公甲等的触角（图 4-6 K）。

⑫ 鳃叶状（lammellate）：鞭节的端部数节（3～7 节）延展成薄片状叠合在一起，状如鱼鳃。如金龟类的触角（图 4-6 L）。

此外，有些昆虫特别是其幼虫的触角构造十分简单，有的已经退化（如蝇蛆）；还有一些昆虫的触角属于中间类型，或形状特殊，应根据具体情况进行描述。

3. 了解昆虫触角的类型和功能在实践中的意义

（1）鉴别昆虫的种类　触角的形状、分节数目、着生位置以及触角上感觉孔的数目和位置等随昆虫种类不同而有差异，因此触角常作为昆虫分类的重要特征。如金龟科触角为鳃叶状；蝶类触角为球杆状，而蛾类触角则为丝状、羽毛状；蜂总科触角为 5 节，缘蝽总科的触角则为 4 节；叶蝉科与飞虱科的触角均为刚毛状，但前者着生于复眼之间，而后者着生于复眼之下。此外，蚜虫触角上感觉孔的数目和排列方式是种类鉴别的重要特征。

（2）鉴别昆虫的雌雄　有许多昆虫种类雌雄性别的差异，常常表现在触角的形状上。例如小地老虎（*Agrotis ipsilon*）雄蛾的触角为羽状，而雌蛾的触角则为丝状；豆象科（Bruchidae）雄虫触角为栉齿状，雌虫则为锯齿状。对于这些可以用触角区分雌雄的种类，在调查统计、预测预报中确定性别比以及在昆虫分雌雄进行饲养观察等研究上都很有用处。

（3）利用昆虫触角对某些化学物质有敏感的嗅觉功能可进行诱集或驱避　如利用性信息素制成的性诱剂诱杀雄蛾，可用于害虫测报和防治；利用某些夜蛾对糖、醋、酒味的喜好，配制毒饵对其诱杀等。对某些储藏害虫如蜚蠊、衣鱼等可用樟脑球散发的气味进行驱避，在害虫防治上这类药剂称为拒避剂。

二、复眼和单眼

复眼和单眼是昆虫的视觉器官。

1. 复眼

昆虫的成虫和不全变态的若虫及稚虫一般都具有 1 对复眼（compound eye）（图 4-7）。复眼位于头部的侧上方，大多数为圆形或卵圆形，也有的呈肾形（如天牛）。低等昆虫、穴居昆虫及寄生性昆虫的复眼常退化或消失。在豉甲科及眼天牛属 *Bacchisa* 中，复眼各分为上、下两个。突眼蝇的复眼着生在头部两侧的柄状突起上（图 4-8）。

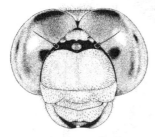

图 4-7　蜻蜓的复眼（仿 Blaney，1976）

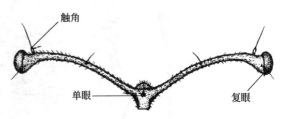

图 4-8　突眼蝇的复眼（仿杨集昆等，1988）

复眼是由若干个小眼（ommatidia）组成，小眼的表面一般呈六角形。在各种昆虫中，小眼的形状、大小及数目变化很大。如某些介壳虫雄虫的复眼由少数几个圆形的小眼组成，而蛾蝶类的复眼由 12000～17000 个小眼组成，蜻蜓的小眼多达 28000 个。小眼数目越多，复眼造象越清晰。

昆虫的复眼能分辨出近距离的物体，特别是运动着的物体。

在某些膜翅目和双翅目昆虫中，雄虫的复眼常常较雌虫发达，甚至两复眼在头的背面相接，称为"接眼"；而雌虫的复眼在头背面分离，称为"离眼"。这种差别常用于区分雌雄。

2. 单眼

昆虫的单眼（ocellus）可分为背单眼（dorsal ocellus）和侧单眼（lateral ocellus）两类。

（1）背单眼　一般把成虫和不全变态的若虫和稚虫的单眼称为背单眼。大多数昆虫有 2～3 个，少数种类只有 1 个。背单眼着生于额区的上方，具有 3 个单眼的多排列成三角形。许多种类无背单眼，如纺足目、捻翅目、半翅目盲蝽科和红蝽科等。

（2）侧单眼　全变态昆虫的幼虫具有侧单眼，位于头部的两侧，其数目为 1～7 对，因昆虫类群而异。如膜翅目的叶蜂只有 1 对；鞘翅目幼虫有 2～6 对，如为 6 对时，常排列成两行；鳞翅目幼虫多具 6 对，常排列成弧形。

单眼只能辨别光的方向和强弱，而不能形成物像。背单眼具有增加复眼感受光线刺激的反应，某些昆虫的侧单眼能辨别光的颜色和近距离物体的移动。

单眼的有无、数目和位置常被用作分类特征。

关于复眼和单眼的构造和功能将在"昆虫的内部器官和生理"中详细介绍。

第五节　昆虫的口器

口器（mouthparts）是昆虫的取食器官，也称取食器（feeding apparatus）。由上唇、上颚、下颚、下唇和舌 5 部分组成。上唇和舌属于头壳的构造，上颚、下颚和下唇是头部的 3 对附肢。

各种昆虫因食性和取食方式不同，形成了不同的口器类型。取食固体食物的为咀嚼式口器，取食液体食物的为吸收式口器。由于液体食物的来源不同，吸收式口器又分为：吸食暴露在物体表面的液体物质的虹吸式口器和舐吸式口器，吸食植物体内的汁液或吸食动物体液和血液的刺吸式口器和锉吸式口器等。此外，还有兼食固体和液体两种食物的嚼吸式口器。

比较形态学研究表明，咀嚼式口器是最基本、最原始的类型，其他类型都是由咀嚼式口器演化而来。它们的各个组成部分尽管外形有很大变化，但都可以从其基本构造的演变过程中找到它们之间的同源关系。

一、咀嚼式口器

咀嚼式口器（chewing mouthparts）的主要特点是具有坚硬而发达的上颚，用以咬碎食物，并把它们吞咽下去。原始类群如石蛃目和衣鱼目、有翅类的襀翅目、直翅目、脉翅目的成虫以及高度特化的类群如甲虫、一部分膜翅目昆虫都属于此种口器类型，其中直翅目昆虫的口器最为典型。口器的上唇、上颚、下颚与下唇围成的空隙称为口前腔（preoral cavity）。舌在口前腔的中央，将口前腔分为前、后两部分，前面的部分称为食窦（cibarium），前肠开口于此处，食物在此经咀嚼后送入前肠；后面部分称为唾窦（salivarium），唾腺在此开口，唾液流出后，在口前腔与食物相混合。咀嚼式口器的昆虫也常有饮水的习惯，饮水时将舌紧贴唇基内壁，借食窦和咽喉的肌肉交替伸缩形成唧筒进行吸水。现以飞蝗为例，说明咀嚼式口器的构造（图4-9）。

（1）上唇（labrum） 是悬于唇基前缘的一双层薄片，以唇基上唇沟与唇基分界，作为口器的上盖，可以防止食物外落。上唇的前缘中央凹入，外壁骨化；内壁膜质柔软，上有密毛和感觉器，称为内唇（epipharnx）。上唇内部有肌肉，可使上唇做前后运动（图4-9 A）。

（2）上颚（mandible） 位于上唇的后方，是由头部附肢演化而来的1对坚硬的锥状构造。上颚的前后有两个关节，连接在头壳侧面颊下区的下方。上颚端部具齿的部分称为切齿叶（incisor lobe），用以切断和撕裂食物；基部与磨盘齿槽相似的粗糙部分称为臼齿叶（molar lobe），用以磨碎食物（图4-9 B，C）。

上颚基部具有起源于头颅内的两束肌肉，即强大的收肌和较小的展肌，这两束肌肉分别着生在上颚的两个肌腱（收肌腱和展肌腱）上，两束肌肉的收缩使上颚沿两个关节的连线为轴左右活动。东亚飞蝗的上颚左右不对称。

（3）下颚（maxillae） 位于上颚的后方和下唇的前方。也是由头部的1对附肢演变而来，左右成对，可辅助取食。可分为轴节（cardo）、茎节（stipes）、外颚叶（galea）、内颚叶（lacinia）和下颚须（maxillary palpus）共5部分，内、外颚叶具有协助上颚刮切食物和握持食物的作用（图4-9 D，E）。

下颚的肌肉主要有3类，即着生于下颚轴节和茎节的肌肉，源于头壁和幕骨前臂，帮助整个下颚运动；着生于内、外颚叶基部的肌肉，源于下颚茎节，帮助内、外颚叶的运动；着生于下颚须基部及其各节的肌肉，也源于下颚茎节，帮助下颚须运动。通过这些肌肉的收缩和伸展，两个下颚可以相向或反向以及前后活动。

（4）下唇（labium） 位于下颚的后方或下方、头孔的下方，构造与下颚相似，相当于1对下颚愈合而成，故又称第2下颚。具有托挡食物的作用。

在胚胎发育时期，下颚和下唇是4个分开的芽体，在发育过程中，下颚芽体发育成为两个独立的构造，而左右下唇芽体则愈合成一体。在现代昆虫中，愈合的程度也因种类而异，例如在低等的衣鱼目昆虫中，就易看出下唇成对的情况，而在比较高等的有翅类昆虫中，也仅仅是下唇的基部亚颏和颏发生愈合，前颏及其前端着生的侧唇舌和中唇舌仍是成对分开的。下唇也分为5个部分（图4-9 F）。

① 后颏（postmentum）：位于下唇的基部，相当于下颚的轴节，着生在后头孔下面的

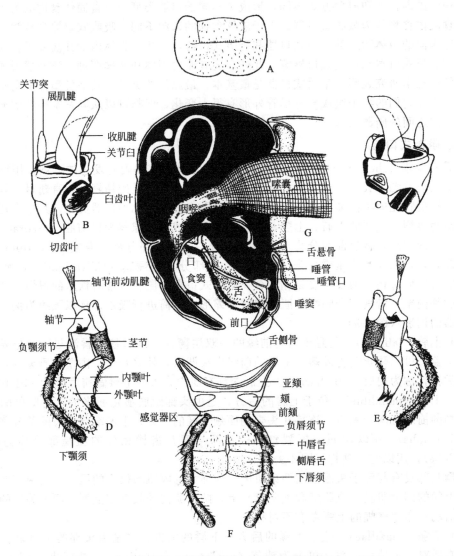

图 4-9　东亚飞蝗的口器组成部分（仿虞佩玉和陆近仁，1964）

A—上唇；B,C—上颚；D,E—下颚；F—下唇；

G—头部纵切面，示舌、食窦、唾窦等结构

薄膜上，通常分为前后两个骨片，后端的骨片称为亚颏（submentum），前端的骨片称为颏（mentum）。后颏不能活动。

②前颏（prementum）：连在后颏前端的部分，相当于下颚的茎节，可以活动。

③侧唇舌（paraglossa）：是位于前颏端部外侧的 1 对较大的叶状构造，相当于下颚的外颚叶。

④中唇舌（glossa）：前颏端部内侧即两侧唇舌之间的 1 对小突起，相当于下颚的内颚叶。东亚飞蝗的中唇舌不对称，左面的一个不很明显，而右面的一个则非常明显。

侧唇舌和中唇舌合起来又称唇舌，在某些昆虫中两者常互相愈合，有的演化为口器的主要组成部分，而有的则退化。

⑤下唇须（labial palpus）：着生在前颏侧后方的一块骨片即负唇须节（palpiger）上，节数较下颚须少，一般只有 3 节，也较下颚须短。下唇须也生有感觉毛，起感触食物的

作用。

下唇的肌肉和下颚的肌肉相似。着生于后颏基部的肌肉，源于幕骨桥，参与整个下唇运动；着生于唇舌基部的肌肉，源于前颏，参与唇舌运动；着生于下唇须基部及各节的肌肉，也源于前颏，参与下唇须运动。通过这些肌肉的收缩和伸展，下唇的前颏部分可以进行前后和左右活动。

（5）舌（hypopharynx） 位于头壳腹面中央，是头部颚节区腹面扩展而成的一个囊状构造，不是头部的附肢。舌壁具有很密的毛带和感觉区，具有味觉作用。舌有肌肉控制伸缩，帮助运送和吞咽食物。

二、嚼吸式口器

嚼吸式口器（chewing-lapping mouthparts）兼有咀嚼固体食物和吸食液体食物两种功能，为一些高等蜂类所特有。这类口器的主要特点是上颚发达，可以咀嚼固体食物，下颚和下唇特化为可临时组成吮吸液体食物的喙。现以蜜蜂为例说明其基本构造（图4-10）。

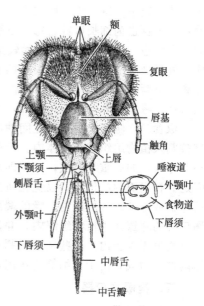

图 4-10　蜜蜂成虫的口器
（仿 Wigglesworth, 1964）

上唇和上颚保持咀嚼式口器的形式。上颚发达，主要用于采集咀嚼花粉和筑蜂巢。下颚的外颚叶延长成刀片状，内颚叶和下颚须退化。下唇的颏是一块三角形的骨片，前颏是一块近于长方形的槽状骨片，中唇舌和下唇须延长，中唇舌的腹面凹陷成一纵槽，端部膨大成瓣状构造，侧唇舌不发达。

蜜蜂在取食花蜜或其他液体食物时，下颚的外颚叶覆盖在中唇舌的背、侧面，形成食物道，下唇须贴在中唇舌腹面的槽沟上形成唾道。中舌瓣有刮取花蜜的功能，借唧筒的抽吸作用将花蜜或其他液体食物吸入肠内。蜜蜂的唧筒是一个大型的肌肉囊，位于头颅内脑的前方，由咽喉、口腔、食窦合成。该唧筒不仅有抽吸作用，还可以回吐食物，帮助酿蜜及哺喂后蜂和幼虫。吸食完毕，下颚和下唇临时组成的喙管又分开，分别弯折于头下，此时上颚便发挥其咀嚼功能。

三、刺吸式口器

刺吸式口器（piercing sucking mouthparts）不仅具有吮吸液体食物的构造，而且还具有可以刺入动植物组织的构造，因而能刺吸动物的血液或植物的汁液。半翅目及双翅目蚊类等的口器属于刺吸式口器。

刺吸式口器的主要特点是：上颚和下颚延长，特化为针状的构造，称为口针（stylet）；下唇延长成分节的喙（rostrum），将口针包藏于其中，食窦和前肠的咽喉部分特化成强有力的抽吸机构——抽吸唧筒。现以蝽的口器为例说明其构造和功能（图4-11）。

蝽的上唇位于唇基的前下方，呈细三

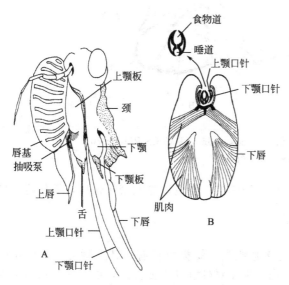

图 4-11　半翅目蝽的刺吸式口器
（仿 Snodgrass, 1935）
A—口器；B—喙的横切面

角片状，较短，紧贴于下唇沟上。上颚为细长口针，较下颚略粗，端部具细的倒齿，为穿刺器官。下颚也为细长口针，每一下颚内侧有两条纵沟，两下颚嵌合成为两条管道，前面较粗的为食物道（food canal），后面较细的为唾道（salivary canal）。下颚口针由内颚叶特化而成，外颚叶和下颚须均已消失。两对上、下颚口针以沟脊嵌合在一起，只能上下滑动而不能分离。下唇3～4节，形成长的喙，喙的前壁凹陷形成一条纵沟，称为唇槽，以容纳上、下颚口针。喙由下唇前颏特化而成，下唇须消失。舌位于口针基部，短小，圆锥形。

取食时，喙由头下方的足间抽出，与头垂直或成一斜角，在肌肉的作用下，两上颚口针交替刺入植物组织或动物体内。当两上颚口针刺入深度相同时，两嵌合在一起的下颚口针即跟着穿入，如此重复多次，口针即可深入植物组织或动物体内。上颚口针端部的倒钩刺用来固定其在组织内的位置，以免在肌肉收缩时口针倒退。喙不进入组织内，随着口针的深入向后弯折或基部缩入颈膜内，喙的端部则作为口针的向导。当口针刺入组织后，唾液即通过下颚口针的唾道注入植物组织内，并借食窦唧筒和咽喉唧筒的抽吸作用，将汁液通过下颚口针的食物道吸入肠内。一些微小的刺吸式口器昆虫（如蚜虫），食物进入食物道则是由于植物体内的压力或是由于毛细管的作用，因而这类昆虫不需要特殊的抽吸泵。

四、锉吸式口器

锉吸式口器（rasping sucking mouthparts）为蓟马类昆虫所特有，能吸食植物的汁液或软体动物的体液，少数种类也能吸人血。

蓟马的头部向下突出，呈短锥状，端部具有一短小的喙，喙由上唇和下唇组成，内藏舌和由左上颚及1对下颚所形成的3根口针（图4-12）。右上颚已消失或极度退化，不形成口针。左上颚发达，形成粗壮的口针，是主要的穿刺工具。因此这类口器的特点是上颚不对称，两下颚口针组成食物道，舌与下唇间组成唾道。

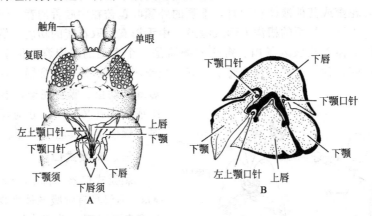

图4-12 蓟马的锉吸式口器（A仿 Matsuda，1965；B仿 CSIRO，1970）

A—背面观；B—喙横切面

取食时，先以上颚口针锉破寄主表皮，使汁液流出，然后以喙端密接伤口，靠唧筒抽吸作用将汁液吸入消化道内。

五、虹吸式口器

虹吸式口器（siphoning mouthparts）为多数蛾类、蝶类所特有。其上唇为一条很狭的横片。上颚消失。下颚的轴节和茎节缩入头内，但1对外颚叶十分发达，组成一个卷曲呈钟表发条状的喙。每一外颚叶内壁各有一条纵沟，互相嵌合成一条食物道。有的还保留1对不发达的下颚须。下唇退化为一小的三角形区，但下唇须发达，通常3节。舌也已退化（图4-13）。

喙的外壁有很多与薄膜交替排列的环形骨片。不取食时，借助管壁上面具有的弹性（因表皮内有弹性蛋白积蓄）表皮脊而盘卷起来；取食时，通过斜向贯穿其空腔（外颚叶腔）的肌肉和血压的作用而伸直如虹吸管，可伸进花瓣中吸收花蜜或吸食外露的果汁及露水等。原始的蛾类，如小翅蛾科（Micropterygidae）等仍保留着较为发达的上颚，因而可取食花粉。一些成虫期不取食的蛾类（如毒蛾科、蚕蛾科等），则口器随之退化；寿命短的蝶类，喙也常缩短，甚至完全退化。

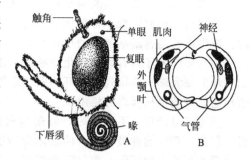

图 4-13　鳞翅目成虫的虹吸式口器（A 仿彩万志，2001；B 仿 Eidmann，1924）
A—鳞翅目成虫头部模式图，侧面观；B—喙的横切面

蛾、蝶类成虫一般对作物不造成危害，但吸食果液的蛾类的喙端锋利，能刺破成熟果实的果皮，吮吸果汁，造成对苹果、梨、桃、柑橘等果实的危害。

六、舐吸式口器

舐吸式口器（sponging mouthparts）为双翅目蝇类成虫所具有，如家蝇、花蝇、食蚜蝇等。现以家蝇（*Musca domestica*）为例说明其构造和功能（图 4-14）。

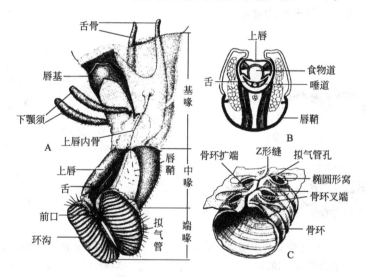

图 4-14　家蝇的舐吸式口器（仿 Matheson，1951）
A—口器的侧面观；B—中喙的横切面；C—拟气管的一部分

家蝇口器的上颚消失，下颚除保留 1 对下颚须外，其余部分也消失。在其头下可见一粗短的喙，喙由基喙（basiproboscis）、中喙或喙（mediproboscis 或 haustellum）和端喙（distiproboscis）3 部分组成。

基喙最大，略呈倒锥状，以膜质为主，是头壳的一部分，其前壁有一马蹄状的唇基，唇基前生有 1 对棒状不分节的下颚须。

中喙是真正的喙，略呈筒状，由下唇前颏形成。其后壁骨化为唇槽鞘，前壁凹陷成为唇槽。上唇长片状，内壁凹陷成为食物道，盖合在唇槽上。舌成为一小形刀片状，内有唾道，位于唇槽内，封合食物道。由于基喙为膜质而有弹性，所以平时中喙可折叠于头下或缩入头内，只有在取食时伸直。

端喙是位于中喙末端的两个椭圆形瓣，一般称为唇瓣（labella）。唇瓣腹面膜质，并有很多条环沟，形似气管，常称为拟气管（pseudotracheae）。每一唇瓣上的环沟通至1条纵沟，纵沟连到两唇瓣基部间的小孔即前口（prestomum），但也有一部分环沟直接通向前口。每一细的环沟上列着许多骨化的断环，断环一端分叉，另一端稍扁平而膨大；叉端与相邻的一环的膨大端交替排列，每环的两端之间有空间，为环沟与外界相通的地方。前口与食物道相通，唾液也从前口分泌出来。

唇瓣可以活动，不取食时，唇瓣腹向并合，拟气管隐藏起来。取食时，有时两唇瓣平展，借食窦唧筒的抽吸作用，使液体食物通过拟气管进入前口，拟气管还有过滤作用；有时两唇瓣上翻至中喙两侧，前口完全露出，直接取食液体食物。

七、几种幼虫的口器

昆虫的幼虫常常由于取食方式和生活环境与成虫不同，口器的构造也发生了变异。例如鳞翅目成虫取食花蜜、果汁和露水等，为虹吸式口器；而幼虫则取食固体食物，为咀嚼式口器。蝇类成虫口器为舐吸式，而幼虫蛆的口器已经退化。以下介绍几种常见的幼虫口器。

1. 鳞翅目幼虫的口器

属于变异咀嚼式口器，取食固体食物。其上唇和上颚与一般咀嚼式口器相似，但下颚、下唇和舌愈合成为一复合体，两侧为下颚，中央为下唇和舌，顶端具有一个突出的部分为吐丝器（fusulus）（图4-15），末端的开口为下唇腺转化而成的丝腺开口，可吐丝结茧。上唇前缘中央有深的缺刻，用来把持食物。

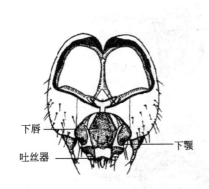

图4-15 鳞翅目幼虫变异的咀嚼
式口器（仿吴维均，1950）

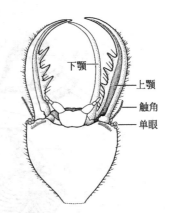

图4-16 脉翅目蚁狮幼虫的捕吸式
口器（仿Wigglesworth，1964）

膜翅目叶蜂类幼虫的口器与鳞翅目幼虫基本相似，下颚、下唇和舌也构成复合体，但中央无突出的吐丝器。

2. 脉翅目幼虫的口器

脉翅目昆虫如草蛉、褐蛉、蚁蛉等，其成虫和幼虫均可捕食害虫，但口器属于不同类型，成虫为咀嚼式口器，而幼虫为捕吸式口器（grasping sucking mouthparts）或称双刺吸式口器。如草蛉幼虫主要捕食蚜虫，有"蚜狮"之称，蚁蛉幼虫主要捕食蚂蚁，又称为"蚁狮"。这类幼虫口器的构造与蝽、蝉等的刺吸式口器不同，其头式属于前口式而不是后口式。主要特点是上颚长而宽，端部尖，呈镰刀状（蚁蛉幼虫上颚端部还有齿），沿其内缘有一纵沟。下颚的轴节、茎节均很小，下颚须消失，但外颚叶发达，呈细镰刀状，并嵌合于上颚的纵沟上，组成一食物道，端部开口，基部通向口腔。下唇较小，具下唇须（图4-16）。

这类口器由左、右的上下颚分别合成刺吸构造，因而常被称为双刺吸式口器。在捕食时将这一对由上、下颚组成的捕吸器刺入猎物体内，接着将消化液经食物道注入猎物体内，进行肠外消化，然后将猎物举起使消化好的物质流入口腔，最后只剩下一层猎物皮（躯壳）而被抛弃。

3. 蝇蛆的口器

蝇类幼虫的口器属刮吸式口器（scratching mouthparts）（图 4-17）。其头部已经退化，缩入前胸内。口器也已经退化，只能见到 1 对口钩（mouth-hook），用于刮破食物，然后吸食汁液及固体碎屑。过去认为口钩系由上颚演变而成，但无证据表明其为头部附肢，而且其肌肉来自食窦的侧壁，在蜕皮时也随蜕一起脱掉，所以认为它可能是高度骨化的次生构造。口钩往里是口咽骨，再往里是咽骨。由口钩、口咽骨和咽骨 3 部分组成头咽骨。可以根据头咽骨的发育变化区分蝇类幼虫的龄期。

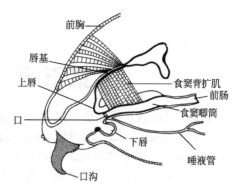

图 4-17　蝇蛆内缩头部的纵切面（仿 Snodgrass，1935）

八、口器的类型与害虫防治的关系

昆虫的口器类型不同，为害方式也不同，因此采用防治害虫的方法也就不相同。了解昆虫口器的构造类型，不仅可以知道害虫的为害方式，而且对于正确选用农药及合理施药有着重要意义。同时，熟悉害虫的口器类型与被害特征后，即使害虫已经离开寄主，也可以根据被害状大致判明害虫的类别。

咀嚼式口器的昆虫取食固体食物，咬食植物各部分组织，造成机械损伤。如蝗虫、黏虫等咬食叶片、茎秆，造成寄主植物残缺不全，甚至把庄稼吃成光秆；有的将叶片咬成许多孔洞，或仅剥食叶肉而留下叶脉，如叶甲；有的吐丝缀叶潜居其中为害，如卷叶蛾、螟蛾；有的蛀入树干木质部，蛀成各种形状的"隧道"，如天牛、吉丁虫等。对于这些害虫一般采用胃毒剂（stomach poison）或触杀剂（contact poison）进行防治。对于蛀茎、潜叶或蛀果等钻蛀性害虫，因只是短时间暴露在外，故施药时间应掌握在害虫蛀入之前；对于地下害虫，一般使用毒饵、毒谷，使之和食物一起吞下，导致害虫死亡。

被具有刺吸式口器的昆虫如螨、蚜虫、叶蝉和飞虱等为害的植物，外表没有显著的残缺与破损，但造成生理伤害。植物叶片被害后，常出现各种斑点或引起变色、皱缩或卷曲。被蚜、瘿蜂等为害的植物，叶面隆起，形成虫瘿。幼嫩枝梢被害后，往往变色萎蔫。螨、蚧类等为害的植物也可形成畸形的丛生枝条。此外，昆虫在取食时，可将有病植株中的病毒吸入体内，随同唾液注入健康的植株中，引起健康植株发病，如小麦的黄矮、丛矮等病毒就是由蚜虫、飞虱传播的。对于刺吸式口器的害虫，一般使用内吸杀虫剂（systemic insecticide）防治效果最好，触杀剂对刺吸式口器的害虫也有良好的防治效果，而胃毒剂对刺吸式口器的害虫则不能奏效。

虹吸式口器的昆虫吸食暴露在植物体外表的液体，根据这一习性可将胃毒剂制成液体毒饵，使其吸食后中毒，如目前常用的糖酒醋诱杀液等。

目前农药正朝着高效低毒和有选择性（不杀伤天敌）方向发展，常具有触杀、胃毒、内吸等多种作用，有的还兼有熏蒸作用，则不受口器构造的限制，应用比较广泛。

第五章　昆虫的胸部

胸部（thorax）是昆虫体躯的第 2 体段，位于头部之后。在胸部和头部之间有一膜质环，称为颈（cervicum）或颈膜（neck membrane）。颈通常缩入前胸内，其来源还不十分清楚，可能是由下唇节和前胸的一部分互相结合而成。在颈膜上具有一些小骨片，称为颈片（cervical sclerites），背、腹、侧区各有 1 对，其中以两侧的侧颈片（cervapleuron）最为多见和重要。侧颈片由两片组成，互相顶接并呈一夹角。侧颈片前端称为前侧颈片（cervepisternum），其前方与后头突支接；后端称为后侧颈片（cervepimeron），其后方与前胸的前侧片形成关节。侧颈片上着生有起源于头部和胸部的肌肉，这些肌肉以及背腹纵肌的伸缩活动，可使头部前伸或后缩，及上下倾斜和左右活动。

第一节　胸节的构造

胸部由 3 节组成，由前向后依次分别称为前胸（prothorax）、中胸（mesothorax）和后胸（metathorax）。每一胸节各具足 1 对，分别称为前足（fore leg）、中足（median leg）和后足（hind leg）。大多数昆虫在中、后胸上还各具有 1 对翅（wings），分别称为前翅（fore wings）和后翅（hind wings）。中、后胸由于适应翅的飞行，互相紧密结合，内部具有发达的内骨和强大的肌肉。中、后胸有翅，故又称为具翅胸节（pterothorax）。

无翅昆虫和全变态类的幼虫，胸部各节比较简单，各节大小、形状和构造都很相似。在有翅昆虫中，胸部因要承受足和翅的强大肌肉的牵引力，所以各胸节常常高度骨化，形成发达的背板、腹板和侧板。各胸节发达程度与其上着生的翅和足的发达程度有关。如蚊、蝇类前翅发达，后翅退化，中胸远较后胸发达；捻翅目雄虫前翅退化、后翅发达，甲虫类前翅不用于飞行，这些昆虫的后胸都比中胸发达；螳螂前足特化为捕捉足，蝼蛄前足成为开掘足，所以前胸都很发达。

一、背板

大部分幼虫和较原始种类的成虫，其背板（tergum）为一块完整的骨板，不再分片，因而称为原背板（nolum）。

前胸背板（pronotum）在各类昆虫中变异很大。如蝗虫类的前胸背板呈马鞍形，两侧向下扩展，几乎盖住整个侧板；菱蝗类的前胸背板向后延伸至腹部末端；半翅目、鞘翅目的前胸背板也很发达。但前胸不发达的昆虫，其前胸背板通常仅仅是一狭条骨片。

具翅胸节的背板结构相似，由 3 条次生沟将背板分为几块骨片（图 5-1）。这 3 条次生沟是：

① 前脊沟（antecostal sulcus）：由初生分节的节间褶发展而来，其内的前内脊

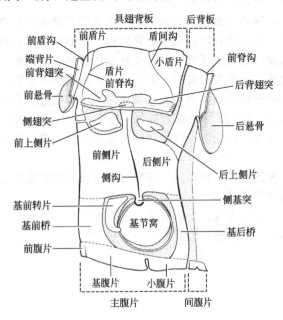

图 5-1　具翅胸节侧面观（仿 Snodgrass，1935）

（图中标注：）
具翅背板　后背板
前盾沟　前盾片　盾间沟
端背片　盾片　小盾片　前脊沟
前背突　前脊沟
前悬骨　侧翅突　后背翅突
前上侧片　后悬骨
前侧片　后侧片
侧沟
基前转片　后上侧片
基前桥　侧基突
前腹片　基节窝　基后桥
基腹片　小腹片
主腹片　间腹片

发达，形成悬骨，是背纵肌着生的地方。

② 前盾沟（prescutal sulcus）：位于前脊沟后的一条横沟。

③ 盾间沟（scutoscutellar sulcus）：通常呈"∧"形的沟，位于背板后部，内脊较强大，盾间沟的位置和形状很不固定，有的甚至全部消失。

由上述 3 条次生沟将具翅胸节背板划分成 4 块骨片，即：

（1）端背片（acrotergite）　前脊沟前的一块狭条骨片。在翅发达的胸节，其后一节的端背片常向前扩展与前一节的背板紧接，而在前脊沟的后面发生一条窄小的膜质带，这一端背片就形成了前一节的后背片（postnotum）。

（2）前盾片（prescutum）　前脊沟与前盾沟间的狭片，其大小和形状变化很大。在襀翅目、部分直翅目和鞘翅目昆虫的中胸背板上较发达。

（3）盾片（scutum）　前盾沟与盾间沟之间的骨片，通常很大。

（4）小盾片（scutellum）　盾间沟后的一块小形骨片，通常呈三角形。

具翅胸节盾片两侧缘前后各有一突起，称为前背翅突（anterior notal wing process）和后背翅突（posterior notal wing process），它们分别与翅基第 1 腋片和第 3 或第 4 腋片相接，作为翅基的支点。小盾片两侧与翅后缘的腋索相交接，前盾片也常向外或腹面突出，与侧板的前侧片相接，形成翅前桥（prealare）。后背片与侧板的后侧片相接，形成翅后桥（postalare）。

具翅胸节背板上的沟和所划分的骨片，在各类昆虫中变化较大。如蝗虫的端背片为背板前缘的狭片，其后的沟为前脊沟，前盾片仅在两侧发达，盾片为大形的骨片，侧缘有与翅基部形成关节的前、后背翅突。

具翅胸节背板常被前胸背板或翅覆盖，半翅目、鞘翅目昆虫的中胸和后胸背板也被翅覆盖，只有中胸小盾片露在翅基部之间，为一小三角形骨片，但半翅目盾蝽的中胸小盾片十分大，可将翅和整个腹部覆盖起来。

二、侧板

侧板（pleuron）是体节两侧背、腹板之间的骨板。侧板起源于足基节背面的两块骨片和腹面的一块骨片。背面上方的一块为主侧片（anapleurite），下方的为基侧片（coxopleurite），腹面的小骨片与腹板合并成腹侧片（sternopleurite）。低等有翅昆虫的基侧片仍保留为一游离小骨片，称为基外片。高等有翅昆虫背面的两骨片合并扩大到整个侧面，形成侧板。侧板有 1 条深的侧沟，将侧板分为前面的前侧片（episternum）和后面的后侧片（epimeron）。具翅胸节的侧板很发达，侧沟下方形成顶接足基节的侧基突，为基节的运动支点，上方形成侧翅突（pleural wing process）顶在翅的第 2 腋片下方，成为翅运动的支点。侧翅突的前后，在前、后侧片上方的膜中，各有一分离的小骨片，即前上侧片（basalare）和后上侧片（subalare），统称为上侧片（epipleurites）。连于上侧片的肌肉控制翅的转动和倾折。此外，侧板在足基节臼的前、后与腹板并接，分别形成基前桥（precoxale）和基后桥（postcoxale）。这些构造均与加强胸节、形成翅与足的运动机械有关（图 5-1）。

前胸侧板的后侧片常退化，或者与背板合并。有时前胸的前侧片同时或仅其中一块与腹板愈合。所以前胸侧板常不如具翅胸节的发达。

三、腹板

腹板（sternum）为胸节腹面两侧板之间的骨板。前胸腹板一般都不发达，多为一块较小的骨片。在蝗虫中有的具有一个锥状突起；叩头甲和吉丁甲的前胸腹板上有 1 个向后延伸的楔状突起，插在中胸相应的凹陷中。

具翅胸节的腹板，被节间膜划分为膜前的间腹片（intersternite）和膜后的主腹片（eusternum）。间腹片包括前脊沟以前的端腹片（acroiergite）和沟后至膜质带之间较小的狭骨片，前移至前一节成为该节腹板后面的一个部分。间腹片较小，前内脊常退化成为一刺状突起，通常称内刺突（spina），因此间腹片又称具刺腹片（spinasternum）。中胸间腹片常与主腹片合并，后胸间腹片受到限制或形成第1腹节的端腹片。主腹片上有1条腹脊沟（sternacostal sulcus）将主腹片划分为前面的基腹片（basisternum）和后面的小腹片（sternellum）（图5-1），基腹片的前面还有1条次生沟，称前腹沟（presternmal sulcus），沟前的狭片称前腹片（presternum）。在基腹片的两侧与前侧片之间常具有侧腹片（pleurosternite）。

四、胸部的内骨骼

胸部体壁内陷形成的脊和突构成胸骨。背板前脊沟内陷成为前内脊，上面着生纵肌。有些昆虫的背纵肌十分发达，前内脊两端向下扩大为1对板状的悬骨（phragmata），但也有1对悬骨合为1块的。具翅昆虫的胸部一般有3对悬骨，称为第1、第2和第3对悬骨，分别属于中胸、后胸和第1腹节。但因后背片的有无，或第1腹节的端背片是否前移合并，悬骨所属的胸节也不同。

侧板的侧沟内陷形成侧内脊，具翅胸节的侧内脊还向下延伸成臂状的侧内突。腹板的内骨包括主腹片的腹内突（sternal apophyses）和间腹片（intersternite）的内刺突（spina）。主腹片腹内突由腹脊沟内陷而成，其基部与腹内脊（sternacosta）相连，在较高等昆虫中，两个腹内突基部合并为叉状的叉突（furca），是腹纵肌主要着生的地方。叉突两侧向上伸与侧板的侧内突相接。间腹片的内刺突相当于一般次生分节的前内脊，但退化为一个刺状物，有一小部分腹纵肌着生在上面。

第二节　胸　足

一、胸足的构造

昆虫的胸足（thoracic legs）是胸部行动的附肢，着生在各节的侧腹面，基部与体壁相连，形成一个膜质的窝，称为基节窝（coxal cavity）。成虫的胸足常分为6节，自基部向端部分为基节、转节、腿节、胫节、跗节和前跗节（图5-2）。

（1）基节（coxa）　胸足的第1节，通常与侧板的侧基突相支接，形成关节窝（articular socket），为牵动全足运动的关节构造。有时，如蝗虫和一些甲虫中，还与基前转片（trochantin）相支接。基节常较短粗，多呈圆锥形。

（2）转节（trochanter）　是足的第2节，一般较小，基部由两个关节与基节相连，端部以背腹关节与腿部紧密相连而不能活动。转节一般为1节，只有少数种类如蜻蜓等的转节为2节。

（3）腿节（femur）　常为足中最强大的一节，末端同胫节以前后关节相接，两关节的背腹面有较宽的膜，腿节和胫节间可作较大范围活动，使胫节可以折贴于腿节之下。

（4）胫节（tibia）　通常细长，较腿节稍短，边缘常有成排的刺，末端常有可活动的距。控制胫节活动的肌肉源自腿节。

（5）跗节（tarsus）　通常较短小，成虫跗节分为2～5个亚节，各亚节间以膜相连，可以活动。多数全变态昆虫的幼虫的跗节不再分亚节。有的昆虫如蝗虫等的跗节腹面有较柔软的垫状物，称为跗垫，可用于辅助行动。

（6）前跗节（pretarsus）　是胸足最末一节，在一般昆虫中，前跗节退化而被两个侧爪所取代。爪（claw）微弯而坚硬，基部以膜与跗节相连。前跗节常有一骨片陷入跗节内，称为掣爪片（unguitractor plate）。爪在各目昆虫中变化较大。少数昆虫如衣鱼既有1对侧爪，还有1个很小的中爪；食毛目、虱目、半翅目介壳虫仅具1爪；缨翅目昆虫大多数无爪，只有一囊状中垫，许多昆虫在爪间亦有囊状中垫；双翅目昆虫在擎爪片上往往具一片状或刺状突起，称为爪间突（empodium）；有的爪在基部发生一个爪下的瓣状构造，称为爪垫（pulvillus）。前跗节及跗节上的垫状构造多为袋状，内充血液，下面凹陷，便于吸附在光滑物表面，有时垫状构造的表面被覆着管状或鳞片状毛，称粘吸毛或鳞毛，毛的末端为腺体分泌物所湿润，以辅助攀援（图 5-3）。

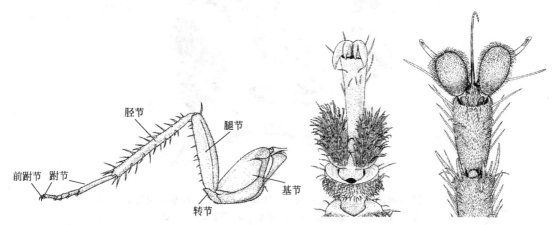

图 5-2　胸足的构造（仿 Snodgrass，1935）　　图 5-3　叶甲和蝇的胸足末端构造（仿 Gullan 和 Cranston，2010）

全变态类昆虫的幼虫胸足构造简单，跗节不分节，前跗节仅 1 爪，节间膜较宽，节间通常只有单一的背关节，只有脉翅目、毛翅目等幼虫在腿节与胫节间有两个关节突。部分鞘翅目幼虫的胫节和跗节合并，称为胫跗节（tibiotarsus）。

二、胸足的类型

昆虫胸足的原始功能为行动器官。但在各类昆虫中，由于适应不同的生活环境和生活方式的结果，特化成许多不同功能的构造，因而可以作为分类和了解其生活习性的依据之一。常见有以下几种类型（图 5-4）。

（1）步行足（ambulatorial leg）　昆虫中最普通的一类胸足。一般比较细长，适于步行。没有显著的特化现象，但在功能上仍表现出一些差异。如蝽、瓢虫、叶甲的足适于慢步行走；蜚蠊、步甲的足则适于疾走和奔跑；蛾类足在静止时可以抓住物体，很少用于行走（图 5-4 A）。

（2）跳跃足（saltatorial leg）　腿节特别发达，肌肉多，胫节细长而健壮，末端距发达。多为后足所特化，用于跳跃。如蝗虫、蚤蝼等的后足（图 5-4 B）。

（3）捕捉足（raptorial leg）　基节通常特别延长，腿节的腹面有槽，胫节可以折嵌其内，形似铡刀，用以捕捉猎物。有的腿节和胫节还有刺列，以抓紧猎物，防止逃脱。如螳螂、螳蛉、猎蝽等的前足（图 5-4 C）。

（4）开掘足（fossorial leg）　形状扁平，粗壮而坚硬。胫节外缘具坚硬的齿，状似钉耙，适于掘土。如蝼蛄、金龟子等在土中活动的昆虫的前足（图 5-4 D）。

（5）游泳足（natatorial leg）　多见于水生昆虫的中、后足，呈扁平状，生有较长的缘毛，用以划水。如龙虱、仰蝽、负子蝽等的后足（图 5-4 E）。

（6）抱握足（clasping leg）　为雄性龙虱所特有，雄性龙虱的前足第 1～3 跗节特别膨大，其上生有吸盘状构造，在交配时用以抱持雌虫身体（图 5-4 F）。

（7）携粉足（corbiculate leg）　是蜜蜂类用以采集和携带花粉的构造，由工蜂后足特化而成。胫节宽扁，两边有长毛，构成携带花粉的"花粉篮"，第 1 跗节长而扁，其上有 10～

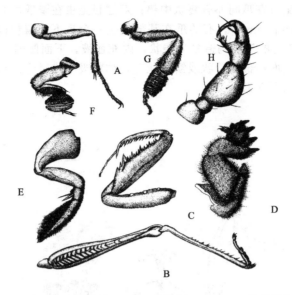

图 5-4 昆虫胸足的基本类型（A～G 仿周尧，1954；H 仿彩万志，2001）
A—步行足；B—跳跃足；C—捕捉足；D—开掘足；E—游泳足；
F—抱握足；G—携粉足；H—攀握足

12 排横列的硬毛，用以梳集体毛上黏附的花粉，称"花粉刷"。胫节末端有一凹陷，与第 1 跗节的瓣状突构成"压粉器"。两后足互相刮集第 1 跗节上的花粉于"压粉器"内，压成小的花粉团。由于跗节折向胫节，而将花粉团挤入花粉篮基部（图 5-4 G）。

　　（8）攀握足（scansorial leg）　为虱类所特有。其跗节仅为 1 节，前跗节为大形钩状的爪，胫节外缘有一指状突，当爪向内弯曲时，尖端可与胫节的指状突密接，可牢牢夹住寄主毛发（图 5-4 H）。

　　此外，蜂类的前足还有清洁触角的净角器（antenna cleaner）。

第三节　翅

　　昆虫是无脊椎动物中唯一能飞翔的动物，也是动物界中最早出现翅的类群。翅的获得不仅扩大了昆虫活动和分布的范围，也加强了昆虫活动的速度，使昆虫在觅食、求偶、寻找产卵和越冬越夏场所以及逃避敌害等方面具有很强的优越性，是昆虫纲成为最繁荣的生物类群的重要条件。在各类昆虫中，翅有多种多样的变异，所以翅的特征就成了研究昆虫分类和演化的重要依据。

一、翅的起源和发生

　　昆虫的翅和鸟类及蝙蝠的翅不同，不是由前肢改变功能而来，昆虫的翅与附肢无关。由于原生无翅昆虫在向有翅昆虫演化中还未发现过渡类群，以致翅的起源问题迄今尚无定论。

　　生物学家在昆虫化石及昆虫比较形态学等方面的研究基础上，对翅源提出了多种假说。主要有侧背板翅源说（paranotal theory）、气管鳃翅源说（tracheal gill theory）和侧板翅源说（pleuron theory）等。其中被较为广泛接受的是侧背板翅源说。

　　侧背板翅源说认为，翅最先由胸部背板两侧向外扩展，与侧板近背面扩展部分形成侧背叶（paranotum），侧背叶发展成翅。侧背叶不能活动，仅起滑翔作用。在进化过程中，侧背叶基部膜质化并形成关节，通过背纵肌和背腹肌收缩而活动，形成飞行器官。

翅既然是体壁向外扩展的叶状物，所以，翅尽管很薄，其构造也基本与体壁相同。翅是由两层体壁与背板合并膜质化而成的，有的皮细胞层也消失，两层体壁间分布的气管形成了翅脉（vein）。在翅脉的空隙中，有神经分布，血液也沿翅脉循环。翅面上还有感觉器及毛、鳞片等体壁的衍生物（图 5-5）。

前胸的侧背叶不能发育成为飞行器官，是由于前胸前方没有供背纵肌着生的内脊，所以只在中、后胸上各发生 1 对翅，即前翅和后翅。

在不完全变态的昆虫中，翅在虫体外发育，常成囊状物，称为翅芽（wing buds），一般在第 2、3 龄期开始出现，到羽化为成虫时，翅也达到充分发育的程度，这类昆虫在分类学上称为外生翅类（exopterygota）。在全变态类昆虫中，翅芽在幼虫体内发育，直到化蛹时才露出体外，这类昆虫在分类上称为内生翅类（endoptergota）。

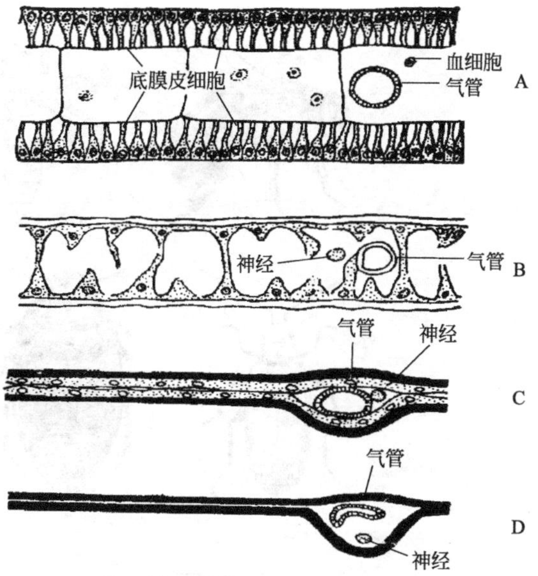

图 5-5　翅的发育过程的横切面模式
图（仿 Weber，1936）
A—蛹期翅芽，底膜分离；B—刚羽化成虫的翅，底膜合并或消失，但尚未硬化；C—已经硬化的成虫的翅；D——一种蜚蠊的后翅，皮细胞层已经消失

二、翅的基本构造

昆虫的翅通常呈三角形，具有 3 条缘和 3 个角。翅展开时，靠近头部的一边，称为前缘（costal margin）；靠近尾部的一边，称为内缘（inner margin）；在前缘与内缘之间、同翅基部相对的一边，称为外缘（outer margin）。前缘与内缘间的夹角，称为肩角（humeral angle）；前缘与外缘间的夹角，称为顶角（apical angle）；外缘与内缘间的夹角，称为臀角（anal angle）（图 5-6）。翅的内缘在基部常加厚并皱褶，形成索状构造，称腋索（axillarg cord）。腋索由背板后侧角发生，起韧带作用。

翅上常发生一些褶线，将翅分为若干区。基褶（basal fold）位于翅基部，将翅基划为一个小三角形的腋区（axillary region）；翅后部有臀褶（vannal fold），在臀褶前方的区域，称为臀前区（remigium）；臀褶后的区域，称为臀区（vannus）。较低等昆虫的臀区常较大，栖息时折叠在臀前区之下。有些昆虫在臀区后还有一条轭褶（jugal fold），其后为轭区（jugal region）（图 5-6）。在蝇类中，翅后缘近基部通常有 1 个叶瓣状的构造，称为翅瓣（alula）。有些蝇类如家蝇、舍蝇等在小盾片边缘有 1~2 片叶瓣状构造，盖住平衡棒，称为鳞瓣（squamae）或称腋瓣（calypter）。

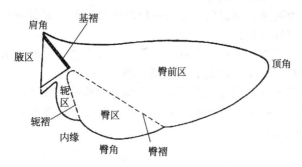

图 5-6　昆虫翅的基本构造（仿 Snodgrass，1935）

三、翅的类型

昆虫翅的主要作用是飞行，一般为膜质。但不少昆虫长期适应其生活条件，前翅或后翅发生了变异，或具保护作用，或演变为感觉器官，质地也发生了相应变化。翅的类型是昆虫分目的重要依据之一。翅的主要类型有以下几种（图 5-7）。

（1）膜翅（membranous wing）　质

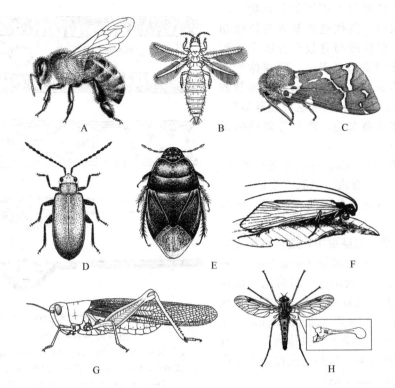

图 5-7　昆虫翅的类型（仿各作者）

A—膜翅（膜翅目昆虫前后翅）；B—缨翅（缨翅目昆虫前后翅）；C—鳞翅（鳞翅目昆虫前后翅）；
D—鞘翅（鞘翅目昆虫前翅）；E—半鞘翅（半翅目蝽象前翅）；F—毛翅（毛翅目昆虫前后翅）；
G—覆翅（直翅目昆虫前翅）；H—平衡棒（双翅目昆虫后翅）

地为膜质，薄而透明，翅脉明显可见。如蜂类、蜻蜓等的前后翅；甲虫、蝗虫、蝽等的后翅（图 5-7 A）。

（2）缨翅（fringed wing）　质地也为膜质，翅脉退化，翅狭长，在翅的周缘缀有很长的缨毛。如蓟马的前、后翅，该类昆虫在分类上称为缨翅目（图 5-7 B）。

（3）鳞翅（lepidotic wing）　质地为膜质，但翅面上覆盖有密集的鳞片。如蛾、蝶类的前、后翅，故该类昆虫在分类上统称为鳞翅目（图 5-7 C）。

（4）鞘翅（elytron）　质地坚硬，角质，无飞翔作用，用以保护体背和后翅。甲虫类的前翅属此类型，故甲虫类在分类上统称为鞘翅目（图 5-7 D）。

（5）半鞘翅（hemielytron）　基半部为皮革质，端半部为膜质，膜质部的翅脉清晰可见。蝽类的前翅属此类型，故蝽类昆虫在分类上统称为半翅目（图 5-7 E）。

（6）毛翅（piliferous wing）　质地也为膜质，但翅面上覆盖一层较稀疏的毛。如石蛾的前、后翅，该类昆虫在分类上称为毛翅目（图 5-7 F）。

（7）覆翅（tegmina）　质地较坚韧，皮革质，翅脉大多可见，但无飞行作用，平时覆盖在体背和后翅上，有保护作用。蝗虫等直翅目昆虫的前翅属此类型（图 5-7 G）。

（8）平衡棒（halter）　为双翅目昆虫和雄蚧的后翅退化而成，形似小棍棒状，无飞翔作用，但在飞翔时有保持体躯平衡的作用（图 5-7 H）。捻翅目雄虫的前翅也呈小棍棒状，但无平衡体躯的作用，称为拟平衡棒（pseudo-halter）。

四、翅的连锁

原始形式的前、后翅不相关联，飞翔时各自动作。在进化过程中，昆虫从用两对翅飞行向用一对翅飞行演化。一般前、后翅均发达，都用来作为飞行器官的如等翅目、脉翅目等，都不能获得强大的飞行能力。后翅发达并作为主要飞行器官的昆虫如直翅目、革翅目和鞘翅目等，前翅加厚作为保护器官，前、后翅之间没有连锁器。双翅目昆虫只用前翅飞行，后翅特化成平衡棒，所以也无连锁器。前翅发达，并用作飞行器官的昆虫，如鳞翅目、膜翅目等后翅不发达，在飞行时，后翅必须以某种构造挂连在前翅上，用前翅来带动后翅飞行，二者协同动作。将昆虫的前、后翅连锁成一体，以增进飞行效力的各种特殊构造称为翅的连锁器（wing-coupling apparatus）。昆虫前、后翅之间的连锁方式主要有以下几种类型（图5-8）。

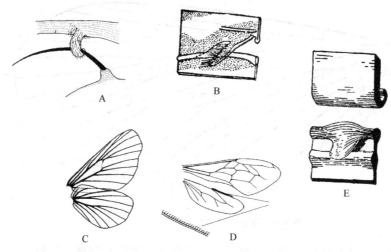

图 5-8　翅的连锁（仿各作者）
A—翅缰连锁；B—翅轭连锁；C—贴接连锁；D—翅钩连锁；E—翅褶连锁

　　（1）翅缰连锁　在后翅前缘基部有 1 根或几根强大的刚毛，称为翅缰（frenulum），在前翅反面翅脉上有 1 簇毛或鳞片，称为翅缰钩（frenulum hook）。飞翔时以翅缰插入翅缰钩内以连接前后翅。大部分蛾类属此种连锁方式。某些种类的雄蛾的翅缰仅有 1 根，而雌蛾可多达 2～9 根。雄蛾的翅缰钩位于前翅亚前缘脉下面，而雌蛾则位于前翅肘脉的下面，根据这个特点可鉴别某些蛾类的雌雄（图 5-8 A）。

　　（2）翅轭连锁　低等的蛾类如蝙蝠蛾，前翅轭区的基部有一指状突起，称翅轭（jugum），飞行时伸在后翅前缘的反面，前翅臀区的一部分叠盖在后翅上，将后翅夹住，使前后翅保持连接（图 5-8 B）。

　　（3）贴接连锁　蝶类和一些蛾类如枯叶蛾、天蛾等，前后翅无专门的连锁器，后翅肩角膨大，并且有短的肩脉（humerel vein）突伸于前翅后缘之下，以使前、后翅在飞翔过程中动作一致。这类连锁也称翅抱型连锁（图 5-8 C）。

　　（4）翅钩连锁　在后翅前缘中部生有 1 排小钩，称为翅钩（hamuli），翅钩向上及向后弯曲，在前翅后缘有 1 条向下卷起的褶，飞行时翅钩即挂在卷褶上，以协调前、后翅的统一动作，膜翅目蜂类属此种连锁方式（图 5-8 D）。

　　（5）翅褶连锁　在前翅的后缘有一向下卷起的褶，在后翅的前缘有一段短而向上卷起的褶，飞翔时前、后翅的卷褶挂连在一起，使前、后翅动作一致。如部分半翅目昆虫等属此种连锁方式（图 5-8 E）。

　　五、翅脉

　　翅面在有气管的部位加厚，就形成了昆虫的翅脉（veins）。翅脉的主要作用是加固翅膜。其分支与排列形式称为脉序或脉相（venation）。昆虫的脉序是分类鉴定的重要依据，还可以通过脉序的比较追溯昆虫的演化关系。昆虫的脉序有多种变化，但它们都是由一个原始的脉序演变而来的。早在 1898 年美国昆虫学家 Comstock 和 Needham 将昆虫的脉序归纳成假想的原始脉序，这一命名系统被称为康-尼脉系（Comstock-Needham system）。在较低等的昆虫中，翅呈半开式纵向扇折，隆起处的脉是凸脉，低处的脉是凹脉，凸凹相间，更增加了翅膜的坚韧性。较高等昆虫的翅膜平展，凸凹脉趋于消失。现在通用的假想脉序是在康-尼脉系的基础上，对照古昆虫的脉序及现存昆虫凸凹脉综合归纳和抽象而成的（图 5-9）。

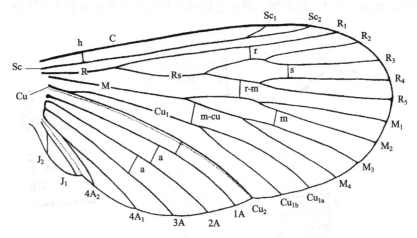

图 5-9　假想模式脉序图（仿 Ross，1982）

翅脉可分为纵脉和横脉两种。纵脉是从翅基部伸向翅边缘的脉；横脉是两条纵脉之间的短脉，与早期气管分布无关。纵脉包括以下翅脉：

（1）前缘脉（costa，C）　位于翅的最前方，通常是一条不分支的凸脉，一般较强壮，并与翅的前缘合并。在飞行过程中，可起到加强前翅切割气流的作用。

（2）亚前缘脉（subcosta，Sc）　位于前缘脉之后，通常分为 2 支，分别称为第 1 亚前缘脉（Sc_1）和第 2 亚前缘脉（Sc_2）。均为凹脉。

（3）径脉（radius，R）　通常是最发达的脉，共分 5 支。主干是凸脉，先分成 2 支，第 1 支称为第 1 径脉（R_1），直伸达翅的边缘；后一支称为径分脉（radial sector，Rs），是凹脉，再经 2 次分支，成为 4 支，即第 2、3、4、5 径脉（R_2～R_5）。

（4）中脉（media，M）　位于径脉之后，靠近翅的中部。其主干为凹脉，分成前中脉（anterior media，MA）和后中脉（posterior media，MP）两支。前中脉是凸脉，又分为 2 支；后中脉是凹脉，分为 4 支。完整的中脉仅存在于化石昆虫及蜉蝣目昆虫中。一般昆虫前中脉已消失，只有 4 支后中脉，所以中脉常单独以 M 表示后中脉，即 M_1～M_4。但蜻蜓目、襀翅目则相反，后中脉消失，仅存在前中脉。

（5）肘脉（cubitus，Cu）　主干为凹脉，分成两支，即第 1 肘脉（Cu_1）和第 2 肘脉（Cu_2）。第 1 肘脉为凸脉，又分为 2 支，以 Cu_{1a} 和 Cu_{1b} 表示。也有的将 3 支肘脉以 Cu_1、Cu_2、Cu_3 表示。

（6）臀脉（anal，A）　在臀褶之后的臀区内，通常有 3 条，即 1A、2A、3A，一般都是凸脉。有的昆虫臀脉可多至 10 余支。

（7）轭脉（jugal veins，J）　仅存在于具有轭区的昆虫中，在臀脉之后，仅 2 条，较短，分别以 J_1 和 J_2 命名。

横脉（crossvein）多根据所连接的纵脉而命名。常见的横脉有：肩横脉（humeral crossvein，h），连接 C 和 Sc 脉，位于近肩角处；径横脉（radial crossvein，r），连接 R_1 与

R_2；分横脉（sectorial crossvein，s），连接 R_3 与 R_4 或 R_{2+3} 与 R_{4+5}；径中横脉（radiomedial crossvein，r-m），连接 R_{4+5} 与 M_{1+2}；中横脉（medial crossvein，m），连接 M_2 与 M_3；中肘横脉（mediocubital crossvein，m-cu），连接 M_{3+4} 与 Cu_1 等。

在现代昆虫中仅少数毛翅目昆虫的脉序与假想脉序近似，而绝大多数种类有或多或少的变化，或增加或减少，或合并或完全消失。翅脉的增加有两种情况，一种是副脉（accesory veins）作为原有纵脉的分支，副脉的命名是在原有纵脉的简写字母后面顺序附以小写 a、b、c 等；另一种情况是加插脉或闰脉（intercalary veins），是在两条相邻的纵脉间加插较细的游离纵脉，或仅以横脉与邻脉相接，通常在其前一纵脉的简写字母前加一大写"I"表示。合并的翅脉以"＋"号连接原来纵脉名称表示，如 $Sc＋R_1$、M_{1+2} 等。在膜翅目昆虫中，翅脉的愈合情况比较特殊，常两条或多条翅脉段连接成 1 条翅脉，称为系脉（serial veins），命名时可于两脉间以"＆"或"-"相连，如 $m＆M_2$ 或 $m-M_2$ 等。

翅室（cell）是翅面被翅脉划分成的小区。翅室四周完全为翅脉所封闭的，称为闭室（closed cell），有一边不被翅脉封闭而向翅缘开放的，则称为开室（open cell）。翅室的名称以其前缘纵脉的名称表示。

六、翅的关节和动作

1. 翅的关节

翅的关节（articulation）的发生，是使翅能够具有各种活动能力和折叠放置的先决条件。在翅的基部有不少起关节作用的小骨片，用以控制翅的升降、折叠和飞行运动，统称为翅基片（pteralia）或翅关节片（图 5-10）。

（1）肩片（humeral plate）　紧接前缘脉的一块小骨片。有的昆虫在肩片基部还有一块较大的肩板（tegula），覆盖于翅基部上方。

（2）腋片（axillaries）　位于腋区的小骨片，为有翅昆虫所共有。一般为 3～4 块，腹面凸凹不平，是翅与胸部接连及折叠的重要关节。但在蜉蝣目、蜻蜓目昆虫中，腋区未分化为若干小腋片，故翅不能折叠。只有翅能折叠的昆虫，才具有发达的腋片。第 1 腋片与背板的前翅突相接，前端突出，是亚前缘脉的支点，后部外侧与第 2 腋片相接。第 2 腋片的内缘与第 1 腋片相接，前端顶接径脉基端，外缘与中片相接，腹面的凹陷与侧翅突支接，是翅运动的重要支点。第 3 腋片是 1 块后缘上卷的骨片，后角与背板的后背翅突相接，前角支接在第 2 腋片上，前缘连接中片，外端与臀脉支接。第 3 腋片腹面有 1 束肌肉，这束肌肉收缩，将第 3 腋片的外端伸出部分上举，使翅的臀前区沿臀褶往后收，臀区就折在臀前区下面。第 4 腋片极小，仅在直翅目、膜翅目中存在，位于第 3 腋片与后背翅突之间，可能是由后背翅突分离而成。

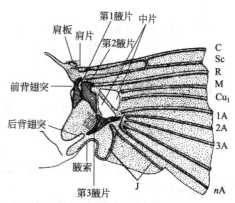

图 5-10　昆虫翅的关节（仿 Snodgrass，1935）

（3）中片（median plates）　位于腋区的中部，为内、外两块近三角形的骨片。前、后翅都有，是翅的重要折叠关节。内中片与第 2 及第 3 腋片相接，外中片外端与中脉和肘脉相接，两中片之间是基褶，翅折叠时，两中片沿基褶向上凸折。

在翅基部的关节膜的后缘常加厚而皱褶，起韧带作用，称为腋索（axillary cord）。

2. 翅的放置与折叠

（1）翅的放置　昆虫静止时，翅放置的位置一般有 3 种形式。一是翅平展于身体两侧，与飞行时相同，这种放置方式能使昆虫随时起飞，不需要作准备工作，如蜻蜓、尺蛾、大蚊等。二是左右翅背面互相叠合，竖立于身体背面，如蜉蝣目、粉蝶、凤蝶等。三是两对翅向后，前翅盖于后翅上面平放体背或作屋脊状斜覆背侧。翅能沿体折叠，后翅十分大时，能作纵折，甚至再横折1～2次置于前翅之下。

(2) 翅的折叠　与翅折叠直接有关的是第3腋片和中片。当第3腋片腹面收缩时，第3腋片外端后方上翘，使腋区沿两块中片间的基褶向上拱起，将臀区折于翅下，同时由于第3腋片翘翅时产生的后向拉力，使翅以第2腋片与侧翅突的支接处为支点向后旋转，将翅叠于体背上（图5-11）。翅的展开则由于翅的前上侧片里面的前上侧肌的收缩，拉动前上侧片而把翅拉开。

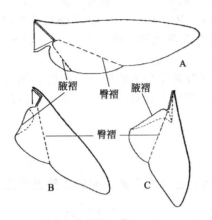

图 5-11　昆虫翅的折叠（仿 Snodgrass，1935）

A— 翅平展；B—沿翅腋基部上拱，翅面
后收；C—腋区、臀区折在臀前区下

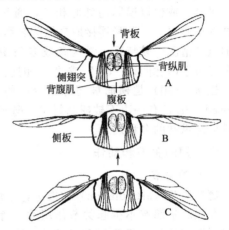

图 5-12　翅的上下运动（仿 Snodgrass，1935）

3. 翅的飞翔

昆虫飞翔时，翅的运动包括上、下拍动和前后倾折两种基本动作。

(1) 上下拍动　主要依靠翅间接肌，即背纵肌和背腹肌交替收缩。当背腹肌收缩时，背板往下拉，翅基部以第2腋片与侧翅突的顶接处为支点，被带着向下，翅因此上举。当背腹肌、背纵肌均松弛时，翅平展。当背纵肌收缩时，背板向上拱起，翅基被带着向上，翅因此下拍（图5-12）。

(2) 前后倾折　在翅上下拍动的同时，由于位于侧翅突前后膜区内的前上侧片上着生的前上侧肌和后上侧片上着生的后上侧肌的交替收缩，使翅产生倾折活动。当前上侧肌收缩时，拉动前上侧片及其上方的膜，从而牵动翅的前缘，翅随之向前倾斜，这与翅的下拍是同时进行的，即翅向下拍动时，翅的前缘向前下方划动。当后上侧肌收缩时，拉动后上侧片及其上方的膜，从而牵动了翅的后缘，使翅面向后倾斜。这与翅的上举是同时进行的，即翅上举时，前缘向后方划动。因而，翅上下拍动1次，翅面就沿着虫体的纵轴扭转1次。由于翅的上述动作，当昆虫飞行而不能前进时，翅尖成"8"字形运动，而前进时，翅尖的行程则为一系列的开环。

昆虫除前进飞行外，有些昆虫能调节翅的倾斜度和左右翅的翅震速度，使虫体可以侧向飞行或倒退飞行（如蜻蜓、一些蜂类、蝇类）。有的昆虫如食蚜蝇可以短暂地停留于空中。昆虫翅震动的速度是十分惊人的，凤蝶每秒5～9次、蜜蜂180～203次、家蝇330次、蠓高达988～1047次。翅震频率的高低，主要决定于昆虫胸部肌肉力量的强弱。昆虫飞行的速度因种类而异，如天蛾每小时可飞行54km。飞行速度与翅震频率、翅扭转程度及翅的形状等有密切关系。凡翅震频快、翅狭长而扭转度较大的种类飞行速度较快，如天蛾、蜜蜂等。相反，翅形宽大而扭转度小的昆虫飞行较慢，如一些蝶类、草蛉等。

第六章 昆虫的腹部

昆虫的腹部（abdomen）是体躯的第 3 个体段，紧连于胸部之后。消化、排泄、循环和生殖系统等主要内脏器官位于腹腔内，腹部后端还生有生殖附肢，因此腹部是昆虫代谢和生殖的中心。

第一节 腹部的基本构造

昆虫腹部的原始节数应为 12 节，但在现代昆虫的成虫中，至多具 11 节，一般成虫腹节 10 节，较进化的类群节数有减少的趋势。第 1 腹节常趋向退化，后部几节缩入体内。膜翅目的青蜂科（Chrysididae）只见到 3～5 个腹节。腹部多为纺锤形、圆筒形、球形、扁平或细长。成虫腹节均由次生分节形成，后一节的前缘套叠在前一节的后缘内。只有软体幼虫仍保留初生分节。节间膜和背、腹板之间的侧膜都比较发达，因此能伸缩自如，并可膨大和缩小，以帮助呼吸、蜕皮、羽化、交配、产卵等活动。有些昆虫节间膜具有较大韧性，如蝗虫产卵时腹部可延长几倍借以插入土中。

腹节有发达的背板和腹板，但没有像胸节那样发达的侧板，只有衣鱼目和少数在腹部还保留着附肢的幼期昆虫（如蜉蝣稚虫）在腹节侧面具有附肢的肢基片（相当于侧板），气门位于肢基片和背板之间的膜上，这种构造比较原始。多数昆虫成虫的腹板是肢基片和腹板愈合而成的一块骨片，从形态学上说应为侧腹板（pleurosternum），气门则位于背板和侧腹板间的膜上。有时背板可向侧下方扩伸，将气门围在背板内。在很多昆虫幼期中，此扩伸部分又分离成游离的侧背片（pleurotergite），气门就位于侧背片上或附近的膜上。侧背片有时与腹板合并，此时，腹板实际成为一个复合构造，包含侧背片、肢基片和腹板 3 部分。

成虫腹部的附肢大部分都已退化，但第 8、9 腹节常保留有特化为外生殖器（genitalia）的附肢。具有外生殖器的腹节，称为生殖节（genital segments）；生殖节以前的腹节，称为生殖前节或脏节（visceral segments）；生殖节以后的腹节有不同程度的退化或合并，称生殖后节（postgenital segments）。

脏节包括第 1～7 腹节，每节两侧各生有 1 对气门，连同第 8 腹节上的气门，共有 8 对气门。有翅类成虫的脏节上无附肢。第 1 腹节的端背片和前内脊常扩大，分别成为后胸的后背片和第 3 对悬骨。胡蜂、蜜蜂等昆虫的第 1 腹节并入后胸，称为并胸腹节（propodeum），因而外观上使胸、腹部间的分段位于第 1 和第 2 腹节间。

生殖节包括第 8、9 两个腹节，构造复杂。大部分有翅类昆虫、衣鱼目和石蛃目雌虫，生殖孔位于第 8 和第 9 腹节腹板之间；也有少数种类位于第 7 节腹板后方或第 8 节腹板上，甚至有的位于第 9 节腹板上或腹板后；有的种类有两个生殖孔，位于第 8 节腹板和第 9 节腹板后缘，分别称为交配孔和产卵子孔。雄性生殖孔一般位于第 9 和 10 节腹板之间的阳具端部。

生殖后节通常包括第 10～11 腹节，最多 2 节。如生殖后节只有 1 节时，这一节可能是第 10 腹节（如全变态类昆虫），也可能是第 10 和第 11 腹节合并而成的。第 10 腹节的大小与尾须有关，由于尾须的肌肉起源于第 10 腹节背板，故尾须的肌肉发达时，则此节相应地扩大。第 11 节一般称为臀节，多数昆虫的臀节均已退化。比较原始的种类在第 11 腹节上生有 1 对附肢，称为尾须（cerci）。第 11 节的背板盖在肛门之上，称为肛上板（epiproct），其侧板通常分为两块，位于肛门左右两侧，称为肛侧板（paraproct）（参见图 6-1）。

腹部的肌肉系统一般比胸部简单，除具有附肢腹节的肌肉比较特殊外，其余各腹节的肌肉数目和排列比较一致。主要包括背肌、腹肌和侧肌3类，背肌和腹肌主要控制腹部的伸缩和弯曲，侧肌控制背板与腹板间的扩张和收缩。

第二节　昆虫的外生殖器

外生殖器（genitalia）是昆虫生殖系统的体外部分，是用以交配、授精、产卵器官的统称，主要由腹部生殖节上的附肢特化而成。雌虫的外生殖器称为产卵器（ovipositor），雄性外生殖器称为交配器（copulatory organ）。

一、雌性外生殖器

1. 基本构造

雌性外生殖器着生于第8、9腹节上，是昆虫用以产卵的器官，故称为产卵器。它是由第

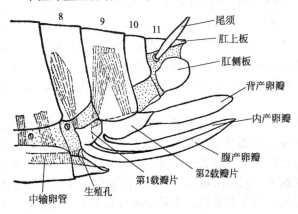

图 6-1　有翅类昆虫产卵器的模式构造
侧面观（仿 Snodgrass，1935）

8、9腹节的生殖肢形成的，生殖孔即位于第8、9节间的节间膜上。产卵器一般为管状构造，通常由3对产卵瓣（valvulae）组成。着生在第8腹节上的一对产卵瓣称为第1产卵瓣（first valvulae）或称腹产卵瓣（腹瓣）（ventral valvulae），其基部有第1载瓣片（first valvifers）。着生在第9腹节的一对产卵瓣为第2产卵瓣（second valvulae），或称内产卵瓣（内瓣）（inner valvulae），其基部有第2载瓣片（second valvifers）。在第2载瓣片上常有向后伸出的1对瓣状外长物，称为第3产卵瓣（third valvulae）或称背

产卵瓣（背瓣）（dorsal valvulae）（图6-1）。载瓣片相当于附肢的基肢片，第1、2对产卵瓣是附肢的端肢节，而第3产卵瓣则是第9腹节附肢基肢节上的外长物。

2. 产卵器的类型

有翅类中的直翅目、半翅目、缨翅目（锥尾亚目）、等翅目、蜻蜓目和膜翅目等昆虫都具有发达的产卵器，但在构造、形状以至功能上都有所不同。

（1）直翅目昆虫的产卵器　第1产卵瓣（腹瓣）和第3产卵瓣（背瓣）发达，第2产卵瓣（内瓣）比较退化。产卵器主要是由腹瓣和背瓣组成的，但在不同的类别中又有所不同。蝗虫类的产卵瓣略呈锥状，第1、3产卵瓣十分坚硬，第2产卵瓣退化变小，已失去产卵作用。在第1对产卵瓣基部之间、产卵孔下方有一个由第8腹节腹板生出的指状小突起，称为导卵器（egg-guide）。产卵时产卵瓣钻土，使腹部插入土中，导卵器导引卵粒，将卵产在土内适当的位置。螽蟖和蟋蟀类的产卵器为刀状、剑状或矛状，背、腹两对产卵瓣紧密结合在一起，长而坚硬，可将卵产于植物组织或土壤中。

（2）半翅目昆虫的产卵器　半翅目昆虫中除异翅亚目、蚜虫类、蚧类外，都有发达的产卵器。这些昆虫第8腹节的腹板多退化或消失，而由第7腹节的腹板形成亚生殖板，主要由第1产卵瓣与第2产卵瓣互相嵌接组成产卵器。第1、2载瓣片均较发达。第3产卵瓣宽，内面凹陷，着生于第2载瓣片端部，形成产卵器鞘，以容纳第1和第2产卵瓣。产卵时，产卵器从鞘中脱出，将卵产于植物组织内。

（3）膜翅目昆虫的产卵器　构造与上述半翅目昆虫基本相似，也是由第1、2产卵瓣组

成，较长而坚硬，第3产卵瓣宽而腹面凹，形成产卵器鞘以容纳产卵器，产卵时产卵器向下伸出。叶蜂类的产卵瓣宽扁，末端尖，产卵瓣侧面生有横脊纹，产卵时产卵瓣可以前后滑动而锯破植物组织并产卵于其中，所以又将叶蜂称为"锯蜂"。

姬蜂类等寄生蜂的产卵器十分细长，可将卵产于寄主体内，甚至可将产卵器插入树干上的虫孔，把卵产在蛀干害虫如天牛幼虫体内。

胡蜂、蜜蜂等的产卵器的第1、2产卵瓣（腹瓣和内瓣）呈针状，基部与毒液腺相通，特化成能注射毒汁的螫针。这类产卵器通常已失去产卵作用，产卵时，卵经过螫针基部的产卵孔产出。螫针平时不外露。胡蜂等捕食性蜂类捕获猎物时，将螫针刺入猎物体内，注入毒液使之麻痹；蜜蜂工蜂的螫针则仅用于防御。

（4）鳞翅目、鞘翅目、双翅目昆虫的产卵器　这些目的雌性成虫没有由附肢特化的产卵瓣，只是由腹部末端几节变细，平时套缩在体内，产卵时伸出，称为伪产卵器（pseudovipositor）。所以这类昆虫的卵只能产在缝隙或动植物体表面。但实蝇类的伪产卵器末端尖锐可刺入果实内产卵，一些天牛的伪产卵器形成坚硬的细管状，可插入土中或树皮下产卵。

根据产卵器的形状和构造不同，不仅可以了解害虫的产卵方式和产卵习性，从而采取针对性的防治措施，同时还可作为重要的分类特征，以区分不同的目、科和种类。

二、雄性外生殖器

雄性昆虫的交配器包括将精子输入雌体的阳具（phallus）及交配时挟持雌体的一对抱握器（harpago）。多数有翅类昆虫的交配器都是由这两部分组成，但构造较为复杂而多变，因此常作为鉴别昆虫某些近缘种的重要依据之一。

1. 基本构造

交配器一般发生在第9或第10腹节上（图6-2）。阳具源于第9节腹板后的节间膜，在有翅类昆虫中，此节的节间膜常内陷成生殖腔（genital chamber），阳具陷藏在腔内。第9腹节腹板常扩大而形成下生殖板（subgental plate），也有由第7或第8节腹板形成的。阳具包括一个阳茎（aedeagus）和1对位于基部两侧的阳茎侧叶（parameres）。阳茎多是单一的骨化管状构造，是有翅昆虫进行交配时插入雌体的器官。射精管为开口于阳茎端的生殖孔。少数原生无翅昆虫无阳茎，而蜉蝣目和革翅目昆虫均无射精管，以成对的输精管直接开口于体外，所以其阳茎也成对。阳茎也可由围在生殖孔的数个阳茎叶（phallomeres）组成，如螳螂和蜚蠊。阳茎端部有时内陷，称为内阳茎（endophallus），端部的开口为阳茎口。内阳茎壁为膜质，交配时翻出，伸入雌体的交配囊中，生殖孔则位于内阳茎端。阳茎基部两侧常发生的阳茎侧叶是由生殖肢演变而成的。鞘翅目昆虫的阳茎侧叶两侧常不对称；长翅目、脉翅目、部分毛翅目、蚤目和双翅目短角亚目中部分昆虫的阳茎侧叶分节；鳞翅目部分蛾类的阳茎侧叶特化成抱握器。阳茎与阳茎侧叶在基部未分开时，基部粗大形成一个支持阳茎的构

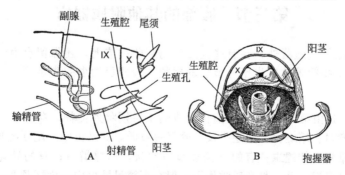

图6-2　有翅类昆虫雄性外生殖器的基本构造（仿 Snodgrass，1935）

A—腹部末端侧观面；B—腹部末端后观面

造，称为阳茎基（phallobase）。阳茎基和阳茎之间常有较宽大的膜质部分，阳茎得以缩入阳茎基内。半翅目的叶蝉科、蝉科等昆虫，阳茎基很发达，其外壁形成管状的阳茎鞘（phallotheca），而阳茎则退化或完全消失，由阳茎鞘取代了阳茎的作用。

抱握器（图 6-2B）大多属于第 9 腹节的附肢，多为第 9 腹节的刺突或肢基片与刺突联合形成。抱握器形状有宽叶状、钳状和钩状等。抱握器仅见于蜉蝣目、脉翅目、长翅目、半翅目、鳞翅目和双翅目昆虫中。

2. 交配器的类型

各类昆虫的交配器构造复杂，种间差异也十分明显，但在同一类群或虫种内个体间比较稳定，因而可作为鉴别虫种的重要特征。现介绍几种重要昆虫的交配器类型。

（1）直翅类昆虫的交配器　直翅目、螳螂目、螳螂目和竹节虫目等统称直翅类昆虫，其雄性外生殖器只有阳具及衍生物，而无抱握器。在生殖孔周围有 3 片阳茎叶。蟋蟀科和蝼蛄科昆虫腹面的一片阳茎叶很大，是通常能见到的唯一的阳茎构造。蝗科的阳具明显地分为阳茎基和阳茎两部分，阳茎端部内陷形成明显的内阳茎。

（2）鞘翅目昆虫的交配器　鞘翅目昆虫的雄性外生殖器只有阳具，而没有抱握器。阳茎通常为一管状构造。阳茎基分化较大，有的种类仅为阳茎基部的皱褶膜，有的形成一骨化环，有的形成筒状鞘，以容纳阳茎。多数具有阳茎侧叶。第 9、10 腹节一般均退化很小，并缩在第 8 腹节内。

（3）鳞翅目昆虫的交配器　鳞翅目的雄性外生殖器是由第 9 和第 10 腹节演化而来。第 9 腹节和第 10 腹节的一部分形成一个完整的骨环，作为附着交配器其他部分的骨架。骨环的背面是第 9 腹节的背板，特化成背兜（tegumen）；腹面是第 9 腹节的腹板，特化成"U"形的基腹弧（vinculum）；基腹弧中部向体内延伸成囊状构造，称为囊形突（saccus）。第 9 腹节的附肢形成一对大型瓣状抱握器。第 10 腹节背板的后端，形成略向下弯曲的爪形突（uncus）。在爪形突的两侧常有一对尾突状的背兜侧突（socii），其下面有 1 对颚形突（gnathos），通常左右合并。肛门位于爪形突和颚形突之间。阳茎位于背兜和基腹弧之间的膜质部分上，其周围的膜质圈腹面近基部常形成一骨片，称为阳茎基环（anellus）。阳茎上常具有骨化的刺、突起等。

（4）膜翅目昆虫的交配器　大多数膜翅目昆虫种类没有抱握器，只有发达的阳具。阳具是由第 9 腹节腹板上的生殖腔壁发生的。阳茎基大，分 2 节，并形成阳茎周围的各种突起，形似附肢，分类学上常称为"生殖肢"。阳茎基的基部第 1 节形成基环，射精管由此通过；第 2 节侧腹面生有 1 对阳茎侧突（parameres），分类学上称为"生殖刺突"。

需要特别说明的是，有些昆虫的雄性外生殖器的各部分构造在分类学和形态学上使用的名词很不统一，需要特别注意，以避免混淆。

第三节　腹部的其他附属器官

昆虫的腹部除外生殖器外，在有些昆虫中的某些腹节上，还保留有由附肢演变而成的其他附属器官，如一些低等昆虫生殖后节上的尾须，鳞翅目幼虫的腹足等。

一、尾须

尾须（cerci）是由第 11 腹节附肢演化而成的 1 对须状外突物，存在于低等原生无翅昆虫和有翅类中的蜉蝣目、蜻蜓目、直翅类及革翅目等较低等的昆虫中。尾须的形状变化较大，有的不分节，呈短锥状，如蝗虫；有的细长多节呈丝状，如蜉蝣目；有的硬化成镊状，如革翅目。尾须上生有许多感觉毛，具有感觉作用。但在革翅目昆虫中，由尾须骨化成的尾镊，具有防御敌害和折叠后翅的功能。在蜉蝣目中，尾须之间有时还有一根与尾须相似的细长分节的丝状外突物，它不是由附肢演化而来，而是末端腹节背板向后延伸而成的，称为中尾丝（median caudal filament）（图 6-3）。有些昆虫的尾须有时向前移位，移到前方的第 10 腹节上，如蝗虫等。

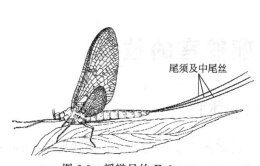

图 6-3　蜉蝣目的 *Ephemera danica*（仿 Stanek，1969）

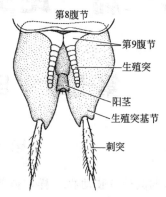

图 6-4　石蛃目昆虫 *Machilis variabilis* 第 9 腹节观（仿 Snodgrass，1957）

二、石蛃目昆虫的腹部附肢

石蛃目昆虫除了外生殖器和尾须外，在腹部的脏节上还生有一些退化或特化的附肢，这是石蛃目区别于有翅类的重要特征之一，同时也反映了这类昆虫的原始性。

石蛃目在第 2～9 腹节上各有 1 对附肢。每一附肢包括位于腹侧面的肢基片（coxopodite）及其后端外侧着生的可活动的刺突（stylus），雄性第 9 节上衍生出雄性外生殖器（图 6-4）。刺突相当于附肢的上肢节，用以支持腹部，可辅助行动。

三、幼虫的腹足

有翅类昆虫只有幼虫期才有行动的附肢。如蜉蝣目的稚虫，在第 1～7 腹节的背、腹板之间有成对的气管鳃，它是由各节的附肢演化而成的。广翅目、脉翅目、鞘翅目、鳞翅目、长翅目、膜翅目等的一些幼虫腹部，也具有可行动的附肢，称为腹足（prolegs）（图 6-5 A）。

鳞翅目幼虫通常有 5 对腹足，着生在第 3～6 和第 10 腹节上。第 10 腹节的腹足又称为臀足（anal legs）（图 6-5 B），也有腹足减少的情况，如尺蛾科幼虫（图 6-5 C）。

膜翅目叶蜂类幼虫的腹足为 6～8 对，有的可多达 10 对（图 6-5 D）。

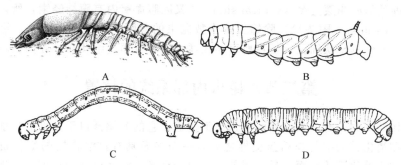

图 6-5　几种昆虫幼虫不同类型腹足（A 仿 Gullan 和 Cranston，2005；
B 仿 Chu，1949；C，D 仿 Borror 等，1989）

A—广翅目齿蛉科；B，C—鳞翅目天蛾科、尺蛾科；D—膜翅目松叶蜂科

鳞翅目幼虫腹足末端生有成排的小钩，称为趾钩（crochets），是幼虫分类最常用的鉴别特征，叶蜂科的幼虫无趾钩，借此可以与鳞翅目幼虫相区别。

第三篇　昆虫的内部解剖和生理

第七章　昆虫内部器官的位置

第一节　昆虫的体腔

昆虫与其他节肢动物一样，体躯外面被有一层富含几丁质的外壳，即体壁（integument）。由体壁包围昆虫体内的组织和器官，形成一个纵贯全身的腔，称体腔（body cavity）。昆虫的背血管是开放式的，体腔内部充满着流动的血淋巴，使所有的内脏器官和组织都浸浴在血淋巴中，因此，这个由体壁包成的腔，被称为昆虫的血体腔，又称血腔（haemocoel）。

昆虫的体腔通常被由肌纤维和结缔组织构成的膈膜（diaphragm）在纵向分隔成 2 个或 3 个小血腔，称为血窦（sinus）。多数昆虫在腹部背面、背血管的下面有一层膈膜，称背膈（dorsal diaphragm），将体腔纵向分成上方的背血窦（dorsal sinus）或称围心窦（Pericardial sinus）和下方的围脏窦（perivisceral sinus）。在蜉蝣目、蜻蜓目、膜翅目的成虫、幼虫（稚虫）及鳞翅目和双翅目等昆虫的成虫中，位于消化道下方和腹部腹面之间还有一层膈膜，称腹膈（ventral diaphragm），因而将体腔纵分为 3 个小腔，腹

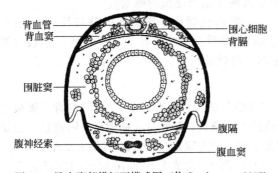

图 7-1　昆虫腹部横切面模式图（仿 Snodgrass，1935）

膈与背膈间的体腔内因有消化道、排泄器官、内生殖器官和脂肪体等大部分内脏，叫围脏窦；腹膈腹面的体腔叫腹血窦（ventral sinus），又因腹血窦内有腹神经索，所以亦称围神经窦（perineural sinus）（图 7-1）。除蝗虫等少数昆虫的背膈上面没有孔隙外，绝大多数昆虫在背膈和腹膈两侧具窗状细孔，使各血窦间相通，血液可通过细孔在体腔内循环。

第二节　昆虫内部系统的位置

在昆虫体腔中央，有一条纵贯的管道是消化道，它的前端开口于头部的口前腔，后端开口于肛门；在消化道的中肠与后肠交界之处有一至多条具有排泄作用的细长盲管——马氏管。背血管位于消化道的背面，是一根前端开口的细管，它是血液循环的主要器官。在消化道的腹面，腹神经索纵贯于腹血窦内，它与脑组成昆虫的中枢神经系统。在消化道的两侧、背面和侧面的内脏器官之间，分布着担负呼吸作用的主气管和支气管，主气管以开口于体躯两侧的气门而与外界进行气体交换，支气管以微气管的形式伸入各器官和组织中，进行呼吸代谢。一对雌性卵巢与侧输卵管，或雄性精巢与一对输精管，位于消化道中肠和后肠的背侧面，经后肠腹面的中输卵管或射精管后的生殖孔开口于体外，它们构成昆虫的生殖系统。在背血窦和围脏窦中，脂肪体包围在内脏器官的周围，是起贮存和转化作用的组织。在昆虫体

44

壁的内表面、内脊突上、内脏器官表面、附肢和翅的关节处，着生有牵引作用的肌肉系统（muscular system）。另外，在昆虫的头部还有心侧体、咽侧体和唾腺，在昆虫的胸部前胸气门附近还有前胸腺，在昆虫的腹部还有生殖附腺等（图 7-2）。

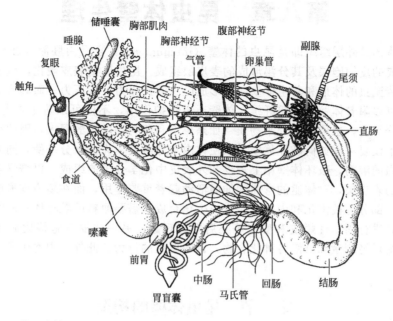

图 7-2　美洲大蠊 *Periplaneta americana* 内部结构解剖（仿 Gullan 和 Cranston，2005）

第八章 昆虫体壁生理

昆虫身体的最外层组织即是昆虫的体壁 (integument)，它是由胚胎外胚层中一部分未分化细胞形成的皮细胞层及其分泌形成的表皮层组成。昆虫体壁表皮硬化，组成了昆虫的外骨骼，以保持昆虫的体形和着生体壁肌，形成昆虫的抗张力、抗压力；而其体壁内陷部分成为内骨骼，可以附着体壁肌的肌纤维。体壁还有保护作用，不但可以防止体内水分的蒸发，保持体内水分平衡，也可防止外来物质（如杀虫剂和菌类物质）的侵入，因此在使用杀虫剂防治害虫时不仅要考虑如何破坏体壁，以使体内水分蒸发，失去水分平衡，同时还要考虑到使用通透性强的溶剂，破坏体壁中上表皮和外表皮中化学分子的组成，以增强杀虫的效力。

未硬化的表皮层，对体躯的弯曲和伸缩活动起着重要作用，而在新表皮形成过程中或饥饿情况下，一部分可被溶化和内吸，是供应生化合成所需要原料的贮存体；皮细胞可接受内激素的控制，进行周期性蜕皮和变态等胚后发育现象；另一些皮细胞特化成各种感觉器腺体，用以接受环境刺激和分泌各种化合物，调解昆虫的行为。此外，内寄生昆虫是通过表皮进行呼吸的。

第一节 昆虫体壁的构造

昆虫的体壁由里向外分为底膜、皮细胞层和表皮层三部分，表皮层是皮细胞分泌的产物，而底膜则是由血细胞分泌的。

一、底膜

底膜 (basement membrane) 是紧贴在昆虫体壁皮细胞层下的一层薄膜，又叫基膜，是血细胞分泌形成的，主要含有中性黏多糖。底膜是一个双层的结缔组织，厚度仅为 $0.5\mu m$，内层为无定形致密层，外层为网状，由含糖蛋白的胶原纤维构成。底膜有选择通透性，主要功能是隔开皮细胞和血腔，联络皮细胞和其他组织，神经末梢和微气管通过其伸在皮细胞下。

二、皮细胞层

皮细胞层 (epidermis)，又称真皮，是位于底膜外侧的排列整齐的单层栅状细胞层，为一个连续的活组织。相邻皮细胞间靠桥粒 (desmosome) 结构进行联结。皮细胞的形态呈多角形紧密排列，纵切面大多呈柱形，也有不规则形的，顶端伸出原生质丝，细胞核位于底部。细胞形态随变态与蜕皮而发生周期性变化；平时皮细胞很薄，但在蜕皮过程中，皮细胞多呈柱形，活动活跃。至成虫期仅是一薄层细胞质，细胞界限不清。皮细胞能够识别自身所处的位置，并与周围细胞进行联系和协调，按程序分泌和沉积特定的表皮。在发育过程中，部分皮细胞可特化成腺体、绛色细胞、毛原细胞和感觉细胞等。

皮细胞层有三个主要生理功能，其一是控制昆虫的蜕皮，在蜕皮过程中分泌蜕皮液，消化旧的内表皮并吸收其产物合成新表皮，同时分泌几丁质、蛋白质和脂类形成表皮层，组成昆虫的外骨骼及外长物；其二是皮细胞会发生多种特化，并形成相应的体壁外长物（鳞片、刚毛和距等）、各种感觉器（听觉、视觉器）和腺体（部分皮细胞分化形成有导管通向体外、开口在头部的唾腺、丝腺；凤蝶幼虫的臭丫腺；腹部的蜡腺等，统称皮细胞腺），有一些细胞还专门特化成为大型的分泌细胞，即皮细胞腺，分泌性信息素的腺体就是皮细胞腺的一种。第三是皮细胞也参与修补伤口。另外，皮细胞内含有橙色和红色的颗粒，使虫体表现色彩，并具有氧化还原作用，可以控制某些昆虫色彩的变化。

三、表皮层

表皮层（cuticle）是由皮细胞向外分泌形成的、位于昆虫体壁最外面的几层性质不同很不均匀的非细胞性组织。皮细胞在分泌和沉积原表皮时，具有明显的节律性，因此表皮的结构具有很多片层，能够记录昆虫生长过程中的时间信息。表皮层厚约100～300μm，表皮层不仅覆盖于虫体表面，同时也存在于其他外胚层内陷形成的结构（气管以及消化道前、后肠和生殖腔内壁等）的内壁表面。表皮层由内往外可以分为内表皮（endocuticle）、外表皮（exocuticle）和上表皮（epicuticle）三层，有些昆虫在内表皮和外表皮间还存在一个中表皮（mesocuticle），其中贯穿着许多连接皮细胞层与上表皮的细微管道（图8-1）。

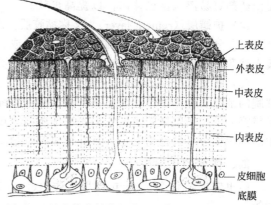

图 8-1　昆虫体壁结构示意图（仿 Hackman，1971）

1. 内表皮

内表皮（endocuticle）是由皮细胞向外分泌形成的最内一层，也是表皮层中最厚的一层，厚10～200μm。内表皮一般柔软、透明，含有很多平列薄片及纵行孔道，每一薄片层由很多弯成"G"字型排列的微纤丝（microfibril）所构成，由于这些微纤丝的定向规则排列，使得内表皮具有特殊的弯曲和伸展性能，所以当昆虫的外表皮和上表皮尚未形成时，虫体可前后、左右及上下方向自由扭动。主要由几丁质-蛋白质复合体（黏多糖蛋白质）组成，蛋白质主要有节肢蛋白和橡胶质精两类，还含有 30%～50% 的水分。

2. 外表皮

外表皮（exocuticle）位于内表皮的外方，是经过鞣化反应形成的含骨蛋白的坚硬外层，厚3～10μm，对蜕皮液有很强的抵抗力。外表皮一般为琥珀色的硬化骨片，由鞣化蛋白、几丁质和脂类组成，呈丝状排列，是表皮中最坚硬的一层，所以当昆虫的外表皮形成后，体壁就有强的硬度，虫体的活动也只能限于节间膜或关节处。

3. 上表皮

上表皮（epicuticle）是覆盖在外表皮外面的不含几丁质的薄层，是表皮层最外层和最薄层，厚1～3μm。上表皮虽薄，但由内往外一般还可分为角质精层、蜡层和护蜡层，在吸血蝽的若虫和黄粉甲的幼虫等昆虫的角质精层与蜡层间还有多元酚层。

（1）角质精层（tanned cuticulin）　由绛色细胞分泌形成，是上表皮中最先形成的一层。角质精层含有脂蛋白和鞣化蛋白，常呈琥珀色，脂蛋白被醌鞣化后性质十分稳定。其中有孔道与内侧的皮细胞相通。能阻止蜕皮液的内流，有一定抗蛋白酶、几丁酶、矿物酸和有机溶剂的能力。因而对新形成的原表皮有保护作用，

（2）多元酚层（polyphenol layer）　由绛色细胞分泌形成，介于角质精层与蜡层之间。多元酚层主要成分是脂蛋白与多元酚的复合体，对表皮的鞣化和脂化起着重要作用。本层以较高的折射率与外上表皮相区别。多元酚的存在使上表皮具有较大的折射率。

（3）蜡层（wax layer）　由皮细胞分泌形成，主要成分是长链烃类和其他脂肪酸酯和醇。蜡层中长链烃的极性端与角质精层形成化学结合，在角质精层上面作紧密的定向排列形成单分子层（monolayer），从而使非极性端一致朝外，且长链烃分子与角质精层的垂直面成

47

25°排列，分子间靠范德华力紧紧交联在一起。因此，蜡层与角质精层一起表现出较强的疏水性，既可阻止外界水分和非脂溶性杀虫剂进入虫体，又能防止体内水分的过度蒸发。但是，当给虫体适当加热或用有机溶剂处理时，长链分子间的作用力被破坏，长链变成垂直方向排列，此时的分子间出现间隙，水分和杀虫剂就可以穿透虫体表皮层了。所以，在生产上常应用有机溶剂配成乳剂或使用脂溶性杀虫剂，以溶解蜡层或破坏蜡层的分子排列与结构，促使药剂更易渗入昆虫体内，以提高毒效。

（4）护蜡层（cement layer） 又称黏胶层，由皮细胞腺〔在鳞翅目中为威氏腺（Verson's glands）〕分泌，经孔道输送到蜡层表面而形成。护蜡层主要含有脂类、鞣化蛋白和蜡质，有疏水性和亲水性两重性质，有保护蜡层、贮存类脂、修补表皮损伤和防止水分蒸发的功能。

（5）孔道（pore canal）与蜡道（wax canal） 在昆虫体壁的上表皮和原表皮中都有由皮细胞的细胞质伸出的细丝，是在分泌活动结束缩入皮细胞后留下的细管道。呈直线形或螺旋形贯穿上下的极细微管道，它们是皮细胞与表皮之间物质运输的通道。孔道在上表皮蜡质层中的继续部分又被称为蜡道，其孔径更细，分支更多。

四、体壁的化学成分

昆虫表皮的化学成分包括几丁质（chitin）、蛋白质、脂类、多元酚及其氧化酶、色素等。

（1）几丁质 又称甲壳素，是昆虫表皮的主要成分之一，由表皮细胞分泌形成，是一种含氮多糖，占表皮干重的 25%～40%，由 N-乙酰-D-葡萄糖胺以 β-1,4-糖苷键聚合而成，分子式为 $(C_8H_{13}O_5N)_n$，构造类似纤维素。几丁质在内表皮中含量高达 60% 左右，而在外表皮中仅约有 22%。在昆虫体内，几丁质是以几丁质-蛋白质复合体的形式存在。它的物理性状和纤维素相似，具有一定的延伸性和可曲折性。纯几丁质是一种无色、无定形的固体，不溶于水、稀酸、稀碱以及乙醇、乙酸等溶剂中，但可溶于矿物酸中，并可水解为氨基葡萄糖或分子链较短的多糖和乙酸。

近年来发现很多化合物能抑制昆虫表皮中几丁质的合成，或抑制几丁质合成酶的活性，或影响蜕皮激素的平衡，或几种作用兼而有之（如灭幼脲），这类杀虫剂具有广阔的应用前景。

（2）蛋白质 是昆虫表皮的主要成分，其含量与几丁质相当。上表皮和外表皮中的蛋白质大都以鞣化蛋白的形式存在，在原表皮中，与几丁质形成糖蛋白。

昆虫表皮蛋白的异质性在氨基酸组分的复杂性方面有所表现，能反映出种的特异性，并在不同性别和发育阶段也有很大差异。不同组分的氨基酸，影响到表皮的机械性能，特别是对水的亲和性。有的能增加表皮的硬度和疏水性，有的则相反。昆虫表皮中有一种节肢弹性蛋白质，弹性很好，常可起到张力簧、压缩簧或弯曲簧的作用。

（3）脂类 昆虫表皮中的脂类组成非常复杂，其主要组分是蜡质，即长链的烃、醇和脂肪酸，以及长链醇和长链脂肪酸形成的酯等组成的混合物。一般在硬度较大的表皮中长链烃占优势，在较软的表皮中，不饱和烃类比例较高。

（4）色素 昆虫体壁中含有各种色素，一部分存在于表皮中，但大多数是在皮细胞中。如蓝色的虾青素、黄色的类胡萝卜素（carotinoid）、黑褐色的黑色素（melanin）和能产生多种色素的嘌呤衍生物等。其主要功能是呈现体色、防卫和调节体温。

第二节　昆虫的蜕皮

昆虫的体壁由于外表皮的硬化，形成外骨骼，阻碍了昆虫的生长和发育，幼期昆虫只有进行周期性蜕皮，才能继续生长发育，这种除去旧表皮，重新形成更大的新表皮的过程，称为蜕皮。昆虫的蜕皮是一个复杂的生理过程，并受激素调控。

一、昆虫蜕皮过程

蜕皮包括皮层的溶离、旧表皮的消化、新表皮的沉积和表皮的鞣化等连续的生理过程。

1. 皮层溶离（apolysis）

在蜕皮开始时，昆虫停止取食，静止不动，皮细胞首先积累必要的物质，皮细胞体积增大或进行有丝分裂，由原来的扁平形变为排列紧密的圆柱状，从而导致皮细胞层与旧内表皮的分离，即皮层溶离（apolysis）。皮层溶离后，皮细胞发生细胞质突起，向皮细胞层与旧内表皮之间的分离间隙分泌含有蛋白酶和几丁酶的蜕皮液（ecdysial fluid），此时酶液不具活性。

2. 旧表皮的消化和新表皮的沉积

（1）角质精层形成　绛色细胞分泌形成角质精层，覆盖于皮细胞层之上，将皮细胞层与旧内表皮分隔开。

（2）旧内表皮消化　当绛色细胞在紧贴皮细胞表面分泌一层角质精层后，蜕皮液开始活化，并消化溶解旧的内表皮，在消化过程中会形成一层极薄的蜕皮膜（ecdysial membrane）。

（3）原表皮沉积　旧内表皮消化的同时，皮细胞通过细胞质突起形成孔道，在角质精层下面分泌含有几丁质和蛋白质的表皮物质，沉积在角质精层之下、皮细胞层之上，形成新的原表皮（procuticle）；皮细胞伸出的原生质丝构成的孔道穿过新原表皮和角质精层，将被溶的旧表皮吸入皮细胞或原表皮层，作为合成新原表皮的部分物质。被消化的旧内表皮中，有90%以上的物质被重新吸收利用，并参与新表皮的合成。

（4）蜡层形成　在蜕皮之前，皮细胞通过孔道（蜡管）在角质精层上面分泌蜡质，在其上形成蜡层。

3. 蜕皮

新的原表皮开始沉积后，旧表皮逐渐被消化，最后剩下旧上表皮、旧外表皮和少数几层未消化的内表皮，接着，昆虫就开始蜕皮（ecdysis）。蜕皮是两个虫龄或虫态之间的分界线。脱下的旧表皮就是蜕（moult）。昆虫蜕皮时，常大量吞吸空气或水分，并借助肌肉的收缩活动，使蜕裂线处的血压增大，最终导致蜕裂线裂开，于是昆虫从旧表皮中钻出，留下旧外表皮、旧上表皮、未被消化的内表皮片层和蜕皮膜组成的蜕；刚蜕皮的虫体，呈乳白色或无色，体壁柔软多皱。

4. 表皮的鞣化

（1）护蜡层形成　蜕皮后，皮腺在蜡层之上分泌护蜡层。刚蜕皮的虫体，要靠大量吞吸空气或水分，使新表皮扩展，翅与附肢展开，身体迅速长大，皮细胞腺通过孔道开始在蜡层上面分泌形成护蜡层。

（2）原表皮分化　蜕皮后皮细胞通过孔道向上输送皮细胞分泌酪氨酸的酚类衍生物，将酚类及其氧化酶运输到原表皮外侧部位，到达角质精层上方，沉积为多元酚层；其中醌类向下扩散到角质精层与原表皮的上层，与原表皮上层中的蛋白质结合，成为不溶性物质，从而使表皮硬化或黑化，发生鞣化作用（tanning）（又称醌鞣化），形成外表皮；未经鞣化和黑化而保持色浅又柔软的原表皮下层，称为内表皮；当虫体变硬、体色加深，不久即开始活动和取食。在鞣化过程结束后，昆虫内表皮还有一个继续沉积的过程。昆虫表皮的鞣化剂是促进表皮中蛋白质交联的一类带芳香基团的胺类化合物，最常见的是 N-乙酰多巴胺。

二、昆虫蜕皮过程中的激素调控

在昆虫体内，目前已知至少有蜕皮激素和保幼激素直接参与着蜕皮过程的调控。蜕皮激素是前胸腺被脑激素激活后分泌的，直接作用于皮细胞核中的染色体，启动皮细胞进行表皮形成，以及促进蛹或成虫器官的分化与发育；保幼激素是咽侧体被脑激素激活后分泌的，直接作用于皮细胞核物质，促进合成幼期的表皮和结构，并具有刺激和保持前胸腺活性的作用。两种激素共同作用，决定蜕皮过程的形态表现途径。在高浓度保幼激素存在下，发生从幼期形态变幼期形态的蜕皮过程，即生长蜕皮；当保幼激素的浓度降低时，发生从幼期变蛹或成虫的蜕皮过程，即变态蜕皮。

蜕皮激素还直接参与表皮鞣化过程。它调控细胞核合成活化酶并将酪氨酸酶原激活，然后酪氨酸酶通过孔道输送到多元酚层中，将 3,4-二羟基苯酚氨化为相应的邻位醌，使角质精层和原表皮上层中的蛋白质发生鞣化和黑化作用。另外，大多数昆虫还有由神经分泌细胞产生的鞣化激素（bursicon）。鞣化激素是一种多肽激素，经胸或腹神经索释放进入血淋巴，能启动鞣化作用，是某些昆虫表皮的形成和鞣化所必需的，促使蜕皮后表皮的黑化和硬化。其作用首先是活化血细胞中的酪氨酸酶，并使酪氨酸进入皮细胞，在酶作用下转变为 N-乙酰多巴胺；鞣化激素还能直接作用于皮细胞，增加多巴胺的穿透性，改变 cAMP 系统的效应。

此外，鞣化激素还有维持新表皮可塑性的作用，使新表皮在硬化之前能充分伸展。

第三节 昆虫体壁色彩与体壁衍生物

一、昆虫体壁的色彩

昆虫的体壁常具有不同的色彩和花纹，这是外界的光波与昆虫体壁相互作用的结果。根据体色的性质和形成方式昆虫体壁色彩可分为色素色、结构色和混合色 3 种。

1. 色素色

昆虫的色素色（pigmentary colour）又称化学色（chemical colour），是由于昆虫体内一定部位存在某些化合物可以吸收部分光波而反射其他光波，从而使昆虫相应部位呈现某些颜色。这些化合物大部分是新陈代谢的产物或副产物，可以出现于昆虫的表皮层、皮细胞层或皮下组织内。例如，许多昆虫躯体是黑色或褐色，是由于外表皮层含有黑色素（melanin），黑色素是由酪氨酸和多巴（dopa）经血液中的酪氨酸酶和多巴氧化酶（dopase）结合催化的产物，与表皮鞣化同时发生，它是一类化学性质稳定的化合物，虫体死亡也不褪色。一些植食性昆虫幼虫躯体是黄色、绿色或橘红色等，是由于皮细胞层、血液或其他皮下组织内含有类胡萝卜素（carotenoids）、花青素、花黄素等来自昆虫食物的色素，当昆虫死亡后，这些色素就随着组织解体而褪去。多数蝴蝶翅面和体上鳞片中含有蝶呤色素，蝶呤色素是荧光色素，昆虫死亡后仍保持稳定。但是，所有的色素色经漂白或热水处理后都会消失。

2. 结构色

昆虫的结构色（structural colour）又叫物理色（physical colour），是由于昆虫体壁上有极薄的蜡层、刻点、沟缝或鳞片等细微结构，使光波产生折射、反射或衍射而产生的各种颜色或组合色。例如，吉丁甲体壁表面美丽的金属光泽和闪光是典型的结构色，就是由鞘翅表面存在的细小颗粒所引起的。结构色稳定，永久不褪，也不会被化学药品或热水处理而消失。

3. 结合色

结合色（combination colour）也叫混合色，是昆虫最普遍的色彩。许多昆虫体色的产生是由于存在的色素和表面结构发生的物理色混合而成的。如紫闪蛱蝶 *Apatura iris* （L.）的翅面黄褐色而有紫色闪光，其中的黄褐色属色素色，紫色闪光属结构色。

环境因素如温度、湿度与光照等对昆虫色彩影响很大。高温使色彩变得深暗，低温则变淡，因此同一种昆虫在不同的季节颜色的深浅常有不同。湿度大使色彩深暗，而干燥则使色彩变淡，所以山顶上的蝴蝶常比山脚下的体色深。另外，昆虫体壁的色彩还可受昆虫体内咽侧体分泌的激素影响。

二、昆虫体壁的通透性与杀虫剂的关系

昆虫体壁作为屏障，并不是任何物质都不能穿透的，外源性化学物质在一定条件下可穿透体壁，水分也可通过体壁进出。物质的穿透能力和速率决定于体壁结构特性、物质的理化性状和环境因素，进入皮细胞的物质，还会受到代谢和解毒的影响。

1. 昆虫体壁的透过性

体壁的透过性是指体壁的透水性、透气性和对其他物质的透过性。体壁的重要生理作用之一是保持体内的水分。实验证明，大多数昆虫能够很好地防止体内水分的丧失，这种机能对生活在陆地的昆虫具有很大的生物学意义，特别是对生活在沙漠或半沙漠地区的昆虫来说，意义更是重要。由于蜡质具有疏水性，决定了体壁对水分的不通透性。体壁透水性的高低，直接与上表皮所含蜡质的量和质关联。但昆虫表皮的蜡质层常有一个最高的临界温度，如果外界温度超过此温度则引起蜡质层由原来的不透水性变为可透性。

气体、电解质、磷脂、有机溶剂和一些色素及激素能够透过体壁。昆虫的体壁、气管壁和化学感受器等部位均可为气体通过，但其速率依各种气体而不同，主要取决于外界环境中各种气体的分压。

2. 杀虫剂对体壁的穿透作用

杀虫剂等外源性化合物进入虫体比水分容易。大部分杀虫剂都是脂溶性的，容易穿透虫体的蜡层。许多药剂还能沿着孔道直接进入皮细胞层。药剂的穿透能力与脂水两相中的分配系数有关。兼具脂溶性和水溶性的药剂是比较理想的杀虫剂。

体壁是昆虫的保护性屏障，不仅可以根据体壁构造和形成机理开发新的杀虫剂，如灭幼脲等；也可考虑在剂型、助剂、填料等方面克服体壁的疏水性、不透性，以提高杀虫剂防治效果。

杀虫剂的脂溶性越大，对昆虫表皮的穿透性越强。理想的杀虫剂应具较强的脂溶性和一定的水溶性；杀虫剂的表面张力越大，穿透作用越低；杀虫剂亲水性的离子化合物，相对分子质量小于 100～200 时，容易透过类脂化合物膜。

掌握好防治时期，应在三龄之前防治；体壁厚，外被物多，不利于杀虫剂的药效发挥；蜡层厚、硬不利于药剂展布，需在药剂中加入湿润剂、展着剂，以破坏体壁的构造，充分发挥药效；体壁更新期间即幼虫的幼龄阶段，体壁薄有利于杀虫剂的接触杀虫。

要根据杀虫剂的作用特性科学用药，如触杀剂要均匀喷药。

三、昆虫体壁外长物和衍生物

昆虫的体壁不是光滑的，上面生有很多毛、刺、鳞片、突起等，根据这些外长物中是否有皮细胞可分为细胞性和非细胞性两类。体壁的外长物包括非细胞突起如刻点、脊纹、小疣、小棘、微毛等，以及由皮细胞向外突起形成的刚毛、毒毛、感觉毛、鳞片、刺、距等（图 8-2）。

其中，由皮细胞和表皮特化而成的昆虫体壁的衍生物可分为两大类：一类是由体壁向外突出形成的外长物；一类是由体壁向内凹陷形成的内骨和各种腺体。

1. 体壁向外突出形成

（1）单细胞突起 如鳞片和毛。这些毛的基部如果与感觉细胞相连便成为感觉毛，用于感觉振动等；如果与毒腺相连，便成为毒毛，像刺蛾幼虫体上的毒毛，用于防御敌害等。

（2）多细胞突起 如刺和距。这些外长物基部没有关节的叫做刺，基部有关节的叫做

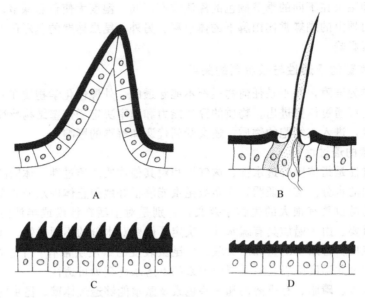

图 8-2　4种典型的体壁外长物（仿 Richards 和 Richards，1979）
A—刺；B—毛形感器；C—棘；D—微刺

距。刺和距的形状、数量在人类认识昆虫种类时是非常有用的。

2. 体壁向内凹陷形成

体壁内陷物主要包括内脊、内突、内骨和由皮细胞特化而成的各种腺体。腺体有的仍与皮细胞层相连，形成外分泌腺，有的则脱离皮细胞层而完全陷入体腔内，形成内分泌腺。腺体的种类很多，依其功能可分为唾腺、丝腺、蜡腺、毒腺、臭腺、蜕皮腺和性诱腺等。

第九章　昆虫的消化系统与营养吸收

昆虫的消化系统（digestive system）包括一根自口到肛门，纵贯于血腔中央的消化道，以及与消化有关的唾腺（salvary gland）。消化系统的主要功能是摄食、吞咽、消化、吸收和排泄，并兼具有调节体内水分和离子平衡的作用。

第一节　消化道的一般构造和机能

昆虫的消化道为一纵贯全身的长管，前端为口，后端是肛门。昆虫的消化道根据其发生的来源和机能的不同，可分为前肠（foregut）、中肠（midgut）和后肠（hindgut）3 部分（图 9-1）；在前肠与中肠之间有贲门瓣（cardiac valve），用以调节食物进入中肠的量；在中肠与后肠之间有幽门瓣（pyloric valve），控制食物残渣排入后肠。一般肉食性种类消化道较短，消化迅速；植食性种类消化道较长，消化较缓慢；腐食性种类消化道最长。前、后肠的表皮也随昆虫体壁的蜕皮而脱落。

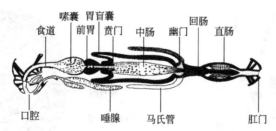

图 9-1　昆虫消化道结构图（仿 Weber，1936）

一、前肠的结构与功能

1. 前肠肠壁组织结构

前肠（foregut）是由外胚层内陷形成，由内及外可分为内膜（intima）、肠壁细胞层（epithelium）、底膜（basement membrane）、纵肌（longitudinal muscle）、环肌（circular muscle）和围膜（peritoneal membrane）共 6 层（图 9-2）。其中，内膜比较厚，相当于体壁的表皮层，对消化产物及消化酶等都表现不通透性，所以前肠没有吸收作用。前肠的主要功能是摄食、吞咽、磨碎和暂时贮藏食物。

2. 前肠的一般结构与功能

前肠由前往后还可分为咽喉（pharynx）、食道（oesophagus）、嗉囊（crop）和前胃（proventriculus）四部分。咽是前肠最前端部分，位于额神经节后方。在咀嚼式口器昆虫中，咽喉仅是吞食食物的通道。

食道为一长管，后端连接膨大的嗉囊。嗉囊是食道后方膨大的部分，为食物暂时贮存的场所。嗉囊的内膜一般比较薄，常向内褶成许多纵褶和横皱，使囊腔有很大的伸缩性，以备充满食物时可以伸展和扩大。在某些昆虫中，嗉囊还具有初步消化的作用。此外，很多昆虫在蜕皮或羽化过程中，嗉囊可以大量吸入空气使虫体膨胀，以帮助蜕皮。

前胃是前肠最后端区域，也是消化道最特化的部位。取食固体食物的昆虫前胃常很发达，外包有强大的肌肉层，内壁形成若干条深的突入肠腔的纵褶，内膜特化成齿或刺。如蝗

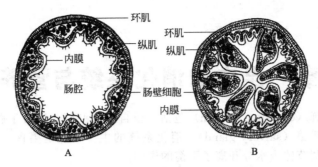

图 9-2　一种蝗虫前肠肠壁组织横切面（仿 Snodgrass，1935）

A—嗉囊处；B—前胃处

科的前胃就有 6 条纵褶，横切面为 6 个大型齿状突。前胃具有磨碎食物和调节食物进入中肠的功能，并兼有过滤食物的作用。前胃的后端，前肠突入中肠前端形成的一圈环状内褶称为贲门瓣，其形状多呈筒状或漏斗状。主要功能是引导前肠中的食物进入中肠，同时阻止中肠中的食物倒流入前肠（图 9-3）。

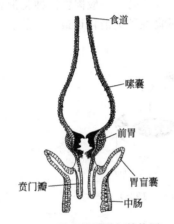

图 9-3　昆虫前肠纵切结构图

（仿 Wigglesworth，1965）

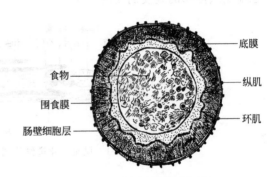

图 9-4　中肠肠壁组织结构

（仿 Snodgrass，1935）

在刺吸式口器昆虫中，咽成唧筒状，吸食时与食窦唧筒交替伸缩，将寄主体内汁液抽吸入食道。蛾类的嗉囊发育成一球形室，蝇类形成的嗉囊室离开消化道主干，以一长管连到食道上，这种消化形式为肠外消化。在取食固体食物的昆虫中前胃变成磨胃，其内壁具几丁质的齿，用以研磨食物。在吸食的种类中，其前胃中仅有简单的瓣膜。蜜蜂的瓣膜只允许液体物质通过，这样只能使花蜜、而不使花粉进入中肠。

大多数昆虫在前肠两侧还有一对唾液腺或唇腺（labial gland），无翅的低等昆虫具有上颚腺（mandibular gland）。每种腺体具有共同的管开口到口腔，它们的分泌物可湿润口器及溶解食物。唾液中也含有消化酶，主要是淀粉酶，可进行部分的食物消化。鳞翅目与膜翅目的一些种类，唾液腺转变成丝腺，分泌丝做茧以保护蛹。蚜虫（aphid）可以分泌果胶酶（pectinase），可水解植物细胞壁上的果胶，使口针易于穿透植物组织。蚊子的唾液中含有抗凝血剂，吸血时可使血液不会凝固。一些猎蝽唾液中含有毒素，可麻醉及杀死捕获物。蜜蜂蜂王的大颚腺可产生外激素物质，在种群中起调节作用。

二、中肠的结构与功能

1. 中肠肠壁组织结构

中肠（midgut）由内胚层形成，由内及外可分为围食膜（peritrophic membrane）、肠壁细胞层、底膜、环肌、纵肌和围膜共 6 层（图 9-4），但围食膜往往仅见于取食固体食物的昆虫，取食液体食物的昆虫常无围食膜。

围食膜或是由整个中肠细胞分泌（直翅目、鞘翅目及鳞翅目幼虫等），或是由中肠前端近瓣膜处的细胞分泌形成（双翅目、等翅目等），或是两种方式联合进行（膜翅目、脉翅目等），是一层很薄的几丁质膜，包在食物之外，以保护中肠细胞免受食物和微生物损害，并有选择通透性，对消化酶和已消化的营养物质可以通透，但食物中未消化的蛋白质和碳水化合物则不能穿透。围食膜可随食物进入后肠，再由中肠重新分泌形成新的围食膜。吸食液体食物的昆虫不产生围食膜。

组成中肠的细胞有 4 类：柱状细胞、杯状细胞、再生细胞和内分泌细胞（图 9-5）。

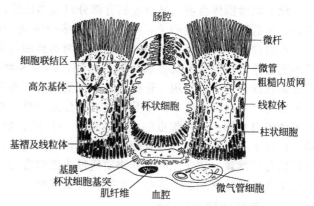

图 9-5　大蚕蛾 *Platysamia cecropia* 中肠细胞
（仿 Anderson 和 Harvey，1976）

① 柱状细胞（columnar cell）：又称消化细胞，它的顶膜特化成微绒毛（microvilli），基膜形成深深的内褶，其主要功能是分泌消化酶和吸收消化产物，是肠壁细胞中最重要和最基本的一类细胞。其顶端原生质膜形成微绒毛（或称条纹边），以增加细胞的表面积，提高对消化产物的吸收能力；细胞内含有丰富的内质网和高尔基体，能合成消化酶，可通过 3 种方式将消化酶分泌进入肠腔，一种是顶端分泌，即将酶原粒或液泡从顶端微绒毛间直接排入肠腔；另一种是局部分泌，即酶原粒集聚在细胞顶部或侧面，由细胞膜包围成囊泡，以胞吐的方式排入肠腔；第三种是全浆分泌，即含酶原的细胞脱离肠壁进入肠腔，以细胞崩解的方式释出消化酶。

② 杯状细胞（globlet cell）：主要存在于鳞翅目和毛翅目等昆虫的幼虫中，在肠壁中多与消化细胞相间排列，细胞顶部内陷成杯腔和杯颈，细胞质少，核位于杯腔下方。杯腔基部的微绒毛较长，绒毛内有线粒体；中部微绒毛较短，无线粒体；顶端的微绒毛最短，而且多呈分叉状。其功能可能与调节血淋巴中钾离子的含量有关。

③ 再生细胞（regenerative cell）：又称原始细胞，是一种具有分裂增殖能力的小型细胞，多位于肠壁细胞的基部，主要功能是补充因分泌活动而消耗的细胞，或在蜕皮和化蛹过程中更新旧的肠壁细胞。

④ 内分泌细胞（endocrine cell）：在许多昆虫的中肠内部都有发现，细胞内有分泌颗粒，形态和染色特性都与神经分泌颗粒相似，但功能尚不十分清楚。

2. 中肠的一般结构与分化

中肠是食物进行消化吸收的主要场所，与前肠交界处有胃瓣（gastric valve）相隔。中肠的主要功能是分泌消化酶、消化食物和吸收养分。在许多昆虫的中肠肠壁前端，常有向外突出成囊状或管状的构造，数目不定，称之为胃盲囊（gastric caeca）。胃盲囊的位置、数目和形状因昆虫种类不同而异。主要功能是增加中肠的表面积，以利于分泌消化液和吸收营养物质，也有人认为是共生菌聚集的场所。

昆虫中肠的分化主要发生在半翅目和鞘翅目昆虫中。如长蝽有四个胃，第一胃呈囊状，用以贮存食物；第二胃起活瓣作用，能调节液体食物进入第三胃的流量；第三胃具有消化食物的功能；第四胃两侧有 10 个指状胃盲囊，内含共生菌，与养分的吸收有关。

蚜虫等半翅目昆虫吸食汁液，大量的水分随食物进入体内。滤室（filter chamber）是由中肠前后两端和后肠的前端部分束缚在一起形成的，是吸收汁液的适应性结构。通过滤室可以将前、中肠内多余的水分直接经马氏管或后肠排出，而使食物得到浓缩，提高消化酶的水解效率。具有滤室的昆虫的液体粪便是含有大量未经中肠消化的各种糖类和氨基酸与其他代谢排泄物的混合物，常有甜味称为蜜露。

除了取食固体食物的昆虫前肠有部分机械消化外，食物的消化在酶的参与下主要在中肠进行。酶的种类与食性相关，植食性昆虫多分泌淀粉酶，肉食性昆虫多分泌蛋白酶与脂肪酶。不取食虫期，如家蚕成虫，消化道中测不到酶的活性。各种酶的特性与脊椎动物相似，所不同的是昆虫的蛋白酶多属于胰蛋白酶，因为多数昆虫的肠道 pH 值在 6.5～9.5 之间，即在偏碱性条件下起作用（脊椎动物为胃蛋白酶，多在酸性条件下起作用）。一些昆虫能取食丝、毛、木材等物质是由于其消化道能分泌特殊的酶。例如，半胱氨酸还原酶，可将丝、毛等角蛋白水解；一些蠹虫的消化道能分泌纤维素酶及半纤维素酶，能将木材分解成葡萄糖；白蚁本身不能分泌纤维素酶，但其消化道内共生的鞭毛虫或细菌能分泌纤维素酶，所以也能消化纤维素。消化后的营养物质通过浓度梯度由肠腔进入血淋巴（如糖及水），或是直接由中肠及肠盲囊细胞所吸收（如脂类及氨基酸）。

三、后肠的结构与功能

1. 后肠肠壁组织结构

后肠（hindgut）由外胚层内陷形成，后肠的组织结构与前肠相似，其组织也是由内膜、肠壁细胞层、底膜、纵肌、环肌和围膜组成，但内膜较薄，易被水分和无机盐穿透。纵肌和环肌较少，而且排列次序不规则，除直肠垫细胞外，大多数肠壁细胞都比较扁平。许多昆虫的直肠常有大型柱状肠壁细胞组成的卵圆形或长形的垫状内壁或圆锥状突起，称直肠垫（rectal pad），通常为 6 个，垫上的内膜特别薄，主要功能是扩大后肠自食物残渣和排泄物中回收水分和无机盐的表面积，有些昆虫还具有粉碎围食膜和塑造粒状粪便的作用。

2. 后肠一般结构

消化道的最后一段是后肠，其前端以马氏管着生处与中肠分界，后端终止于肛门。

后肠由前往后常可分为回肠（ileum）、结肠（colon）和直肠（rectum）3 部分。幽门瓣一般位于马氏管开口前方的幽门区域，突入肠腔内，用于调节食物残渣进入后肠的速度，其后是未特化的狭窄的管道，即回肠和结肠，在多数昆虫中，结肠与回肠无明显的分化，二者合称为前后肠或小肠。其作用是运送残渣，形成粪粒。在回肠与直肠的交界处，常有一圈由瓣状物形成的直肠瓣（rectal valve），以调节残渣进入直肠。大多数昆虫直肠均有特化，较短，前部常膨大成囊状，内有直肠垫，后部呈直管状，通连肛门。

3. 后肠功能

主要功能是排除食物残渣和代谢废物，同时从排泄物中吸收水分和无机盐。不少昆虫的后肠具有特殊功能。例如：白蚁和甲虫——扩大成"发酵室"，内含细菌和鞭毛虫，有利于消化纤维素；蜻蜓幼虫——直肠鳃（蜻蜓稚虫的气管鳃突出在肠腔内），用于呼吸；玉米螟幼虫——分泌后肠激素，加速滞育。

第二节　唾　　腺

唾腺（salivary gland）是由外胚层（皮细胞）内陷形成的一类多细胞腺体，开口于口腔中。按其开口的位置，昆虫的唾腺可分为上颚腺（mandibular gland）、下颚腺（maxillary gland）和下唇腺（labial gland），以下唇腺最常见，是下唇节外胚层内陷，大多位于胸部，也有的扩散到腹部。鳞翅目和膜翅目叶蜂幼虫的下唇腺特化为丝腺（silk gland），上颚腺则代替唾腺作用。唾腺的形状和结构在不同的种类之间变异很大，形状多种多样，如管状（家蝇、牛虻、实蝇）、葡萄状（蝗虫、蟋蟀、蜚蠊等）（图 9-6）、三分支（按蚊）等。其主要作用为分泌唾液，对食物进行肠外消化。

昆虫有多种功能不同的唾腺，有的还随着虫态不同而变化，其功能也会发生相应的变化，归纳起来有下列几个方面。

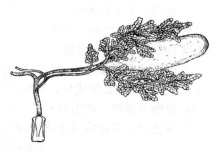

图 9-6 蜚蠊 *Periplaneta americana* 的唾腺（仿 Walz 等，2006）

① 润滑口器和溶解食物。

② 分泌消化酶，对食物作初步消化，所分泌的酶的种类与食物有关，肉食性昆虫含有蛋白酶和脂肪酶。取食花粉的只有蔗糖酶，取食种子的含有脂肪酶。

③ 形成口针鞘（stylet shealth）。半翅目昆虫，在吸取植物的汁液时都能形成口针鞘。即分泌唾液在口针周围，形成较硬的脂蛋白口针鞘，防止汁液和唾液从受伤的植物上皮细胞处流失。

④ 唾液中含有多种对昆虫取食极为重要的化合物。例如：按蚊和舌蝇——含有阻止血液凝固的抗凝血剂；蚜虫——含有果胶酶，有利于口针刺入植物的细胞间隙。肉食性昆虫唾液中含蛋白酶和脂肪酶，取食花粉的昆虫唾液中含淀粉酶，取食花蜜的昆虫唾液中含蔗糖酶，取食种子的昆虫唾液中含脂肪酶，吸血液的昆虫唾液中含阻止血液凝固的抗凝剂。

⑤ 有些昆虫的唾腺与取食和消化无关。家蚕的下唇腺是用来吐丝的，蜜蜂蜂王的上颚腺能分泌蜂后质（queen substance）。

第三节　消化作用与吸收

昆虫的食物范围非常广泛，但是并非所有的昆虫都能取食多种食物，有些种类有明显的偏食习性，如三化螟和褐稻虱只取食水稻。昆虫对食物的适应性，表现在消化道的形态结构、对食物的消化能力和营养利用等三个方面。

食物在消化道内，首先进行物理消化，然后进行化学消化。消化是将不能吸收的大分子物质消化为能被吸收的小分子物质。化学消化主要是依靠唾液和肠内各种不同的消化酶的作用进行的。消化酶常在消化道中按区域分布，使食物在不同的区域中具不同的消化作用。唾液腺和肠壁细胞均是产生消化酶的地方。昆虫因取食的食物不同，消化细胞分泌的酶也不一样，如胰蛋白酶、酯酶、淀粉酶、纤维素酶等。一般来讲，一种昆虫所具有的消化酶类别越多，则能被利用的食物种类也越多。对某些昆虫来说消化道内共生物是不可缺少的因素。

昆虫对营养物质的吸收主要发生在中肠前部或胃盲囊中，有主动吸收和被动吸收两种，主动吸收是逆浓度梯度吸收，如蜜蜂等少数昆虫；被动吸收机理是按浓度梯度从肠腔向血腔扩散。随着吸收作用的进行，营养物质通过肠壁细胞进入血淋巴中，体腔内组织器官吸收利用营养物质，使血腔中该营养物质浓度维持较低水平。同时，昆虫通过吸收肠腔内的水分，来提高肠腔内营养物质的浓度。另外，昆虫通过调节嗉囊排空速率来控制肠腔内营养物质的浓度，以保证从肠腔到血腔的浓度梯度，促进营养物质向血腔中扩散。

一、昆虫的营养需要

昆虫所需的营养物质按其生理作用与功能可分为 3 大类：一类是用来建造身体和能量来源的多种有机物与无机物；另一类是用来调节生理功能的辅助物质或附加物质；第三类是决定某些昆虫选择食物或刺激取食的激食要素。对昆虫生长发育和生命活动比较重要的营养物质有蛋白质、糖类、脂类、甾醇、维生素、无机盐和水。

① 蛋白质：是昆虫身体基本的组成成分，又是昆虫生长发育和生殖所必需的营养物质。

② 糖类：主要供给昆虫生长、发育所需的能量，以及转化成贮存的脂肪，有些糖则为激食剂。碳水化合物和蛋白质都是昆虫营养上所必需的，但是两者的比例即碳氮比（C/N）对昆虫生长发育有很大影响。

③ 脂类：脂肪是昆虫贮存能量的主要化合物，还是磷脂的必需成分，而磷脂则是细胞内外各种膜结构的必需成分，因此昆虫体内常有大量的脂肪。

④ 甾醇（固醇、胆固醇）类：是昆虫生长、发育和生殖必不可少的营养成分。

⑤ 维生素：不是构成虫体的原料，也不是供给能量的物质，昆虫对其所需量甚微，但对维持虫体正常的生理代谢却是必需的，须由食物供给，是一种外源性物质。

⑥ 水分和无机盐：水分和无机盐是昆虫生长发育不可缺少的物质。

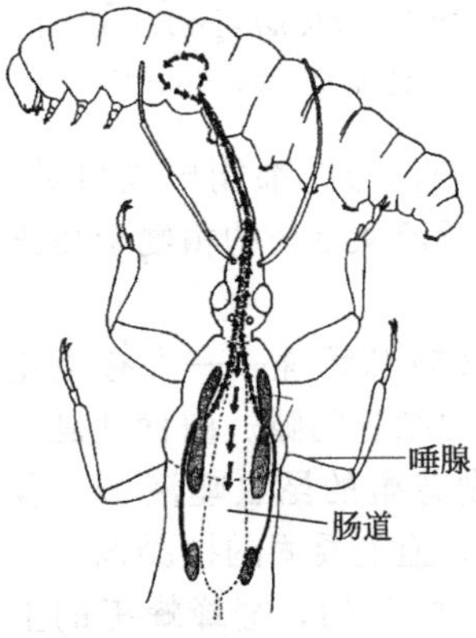

二、昆虫对食物的肠外消化

昆虫在取食前先将唾液或消化液注入寄主组织或食物内，使食物受到初步消化，然后再吸入肠内，称为肠外消化（图9-7）。根据消化酶的不同来源，刺吸式口器昆虫和食肉性昆虫具有不同的肠外消化方式。

吸食植物汁液的昆虫，它们依靠唾液中的多种酶类进行肠外消化。如植食性半翅目昆虫，唾液中含有低聚糖酶，能够初步消化食物中的低聚糖，然后吸入肠内作进一步消化。龙虱幼虫没有唾液，依靠消化液中的酶类进行肠外消化；食蚜蝇幼虫取食蚜虫时，将头部伸入蚜虫体内，并将消化液注入其中，待蚜虫内部组织溶解后再行吸取。肠外消化还有一些特殊例子，如鳞翅目成虫羽化时，由口腔分泌强碱性的消化液，这种消化液能软化丝茧；绿蝇和丽蝇幼虫的排泄物中含有蛋白酶，能使所要取食的肉类部分消化，供其食用。

图9-7　昆虫的肠外消化
（仿 Cohen, 1998）

唾腺
肠道

三、昆虫对食物的肠内消化与吸收

昆虫消化食物主要发生在中肠内（也有些昆虫起始于嗉囊），局部发生在肠壁细胞中，肠道内共生菌也参与部分消化作用。

1. 糖类的消化与吸收

昆虫一般不能吸收食物中的多糖和双糖，只有分解为单糖才能吸收利用。食物中的双糖主要有麦芽糖、海藻糖和蔗糖，前两者有两个葡萄糖残基，残基之间以 α 键互相连接。这些糖都能被昆虫体内普遍存在的 α-葡萄糖苷酶所水解。植食性昆虫的消化酶普遍含有 β-葡萄糖苷酶，能够分解食物中的蔗糖、乳糖和纤维素二糖中的 β 键。

淀粉和纤维素是在多种酶的作用下逐渐分解为单糖的。水解淀粉主要依靠 α-淀粉酶，其中果胶酶能作用于淀粉的1,4-葡萄糖苷键，分解成为麦芽糖，或经过糖原生成葡萄糖。麦芽糖再在 α-葡萄糖苷酶作用下进一步分解成为单糖。消化纤维素是在两种酶的作用下完成的，一种是裂解纤维素为纤维素二糖的纤维素酶；另一种是裂解纤维素二糖为葡萄糖的半纤维素酶（纤维二糖酶），这些酶由昆虫直接产生或由肠内微生物提供。

双糖和多糖水解成葡萄糖后，由肠壁细胞被动吸收。葡萄糖按浓度梯度方向，从肠腔向血腔扩散，并迅速进入中肠周围的脂肪体，葡萄糖转化为海藻糖，从而使葡萄糖在血液中的浓度始终低于肠腔中的浓度，转化速率的快慢决定扩散速率的快慢。昆虫通过调节嗉囊排空的速率，控制肠腔内糖的浓度和细胞对糖的吸收，从而调节葡萄糖通过肠壁细胞向血腔扩散的速度。

昆虫还能通过吸收肠腔内水分来提高糖的浓度，或将葡萄糖转化为蔗糖和糖原。这些途径造成葡萄糖从肠腔到血腔的浓度梯度，促进葡萄糖向血腔中扩散。半乳糖、甘露糖和果糖的吸收方式与葡萄糖相似。

2. 蛋白质的消化与吸收

昆虫消化蛋白质成为蛋白胨和多肽以后，才能被肠壁细胞吸收。在细胞内肽酶作用下，还能进一步水解成为氨基酸。消化蛋白质依靠唾液与消化液中的肽链内切酶，这些酶与哺乳动物的胰蛋白酶（trypsin）和胰凝乳蛋白酶（chymotrypsin）极为相似，通常称为胰蛋白酶，它的结构中所含的—S—S—键较少。细胞内肽链内切酶分为三种：作用肽链—COOH端的羧基多肽酶；作用于—NH₂端的氨基多肽酶；水解二肽的二肽酶。

蛋白质、肽和氨基酸的吸收作用主要发生在中肠。蛋白质通常先被消化成为分子量较小的肽。再被肠壁细胞吸收，进而在细胞内分解成为氨基酸，有的则在肠腔内直接分解成氨基酸而被吸收。氨基酸的吸收方式取决于它们的食物和血淋巴之间的浓度梯度。某些氨基酸在肠腔中的浓度高于血淋巴中的浓度，它们能扩散进入血腔，另外，昆虫可以通过加速吸收肠内水分和迅速代谢血淋巴中的氨基酸来维持和逆转肠腔和血腔中的扩散浓度。

3. 脂类的消化与吸收

由于脂类组分比较复杂，因此消化吸收的方式也比较多样。胆甾醇类化合物，一般不需改变形式，就能被昆虫的中肠或嗉囊直接吸收。植食性昆虫能将植物甾醇转化为胆甾醇后再被吸收。

食物中的脂类大多是甘油三酯。甘油三酯需要通过酶的作用，在肠腔内被水解成游离脂肪酸、甘油二酯和甘油单酯。甘油二酯通过肠壁细胞进入血腔，并以甘油三酯形式贮存在脂肪体内，当需要的时候，又能以甘油二酯、甘油三酯、酯和甾醇等形式从脂肪体中释入血腔。胆甾醇类化合物一般不需改变形式就能被昆虫的中肠直接吸收，植食性昆虫能将植物甾醇转化为胆甾醇后再吸收。脂类的吸收和控制机制与糖类的相似。在昆虫消化道内，还含有裂解长链脂肪酸甘油酯和短链脂肪酸甘油酯的两种酯酶，以及消化磷酸酯的磷酸酯酶。很多昆虫体内，共生菌对食物内的酯和脂肪酸的消化具有重要作用。

四、影响消化酶活性的因素

昆虫消化酶活性水平不只受生理因素的影响，也随昆虫发育状态而变化，此外，还随着季节不同而异。具体地讲，昆虫消化酶的活性受到消化液的 pH 值和氧化还原电位的影响。昆虫消化酶的合成和分泌，可能存在一种促分泌机制，食物及其代谢产物直接刺激中肠细胞而诱导酶的分泌。这种有规律的调节作用受到神经和激素的控制。中肠消化酶的控制还具有营养种类的专化性。

（1）pH 值　消化酶在一定的 pH 范围内才显示最大的活性。前肠的内含物没有缓冲能力，它的 pH 值主要是由食物决定的。多数昆虫的消化液 pH 值为 6~8，较稳定，植食性昆虫比肉食性昆虫偏碱性。中肠液能以较强的缓冲力来稳定 pH 值。但是，有的昆虫中肠的缓冲能力较差，如蚊子中肠的 pH 值与寄主血液的 pH 值相同。后肠由于马氏管的分泌作用，肠液 pH 值通常是偏碱性的。

（2）氧化还原电位　在消化和吸收过程中，氧化还原电位决定生化反应的能量和方向，同时还影响消化酶活性和肠壁细胞的吸收。昆虫中肠的氧化还原电位通常是正的，约为＋200mV。

五、营养物质的液流循环

昆虫消化道内营养物质的吸收主要发生在中肠和胃盲囊内，具有胃盲囊的昆虫吸收作用主要发生在胃盲囊中，没有胃盲囊的昆虫，则以中肠的前端较为积极。那么消化的物质是怎样从中肠的后端输送到前端的呢？Berridge（1969）以蝗虫为例提出了一个全面反映营养物质在昆虫体内运转的模式，即"液流循环"理论。该理论认为，从前肠分期进入中肠的大部分食物颗粒，经消化作用形成液状的营养物质后，可被中肠的柱状细胞或胃盲囊细胞吸收，由中肠前段流入血淋巴，形成吸收循环液流（胃盲囊的吸收循环）；而从中肠前段吸入过多的 K^+ 和 H_2O，则可经中肠后段的杯状细胞分泌，再排入肠腔内，形成分泌循环液流（中肠细胞的分泌循环）；马氏管将排泄物分泌到肠腔流入后肠后，与中肠流入的食物残渣相混合，由直肠垫进行水分和无机盐的再吸收作用，构成排泄循环液流，主要作用是使血淋巴中的代谢废物沉积于直肠腔，同时调节血液的渗透压和离子平衡（直肠垫的吸收循环）（图 9-8）。

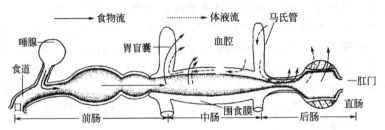

图 9-8　营养物质的液流循环（仿 Berridge，1982）

六、食物的利用效率

食物能被昆虫利用、进行消化吸收的一部分，分别用来构成虫体和参与物质代谢以及用于能量代谢，另一部分则不能吸收而排出体外，食物通过消化作用后，可消化吸收的部分与消耗食物的比值，称消化系数。昆虫取食不同的食物，其消化系数不同，消化系数大的营养价值高，但食物的营养价值还应以食物的转化率来衡量。一般认为，虫体转化食物为体躯物质及能量的效率取决于食物中营养物质的含量的比率，如果一种食物中缺乏某些营养物质，则将浪费更多养料，造成转化率的降低。

综合这两个方面，通常用昆虫利用食物的综合效率（overall efficiency）来评估，其中包括消化率、转化率和利用率三个指标。昆虫的食物利用效率差异很大，鳞翅目幼虫的食物利用率和转化率大约是直翅目的 2 倍，但消化率是相似的。食物利用率还因昆虫的龄期不同而异。

（1）消化率（AD）　利用量由吃下的食物除去粪便来计算。

$$消化率(AD) = \frac{取食量(mg) - 排粪量(mg)}{取食量(mg)} \times 100\%$$

（2）食物的转化率（ECD）　是指在一定时间内被消化的食物吸收后转化为虫体组织的百分率。

$$食物转化率(ECD) = \frac{体重增加量}{食物摄入量 - 粪便量} \times 100\%$$

（3）食物的利用率（ECI）　是指昆虫利用摄取的食物来构成虫体的能力，实为消化率和转化率的乘积。

$$利用率 = \frac{体重增加(mg)}{取食量(mg)} \times 100\%$$

$$营养比率(NR) = \frac{可被消化的糖类 + 可被消化的脂类 \times 2.25}{可被消化的蛋白质}$$

上式中的 2.25 是糖每克的热量为 4000kcal（1cal＝4.1840J），脂为 9000kcal，当二者作为能量时，1g 脂肪＝2.25g 糖。

第十章 昆虫循环系统及其防卫

昆虫的循环系统属开放式，不像哺乳动物那样具有与体腔完全分离的分级网管系统，它的整个体腔就是血腔，所有内部组织与器官都浸浴在血液中。昆虫的血液由血细胞和血浆组成，除双翅目摇蚊幼虫等少数昆虫因含有血红素而呈红色外，大多数昆虫的血液为无色、黄色、绿色、蓝色或淡琥珀色，相对密度为 1.01～1.05，多为微酸性。昆虫没有单独的淋巴液，仅有一种循环体液，其血液兼有哺乳动物的血液和淋巴液的特点，因此又称"血淋巴"。

昆虫血液在体内循环，仅有一段途经背血管，其余均在组织器官间流动。这种开放式循环系统的最大特点是血压低、血量大，并随着取食和生理状态的不同变化很大。昆虫循环系统的主要功能是运送营养物质及内分泌物质到身体的各组织及器官中去；同时将代谢的废物运送到排泄器官或其他组织，维持正常生理所需的血压、渗透压和离子平衡，参与中间代谢，对外物侵入产生免疫反应，移除解离的组织碎片、死细胞和较大的固体颗粒以及修补伤口等。但昆虫血淋巴没有运送氧气的功能，氧气由气管系统直接输入各种组织器官内，所以昆虫大量失血后，不会危及生命安全，但可能破坏正常的生理代谢。

第一节 循环系统的基本构造

昆虫的循环系统主要包括促使血液流动的背血管及辅搏器，血窦中背膈和腹膈也进行有节奏的收缩活动，使血液按着一定方向流动。此外，还有一些与血液组成密切相关的造血器官和肾细胞等，它们大都来源于胚胎发育时的中胚层。

一、背血管

背血管（dorsal vessel）是主要的循环器官，是纵贯于背血窦中央的一条后端封闭、前端开口于脑和食道之间的细长管道，由肌纤维和结缔组织构成，其两侧着生有成对的翼肌，是血液循环的主要搏动器官。可分为两部分——前端的大动脉和后端具有一定数目心室的心脏。动脉起源于外胚层，心脏起源于中胚层。

1. 大动脉

大动脉（aorta）是背血管前段细而不分室的直管部分，没有心门，也没有翼肌与膈膜相连，前端开口入头腔，后端连通第 1 心室，是引导血液向前流动的管道。大动脉起源于外胚层，位于昆虫头胸部内。主要功能是将吸入心脏的血液导入头内，另外，脑部神经分泌细胞的轴突，经心侧体在大动脉上形成释放脑激素的神经器官，因此大动脉也是激素进入血液的一个重要部位。

2. 心脏

心脏（heart）是背血管后段呈连续膨大的部分，每个膨大部分称为心室（chamber），其末端为盲端，按节膨大形成 9 个心室（蜚蠊有 11 个心室，家蝇只有 3 个心室）。心室的数目与所占的腹节数目相一致，一般开始于腹部第 2 节。心室两侧有 1 对有瓣膜的心门（ostium），当心室收缩时，心门瓣关闭，迫使血液在背血管内向前流动；当心室舒张时，心门瓣打开，血液从体腔流入心室。就这样，心室由后向前依次收缩，促使血液在背血管内由后向前流动。心室两侧有扇状背横肌即翼肌（alary muscle）与膈膜相连，它的收缩使心室扩张与紧缩以推动血液的流动。心脏起源于中胚层，多数昆虫的心脏仅局限于腹部内，少数昆虫如蜚蠊和铗尾虫等的心脏伸达胸部内。它是保持血液在体内循环的主要器官（图 10-1）。

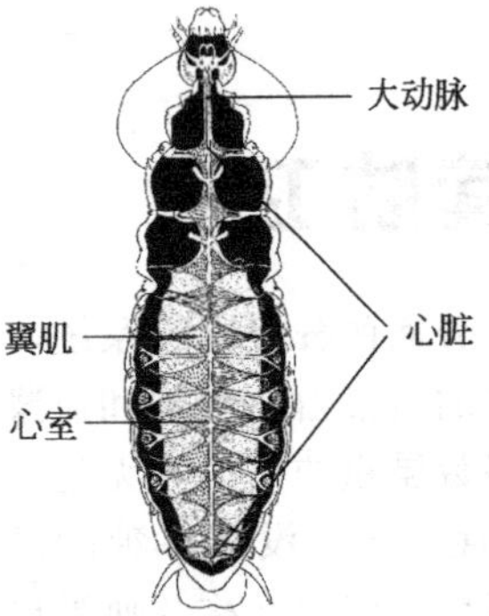

二、背膈与腹膈

背膈（dorsal diaphragm）和腹膈（ventral diaphragm）分别紧贴于心脏的下方和腹神经索的上方，是昆虫体腔内与血液循环密切相关的结缔膜。背膈的结缔膜中包含有肌纤维排列成的翼肌。膈膜除了有保护和支持器官以及分隔血液的作用外，它们还可以通过自身的搏动使血液向后方和背方流动，促进血液在体腔内的循环。在背膈和腹膈两侧常形成许多窝状细孔，可使各血窦间的血液相通。有的昆虫腹膈发达，有的退化。在退化的种类中，仅在神经节上方残存 1 条肌肉带。

图 10-1　昆虫背血管的基本结构（仿 Nutting，1951）

大动脉
心脏
翼肌
心室

三、辅助搏动器

辅搏器（accessory pulsatile organ）是指昆虫体内位于触角、胸足或翅等器官基部的一种肌纤维膜状构造，有膜状、瓣状、管状或囊状等多种形状（图 10-2）。薄膜的收缩，可驱使血液流入远离体躯的部位，具有辅助心脏促进血液在这些远离心脏的器官内循环的作用，从而保持血腔中各部位的血压平衡。如蝗虫的触角末端、蚜虫的胫节基部，都有辅搏器。

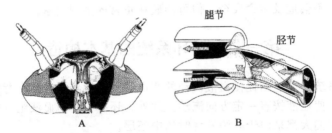

腿节
胫节

A
B

图 10-2　辅助搏动器（A 仿 Pass，1985；B 仿 Hantschk，1991）

A—触角基部辅助搏动器；B—足胫节内辅助搏动器

四、造血器官

造血器官（hemopoietic organ）是指昆虫体内不断分化并释放血细胞的囊状构造，周围有膜包被，膜囊内有相互交织的类胶原纤维和网状细胞。造血器官是由一些干细胞（stem cell）聚集形成。各类昆虫造血器官所在的位置常有不同。膜翅目幼虫的造血器官在胸腹部脂肪体附近，鳞翅目幼虫的造血器官在翅芽周围，双翅目幼虫的造血器官在大动脉上。造血器官只存在于昆虫幼期，成虫期退化消失。造血器官除有补充血细胞的功能外，还有活跃的吞噬功能。昆虫体内的血液量因昆虫种类、不同发育时期及生理状态的不同而有很大差异。

五、肾细胞

具有吞噬胶体颗粒进行代谢和贮存的功能，常见的如位于围心窦内心脏两侧的称为围心细胞，食管周围的称为花环细胞等。这些细胞可通过注射低浓度的胶体染料，利用它的吞噬性能与其他细胞相区别。

第二节　血液的组成和生理功能

昆虫血液是体腔内循环流动的淋巴样液体，包括血细胞和血浆两部分，透明或稍浑浊。除少数昆虫（如摇蚊幼虫）因含血红素而呈红色外，大多为黄色、橙色和蓝绿色。昆虫的血液一般占虫体容积的 15%～75%。

一、血细胞

血细胞（hemocyte）是指在昆虫血淋巴中流动着的游离细胞，约占血液的 2.5%。血细胞在胚胎发育时由中胚层细胞游离分化而来，在胚后发育的过程中，尤其是在受伤或感染的情况下，可通过有丝分裂进行补充，亦可通过造血器官或造血组织来补充。昆虫血细胞的形状常因观察时间与处理方法的不同而有较大差异，很难严格区分，因为许多血细胞在结构上是可变的，在性质上是多功能的。相当多种类昆虫血细胞不参与循环，而是疏松地附着在组织表面。再加上分类方法的不同，所以昆虫的血细胞尚没有固定的分类。命名也颇不统一。最常见的血细胞有七种类型——原血细胞、浆血细胞、粒血细胞、珠血细胞、脂血细胞、类绛色血细胞和凝血细胞，其中前三种类型的血细胞对所有昆虫都是普遍的（图 10-3）。

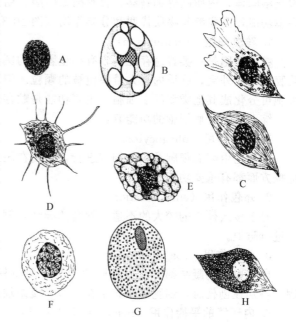

图 10-3　昆虫各种血细胞（仿 Woodring，1985）
A—原血细胞；B—脂血细胞；C，D—浆血细胞；E—珠血细胞；F—凝血细胞；G—类绛色血细胞；H—粒血细胞

1. 原血细胞（prohemocyte）

原血细胞是一类普遍存在的椭圆形小血细胞，细胞核很大，位于中央，几乎充满整个细胞，核质比一般为 0.5～1.9。质膜无突起，胞质均匀。胞质嗜强碱性，是形成其他血细胞的干细胞。原血细胞无吞噬功能，但具有活跃的分裂增生能力，并能转化为浆血细胞，主要功能是通过分裂来补充血细胞（图 10-3 A）。

2. 脂血细胞（adipohemocyte）

圆形或椭圆形，属于小型血细胞，长 8～15μm，细胞核圆形，位于细胞中央；与粒血细胞相似，但细胞质内含有几个大型脂质囊泡（图 10-3 B）。

3. 浆血细胞（plasmatocyte）

浆血细胞是形态多样的吞噬细胞，典型的呈梭形，也有圆形、卵圆形、纺锤形、星形和不规则形等，核较小，位于细胞中央，嗜碱性的细胞质中富含核糖体、线粒体、液泡等，质膜通常向外形成多种外突。浆血细胞在各种昆虫体内通常都是优势血细胞，并可转化为粒血细胞，它的主要功能是吞噬异物，同时也参与包被和成瘤作用，因此是重要的防卫细胞（图 10-3 C，D）。

4. 珠血细胞（spherulocyte）

珠血细胞是一种小圆形或椭圆形的血细胞，细胞核小、不明显，且常偏离细胞中央，细胞质含嗜酸性球形内含物和许多液泡，由粒血细胞发育而来。具有贮存和分泌作用，在脂肪形成和中间代谢中起作用。没有吞噬功能。在双翅目及鳞翅目中非常普遍（图 10-3 E）。

5. 囊血细胞（cystocyte）

囊血细胞又叫凝血细胞（coagulocyte），是一类脆弱的圆形或纺锤形细胞，由粒血细胞发育而来。有一个小而圆形的车轮状细胞核，质膜无外突，染色质的排列呈车轮状，细胞质中也有颗粒，破裂后使周围体液发生沉积，起着凝结或愈伤防卫作用（图 10-3 F）。

6. 类绛色血细胞 （oenocytoide）

类绛色血细胞是一类球形或卵圆形大小多变的血细胞，核小且偏离细胞中央，细胞质内缺乏溶酶体，内质网等细胞器，含有酪氨酸酶、糖蛋白和中性黏多糖等，类绛色血细胞没有吞噬功能，主要参与物质代谢和分泌作用（图 10-3 G）。

7. 粒血细胞 （granulocyte）

粒血细胞是一类普遍存在且含有小型颗粒的圆形或梭形的吞噬作用的血细胞，核较小，质膜通常无外突，胞质内有大量膜被的颗粒。细胞质含有嗜酸性颗粒和粗面内质网。粒血细胞可分化成其他类型的血细胞，主要功能是贮存代谢，还有防卫作用（图 10-3 H）。

综上所述，血细胞的功能有：

1. 吞噬作用 （phagocytosis）

主要是由浆血细胞及粒血细胞进行，它们在昆虫的变态、对疾病的防卫、创伤的修复及免疫方面都有重要功能。

2. 外包作用 （encapsulation）

对于侵入体内的较大的不适于吞噬的异物，例如线虫、原生动物等，血细胞采取包围方法进行防卫。

3. 凝结作用 （coagulation）

昆虫血液的凝结都有囊血细胞的参与，即使只有囊血细胞的碎片，也能引起血液的凝固。特别在创伤时，细胞本身聚集在伤口，凝结块由小到大堵住血流。

4. 内环境的平衡作用 （hemeostatic function）

由电镜及细胞化学的研究知道血细胞中聚集有氨基酸及糖等各种物质，说明它具有维持环境的作用。另外也有人认为血细胞还有解毒作用。

二、血浆

血浆 （plasma）是指体腔内浸浴着所有组织和器官的稍带黏滞性的循环液体，是胚胎时就充满体腔内的一种组织液，约占血液总量的 97.5%，相对密度在 1.012~1.070 之间。血浆的化学组成因昆虫的种类和龄期而有差异，但主要含有水分、无机盐、氨基酸、蛋白质、脂肪和糖类等物质，另外还有少许的气体、有机酸和激素。

1. 水分

水约占血淋巴量 85% 左右。但因昆虫种类和发育期而有不同。例如，胃蝇 *Gastrophillus* sp. 幼虫血淋巴含水 84%，牙甲 *Hydrophilus* sp. 幼虫含水 92%。

2. 无机盐类

血浆中含有钠、钾、钙、镁、锰、铁、铜等以氟化物、硫酸盐、硝酸盐以及磷酸盐等形式组成的无机盐类，阳离子与阴离子常保持一定的平衡。一般来说，低等昆虫的渗透压主要由 Na^+ 和 Cl^- 构成；有翅类全变态的脉翅目、毛翅目、长翅目和双翅目血淋巴的渗透压有一半由无机离子构成，且以 Na^+ 为主，Cl^- 的作用很小，而全变态的鞘翅目、鳞翅目和膜翅目血淋巴的 Na^+ 含量低，而 K^+ 和 Mg^{2+} 含量很高。另外，血淋巴中无机离子的含量和组配比率似与昆虫食性有一定的相关性。一般植食性昆虫血淋巴内含有较高浓度的 K^+ 和 Mg^{2+}，Na^+/K^+ 比率常小于 1；肉食性昆虫常含有较高浓度的 Na^+，Na^+/K^+ 比率大于 1；杂食性昆虫的 Na^+/K^+ 比率常介于两者之间。昆虫血浆中无机盐离子的主要作用是参与物质运输，调节神经活动、酶活力、pH 值和渗透压。

3. 氨基酸与蛋白质

昆虫血浆中蛋白质的含量，除少数昆虫外，普遍比脊椎动物血浆中的含量低，但一般比其他无脊椎动物血浆中的蛋白质含量高。例如，膜翅目昆虫血浆中蛋白质的平均含量为 5g/100mL，鞘翅目为 3~4g/100mL，鳞翅目为 2g/100mL，直翅目为 1g/100mL，而人血浆中蛋白质含量为 7.2g/100mL，甲壳动物为 2～3g/100mL。昆虫血浆中蛋白质目前已知的有卵黄原蛋白，是卵黄蛋白的前体物；载脂蛋白，是与脂类结合参与运输的载体；JH（保幼激素）结合蛋白，是一种能与 JH 结合的载体蛋白，保护 JH 不被非专一性酯酶降解；贮存蛋白，为合成氨基酸和产生能量的来源；酶类，包括溶菌酶、非专一性酯酶、JH 专一性酯酶、以酶原形式存在的酪氨酸酶和糖酶、磷酸酶以及其他如蛋白酶、淀粉酶、转化酶等，参与物质的新陈代谢；免疫蛋白，它在感染病菌时诱导产生，具有免疫功能；血红蛋白，是摇蚊幼虫特有的一类贮存蛋白，可与 O_2 结合；温滞蛋白，遇低温时可与冰晶表面结合，阻止水分进一步晶化，降低冰点；色素蛋白，具有发色基团的血浆蛋白，它们大多来源于食物。

昆虫血浆中氨基酸的含量比蛋白质的含量高，主要是以 L-型游离氨基酸存在，这是昆虫血淋巴的一个主要生化特征。完全变态昆虫血浆中游离氨基酸总量一般比不完全变态昆虫高，其中谷氨酸、谷氨酰胺和脯氨酸含量较高，而不完全变态昆虫含有较多的谷氨酸、谷氨酰胺和甘氨酸。某种昆虫可能具有某种含量特别高的氨基酸，这常与其生长发育过程中某些特殊需要有关。血浆氨基酸的主要功能是为各种组织中细胞合成蛋白质提供原料和调节渗透压。L-谷氨酸是神经肌肉的化学递质。

4. 血糖

昆虫血浆中含有很少量的发酵糖类，几乎没有蔗糖，仅有少量糖原。但是，昆虫血浆中含有高浓度的海藻糖（trehalose），又称酵母糖，含量为 8～60mg/mL，这是昆虫血淋巴的另一个主要生化特征。海藻糖是非还原性双糖，是两分子 α-D-葡萄糖彼此均在 C^1 上的两个半缩醛羟基之间脱水通过 α-1,1-苷键结合而成的，它作为糖的一种贮存形式和主要运输形式释入血浆，有关组织的细胞可通过膜上海藻糖酶的水解作用，将其水解为葡萄糖加以吸收利用。如幼虫蜕皮时供应皮细胞合成几丁质所需的葡萄糖就由海藻糖分解提供。在脂肪体内，糖原可转化为海藻糖，以保持血浆中海藻糖的浓度稳定在一定的水平，如幼虫每次蜕皮时，糖原几乎全部消失，而血浆中海藻糖的量仍保持稳定的水平。当然，海藻糖的降解作用和糖原的转化作用皆受咽侧体分泌的激素所调控。可见，血糖主要是用作能量物质，或用来合成表皮中的几丁质、黏多糖和糖蛋白。另外，在昆虫临近越冬时，血浆中的海藻糖等可以转化为甘油、山梨醇、多元醇等物质，这些物质可通过溶质效应降低过冷却点，能保护细胞和酶蛋白免受冻害，是昆虫抗寒的适应。

5. 氮素代谢物及其他物质

不同昆虫血浆中发现的氮素代谢物主要有尿酸、尿囊素、尿囊酸、尿素和氨等。其中，尿酸的含量一般近于饱和状态，为 6.5mg/100mL，若过量则于马氏管内形成结晶，排出体外。一些昆虫在某一发育期，血浆中的尿酸酶将尿酸分解为尿囊素。家蚕等一些鳞翅目昆虫，血浆中的尿囊素酶将尿囊素分解产生尿囊酸。昆虫血浆中尚含有少量尿素，可能是精氨酸酶作用的产物。一些水生昆虫的血浆中尚含有少量的氨。此外，昆虫的激素由分泌器官合成并释入血淋巴中，以游离或结合状态运输到靶器官发挥作用。

6. 血脂

昆虫血浆中脂类含量一般为 0.5%～2.5%，包括甘油一酯、甘油二酯、甘油三酯、脂肪酸、甾醇、磷脂和其他烃类化合物，其中以甘油二酯为主，且常结合成脂蛋白的形式运输。脂类由消化道吸收后，通过血液运输进入脂肪体内，并在脂肪体内贮存。当需要时，再由脂肪体释入血浆中，运往有关的组织或器官。

7. 血浆中其他成分

（1）气体　昆虫血液不担负运送 O_2 和 CO_2 的任务，仅能携带溶解于其中的少量 O_2，但 CO_2 含量则大大超过 O_2，因为 CO_2 易于溶解在血浆中，同时 CO_2 能与水形成碳酸，游离后形成 HCO_3^-，可以和碱基结合，促使更多的 CO_2 溶于血浆中。

（2）有机酸　昆虫血浆中的有机酸主要是三羧酸循环中酶类的基质，如柠檬酸、α-酮戊二酸、琥珀酸、延胡索酸、苹果酸、草酰乙酸等。研究证明，内生翅类幼虫比外生翅类若虫血浆中有机酸含量高。

（3）色素　昆虫血浆中含有的色素，使血液呈现不同的颜色。植食性昆虫血液多呈绿色、黄色、橙色等色彩，是由于其食物中含有这些色素。

（4）激素　在昆虫生长发育的不同阶段，血浆中含有不同的激素。激素的运输是由血细胞或血浆中的脂蛋白进行的。

三、昆虫血液的功能

昆虫血液为组织细胞提供一个比较稳定的物理、化学环境，是合成与代谢的场所，也是细胞获取营养和排除废物的媒介，其功能主要有止血作用，对进入体内的病原物和寄生物产生免疫反应，对外源化合物进行解毒作用，阻止天敌捕食以及具有营养、运输和机械作用等功能。

1. 止血作用

昆虫止血是在伤口处形成凝血块，以防血液流出和病菌侵入。根据昆虫形成凝血块的能力和方式，可将止血作用分为4种类型：

① 在伤口处形成典型的凝血块。主要发生在直翅目、脉翅目、长翅目和毛翅目中。

② 形成网状凝集物，固定或包囊血液中的固体颗粒，形成凝血块。常见于鳞翅目、金龟甲科和双翅目幼虫中。

③ 不形成网状凝集物，凝血细胞部分破裂和部分血细胞伸出线状伪足相结合形成凝血块。见于大多数鞘翅目和部分膜翅目昆虫中。

④ 不形成凝血块，血液没有明显的止血功能。常见于大多数半翅目、鞘翅目、鳞翅目、膜翅目和部分双翅目昆虫中。

2. 免疫作用

昆虫免疫作用机制主要有血细胞的吞噬、成瘤和包被作用及经诱导产生抗菌肽的溶菌作用。

（1）吞噬作用　对侵入血液的少量单细胞病原物如细菌、真菌、原虫以及病毒等进行吞噬。吞噬作用主要由浆血细胞来完成。包括识别、摄入和消化过程。

血细胞膜上的受体与病原物表面的特殊基团或附着的异源凝集素相互作用进行识别，刺激血细胞发生细胞质突起（形成伪足）。血细胞膜外突起将病原物包围，形成吞噬泡。吞噬泡与溶酶体融合，释放水解酶，分解吞噬物。

（2）成瘤作用　当小型病原物大量进入血腔时，常发生成瘤作用。由凝血细胞、浆血细胞来完成。当凝血细胞与病原物接触后破裂，诱导病原物周围的血液凝集形成凝血块，开展凝结过程，将病原物固定在血块内。同时，血细胞破裂后，释放异源凝集素，诱使浆血细胞附着到凝血块周围。附着于周围的浆血细胞扁平化，并相互以桥粒联结形成外鞘，被包围的病原物在血细胞分泌的酚和酚氧化酶的作用下，逐渐黑化死亡。

（3）包被作用　当较大的病原物（如线虫、寄生物及较大的原虫）侵入血腔时，就会发生包被作用。由凝血细胞或粒血细胞、浆血细胞完成。受到侵害后，凝血细胞或粒血细胞通过膜上的受体对侵入异物进行识别，血细胞破裂，释放异源凝集素，诱使浆血细胞附着在外源物表面，形成由3层细胞构成的被壳，内层细胞溶化释放酚类化合物，杀死被包围的生物。

（4）溶菌作用　由血浆中的溶菌酶溶解病菌的细胞壁或裂解蛋白溶解细胞膜，直接作用于病原物，使其细胞溶解。

3. 解毒作用

血液可有效防止外来毒物的侵害。一方面，当外源毒物进入血腔后，血浆中的凝集素和非专一性酯酶与之结合，可使毒物分解。另外，毒物被血细胞摄入，通过胞质中的各种酶进行降解或贮存在脂滴内，可以减少体内的有效浓度。

4. 其他作用

血液还具有阻止天敌捕食、营养贮藏和运输作用以及在昆虫发育过程中提供机械力的作用。当某种昆虫受到天敌捕食时，可利用血液中某些特殊化合物或反射性出血来阻止天敌捕食，如果这种血液中含有使天敌厌食或者有毒的化合物，即具有防卫能力。如芫菁成虫和瓢虫能从胫节处释放血液。但多数昆虫的出血行为仅仅依靠物理作用来阻止天敌的攻击，效果很差。

血液也是昆虫进行物质代谢的重要场所。通过血液循环输送营养物质及其他（激素类）物质给各组织、器官，促进和调节昆虫的生长发育。血液也参与结缔组织和表皮的形成及鞣化，而且与免疫反应和生殖过程有关。血细胞还参与组织解离过程中的物质分解，合成多种代谢酶，这些酶与蛋白质、氨基酸、糖和脂类都有十分密切的关系。

昆虫血液可传递由身体某一部位收缩而产生的机械压力，有助于昆虫蜕皮、羽化、展翅、卵孵化和呼吸通风。

第三节　昆虫的血液循环

昆虫的开放式系统血液的循环是依靠心脏和辅搏器的搏动以及膈膜和肌肉的运动完成的。循环的主要功能是控制血压、运输物质和调节体温。一般昆虫每分钟的心搏数为 $50\sim100$ 次，家蚕幼虫 54 次，稻绿蝽 100 次。

一、心脏的搏动

心脏的搏动即心室随心翼肌和心脏肌收缩与扩张而产生的节律性搏动。昆虫心脏的搏动周期可分为收缩期（phase of systole）、舒张期（phase of diastole）和休止期（phase of diastasis）3 个阶段。昆虫心脏每一分钟内波动的次数即搏动的速率因昆虫的种类、性别、发育阶段、代谢强弱、环境因子和化学毒物的影响而有变化。此外，昆虫血浆中 Na^+、K^+ 浓度也影响着心脏搏动的速率。当血浆中 Na^+ 较高时，能提高心脏的搏动率，减小搏动的幅度；但若在无 K^+ 的情况下，1h 以后，心脏即停止搏动。

二、血液循环的途径

在神经系统和体液激素的调节下，昆虫的血液循环先从背血窦中血液开始，从最后一个心室开始。昆虫的循环系统虽是开放式的，但血流仍有一定的方向，可以分为背面、侧面和腹面 3 条主流。

在背血管中，血液由后向前流动。当心脏舒张时，背血窦中的血液经心门进入心脏；当心室收缩时，由于瓣膜作用，阻止血液倒流入血腔，把血液推向前方，心脏内的血液经大动脉压向头部，在虫体的前端形成一个较高的压力，使血液一部分在血腔内向后端流动，另一部分即分别在翅和触角基部辅搏动器的协助下，迫使血液分别从翅的前缘和触角的腹面吸入，再分别从翅的后缘和触角的背面抽出，回到背血管内，形成翅和触角内的血液循环；在血腔内由头端向后流动的那股血流，在侧面血流入内脏和附属器官，具腹膈的昆虫，由于腹膈的搏动使血流导入围脏窦和腹窦内，大部分的血液经组织器官后由前向后流的同时向背面流动回心脏，继续进行循环，一次循环所需的时间一般只需几分钟。而在腹面血流经生殖器官、产卵器、口器等处流回心脏，形成围脏窦内的血液循环；另一部分在足基部辅搏动器的协助下，经足的腹面流入，从足的背面流出，回到围脏窦，再进入背血管循环，形成足内的血液循环（图 10-4）。

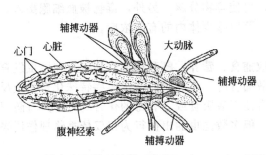

图 10-4　昆虫血液循环过程（仿 Wigglesworth，1974）

　　昆虫血液的流动速率主要取决于心脏和辅搏动器。一般来说，在背血管内血液流动速率较快，在腹血窦内比较缓慢，且可能时流时停，在一些附肢内甚至有时完全停止。杀虫剂能影响昆虫血液的循环速率，如除虫菊和烟碱能使心脏搏动减慢，乙酰胆碱和肾上腺素可使心脏搏动加快，1605 可使心脏搏动节律紊乱。

第十一章 昆虫的排泄系统

昆虫要维持正常的生命活动，需要一个适宜的内部环境，而昆虫在生命活动过程中不断地进行物质和能量代谢，产生许多有毒物质，如含氮的尿酸盐、尿酸和 CO_2 等，因此必须及时清除体内的代谢废物和某些有毒或多余的物质，排泄就是排出有毒物质和 CO_2，CO_2 通过气管系统或体壁借扩散作用排出体外，氮素代谢物主要经马氏管-直肠系统排出。

昆虫的排泄系统（excretory system）是指排除体内废物的构造，包括马氏管、直肠、体壁、脂肪体、围心细胞等。马氏管是主要的排泄器官，其他排泄器官在不同的昆虫中起着不同的作用。昆虫高度复杂的排泄功能和调节水分及盐分的能力，使它们能适应多种环境，取食多种类型的食物。通过排泄代谢废物，还可调节昆虫体内盐类和水分的平衡、保持昆虫血液正常的渗透压及化学组成和保持内环境清洁、稳定。

第一节 马 氏 管

马氏管（Malpighian tube）是一些基部着生于中肠与后肠交界处、端部游离于血液中或与肠壁粘连形成隐肾管（cryptonephridial tube）的细长盲管（图 11-1），来源于外胚层，由意大利解剖学家 Malpighi（马尔必齐）最早于 1669 年在家蚕体内首先发现而得名。

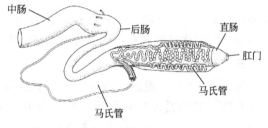

图 11-1 昆虫马氏管（仿 Bradley，1985）

一、马氏管的组织结构

1. 马氏管数量与结构

半翅目和双翅目昆虫一般有马氏管 4 条，长翅目、毛翅目和鳞翅目常为 6 条，沙漠蝗有 250 条。马氏管数量少的比较长，数量多的则较短，单位体重内马氏管的表面积相差并不悬殊。马氏管的长度为 $2\sim100mm$，直径是 $30\sim100\mu m$。

马氏管一端与消化道连通，另一端是封闭的，一般都游离在体腔内，或与脂肪体有紧密的接触。马氏管外围常有肌肉层，并附着有气管，不仅使马氏管的位置得到相对稳定，而且能频频摆动，保证最大限度地使周围的血淋巴得以流动与更新，便于更广泛地吸收排泄物质。马氏管的基段与肠道连通的方式有两类，一类是通过公共管道；另一类是每一根管的基段直接与直肠相通。连接的位置一般在中肠与后肠的交接处。

2. 马氏管细胞结构特点

马氏管由单层管壁细胞组成，其细胞结构与中肠的柱状上皮细胞相似。向血腔侧的质膜称基膜，基膜形成内褶，伸入管壁细胞体内达 1/3 左右。马氏管向血腔侧的质膜内缘在端段和基段的显微结构和功能不同，端段内缘的微绒毛充满线粒体，细长紧密，长度和排列整齐，称蜂窝边，功能以分泌为主，将吸收的代谢物分泌入管腔；基段内缘的微绒毛较粗短、稀疏，长度和排列也不整齐，称刷状边，功能以吸收为主，从排泄物中回收水分和无机盐。

二、马氏管的排泄机制

马氏管在机能上可以看作是一个能主动分泌的管道，它浸润在等渗的血淋巴中，但却能

向管内分泌 Na^+、K^+、Ca^{2+}、Mg^{2+} 等各种离子及小分子量的有机物。分析发现，尿液中的 K^+ 几倍或几十倍地高于血淋巴中的含量，而 Na^+、Ca^{2+}、Mg^{2+} 的含量比血淋巴低。这种不同离子的浓度差说明马氏管液的形成并不是简单由血液滤过管壁的物理过程，而是靠主动运输系统进行的。除 K^+ 是主动运输外，竹节虫和丽蝇等 Na^+ 的运输以及吸血蝽管液中 Cl^- 都是靠主动运输进行的。但马氏管对如氨基酸类、糖类、尿素、尿酸盐等多数分子质量较小的代谢物，是可以自由渗透的。

物质由低浓度区向高浓度区移动，是由生物膜上各种离子泵来实现的，需要消耗能量。

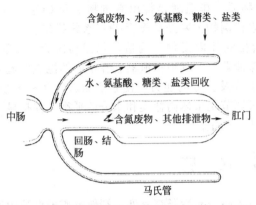

图 11-2　马氏管的排泄机制（仿 Daly 等，1978）

在各类昆虫体内，离子泵有钾泵、钠泵（少数吸血昆虫）、钠/钾泵（飞蝗、石蛾幼虫）、氯泵（蝗虫）和钙镁泵（蚊子幼虫）等。钾泵是一种活化 K^+ 的 ATP 酶，存在于马氏管的管壁细胞中，在运送 K^+ 时并没有对应的离子与之偶联，因此是一种生电的离子泵。造成生物膜两侧产生电位差。K^+ 等无机盐类的主动运输，是马氏管液产生及流动的基础。血液中的尿酸以尿酸氢钾（或尿酸氢钠）形式随管液的流动分泌进入马氏管腔内，当含有尿酸氢钾及尿酸氢钠的尿液通过具刷状边的基段时，水及无机钾盐和钠盐被吸回血液，尿液的 pH 值由端部的 7.2 下降至 6.6，导致尿酸沉积于马氏管的基段，过量的沉淀进入后肠与肠内的消化残渣混在一起成为粪便排出体外（图 11-2）。

三、隐肾复合体

Riegel（1966）提出，马氏管的分泌细胞内有类溶酶体小囊胞，内含蛋白质和非活化的蛋白酶，囊胞通过胞吐作用，排入管腔以后，蛋白质即被活化，使囊胞中蛋白质水解出多种物质，从而提高囊胞的渗透压，管腔中的水为囊胞所吸收，进而使管腔细胞内的水渗入到管腔中，驱动尿液的流动。囊胞的产生和胞吐作用无疑对大分子的运输十分重要。囊胞的存在与排放在昆虫的马氏管中很普遍，与离子的主动运输是相互补充的，离子的主动运输形成渗透压梯度驱动液流，囊胞则在大分子物质的运送方面发挥了作用。

鞘翅目和鳞翅目中有许多幼虫的马氏管与直肠构成一个隐肾复合体（cryptonephridial complex）。黄粉虫的隐肾复合体具有典型的代表性，其 6 条马氏管的端段，围绕在直肠的四周，外围有一层围肾膜将它们裹在一起。马氏管在靠近血淋巴的一边，有很多散生的细胞突起，顶部与围肾膜相连，构成珠泡状薄膜。围肾膜是不透水的，但 K^+ 能从薄膜处进入马氏管腔，使腔内形成高渗区。从直肠进入间隙的水分，被动扩散到腔内高渗区，最后流向马氏管端段回到血淋巴中。这样，尿液中的水分在进入直肠后几乎都能被吸回血腔，使得从肛门排出的粪便和尿的含水量极度下降。

四、马氏管的其他机能

① 分泌泡沫和黏液，如沫蝉幼虫分泌黏液，通过腹部末端骨板的开合作用产生泡沫。

② 分泌丝，鳞翅目茧上的覆盖物常由马氏管分泌。草蛉幼虫在化蛹前，马氏管转化为丝腺分泌含氮丝状物，用来泌丝结茧。

③ 分泌石灰质，例如天牛幼虫把马氏管的分泌物倒入中肠，并由口吐出，用作筑隧道的石灰质覆盖物。

第二节　昆虫的其他排泄器官

一、体壁

昆虫体壁的主要排泄作用，是将呼吸代谢过程中产生的二氧化碳和水，经由体壁和气门排出体外。此外，体壁的表皮层中含有大量的几丁质、蛋白质、脂类和色素等，在昆虫蜕皮之前，大部分蛋白质可被皮细胞吸收利用，而几丁质、蜡质和一部分氮素化合物等则随蜕脱去，所以昆虫周期性的蜕皮，具有定期排泄的意义。某些昆虫的皮细胞，还可向体外分泌各种化学组分的胶质、丝质、蜡质和毒液等，也都具有广义的排泄意义。

二、直肠对水分和盐分的调节

昆虫在排泄过程中，直肠所表现的选择性回收与水分和盐分的平衡调节有十分重要的关系。特别是在直肠垫中，高度发达的梯状连接——线粒体复合系统（或侧膜堆），具有很大的回收能力，能从排泄的尿中以及从中肠进入后肠的内含物中，将有用的物质再吸收并输入血淋巴中。沙漠蝗能从直肠中回收水分，直到肠腔中渗透压是血淋巴中 3 倍为止。马氏管和直肠一起形成排泄循环，排泄循环是指马氏管从血液内吸收的代谢物、水分、无机盐类及其他有机分子不断地进入后肠，由直肠垫细胞调节再吸收的过程。排泄循环的主要作用是保持一个体液循环液流，使血液内的代谢废物不断地被运送到直肠腔内沉淀，从而调节血液的渗透压和离子平衡。

由于离子泵的动力来自 ATP 酶，因此缺氧、硝基苯和氰化物都能通过抑制 ATP 酶而影响直肠的回收作用。直肠垫中水分的回收机制，在丽蝇幼虫中研究得最为详细和明确，当离子从血淋巴主动输入直肠垫细胞间隙以后，就会产生一些高浓度区域，水和一些溶质即从肠腔被动流入细胞间隙，又经内部连通的细胞间隙，流入漏斗形通道，当达到足够的液压时，通向血腔的瓣膜被冲开，水流入血淋巴中。细胞中离子主动运输的部位在侧膜堆上，每个膜堆两侧都配置有线粒体，其中有丰富的 ATP 酶，为离子泵提供了能量。

三、脂肪体

脂肪体（fat body）来源于中胚层，是由成团脂肪细胞（adipocyte）组成的组织，一般黏附于体壁、内部器官表面或分散于血腔内，呈片状、网状、叶状、块状或条带状等，多为浅黄色、乳白或绿色，可游离于体腔中，也可集聚在消化道、气管和体壁内侧。脂肪体主要有三种类型，其一是营养细胞，功能是贮存脂类、糖原和蛋白质，进行中间代谢和蛋白质合成等；其二是尿酸盐细胞，当大量的尿酸沉淀于脂肪细胞中时，这些脂肪细胞就称尿酸盐细胞（urocyte），此时的脂肪体就作为贮存排泄器官（storage excretory organ）；另一种为含菌细胞（mycetocytes），充满杆状细胞，可供虫体所需的维生素，并可使硝基 NO_3^- 还原为亚硝基 NO_2^-。

总之，脂肪体有两种主要功能，第一是贮存营养物质和暂时不需要的氮素代谢物；第二是进行中间代谢和解毒作用，以及迅速供应糖类进行生化合成、转化反应等。脂肪体积蓄尿酸盐即是一种排泄作用，同时因尿酸中含有高达 33％的氮，也可能作为供应氮素的贮存体。

四、围心细胞

围心细胞（pericardial cell）是由中胚层演变而来，排布在背血管、背膈或翼肌的表面，其细胞质呈嗜酸性或嗜中性，内含有 1～6 个细胞核，不随血液流动。围心细胞的主要功能是进行蛋白质的中间代谢作用，能够从血液中吸收那些不能被马氏管吸收的胶体颗粒、色素、染料等，成为细胞内含物。当它们吸入的颗粒饱和后即行破裂，然后被具有吞噬作用的血细胞移除。也可分泌一些加速心脏搏动的化合物质，阻止神经肌肉传导。还参与一些中间代谢。

第三节　激素在排泄和水分、盐分平衡调节中的作用

不同种类昆虫，马氏管的功能有显著的差异；同种昆虫在不同的生活周期和取食活性时，排泄机制也很不同，这些差异都是在激素调节控制下发生的。

近年来研究证实，控制昆虫排泄的神经肽类激素是普遍存在的。在昆虫产生取食反应的同时就开始分泌利尿激素（diuretic hormone）。已经发现的利尿激素至少有两种成分，即利尿肽Ⅰ和利尿肽Ⅱ。

吸血昆虫吸取血液后能刺激神经很快从中胸神经节内的神经分泌细胞排出利尿激素，释放入血淋巴中，另一些昆虫由脑、心侧体或咽侧体释放利尿激素。在利尿激素的作用下，细胞顶膜微绒毛伸长，表面积增加，线粒体进入微绒毛中，以及氧化磷酸化速度加快，马氏管迅速进行排尿。

利尿激素作用时间的持续时间，决定于分泌激素的时间。激素本身又受马氏管的作用而被分解，丧失活性。

第十二章 昆虫呼吸系统

昆虫的呼吸系统（respiratory system）是由外胚层内陷形成的气门、气管和微气管组成的气管系统（tracheal system）。气管在组织学上虽然构造简单，但在虫体内的分布却非常发达，它们在虫体内有相当固定的排列方式，是高效率呼吸机构。主要功能是将 O_2 输送到需氧的细胞、组织或器官，由微气管进行直接交换，同时排出新陈代谢产生的 CO_2 和 H_2O。因为气管系统及其微细分支可将氧气直接运送到呼吸组织或细胞内，特别有利于使飞行昆虫产生更为有效而快速的氧化代谢及力量，绝大多数昆虫是以气管系统与环境中空气交换 O_2 和 CO_2 的。

昆虫的呼吸作用包括外呼吸和内呼吸两个过程。外呼吸是指昆虫通过呼吸器官与外界环境之间进行气体交换，将空气中的氧气输送入各类组织中去，同时排出新陈代谢产生的 CO_2 和 H_2O。内呼吸是一个化学过程，是指利用吸入的氧气，氧化分解体内的能源物质，产生 CO_2、H_2O、腺嘌呤核苷三磷酸（ATP）等贮能化合物以及热能。

第一节　气管系统的结构与生理

气管（trachea）是来源于胚胎发育的外胚层的一种管状内陷物。包括一定排列方式的管形气管和管径由大而小的一再分支的支气管（tracheal branches），以及分布在各组织间或细胞间的微气管（tracheoles）（图 12-1）。气管在体壁表面的开口及其附属的开闭结构，称气门。在很多飞行昆虫中，一部分气管还特化成薄壁的气囊（air sac），以加强通风换气作用。

昆虫的气管系统包括气门、气管、气囊和微气管。

一、气门

气门（spiracle）是气管内陷留在体壁上的开口，通常位于中胸、后胸和腹部 1~8 节的两侧。胸部气门位于侧板上，腹部气门多位于背板两侧或侧膜上，每体节最多只有 1 对气门。

1. 气门的数目和位置

根据气门的数目和着生位置，将昆虫的气门分为以下几种类型：

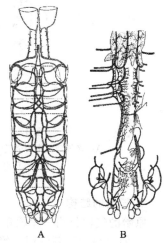

图 12-1　蝗虫的气管系统
（仿 Albrecht，1953）
A—腹部背面的气管系统；
B—与消化道相关的气管

（1）多气门型（polypneustic）　具有 8 对以上有效气门（图 12-2 A）。多气门型可分为：全气门式（holopneustic），有 10 对有效气门，中、后胸各 1 对，腹部 8 对，如蝗虫、蜻蜓和蟑螂等；周气门式（peripneustic），有 9 对有效气门，前胸 1 对，腹部 8 对，如鳞翅目幼虫；半气门式（hemipneustic），有 8 对有效气门，前胸 1 对，腹部 7 对，如菌蚊幼虫。

（2）寡气门型（oligopneustic）　仅具有 1~2 对有效气门（图 12-2 B，C）。寡气门型可分为：两端气门式（amphipneustic），在前胸和腹部后端腹节各有 1 对有效气门，如双翅目环裂亚目的幼虫；前气门式（propneustic），仅在前胸有 1 对有效气门，如蚊科的蛹；后气

73

门式（metapneustic），仅在腹部后端腹节有 1 对有效气门，如蚊科和一些水生甲虫的幼虫。

（3）无气门型（apneustic）　少数昆虫，如双翅目摇蚊科幼虫和部分膜翅目内寄生昆虫的幼虫，通常没有有效的气门或有气门而已封闭，因而称为无气门型（图 12-2 中的 D，E，F）。无气门型昆虫并不是没有气管系统，而是气管系统没有气门与外界沟通。

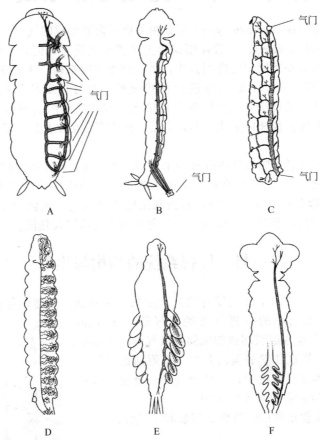

图 12-2　昆虫气门类型（仿 Gullan 和 Cranston，2010）
A—多气门型中的全气门型；B—寡气门型中的后气门型；C—寡气门型中的两端气门型；
D—无气门型（体壁内的微气管呼吸）；E—无气门型（气管鳃呼吸）；
F—无气门型（直肠鳃呼吸）

2. 气门的结构

原始的气门仅由一个简单的体壁内陷形成管口，没有开闭构造，称气管口（tracheal orifice），如衣鱼的胸部气门。绝大多数昆虫的原始气管口位于体壁凹陷形成的一个膨大空腔内，这个空腔称气门腔（atrium），此腔向外的开口称为气门腔口（atrial orifice），气门腔口常围以一块特别硬化的骨片，称围气门片（peritreme）。有气门腔的气门，常具开闭构造（closing apparatus），然后进化为各种开闭机构，这种机构可归纳为以下两种类型：

（1）外闭式气门　是一种开闭构造位于气门腔口的气门，包括 1 对基部相联的唇形活瓣（valve）和垂叶（sclerotized pad），如蝗虫、蜚蠊、蜻类、龙虱和蜜蜂等的胸部气门（图 12-3A）。

（2）内闭式气门　是开闭构造位于气管口的气门，主要控制气门腔内气管的大小，包括闭弓（closing bow）、闭带（closing band）、闭肌（occlusor muscle）和开肌（dilator muscle）。大多数昆虫的气门，特别是腹部气门属于这种类型。这类气门的气门腔口没有活瓣，但常在气门腔口内侧有过滤结构（filter apparatus），称筛板，以防止灰尘、细菌和水的侵

74

入（图 12-3 B）。

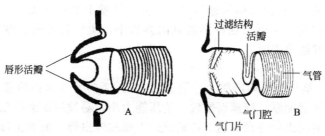

图 12-3　昆虫的气门（A 仿 Miller，1974；B 仿 Snodgrass，1935）
A—外闭式气门；B—内闭式气门

有些昆虫，主要是水生昆虫的气门周围，还有由皮细胞特化形成的单细胞腺体称气门腺（spiracular gland），用于分泌疏水性物质于气门的表面，使气门不致被水侵入。

二、气管

气管（trachea）是昆虫体内具螺旋丝内壁且富有弹性的呼吸管道，由外胚层内陷形成，在活体内呈银白色。

1. 气管的组织结构

气管的组织结构与体壁基本相同，但内外层次相反，从外向内依次为底膜、管壁细胞层和内膜。

气管最外层为底膜（basement membrane），管壁细胞层（epithelium）由一层多角形扁平细胞组成，内膜（intima）是管壁细胞层分泌的表皮质，内膜以局部加厚的方式形成螺旋状的内脊，称螺旋丝（taenidium），可以增强气管的强度和弹性，使气管始终保持扩张的状态，有利于气体交换（图 12-4）。表皮质的内膜和螺旋丝中，只含有角质精层，而无护蜡层、蜡层或"脂-水"液晶体；外表皮层和内表皮层则转变成螺旋丝的加厚部分。在大多数昆虫中，螺旋丝与管壁细胞之间没有外表皮层，因此这些气管具有自由伸缩的能力，并可抵抗两侧施加的压力。气管中的管壁细胞也表现出周期性的蜕皮活动，当昆虫蜕皮时，旧气管内膜在纵干没有螺旋丝的连接部位断裂，然后，旧的气管表皮沿气门随蜕一起蜕去。

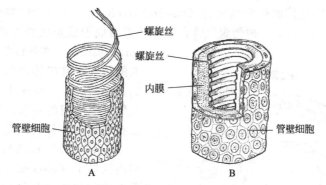

图 12-4　气管组织结构（仿 Wigglesworth，1965）
A—气管分支；B—气门气管

2. 微气管

气管分支由粗到细，以直径 2～5 μm 微细管伸入掌状的端细胞（end cell），然后再以直径在 1 μm 以下、末端封闭的极其细小的气管，伸到组织内或细胞间，即微气管（tracheole，图 12-5）。

微气管一般仅分布在组织和细胞间，而不穿入细胞内。这种分布和脊椎动物的毛细血管一样，可直接将 O_2 输送到组织与细胞。微气管的末端充满液体，当肌肉活动时，末端的液体被吸进细胞，以减少 O_2 由液体传递的过程。微气管壁上也有螺旋丝，但不含几丁质，所以微气管在昆虫蜕皮时不脱落。在特别需氧的器官中，微气管的分布数量常最多，如飞行肌、卵巢、精巢和神经节表面。

3. 气囊

气囊（air sac）是气管的局部膨大，呈囊状（图12-6）。气囊内的螺旋丝不明显或呈芽体状，仅有分散的网状加厚，壁薄而柔软，抗压能力小，易被压缩或扩张。气囊在有翅昆虫或行动活泼、或水生昆虫中特别发达，如蜜蜂的工蜂和蝗虫等，而衣鱼目、石蛃目或全变态类型的幼虫无气囊。气囊的作用是保证气管进行通风作用，对飞行或水栖的昆虫来讲，具有增加浮力的作用，同时气囊的伸缩可促进血液循环。气囊的胀缩促进血液循环，有助于飞行肌内的呼吸作用和提高能量（糖类等）的利用效率。

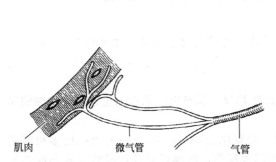

图 12-5　直达组织的微气管（仿 Snodgrass，1935）

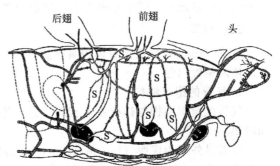

图 12-6　昆虫胸部的气囊（气囊以 S 表示）（仿 Albrecht，1953）

三、气管的分布

昆虫体节两侧的气门经由一小段气门气管（spiracular trachea），又称初级气管，分出的三个主支进入到不同的部位，分布到体壁的背肌和背血管的称为背气管（dorsal trachea），两侧背气管在背血管背面形成背气管连锁（dorsal tracheal commissure）；分布到消化道壁、生殖腺、生殖管和脂肪体的称内脏气管（visceral trachea），分布到腹壁肌和腹神经索的称为腹气管（ventral trachea）。两侧腹气管在腹神经索腹面形成腹气管连锁（ventral tracheal commissure）。在各体节气管之间常由一纵向的气管将其串连叫纵干，连接气门气管的为侧纵干（lateral longitudinal trunk），是气管中最粗的一条，是气体前后贯通的主要通道。连接背气管的为背纵干（dorsal longitudinal trunk）；连接内脏气管的称内脏纵干（visceral longitudinal trunk），而连接腹气管的称腹纵干（ventral longitudinal trunk）（图12-7）。

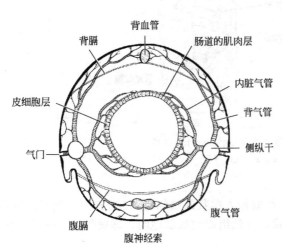

图 12-7　体躯横切面的气管分布（仿 Snodgrass，1935）

四、昆虫气管的呼吸作用

昆虫的呼吸作用分为气体在气管中的传送和在微气管内与细胞间的交换两个过程。气体在气管中的传送可以通过扩散作用或通风作用来完成，一般来说，扩散作用是主要的。气体在微气管与细胞间的交换是通过扩散作用来实现。

1. 气管的扩散作用 (diffusion)

体躯较小或活动迟缓的昆虫，生命活动所需的 O_2 是从大气中直接获得，昆虫体内呼吸代谢所产生的 CO_2 浓度高于大气中 CO_2 浓度，而体内 O_2 浓度低于大气中 O_2 浓度，靠气体的扩散作用可以满足呼吸需要。扩散作用与气管的长短和粗细有关，在粗的气管中扩散容易，气管延长则不利于扩散。由此可见，单凭扩散作用对身体比较大的昆虫，或者新陈代谢比较旺盛的时候，氧的供应量就会感到不足。因此，另外需要有通风作用来辅助扩散。

2. 气管的通风作用 (ventilation)

由于体型较大、行动活泼的昆虫耗氧量大，需要通风作用来保证 O_2 的迅速供应，并尽快排出体内产生的 CO_2。昆虫通过腹部肌肉的伸缩使体内血液压力产生变化，也可称呼吸运动，造成气管系统的张缩，而形成通风作用。

昆虫腹部的伸缩运动是多数昆虫产生通风作用的主要原因，其动作有以下 4 种类型：仅背板运动，如鞘翅目和半翅目等；背板和腹板同时运动，如蝗虫等；左右和上下同时伸缩，如鳞翅目和脉翅目等；沿腹部长轴伸缩，如蜜蜂和双翅目等。因气囊壁薄、又没有螺旋丝，更容易受到压缩而引起张缩，通风作用中可起到明显的风箱作用。当虫体收缩时，气管也随之缩短而血压升高，气囊被压缩，将气体排出；当虫体伸展时，气囊因本身的弹性而扩大并充满新鲜空气。

通风作用只能促进大气管的气体交换，在微细的气管里还只能靠扩散。

3. 微气管与组织的气体交换

微气管的管壁极薄，易为气体通过，它可伸入到细胞间或组织内，与需氧呼吸的细胞或组织直接进行气体交换。

当组织休息时，微气管的末端常充满溶有气体的液体，当细胞或组织活动时，产生的代谢物（如乳酸）使细胞或组织液的渗透压升高，微气管末端的液体就向外渗透，渗入细胞或组织内，液体中的空气也随之扩散到微气管末端和管外，直接与细胞接触，进行气体交换；当细胞或组织内的代谢物被氧化分解后，细胞或组织内的渗透压又下降，微气管末端又重新充满液体。

五、气门开闭的调控

昆虫的气管系统通过微气管广泛分布于昆虫的组织和细胞之间，这不仅有利于氧气和二氧化碳的扩散，而且也非常有利于水分的蒸发，这对于生活在干旱环境中的昆虫，尤其是不取食的虫态，是非常不利的。因此，昆虫在正常呼吸过程中总是尽量减少气门开启。一般来讲，气管内二氧化碳的浓度达到临界点时，气门即开启，其他时间气门则关闭，气管内二氧化碳的浓度再次达到临界点时，气门再次开启，形成二氧化碳间歇式暴发释放。这样既保障了气体交换的正常进行，又减少了水分的失散。

昆虫腹部神经节含有控制该节或下节气门和气管分支活动的呼吸中心，而组织内氧的含量，及呼吸代谢产生的二氧化碳和酸性代谢物则通过内感器传递到呼吸中心，引起呼吸活动的改变。昆虫的呼吸活动还受到环境因素如温度、光等的调控。

第二节　昆虫其他呼吸形式

昆虫因适应水生、湿生或内寄生等，其呼吸器官和呼吸方式发生了相应的改变。

一、体壁呼吸

有些昆虫没有气管系统，或有气管但无气门，气体的交换经体壁直接进行，称为体壁呼吸（cutaneous respiration）。例如，很多内寄生昆虫和部分水生昆虫的幼虫，体内虽有气管系统但无气门，整个身体浸浴在寄主的体液或水中，以柔软的体壁吸取溶解于寄主血液中或水中的 O_2。另外，具有完整气管系统和气门的陆栖昆虫，有一部分 CO_2 也是经体壁较薄的部位排出体外。

二、气管鳃呼吸

水生昆虫体壁呼吸常不能满足代谢需要，还需进行气管鳃呼吸。它们幼体体壁的一部分突出呈薄片状或丝状的结构，内分布有丰富的微气管，称气管鳃（tracheal gill）。昆虫利用气管鳃和水中氧的分压差来摄取氧气，在微气管与水之间的皮细胞层内进行气体交换。

在水生昆虫的不同类群中，气管鳃因位置不同而名称有异，如蜉蝣稚虫和毛翅目幼虫的气管鳃叫腹鳃（abdominal gill）（图 12-8 A，B），豆娘稚虫的气管鳃称尾鳃（caudal gill）（图 12-8 C），襀翅目稚虫气管鳃叫肛门鳃（anal gill）（图 12-8 D），蜻蜓稚虫的气管鳃叫直肠鳃（rectal gill）（图 12-8 E）。

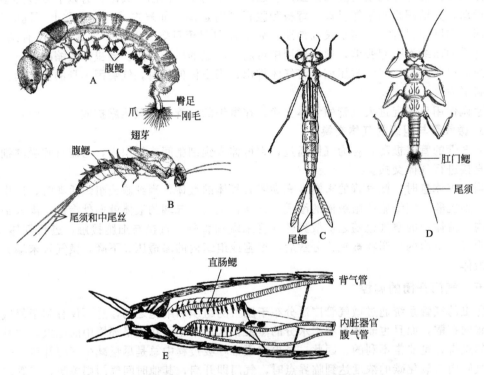

图 12-8　昆虫气管鳃（A，B，D 仿 Gullan 和 Cranston，2010；
C 仿 CSIRO 1970；E 仿 Hughes 和 Mill，1966）

A—毛翅目昆虫的腹鳃；B—蜉蝣目稚虫的腹鳃；C—豆娘稚虫的尾鳃；
D—襀翅目稚虫的肛门鳃；E—蜻蜓稚虫的直肠鳃

三、气泡和气膜呼吸

水生昆虫的成虫体表有细密疏水性毛，当它露出水面进行换气时，在体表形成一层气膜（plastron）或气泡（air bubble），气泡可使溶解在水中的氧气不断地渗入到其中，形成一个贮气的构造。该贮气构造与气门相通，直接将氧气输送到需氧细胞或组织，即具有"物理性鳃"的功能。这是水生昆虫的一种特殊呼吸方式，常称为"物理性鳃呼吸"。例如，龙虱鞘翅下面有气膜、腹部末端有气泡，可在水下生活数小时至数十小时，再到水面换气（图12-9）。

四、端气门呼吸

如孑孓等一部分水生昆虫的幼虫或成虫的气门减少，腹部末端常形成长的呼吸管，上面有气门开口，气门周围因分泌有油质或生有拒水毛，呼吸时常以体末端倒悬于水面上，利用分泌油质或拒水毛打破水的表面张力，从空气中直接吸氧（图 12-10）。

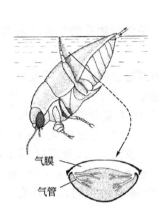

图 12-9　龙虱的物理性鳃呼吸
（仿 Wigglesworth，1964）

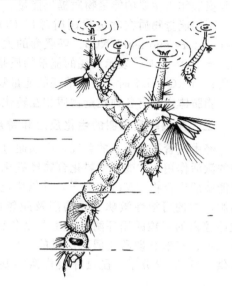

图 12-10　孑孓的端气门呼吸
（仿 Clements，1992）

五、内寄生昆虫的呼吸

内寄生昆虫与水生昆虫相类似，主要是进行体壁呼吸，如膜翅目姬蜂总科和双翅目昆虫的低龄幼虫无气门或气门关闭，气体交换基本上依赖体壁呼吸。但是，一些种类随着幼体的生长和活动强度的增强，对氧的需求更多，就需要穿透寄主体壁或气管，直接与外界交换气体。大多数内寄生昆虫的高龄幼体是后气门式或两端气门式，利用它们的后气门从空气中获取氧，如小蜂科幼虫的后气门与突出寄主体外的管状卵柄（egg pedicel）相连，与外界交换气体；多数寄生蝇的幼虫通过后气门连接寄主的气管或穿透寄主的体壁来获取氧；寄生于介壳虫体内的吹绵蚧隐毛蝇 *Cryptochaetum iceryae*（Williston）的第 3 龄幼虫有 2 条约是体长 10 倍的尾丝（caudal filament），与寄主体内的气管缠在一起，进行呼吸等。

第三节　昆虫的呼吸代谢

昆虫表现一切活动和行为，都需要提高静止时的呼吸代谢水平以供应足够的能量，尤其是很多能快速飞行的昆虫和长距离迁飞的种类，更需要消耗大量能量及燃料化合物才能实现。昆虫呼吸代谢是细胞内呼吸，包括一系列复杂的生理生化反应过程，主要作用是将各类能量物质按照特定的途径进行有氧或无氧代谢，产生供虫体生命活动所需的能量。

一、昆虫呼吸的能量物质

糖类是昆虫主要的能量物质，主要来自食物中的单糖、虫体内贮藏的糖原和海藻糖。糖类的呼吸代谢，包括糖酵解、三羧酸循环、呼吸链的电子传递和氧化磷酸化过程。1g 糖完全氧化平均产生 4000cal（1cal=4.1840J）热量。

脂肪是一种高效的能量物质，当昆虫持续飞行或饥饿时，可由酯酶水解为甘油和脂肪酸，分别进入糖酵解途径和三羧酸循环，最终产生 ATP 以提供能量。1g 脂肪完全氧化平均产生 9000cal 热量。

氨基酸一般不作为能量物质，只是通过转氨作用生成各种酮酸，为三羧酸循环提供代谢的中间体，启动丙酮酸的彻底氧化。但是，少数取食高蛋白食物的昆虫如舌蝇和马铃薯叶甲以脯氨酸作为主要的能量物质提供能量。

不同能量物质在呼吸代谢时呼出 CO_2 和吸收 O_2 的体积之比称为呼吸系数或呼吸商（respiratory quotient，RQ）。呼吸商的大小可用以判断昆虫所用的能量物质的种类或代谢途径。当 RQ＝1 时，表示消耗的能量物质是糖类；当 RQ＝0.8 时，表示消耗的能量物质是蛋白质；当 RQ＝0.7 时，表示消耗的能量物质是脂肪。

脂肪体内具有各种能量物质相互转化和降解的酶系，是能量物质的重要代谢场所。

二、昆虫呼吸代谢的生化反应和特点

经由气管系统吸入的氧气，必须通过细胞质中或肌原纤维之间线粒体呼吸链末端的氧化酶的激活作用，才能与燃料化合物经氧化代谢脱下的氢原子和电子结合成水，同时形成很多储能磷酸化合物（ATP）分子，并供应能量。燃料化合物的无氧代谢（糖酵解）也是通过细胞质中的可溶性激酶、异构酶及脱氢酶等的催化作用，降解为三碳化合物，再通过线粒体腔内的三羧酸循环酶系（主要是各种脱氢酶、辅酶及激酶），以及呼吸链中的氧化还原酶系，和氧化磷酸化偶联反应的有氧代谢，使中间代谢物完全氧化为 CO_2 和 H_2O，并提供大量 ATP 分子。昆虫呼吸代谢的基本步骤虽然与脊椎动物相同，但在有些方面也有相当差异。

1. 昆虫翅肌利用的燃料化合物

昆虫在飞行、进行变态及胚胎发育过程中的呼吸代谢中，糖原、海藻糖、葡萄糖和脂肪是供应能量的主要燃料化合物。昆虫的飞行翅肌中含有 α-糖苷酶、能水解海藻糖的海藻糖酶及降解糖原的磷酸化酶。

2. 呼吸系数与燃料化合物的关系

在活动的肌肉中产生的代谢能量，是从大气中吸入的氧与肌肉中的燃料化合物发生间接的氧化反应而释出的，并在氧化过程中产生一定量的 CO_2。所以，测定产生的 CO_2 体积和消耗的氧体积，可以得知哪一类化合物正在被利用。呼吸过程中释放出的 CO_2 和消耗的 O_2 的体积比（CO_2/O_2），称为呼吸系数（RQ）。

在正常情况下，昆虫体内一般消耗的主要是糖类，因此呼吸系数约等于 1，但由于长期飞行或食料的限制或饥饿等原因，而进一步消耗脂肪或氨基酸时，呼吸系数即降低。

测定各类昆虫飞行时 RQ 值，可以判断昆虫翅肌活动时消耗的化合物种类。按 RQ 值的大小，可把昆虫大致区分成明显的两组：第一组包括膜翅目和双翅目，它们在飞行时翅肌中仅利用糖类供应能量，RQ＝1；第二组主要包括鳞翅目、直翅目等昆虫，它们在飞行时，翅肌中主要利用脂肪，RQ＜1。

3. 昆虫组织中无氧代谢（糖酵解）的特点

昆虫肌肉特别是飞行翅肌中，乳酸脱氢酶的浓度很低，但 α-磷酸甘油酯脱氢酶的含量极高。因此，绝大多数昆虫翅肌中糖酵解的最终产物不是乳酸，而是 α-磷酸甘油酯和丙酮酸。大多数昆虫肌肉中乳酸脱氢酶活性与脊椎动物不同的原因，显然是由于气管系统具有高效率的供氧途径的结果，所以翅肌中无氧代谢的重要性就比脊椎动物肌肉小多了。当然昆虫的其他组织也可能仍然以无氧代谢到乳酸这一途径进行呼吸代谢。

α-磷酸甘油酯脱氢酶（α-GDP）的辅酶是烟酰胺腺嘌呤二核苷酸（NAD）（过去称辅酶Ⅰ），它们存在于昆虫飞行翅肌的肌浆中。此外，在昆虫组织中、足肌及脂肪体内，还存在有一种不溶性的活性很高的 α-磷酸甘油酯脱氢酶-2（α-GDP-2），它们不需要 NAD 的存在，

即可起催化作用。昆虫翅肌在活动时表现的这些特殊情况，主要是在气管系统和开管式循环系统允许的条件下，保证以最快的速度氧化燃料和供应能量的一种适应性机制——这就是昆虫翅肌中特有的α-磷酸甘油酯循环，它使肌浆中的燃料化合物被可溶性脱氢酶类催化、降解后产生的中间代谢物——α-磷酸甘油酯，以及脱出的氢离子和电子，可以迅速地传递给线粒体中的呼吸链和电子传递系统中去（图12-11）。

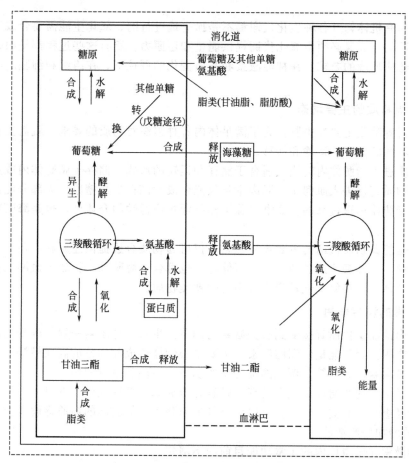

图 12-11　昆虫体内能源物质的主要动态（仿彩万志，2001）

4. 昆虫组织中有氧代谢及呼吸链的特点

脊椎动物细胞内，糖类经酵解步骤逐步降解为丙酮酸或乳酸后，即通过线粒体内的三羧酸循环释出 CO_2、H^+ 和电子。一分子的丙酮酸在三羧酸循环中可以产生一分子的琥珀酸盐、两分子的还原型辅酶（烟酰胺腺嘌呤二核苷酸，NADH）以及两分子其他还原型辅酶。其中一部分琥珀酸盐和两分子 NADH，随着 H^+ 和电子进入线粒体中的细胞色素氧化还原酶体系，进行氧化反应和磷酸化偶联反应，产生大量 ATP。总结细胞利用葡萄糖键能合成ATP 储能化合物的上列过程，每 1 分子葡萄糖能产生 38 分子 ATP（净产量）。

昆虫组织内的有氧代谢途径基本上与脊椎动物类似。但在昆虫的飞行翅肌中，还存在有适应供给飞行需要的能量的α-磷酸甘油酯循环途径，以及由葡萄糖与磷酸通过酶的作用直接形成α-磷酸甘油酯和丙酮酸等快速反应机制。关于昆虫利用燃料化合物的情况有两点结论：

在昆虫翅肌中，最适于呼吸链中细胞色素氧化酶系发挥作用的主要燃料化合物是α-磷酸甘油酯，而三羧酸循环对飞行昆虫的呼吸代谢起的作用不大，这一结论特别适用于利用糖类作呼吸代谢燃料的蜜蜂类、蝇类、蝗虫类及蜚蠊等昆虫，而对利用脂肪作燃料的那些种类不一定完全符合。

昆虫起飞时需要大量的能量，一般都是由 α-磷酸甘油酯参加呼吸链的氧化反应供给的，而在持续飞行中，三羧酸循环中产生的中间代谢物也可参加反应，协助供应能量。

第四节　能量代谢的调控

昆虫作为有机体，其各种生化代谢都不是孤立地进行的。氧化生能需要合成适当的能源物质，而物质的合成又必须由氧化代谢提供能量和还原力。所有这些过程都是根据有机体的生长发育和适应环境的要求，在神经激素和基质变化的调控下，在组织和细胞的特定部位进行的。

一、能源物质的主要动态

昆虫的营养吸收主要在中肠，为了满足体内各种组织对物质的要求，就需要在不同组织中进行能源物质的储存、运输和转移。

能源物质进入脂肪体内转换成适合于储存和运输的形式，储存于脂肪体内或血液中。只有少量能源物质直接进入肌肉中。肌肉本身只能合成和储存少量糖原，大部分能源物质是通过血淋巴从脂肪体运送过来的。血淋巴除了作能源物质运输的介体外，也是海藻糖和氨基酸的储存库。

脂肪体是能源物质代谢的重要场所。它不仅可为物质合成提供还原料，还可将各种单糖转变成葡萄糖，合成糖原或甘油三酯进行储存，也可合成海藻糖，释放入血淋巴；在大量消耗糖时，脂肪体还可将氨基酸转变生成必需的糖类物质。

二、激素的调控作用

昆虫体内的能量代谢直接受到有关激素的调节，生长发育激素一般是改变生理状态，间接发挥调节作用。控制能量代谢的激素，主要是心侧体合成和释放的高血糖激素、低血糖激素和脂肪动员激素，它们综合调控能源物质的动员、运输和吸收利用。

高血糖激素促使脂肪体中储存的糖原降解并合成海藻糖释放到血淋巴中，提高血糖的浓度；其对神经组织也有类似作用，可以促进其糖原降解，但肌肉的糖原降解主要是由肌肉收缩时 Ca^{2+} 的增加而激活的。

低血糖激素在昆虫体内的正常功能目前尚不清楚。

脂肪动员激素是心侧体分泌的一种肽，在蝗虫、竹节虫、夜蛾和蜚蠊体内都有发现。脂肪动员激素可作用于脂肪体，使储存的甘油酯转变成为甘油二酯迅速释放入血淋巴中，并作用于血淋巴中载脂蛋白，提高运输血脂的能力，同时还可促进肌肉对甘油二酯的吸收利用，因此该激素控制了脂类燃料的供应。

三、基质的调节作用

在能量代谢中，某些中间产物或底物及无机离子，能抑制或激活某些关键性酶，从而改变能量代谢速率和途径。

能量代谢最初起始于肌肉收缩或物质合成的能量消耗，从而导致 ATP 浓度的降低以及 ADP、Pi 及 AMP 浓度的升高。在肌肉收缩时还伴随着 Ca^{2+} 的增加。这些基质浓度的变化可以有效地启动能量代谢过程，如可以激活能量代谢过程中某些关键性的酶，而 ATP 则有抑制作用。

第十三章 昆虫的神经系统

昆虫的神经系统（nervous system）不仅是昆虫的信息系统，也是控制系统，来源于外胚层，在解剖学上可以区分为中枢神经系统（central nervous system）、周缘神经系统（peripheral nervous system）和交感神经系统（sympathetic nervous system）3部分。其中最重要的构造是神经细胞和胶细胞组成的神经节和脑，它是控制昆虫生命活动的中心。胶细胞作为神经细胞的屏障，并为神经活动提供营养。神经系统联络着各种感觉器官和效应器，能感受和整合外部信息，使相应的器官系统做出适当反应，与内分泌系统协同调节自身的生长和发育，维持生命活动的正常进行。它是昆虫信息处理和传导的中心，协调昆虫自身的生命活动，调控昆虫对复杂环境的反应。任何能导致神经电位发生变化的因素叫刺激；而昆虫对刺激的反应能力叫激应性。

第一节 昆虫神经基本组成

一、神经细胞

1. 神经细胞结构

神经细胞（nerve cell）即神经元（neuron），是神经系统的基本组成单元。这是一种长型的能传导神经信息和冲动的细胞，由含核的细胞体［核周质（perikaryon）］和胞外突（神经纤维）两部分组成。

神经细胞体内有很多线粒体、核糖体、内质网小池和高尔基复合体，并有与之相联系的溶酶体和多胞体。

胞外突又分为树状突（dendrites）和轴状突（axon）、侧枝（collateral），其顶端分支叫端丛（terminal arborization）。轴状突外面包被胞质和线粒体的薄膜，叫神经围膜（neural lamella）（图 13-1）。

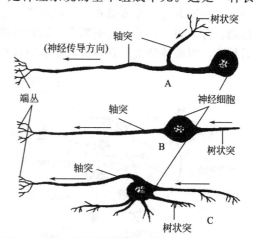

图 13-1 昆虫神经元的类型（仿 Chapman，1998）
A—单极神经元；B—双极神经元；C—多极神经元

2. 神经系统的类型

按神经细胞体外神经纤维突出的条数可将神经细胞分为 3 种主要类型：

（1）单极神经元（monopolar neuron） 多数昆虫的神经元细胞体仅有一条轴状突（neurite），随后轴状突分支成轴突和侧支（图 13-1 A）。

（2）双极神经元（bipolar neuron） 神经元细胞体有 2 条轴突，一条长、一条短（图 13-1 B）。

（3）多极神经元（multipolar neuron） 神经元细胞体有 3 条或 3 条以上的轴突（图 13-1C）。

按神经细胞的功能可将神经细胞分为 4 种主要类型：

（1）感觉神经元（sensory neuron） 感觉神经元是将各感觉器发放接收的神经冲动传导至中枢神经节的神经元，它的细胞体位于所联系的感觉器附近，以靠近细胞体的端丛伸入到感觉器上，或多个端丛分布在内脏表面，或表面内侧，再以轴突伸入相关的神经节内，以其端丛与其中的联系神经元或运动神经元构成"突触联系"。

（2）运动神经元（motor neuron）　运动神经元是将中枢神经节内的神经冲动传至反应器的神经组织。它的轴状突又叫传出神经纤维，而前者则是传入神经纤维。因其细胞体只突出一根短枝，再由短枝分叉为侧支与轴状突，而无树状突等。

（3）联系神经元（Association neuron）　联系神经元位于脑或神经节的周缘。其分别以侧支和轴突与感觉神经元和运动神经元构成突触，形成"双道系统"，或在二者之间有多个联系神经元，并传给多个运动神经元，产生复杂反应。例如正在取食的昆虫，当受到刺激时，会做出停止取食、逃逸，甚至排放拒敌物质等一系列反应。除以上一般的联系神经元外，还有两类重要的联系神经元：

① 大神经（giant fiber system）。多为跨节的神经元系统，用于传导紧急信息，引起快速反应。

② 蕈体联系神经系（mushroom bood interneuron system）。位于前脑内，与昆虫行为的复杂性和特殊性有关。

（4）神经分泌细胞（neurasecretory cells）　分布在脑和神经节内，具有释放激素的功能，用于协调昆虫的节律活动，如昼夜活动、变态和蜕皮等，并能改变某些运动神经的活动性。

二、神经节

神经节（ganglion）是神经细胞和胶细胞的集合体，是卵圆形、多角的神经组织。昆虫的每一个体神经节内具有左右合并而形成的一个神经节（低等昆虫中，除去最后一、二个腹节外，差不多每一体节都有一对神经节，在比较高等的昆虫中，每节成对的神经节常向中央移动，合并为一，神经连锁消失，同时后端的神经节有向前并合现象）并以两条神经索与前后相连，叫腹神经索。其中有大量运动神经元和联络神经元，感觉神经元的轴突也伸入到神

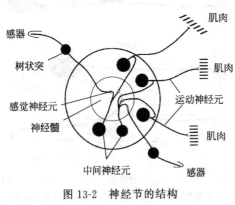

图 13-2　神经节的结构
（仿 Klowden，2007）

经节内，各种神经元之间通过复杂的轴突联系，进行综合作用，形成多种多样的反射弧。每个神经节还发出若干侧神经，伸向运动器官或腺体，并接纳来自感觉器的神经输入。昆虫神经节中的神经细胞体大多属联络神经细胞，其次是运动神经细胞。

各种神经元的细胞体位于周缘，而其轴状突、树状突和端丛位于神经节的中央，叫神经髓（neuropile），是昆虫神经系统起联系和协调作用最重要部位，是神经节的中心部位（图 13-2）。大量的突触区使髓部成为高度复杂的联络中心。根据神经纤维排列的形式，可分为无结构神经髓和有结构神经髓两类。无结构神经髓是其一个神经可从多方面接受信息。有结构神经髓是神经纤维既有重复排列形式，又有一定的规律性。神经元的传导性有很大的局限性，一定的刺激，激起一定的反应。

在每一个神经节的两侧各发出两三根侧神经（lateral nerve），每一根侧神经内具有两个根，分别称为背根和腹根。背根中含有运动神经纤维，腹根中含有感觉神经纤维，神经节和神经纤维外面包有一层具细胞核的神经鞘（nerve sheath），鞘外有气管分布。神经鞘由内外两层组成。外层为非细胞组织的神经围膜（neurallamella），内层为鞘细胞层（perineurium）。

三、神经胶细胞

神经胶细胞（glial cell）也是神经系统的组成部分，起着支持、保护与滋养神经细胞的作用。根据它们在神经节中的位置和分布情况，分为内层胶细胞和外周胶细胞两种。胶细胞形成的围鞘与神经细胞和轴突之间约有10~15nm的间隙。在神经节中，没有血液循环，神经元所需要的营养和能源，全靠胶细胞供应。

外周胶细胞呈单细胞层排列，它从血淋巴中吸取营养，进行储存和加工，供应神经细胞。神经围膜和外周胶细胞层是神经节的保护性屏障的最外层，对各种离子具有选择性通透性。在神经节的内侧，有运动神经元和联络神经元，它们的轴突受到内层胶细胞的包围。胶细胞形成海绵状滋养细胞层。

四、突触

突触（synapse）是神经元之间的联络点，是神经传导的联络区。由突触前神经和突触后神经组成，它们的神经膜相应为突触前膜和突触后膜。突触间隙（synaptic cleft）的宽度约20~30nm。轴突、侧支和树状突的端丛的任何一个部位都能形成突触。在绝大多数突触处，神经末梢端部略为膨大，形成突触小结，内含化学递质的囊泡。囊泡在电镜下通常呈透明的球形或扁圆形，群集在单层副膜致密质（paramembranous density）周围。致密质作为囊泡扩散的途径和释放位点，与囊泡之间有微丝相联系。当神经冲动传到突触前膜产生极化作用时，囊泡与突触膜融合成"Ω"状，神经递质即从开口处释放出，然后膜又恢复原状。突触前膜排出的囊泡直径约为30~100nm。形态有多种变化，说明了神经的功能多样性。

昆虫的神经肌肉联结点，就是神经终端与肌肉形成的突触，其突触前膜与一般的突触前膜相似。突触前膜与肌肉之间的距离约5~25nm。联结点的肌膜相当于突触后膜，表面有褶襞，并且具有可变性。

第二节　昆虫神经系统的分类及功能

昆虫的神经系统除脑以外，主要是由一系列神经节组成的腹神经索，属腹神经索型。昆虫的神经系统由中枢神经系统、交感神经系统和周缘神经系统3部分组成。

一、昆虫的中枢神经系统

昆虫的中枢神经系统包括一个位于头腔内咽喉背面的脑和一条位于腹腔内消化道腹面的腹神经索，是神经冲动和内分泌控制的中心。脑与腹神经索之间以围咽神经索（circumesophageal connective）相连。连接前后神经节的神经称为神经索（connective）；横连的神经称为神经连锁（commissure）。

1. 脑

脑（brain）是昆虫头部多个神经节愈合而成的，由于位置在消化道的背面，因此又称为咽上神经节，它的组织学与神经节相同，但结构要比神经节复杂得多。脑联系着头部感觉器官的感觉神经元，以及口区、胸部和腹部的所有运动神经元，是昆虫主要的联系和协调中心，其相对体积的大小与昆虫行为的复杂性密切相关。昆虫的脑分为前脑、中脑和后脑，其神经分布也较复杂（图13-3）。

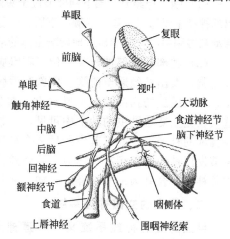

图13-3　昆虫脑的侧面结构图
（仿 Albrecht，1953）

（1）前脑（protocerebrum）　左右两侧有突出的视叶（optic lobe）与复眼相连，其背面有突出的 1～3 根单眼柄（ocellar pedicel）与背单眼相连，是视觉神经中心。

（2）中脑（deutocerebrum）　包括两个膨大的中脑叶（antennal lobe）及由此发出的触角神经（antennal nerve）分布到触角肌上，是触角的神经中心。

（3）后脑（tritocerebrum）　在胚胎发育时，由第 1 体节的神经节前移到咽喉之上并与原脑结合而成为脑的一部分，左右各成一叶。后脑以围咽神经索与咽喉下方的咽下神经节相连接，并发出神经通到上唇。

2. 食道下神经节

其神经通向口器的各个部分，调控昆虫口器的运动。

3. 腹神经索

腹神经索位于消化道腹面，包括头部的咽下神经节（suboesophageal ganglion）和胸部、腹部的一系列神经节和神经索。由两条神经索和数个神经节组成。原始状态，两索分离。现在昆虫多相靠或愈合。神经节原始状态为胸部 3 个和腹部 8 个，但现在多愈合（图 13-4）。

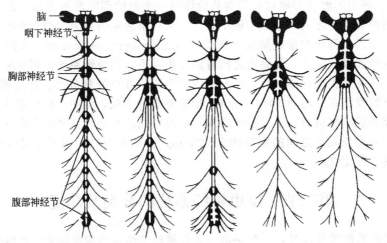

图 13-4　几种昆虫的腹神经索的合并现象（仿 Horridge，1965；Gullan 和 Cranston，2000）

A—鞘翅目一种红萤；B—蜚蠊目一种蜚蠊；C—膜翅目一种条蜂；
D—双翅目一种家蝇；E—半翅目一种尺蝽

（1）咽下神经节　咽下神经节位于头内咽喉的腹面，是头部体节的第 1 个复合神经节，它发出的神经主要通至上颚、下颚、下唇、唾腺和颈部等处，是口器附肢的神经中心。既是口器附肢活动和协调中心，又能显著地影响虫体的活动，并对胸部神经节的神经中心具有刺激作用。

（2）胸部和腹部神经节　位于咽喉腹面胸部的神经节至多有 3 对，分别位于前胸、中胸和后胸，发出神经通至前胸、中胸和后胸以及前翅、后翅，这仅在完全变态昆虫的幼虫中可见，多数昆虫的胸部神经节常合并。腹部的神经节最多有 8 对，分别位于腹部第 1～8 节，这仅在完全变态昆虫的幼虫中可见，多数昆虫的腹部神经节常有不同程度的合并，甚至前移与胸部的神经节合并，其中最后一个神经节常常是第 8～11 腹节的神经节合并而成；腹部神经节发出神经分布到有关体节，是生殖器官、后肠和尾须等的神经中心。有些昆虫的胸部和腹部神经节合并为一个神经节，如半翅目中的猎蝽 *Rhodnius* 和双翅目环裂亚目的部分种类。

二、昆虫的交感神经系统

昆虫的交感神经系统又叫口道神经系统（stomodeal nervous system）、胃神经系统（stomatogastric nervous system）或内脏神经系统（visceral nervous system），包括口道神经系、腹交感神经系和尾交感神经系三部分。

1. 口道神经系

包括 1 个额神经节（frontal ganglion）、1 个或 1 对后头神经节（occipital ganglion）和 1 个或 1 对嗉囊神经节（ingluvial ganglion）及其发出的神经纤维。其神经纤维分布于前肠、上唇肌、唾腺、咽侧体和上颚肌。额神经节位于脑的前方、咽喉背壁上，其前端由两根额神经索（frontal ganglion connective）与后脑的两叶连接，其后端伸出 1 根回神经（recurrent nerve）向后通过脑和背血管下方与后头神经节相接。在有些昆虫中，额神经节前端常发出 1~2 根神经通至唇基区。后头神经节的后端常伸出 1~2 根食道神经（oesophageal nerve）通至嗉囊神经节。嗉囊神经节的两侧连接着心侧体和咽侧体。每个心侧体分别有 3 根神经分别与前脑、后头神经节和咽侧体连接。额神经节和后头神经节内含有感觉、联络和运动神经元，是前肠、中肠和背血管活动的神经中心。

2. 腹交感神经系

相连于腹神经节与气门的横神经。

中神经普遍存在于许多昆虫的幼虫体内，位于腹神经索的前后两个神经节的两条神经索之间，起源于前一神经节内，其中含有两根很细的感觉神经纤维和两根较粗的运动神经纤维。中神经是各体节气门的控制中心，控制气门的活动。

3. 尾交感神经系

尾交感神经系又叫内脏神经，由腹部最末一个神经节发生。腹部最后一个复合神经节发出的侧神经通至后肠、生殖器官、气门和尾须等，控制后肠和生殖器官的活动，因此也具有交感神经的功能。另外，它发出神经通向胸部，联系着尾须的感觉神经元和胸部的运动神经元，可产生急速反应。

三、周缘神经系统

周缘神经系统位于体壁之下，仅为感觉和运动神经形成的神经网络。包括除去脑和神经节以外的所有感觉神经元和运动神经元所形成的神经传导网络，分布于昆虫体壁底膜下、肌肉组织中，或别的器官表面，连接着中枢神经系统与交感神经系统。

四、神经与内分泌的协同作用

激素的分泌与中枢神经的控制作用有很密切的关系，如促性腺激素（gonadotropic hormone；gonadotropin；GTH）作用于内分泌腺体；形态发生激素控制昆虫的个体发育；促代谢激素影响中间代谢；促行为激素调节神经功能等，都会引发行为程序的改变。

神经对蜕皮和变态行为的控制，至少有促前胸腺激素、蜕皮激素、羽化激素和鞣化激素等四种激素参与，昆虫的生殖行为更多地受到激素的影响。

第三节　昆虫神经系统传导冲动的机制

昆虫神经系统的传导包括电传导和化学传导。电传导（electrical transmission）是在昆虫神经纤维内进行的以膜电位变化来传递信号的传导。

神经细胞的特点之一是轴突上能形成跨膜电位差（membrane potential），由于膜的选择通透性和离子的不均匀分布，由此形成膜外正膜内负的电位。在电位发生变化时产生神经脉冲，从而产生出各种各样的神经电活动，这是神经生理的基础。

当感受器接受一定的刺激后，不论是物理的或是化学的刺激，都须转变成生物电反应，引起膜电位改变，产生神经冲动（nerve impulses），通过传入神经传到神经中枢，经过脑和体神经节的复杂协调作用，再通过联系神经元和运动神经元突触间的传递，最后下达到"神经肌肉联结区"（或其他反应器的联结区），激发运动神经末梢内的囊泡释放化学传递物，使肌纤维膜电位或端板电位去极化，产生肌肉动作电位，激发一系列复杂电反应和化学反应而致肌肉收缩（或腺体分泌）。

一、昆虫神经纤维的静息电位和动作电位

1. 静息电位

膜电位（membrane potential）：昆虫神经细胞由于膜的选择通透性，导致膜外带正电荷、膜内带负电荷，从而在神经纤维质膜内外形成跨膜电位。

在神经细胞外周液体中，含有高浓度 Na^+ 与低浓度 K^+，并有以 Cl^- 为主的阴离子；与此相反，细胞内含有低浓度 Na^+ 与高浓度 K^+，并有 Cl^- 和部分有机阴离子。当神经细胞未接受刺激时，质膜内的 K^+ 沿浓度梯度扩散到膜外，但 Na^+ 不能通过，K^+ 向外扩散的结果使膜内有较多的负离子，而膜外有较多的正离子，形成膜内外电位差，当这种电位差达到一定程度时，就会阻止 K^+ 继续向外扩散，离子浓度与电场强度之间按董南平衡（donnan equilibrium）原理形成一种平衡状态，此时膜表面电位正于膜内，膜两边的电位差称静息电位（resting potential）。多数昆虫的静息电位约为 $-70mV$。由于静息电位不为零，是处于极化状态（polarization）。当神经细胞接受刺激时，就会产生兴奋，兴奋使膜的通透性发生变化，体液中的 Na^+ 进入膜内，导致膜外电位下降，而膜内电位上升，膜内外电位差减小，造成膜去极化（depolarization），此时膜表面形成脉冲形动作电位（action potential）。

2. 神经纤维内的电传导

神经的某一部位接受刺激后，就会产生兴奋，兴奋使膜的通透性发生变化，体液中的 Na^+ 进入膜内，致使膜表面电位下降，膜内电位上升，膜内外电位差减小，甚至内外电位反过来，造成膜的"去极化"（depolarization）。由于膜内外的电解质都是可导的，当 Na^+ 进入膜内时，即可形成回路，产生动作电流，膜外的电流从兴奋部位流向未兴奋部位，导致兴奋部位的去极化，进而产生一定间隔的脉冲形神经冲动；当神经冲动向神经纤维的邻近未兴奋部位传导后，兴奋部位的膜又恢复原状，对 Na^+ 表现不渗透性，而膜内 Na^+ 则依靠离子泵（ion pump）作用向外渗透，直至膜内外极化状态再度建立，恢复静息电位为止。这个过程在膜上反复连续地进行，表现为动作电位在整个神经纤维上的传导。这也是动作电位一经形成，它的传导就不会发生衰减的原因。神经兴奋的传导速度在飞蝗腿神经（5μm）为1.6m/s，蜚蠊巨大轴突（50μm）7m/s，而哺乳动物为 $90\sim120m/s$。

在中枢神经系统内最简单的一次传导途径，应包括一个接受刺激的感受器和与之相连的感觉神经元，使感觉神经纤维上的神经冲动传导到神经节内，再经突触传导，通过联系神经元传给运动神经元及肌肉等反应器，这种传导一次冲动的途径，称作一个"反射弧"（reflex arc）（图13-5），引起的反应即称"反射作用"。

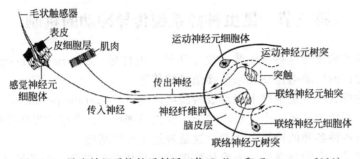

图 13-5　昆虫神经系统的反射弧（仿 Gullan 和 Cranston，2010）

二、化学传导

化学传导（chemical transmission）是在昆虫神经纤维突触间进行的以神经递质来传递

信号的传导。

1. 神经递质

绝大多数的突触依靠化学物质传导冲动，递质储存在囊泡中，由突触前膜在神经冲动到达时释放出，使突触后膜的电位产生变化，引发神经冲动。根据传递神经冲动的性质，神经递质（neurotransmitter）分为兴奋性与抑制性两类。昆虫和其他动物相似，兴奋性神经递质也以乙酰胆碱（acetylcholine，Ach）为主。神经突触间释放出大量的乙酰胆碱，与突触后膜上存在的极为敏感的受体结合，影响膜的通透性，引起膜的去极化。季铵化合物箭毒（curare）对乙酰胆碱有竞争性抑制作用，毒扁豆碱对分解乙酰胆碱的胆碱酯酶有很强的亲和力，使乙酰胆碱得不到分解而延长作用时间，因此这两类化合物都是神经毒剂。

另外还发现谷氨酸盐（glutamate）可以作为某些昆虫（如蜜蜂）的兴奋性神经递质。在快神经或慢神经与肌纤维形成的联结点，兴奋性递质都是谷氨酸盐。

在抑制性神经中，神经递质是 γ-氨基丁酸（γ-aminobutyric acid，GABA）。昆虫的抑制神经末梢与肌纤维形成的"抑制突触"间产生的抑制性神经递质，与昆虫和脊椎动物中枢神经系统中的突触一样，是 γ-氨基丁酸。

最近还发现生物胺中某些单胺类参与神经冲动的传递，这些单胺类在释放以后，能对较远距离的受体产生作用，不同于神经递质，而称为神经调质。它们也不同于神经激素，并不作用于像腺体那样的非神经受体。

2. 神经递质在突触之间的传导

昆虫神经系统中绝大多数突触是以化学递质为媒介的。突触的电传导由跨膜电位差控制调节离子通道的开闭，传播神经冲动，这种突触的前膜与后膜之间不存在间隙，相互之间以隔壁联结方式相结合，因此传导迅速，干扰小，能产生最佳的突触传导，在蝗虫和双翅目的神经系统中都发现有这种传导方式，但比化学传导要少得多。

神经元之间兴奋的传导以化学传导为主。这种突触传导分为突触前膜、突触间隙和突触后膜三部分。化学传导时，Ach 释放进入突触间隙后，分子随机扩散，至突触后膜上，Ach 便与膜上一种大分子受体相结合。递质的结合引起受体分子构象发生变化，随即使突触后膜对某些离子的通透性（即电导）发生改变，在兴奋性突触中钠和钾的电导上升，并使这两种离子的平衡电位发生改变（图 13-6），完成神经冲动在神经元间的传导。

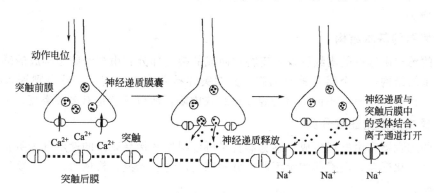

图 13-6　突触传导（仿 Klowden，2007）

在突触后膜上，除 Ach 受体以外，还存在着大量乙酰胆碱酯酶（AchE）。在 AchE 作用下，Ach 被水解成乙酸和胆碱而扩散出突触间隙。胆碱可被突触前膜末端重新吸收。被吸收的胆碱，可用来再合成 Ach，以补足 Ach 的贮藏量。

在昆虫的神经系统中，当兴奋性突触后膜上的 Ach 受体被 Ach 激活时，引起膜的去极化，称为兴奋性突触后电位（exitatory postsynaptic potential，EPSP）。抑制性突触后电位

（inhibitory postsynaptic potential，IPSP）与兴奋性的相反，它是突触后膜过极化的结果。虽然一般都认为γ-氨基丁酸是抑制性神经的递质，但有人认为抑制作用的产生与递质无关，突触前膜引发的抑制作用，是由后膜的特性决定的，Ach具有兴奋作用和抑制作用的双重功能。在突触前膜释出的递质产生刺激时，不同性质的后膜就产生出不同的反应，从而形成了兴奋性与抑制性的差异。

3. 高效神经毒剂作用机制

很多高效杀虫剂都是神经毒剂，不同类型的神经毒剂作用于不同的神经靶标。对杀虫机制的深入研究，有助于我们对昆虫神经生理学的进一步了解。

（1）对轴突传导的影响　DDT中毒以后，昆虫表现过度兴奋和痉挛，随之发生麻痹而死亡。这是因为DDT的分子结构能嵌入轴突膜上的Na^+通道，从而延缓轴突的去极化以及钠离子通道的关闭时间，出现重复的动作电位，产生中毒症状。拟除虫菊酯药剂的杀虫作用与DDT很相似，也是抑制轴突膜的Na^+通道，使膜的渗透性改变，造成传导阻断，但也可能影响突触传递，产生神经毒素及其他作用，如ATP酶的抑制等。

（2）对乙酰胆碱受体的影响　一些杀虫剂如烟碱、季铵化合物箭毒以及沙蚕毒类杀虫剂能与突触后膜上的乙酰胆碱受体产生抑制作用，从而阻断了Ach与受体的结合，冲动不能传导，使昆虫死亡。

（3）对乙酰胆碱酯酶的影响　有机磷和氨基甲酸酯类杀虫剂都是AchE的抑制剂，它们能像Ach那样与AchE结合，但结合以后不易水解，酶解作用受阻，造成突触部位Ach大量积聚。昆虫中毒以后，表现出过度兴奋，随之行动失调，麻痹死亡。

第四节　昆虫的感觉器官

昆虫具有发达的感觉器官（sensory organ），这些感觉器官是接受环境和体内信息的器官，由体壁的皮细胞和感觉细胞（sensory cell）构成的感器（sensillum）为基本单元组合而成，是一种特化的能感受刺激的神经细胞，它们分布于体躯的各个部位，或是由许多相似的感觉细胞聚集形成感觉器官。一种感器只感受一种类型的刺激。接受来自体内外的物理或化学刺激，与神经系统和分泌系统协调作用，共同调节和控制着昆虫的生理和行为反应。

一、感器的基本结构

昆虫的感器由体壁的皮细胞及表皮特化而成的接受部分和由神经细胞构成的感觉部分组成。最简单的结构是一个感觉神经细胞，其树突连接着表皮突起，而轴突则深入神经节内（图13-7）。由于体壁具有不同形状的表皮突起或内陷，所以感器也有多种类型。

二、昆虫的感觉器官分类

昆虫的感觉器官由感器构成。感觉器官又可以根据其接受刺激的性质分为听觉器、视觉器、触感器、化感器、温感器和湿感器，分别感受声音、光波、机械力、化学物质、温度和湿度的刺激。

1. 听觉器

昆虫的听觉感受器是一类对声波具有特异感受作用的器官。昆虫的听觉格外灵敏，在很多方面都有重要的作用，如逃避捕食者、进行种内的信息交流和寻找配偶等。关于昆虫听器的仿生研究也取得了不少成果，如根据声波机理制成的声音诱捕器或超声波驱逐器已应用于农业上的害虫防治。与脊椎动物的听器相比较，昆虫的听器要简单得多，所以更易建立模型和开展研究，可为研究更为复杂的听觉系统提供借鉴和参考。

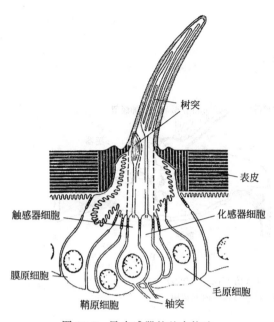

图 13-7　昆虫感器的基本构造
（仿 Altner 和 Prillinger，1980）

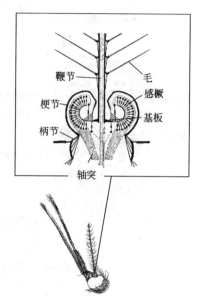

图 13-8　蚊的触角（示触角基部江氏器的
横切面）（仿 Klowden，2007）

　　昆虫的听觉器主要有 3 种类型：听觉毛、江氏器和鼓膜听器。

　　（1）听觉毛　听觉毛的结构简单，特化程度较低，一般仅有一个神经细胞和毛囊窝连接。其主要着生于体表，尤以触角、尾须等处最为敏感。听觉毛除了感受机械刺激外，还能感受低频率的声波及气流给予的压力，所以在功能上更像是触觉感受器。据报道，德国小蠊、飞蝗、蟋蟀、地老虎和夜蛾等都有听觉毛，所以它们在鼓膜听器受损后仍可借此对声波刺激保持一定的敏感性。

　　（2）江氏器　江氏器是一种结构较复杂的弦音器，由多个具橛感器组成。具橛感器又称剑鞘感器，是构成弦音器的基本单位，由感觉神经元、感橛细胞、冠细胞和鞘细胞构成。感觉神经元位于基部，它的树突被冠细胞与具橛细胞及鞘细胞形成的剑鞘体所包围，其树突末端终止于冠细胞。而冠细胞与皮细胞相连接，所以感觉神经元可以通过特化的树突末梢感受来自刺激部位的信息。江氏器在蚊、蝇、蜜蜂等飞翔昆虫的触角中很发达，能够感受近距离的声音。雄蚊的江氏器被包在梗节形成的腔内，其中具橛感器排列成内外两圈，还有 3 个具橛感器从梗节一直延伸至鞭节（图 13-8）。江氏器在不同种昆虫中具有不同的功能，多用于感知和控制触角的方位和活动，仅在蚊蝇等类群中才具有较发达的听觉功能。

　　（3）鼓膜听器　鼓膜听器普遍存在于具有发声能力的昆虫中，特化程度很高，结构复杂，功能强大，可以感受近远场的声音，是昆虫的"耳"（图 13-9）。昆虫的鼓膜听器由三部分构成：鼓膜（tympanum）、支持鼓膜的气囊或气管和位于鼓膜内侧的具橛感器。昆虫的鼓膜从虫体的表面就能看到。

　　蝗科昆虫的鼓膜听器位于第一腹节两侧。鼓膜为半圆形，膜的大部分轻微骨化，连接具橛感器的部位高度骨化。支持鼓膜气囊的囊壁厚度只有 $0.2\mu m$。其弦音器被称为缪勒氏器（Müller's organ），约有 80 个神经元，声波引起鼓膜振动，传至缪勒氏器，经缪勒氏器末端感觉纤维及其集合而成的听神经，通入后胸神经节从而感受听觉。

　　步甲的鼓膜听器在颈膜上，螽斯和蟋蟀的在前胸足上，水生蝽类的在中胸上，夜蛾的在后胸上，蝉、蝗虫、螟蛾、尺蛾和虎甲的在腹部。

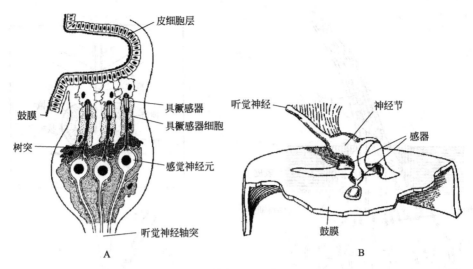

图 13-9　昆虫的鼓膜听器（仿 Gray，1960）
A—鼓膜下方的感器；B—鼓膜听器的内部结构

2. 视觉器

视觉器是感受光波刺激的器官，其感觉细胞中的色素能对一定波长范围内的光谱（250～725nm）产生生物电位，传递给中枢神经系统引起视觉反应。昆虫的视觉器包括复眼和单眼。其视觉中心分别位于视叶和单眼柄顶端内，它们对昆虫的觅食、求偶、避敌、休眠、滞育、决定行为方向等都有重要作用。

复眼只有在成虫和不全变态的若虫及稚虫才有。单眼又分为背单眼和侧单眼，在幼虫和成虫期都可存在。

（1）昆虫视觉器的基本结构　昆虫的视觉器差异很大，但都由集光部分和感光部分组成。集光部分是特化的皮细胞及其分泌物形成的透明结构，包括角膜透镜和晶体，其作用是传递和聚集光波；感光部分由感觉神经细胞集成的视杆，感觉神经细胞的轴突集成的视神经，以及由微气管构成的反光层所组成，此外，角膜和视杆外面，还包围着色素细胞，其作用是感受光波能量和产生神经冲动。

（2）复眼的结构和视觉　复眼是昆虫的主要视觉器，它是由数目不同的小眼组成，小眼四周包围着一层含有暗色素的细胞，使相邻的小眼彼此隔离，不致受到折射光的干扰。小眼由角膜、角膜细胞、晶体、视杆组成（图 13-10）。

① 角膜。小眼的透明表皮，常为双凸透镜，可允许光波穿透和产生折射，其厚度一般达到足以避免紫外线的伤害。

② 角膜细胞。位于角膜下面，是分泌角膜的皮细胞，每一小眼一般具有两个角膜细胞。在发育完成的小眼中，

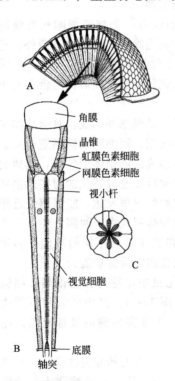

图 13-10　昆虫复眼的基本结构
（仿 Gullan 和 Cranston，2000）
A—复眼的切面，示小眼；B—小眼的
基本结构；C—小眼的横切面，
示视杆细胞和视小杆

角膜细胞常缩小或转变成色素细胞，移至晶体两侧。

③ 晶体。由 4 个联合在一起的透明细胞组成，位于角膜下方，呈倒圆锥形，其尖端则连接在视杆中心的视小杆上，晶体细胞由角膜细胞特化而成。

④ 视杆。又叫视觉柱，由 8 个长形感觉细胞及其内缘分泌的视小杆聚合而成，位于晶体和底膜之间，视杆是感受光波的重要组成部分。视觉细胞下端的轴突穿过底膜集合成视神经，进入复眼的视叶内。

（3）单眼的结构和视觉 背单眼位于头部两复眼之间，视觉中心位于前脑单眼柄顶端的膨大部分，背单眼的角膜也常是一个单凸或双凸透镜，在角膜细胞层下面包含很多组视杆，而视小杆仅位于视杆的上端，通过角膜的光线可以直达视杆上，视杆间以及围绕角膜和角膜细胞层的四周，也有含深色素的色素细胞（图 13-11）。一般认为背单眼是一种激发器官，可使神经系统保持一定的神经电活动，提高复眼的感光能力，并可改变肌肉的紧张度，对昆虫飞行产生定位等功能。

侧单眼是昆虫在幼虫期唯一的感光器，其结构与复眼中的小眼基本相同（图 13-12），鳞翅目幼虫的每一侧单眼含有两个透镜，一个为角膜透镜，另一个为晶体透镜，可以形成比较清楚的倒像。

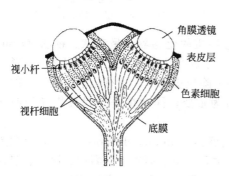

图 13-11 昆虫一对背单眼的基本结构
（仿 Toh 和 Tateda，1991）

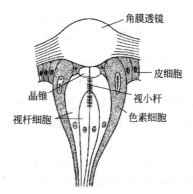

图 13-12 昆虫侧单眼的基本结构
（仿 Gullan 和 Cranston，2000）

3. 触感器

触感器（mechanoreceptor）是感受体内外机械刺激的直接接触的感觉器官，常见有下面几种类型。

（1）毛状触感器（hair receptor） 感受器的体表部分为毛状突起，毛状突的表面除蜕皮孔（molting pore）外，没有其他孔道；感觉神经细胞的端突连接在毛状表皮突的基部，轴突延伸入中枢神经系统内。毛状触感器主要分布于昆虫体躯、附肢和翅的表面等（图 13-7）。

（2）钟状触感器（campaniform receptor） 感受器的体表部分为下陷薄表皮形成的钟形体或卵形体，直径为 5～30μm；感觉神经细胞的端突顶接于钟形体或卵形体的下面，轴突延伸入中枢神经系统内。钟状触感器多分布于附肢、平衡棒和翅基部翅脉上（图 13-13）。例如，丽蝇 Calliphora 成虫有近 1200 个钟状触感器，其中每条足约有 36 个，每扇翅约有140 个，每条平衡棒有 340 个。

（3）具橛感器（scolopophorous receptor） 感受器位于较柔软的表皮下，从体表看不到，由感橛（scolopale）、围被细胞（enveloping cell）和神经细胞组成。具橛感器主要分布于昆虫体躯、附肢和翅的表面，或构成昆虫的江氏器和鼓膜器（图 13-13）。

4. 化感器

化感器（chemoreceptor）是感受体内外化学刺激的感受器，常见有下面两种类型。

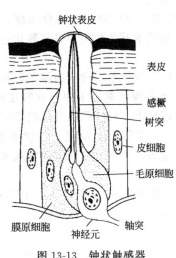

图 13-13　钟状触感器
（仿 Chapman，1991）

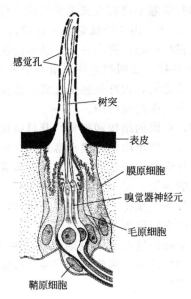

图 13-14　毛形嗅觉器
（仿 Zacharuk，1985）

　　(1) 嗅觉器（olfactory receptor）　是感受气态物质的化感器，呈毛状、锥状（conic）、腔锥状（coeloconic）和板状（placoid）等，主要位于触角上，其次是下颚须和下唇须上。毛状嗅觉器与毛状触感的主要区别在于前者毛状突上除蜕皮孔外，还有化学物质进入的多个孔道（pore）（图 13-14）。嗅觉对昆虫寻找配偶极为重要，同时也是寻找食物或产卵场所必需。

　　(2) 味觉器（gustatory receptor）　又叫接触化感器（contact chemorecptor），是感受液态或固态物质的化感器，常呈毛状、栓状或板状，主要位于下颚须、下唇须、唇瓣、口前腔壁、跗节以及产卵器上。毛状味觉器与毛状嗅觉器的主要区别在于前者毛状突上仅有 1 个孔开口于毛突的顶端，作为化学物质进入的通道。味觉器与昆虫的取食和产卵行为密切相关。

　　昆虫的感觉器官除了听觉器、视觉器、触感器、化感器以外还有温感器和湿感器，用于感觉温湿度的变化。

第十四章　昆虫的内分泌系统和生理作用

昆虫的激素（hormone）是指由内分泌器官分泌的、具有高度活性的微量化学物质，经血液运送到作用部位，较长时间地调节和控制着昆虫的生理、发育和行为活动等。

人们对昆虫激素的研究，可以追溯到90多年以前。波兰生物学家Kopec（1917～1922）首先用舞毒蛾的最后一龄幼虫进行"体躯结扎"试验，发现扎线的前端部分可以化蛹，而后端部分仍保持幼虫形态，在此后对舞毒蛾幼虫的试验中，又发现脑的某些区域能分泌激素，由血液运送到作用部位，控制舞毒蛾幼虫化蛹，证实了昆虫体内确实存在有保持幼虫生长和使成虫结构分化的激素。1933年后，英国Wigglesworth等昆虫学家通过对吸血蝽扎线，研究其周期性的蜕皮、变态现象，对昆虫进行周期性蜕皮等的激素控制机制有了较广泛的认识。现在已经明确，昆虫的内分泌系统至少包括下列几种分泌细胞群和腺体：脑神经分泌细胞群、咽下神经节、心侧体、咽侧体、前胸腺、某些体神经节、绛色细胞、精巢顶端分泌细胞以及脂肪体等。分泌的激素可以分为两大类：内激素，其经过血液传导至靶标部位，或作用部位，用以调节控制昆虫的生长、发育、变态、滞育、交配、性特征以及多态现象等；外激素又叫信息激素，散布到虫体外，可调节或诱导同种或异种昆虫之间的特殊行为。

第一节　内分泌细胞和器官

昆虫产生激素的内分泌器官包括神经系统和腺体两类，其中一类称为神经内分泌细胞，主要特征是分泌细胞存在于神经组织之中，如脑间部的神经分泌细胞；另一类是腺体内分泌器官，这一类内分泌器官完全呈现出腺体构造，但无输出的导管，主要包括心侧体、咽侧体和前胸腺。这两类分泌细胞和器官形成统一的内分泌系统。其分泌产生的各种激素通过神经和腺体的排放，一部分直接作用于靶器官，大多则进入血淋巴中（图14-1）。

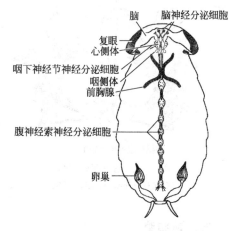

图14-1　昆虫内分泌系统（仿 Novak，1975）

一、神经分泌细胞

在神经细胞中，有一类体积较大并有分泌功能的细胞，主要是单极神经细胞，具有神经细胞和腺体细胞的双重特征，称为神经分泌细胞（neuroendocrine cell）（图14-2）。它存在于脑、咽下神经节和其他胸腹部神经节中。脑神经分泌细胞位于前脑，以特有的方式成簇地排列在前脑脑间部，并在两侧各成一个细胞群，由细胞体（合成神经分泌颗粒的中心）、轴突（转运神经颗粒，传递神经冲动）和膨大的轴突末梢（贮存和释放神经分泌颗粒）3部分组成。咽下神经节中神经分泌细胞的数量较少，其他神经节中的数量更少。

神经分泌细胞内有丰富的粗面内质网、高尔基体和大量神经分泌囊泡。轴突有一个或多个侧支，内部微管端部有球状部，神经分泌细胞也能产生动作电位，但冲动发生的时间较长，冲动的振幅小，传播的速率低。

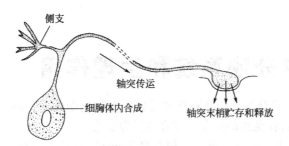

图 14-2　昆虫神经分泌细胞模式图
（仿彩万志，2001）

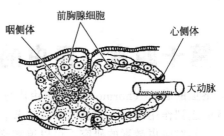

图 14-3　高等双翅目昆虫的环腺
（仿 Wigglesworth，1984）

脑神经分泌细胞有神经连接心侧体，当分泌物在周质部合成后，即以囊泡形式沿微管输送到球状部。在一定时期其分泌物通过神经传给心侧体或释入血淋巴后，再被运送到靶细胞。

二、咽侧体

咽侧体（corpus allatum）是起源于外胚层的一对卵圆形、外包一层薄膜结缔组织和微气管的内分泌器官，成对地附着在心侧体的下面，食道两侧附近。经过心侧体的神经一直长入咽侧体内，咽侧体本身由胞膜组织、血管组织、神经索和腺细胞 4 部分组成。咽侧体周期性分泌活动和昆虫发育过程密切相关，是分泌保幼激素（JH）的中心。在高等的双翅目昆虫中，咽侧体、心侧体与前胸腺合并成为一个环腺（ring gland）（图 14-3）。

三、心侧体

心侧体（corpus cardiacum）由外胚层向内分化而形成，是昆虫交感神经系统中位于心脏附近或心脏上的 1 个或 1 对肉红色或乳白色光亮的小球体，其结构与神经节相同，含有大量的神经分泌细胞、贮存细胞和较短的轴突，与一些来自脑的神经分泌细胞的轴突形成突触，有神经与咽侧体和后头神经节相连。心侧体有贮存和释放激素的功能，心侧体除了贮存脑神经分泌细胞分泌的激素外，也能分泌脂动激素（adipokinetic hormone）、促心搏激素（cardiac acceleratory hormone）、利尿激素（diuretic hormone）、抗利尿激素（antidiuretic hormone）和高海藻糖激素（hypertrehalosemic hormone）等。

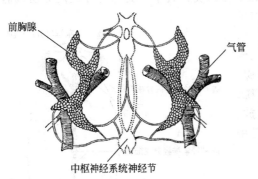

图 14-4　昆虫前胸腺位置
（仿 Cymborowski，1992）

四、前胸腺

前胸腺（prothoracic gland）是由头部下唇节外胚层的内长物演化而来的。位于昆虫近前胸气门气管上的 1 对带状透明的细胞群体，有神经与咽下神经节和胸部神经节相连（图14-4）。前胸腺的发育有分裂增殖和增大细胞体积两种方式：飞蝗的前胸腺通过有丝分裂，总数不断增加；但在鳞翅目中，前胸腺不进行有丝分裂，腺体随细胞体积的增大而增大。前胸腺存在于昆虫的幼体和蛹以及原生无翅类昆虫成虫；有翅类成虫无前胸腺，因而成虫就失去了蜕皮的能力。

前胸腺在脑激素的激发下能分泌蜕皮激素。蜕皮激素的效应是启动昆虫蜕皮，但它本身不能决定昆虫蜕皮后的发育方向，因此它的作用都是同保幼激素联合协调进行的。此外，蜕皮激素还具有激发体壁皮细胞中酶系活动和激发蛋白质基质（如细胞色素）及酶类的合成作用，并有增高细胞呼吸代谢的作用。

第二节　昆虫内激素

昆虫的激素种类已多达 20 多种，其中不少种类在各类昆虫体内都有发现，它们的功能也比较明确，如蜕皮激素、保幼激素，但也有一些激素只在少数昆虫体内发现，它们的功能也不十分明确，如后肠素，只见于玉米螟等少数种类中，它与调节蛹滞育有关。由神经分泌细胞产生的激素，都是肽类物质（如促前胸腺激素、脂肪动员激素和蜕壳因子）。

一、激素的类型

昆虫的激素按功能可以分为下列几类：

（1）促腺体激素　控制内分泌腺体的活动（包括性腺发育），如促前胸腺激素能激发前胸腺产生蜕皮激素。

（2）形态发生激素　控制个体发育的方向和速率，以及形态特征的发生，前者如保幼激素、蜕皮激素、滞育激素，后者如鞣化激素。

（3）促肌激素　影响心脏、肠道、马氏管、输卵管和其他内脏肌的活动，如心脏加速因子能促进心脏的搏动。

（4）代谢激素　控制和影响物质代谢和能量代谢，如脂肪动员激素、高血糖激素等。

（5）调色激素　影响皮细胞内色素移动，或直接改变体色的激素，如黑红色激素。

（6）促神经激素　对神经系统起调节作用，激发有关的行为与行动，如蜕壳激素（羽化激素）和化蛹激素引发化蛹或羽化的行为和动作。

生长发育、蜕皮和变态的发生是多种激素共同完成的，主要有 5 种，包括促前胸腺激素、保幼激素、蜕皮激素、鞣化激素和蜕壳激素。

二、脑激素

脑激素（brain hormone）又称促前胸腺激素（prothoracicotropic hormone，PTTH）或促蜕皮激素（ecdysiotropin）。它是脑内神经分泌细胞（neurosecretory cell，NSC）产生的一种肽类激素，主要由前脑侧区神经分泌细胞分泌。其在脑侧区具有最大的活性。

脑激素至少含有两种多肽性质的成分：一种分子量大，其促进 RNA 的生物合成，影响蛋白质的合成；另一种分子量小，能提高膜电位。但也有人认为它是类甾醇类物质。在烟草天蛾和家蚕蛾中已经分别发现两种以上的不同氨基酸序列的多肽。

脑激素的效应是激活前胸腺，产生蜕皮激素，但不同组分存在某些种间专化性，如 4KPTTH（分子质量为 4000Da 的 PTTH）对家蚕有活性，对蓖麻蚕无活性，22KPTTH（分子质量为 22000Da 的 PTTH）对家蚕和蓖麻蚕都有活性。另外，分子量不同的组分，对同种昆虫产生效应的时间也不相同。在一般情况下，小分子量的 PTTH 诱导蜕皮激素的低水平释放，使幼虫进入漫行期（wandering stage），停止取食、准备化蛹，发生皮层溶离；大分子量的 PTTH 引起蜕皮激素的第二次释放高峰，引发昆虫蜕皮。

PTTH 的释放是由多种因素决定的，包括昆虫本体感受生活节律和激素水平，以及光照周期和温度等环境条件的刺激。

三、蜕皮激素

蜕皮激素又称蜕皮甾醇（ecdysteroid），首先也是从家蚕蛹的前胸腺中分离得到的。

蜕皮激素没有"种"的特异性。昆虫体内普遍存在蜕皮酮和 β-蜕皮酮。β-蜕皮酮与甲壳蜕皮酮完全相同，与脊椎动物的类甾醇激素稍有不同。蜕皮酮是一种"激素原"，本身没有活性，必须转化成 β-蜕皮酮才具有活性。昆虫自身不能合成蜕皮激素的前体物——三萜烯化合物，它从植物中取得胆甾醇转化为蜕甾醇，合成部位是前胸腺，释放入血淋巴中以后，再进入脂肪体或中肠细胞，转化为具有活性的 20-羟基蜕皮酮（β-蜕皮酮）。

蜕皮酮经生物合成和释放以后，能在血淋巴中稳定一个时期。它的功能一旦结束，滴度就迅速下降。在蝗虫体内的代谢情况因虫龄不同而异，在非蜕皮期，大多数以蜕皮酮的形式经粪便直接排出体外，在蜕皮前期，都先转化为 β-蜕皮酮后，再失去活性的向外排放。但有一部分在排出以前可能与葡萄糖、葡萄糖酸或硫酸结合。

蜕皮激素的效应是启动昆虫蜕皮，但它本身不能决定昆虫蜕皮后的发育方向，因此它的作用都是同保幼激素联合协调进行的。一般昆虫在进入成虫期以后，不再蜕皮，因而前胸腺开始萎缩，蜕皮激素滴度明显下降，但在一些雌虫的卵巢中，仍有相当高的含量，同时在血淋巴中也达到较高的水平。蚊子的卵巢中的蜕皮酮能刺激脂肪体合成卵黄原蛋白；小灶衣鱼和埃及伊蚊卵巢中的蜕皮酮能进入卵中，调节胚胎蜕皮。

蜕皮激素的合成和释放首先依赖于 PTTH 对前胸腺的激活，在烟草天蛾中，还受到一种血淋巴刺激因子的联合作用。嗉囊排空等生理反应和对光信息的感受，也能激发前胸腺释放蜕皮激素，特别是光周期变化对滞育昆虫能解除滞育，释放蜕皮激素是很重要的一个信息暗示。高水平的保幼激素，则抑制 PTTH 的释放和蜕皮激素的合成。蜕皮激素本身对 PTTH 有正反馈作用，能刺激前胸腺合成蜕皮激素，但在吸血蝽体内则能起负反馈作用。

四、保幼激素

保幼激素（juvenile hormone）是由咽侧体分泌的激素。早年 Wigglesworth 用吸血蝽、Williams 用大蚕蛾进行试验，确认有一种激素能使幼虫经过蜕皮继续保持幼态，而不致出现蛹或成虫的特征，因此命名为保幼激素，后来又发现它在成虫体内还有促进性腺发育和沉积卵黄的作用。

保幼激素是多种半倍萜类的总称，它包括 JH Ⅰ（十八碳保幼激素）、JH Ⅱ（十七碳保幼激素）和 JH Ⅲ（十六碳保幼激素），此外尚有少量 JH0、JHB₃ 与 4-甲基 JH Ⅰ 等。

在不同种类及不同虫期，JH 的结构和含量都是不同的，在大多数情况下，昆虫的成虫期只有 JH Ⅲ。因此激素的不同种类和比例，在幼虫期或成虫期具有种的特异性。

咽侧体产生的保幼激素是亲脂性的，在血淋巴中有较高的溶解度，它与蛋白质载体形成保幼激素蛋白质复合体进行运送。与蛋白质载体形成的复合体，可防止非特异性的酯酶的水解。

保幼激素的降解有 2 个主要途径，即由羧酸酯酶和环氧化酶的作用形成无生物活性的降解产物。上述两种酶在许多组织中都有存在，但在血淋巴中没有环氧化酶。一般认为保幼激素在组织内的降解，血淋巴中的酯酶是一个关键因子，因为酯酶的作用可以限制保幼激素到达靶组织的量。在血淋巴中有两类酯酶：一类是普通酯酶，它们不能降解与特异性载体蛋白结合的保幼激素；另一类是保幼激素的特异性酯酶，它们既可以作用于游离的保幼激素，又可以作用于与特殊载体蛋白结合的保幼激素。

保幼激素具有维持幼虫特征、阻止变态发生的作用，是一种保持幼虫特性必不可少的激素。在幼虫期，保幼激素的滴度较高，而在最后一龄幼虫（或蛹期）保幼激素的滴度很低或检测不到。但到成虫生殖器官发育阶段，保幼激素滴度又趋向上升，刺激雌虫卵巢管的发育和脂肪体合成卵黄原蛋白。迁飞昆虫在保幼激素水平低下时，卵巢停止发育，发生迁飞行为。

咽侧体产生 JH，受到脑中枢神经分泌细胞的咽侧体活化因子的激活和咽侧体抑制因子的遏制，这是调整保幼激素滴度变化的重要因素。

五、昆虫内激素对生长、发育及变态的控制机制

① 脑激素起活化咽侧体和前胸腺的作用，促进其分泌保幼激素和蜕皮激素。在一定浓度配合下，控制生长蜕皮或变态蜕皮。心侧体激素有刺激心脏、消化道和脂肪体及利尿作用。

② 昆虫在蜕皮过程中表现出的各种特性是由遗传因子所决定。这些特性在不同条件下，按一定程序先后表现出来。激素的分泌是按照基因的编排有次序地进行。成虫期，前胸腺退化，故成虫不再蜕皮。但低等的原变态昆虫，成虫前胸腺不退化，性成熟后仍能蜕皮。

③ 保幼激素能活化那些实现幼虫特征酶系的活性，也可调节细胞的通透性，增强基因控制的酶系的活动，促使幼虫特征的出现。保幼激素对各种细胞作用浓度有不同的要求；作用时间不同，产生的效果也不同。因此作用时间和浓度是生长变态或成熟变态的一个基本因素。

④ 蜕皮激素促进细胞内蛋白质和核酸的合成反应，也可改变各种膜的透性，使合成蛋白质所需的各种氨基酸接近它们的酶系。所以蜕皮激素具有促进新表皮形成和沉淀，以及成虫器官芽逐渐分化和生长的功能。

⑤ 昆虫变态是一种多型现象，究竟以何种形式表现，则由保幼激素和蜕皮激素的相对浓度决定。

⑥ 蜕皮与变态有一个临界期，这实际上是激素开始发挥作用的时期，不同昆虫或不同虫期，腺体分泌激素的临界期不同，早于临界期，激素水平太低，不能发挥作用；过了临界期，激素已大量分泌。

第三节　昆虫外激素

外激素（pheromone）又称信息激素，是由一种昆虫个体的分泌腺体所分泌到体外，具有高度活性的微量化学物质。信息激素经空气传递作用于种间或种内个体间，能影响同种（也可能是异种）其他个体的行为、发育和生殖等生理和行为反应，具有刺激和抑制两方面的作用。信息素作为通讯工具，或者说是一种化学语言，主要由信息素的释放、传递和接受三部分组成。昆虫信息素特别是性信息素的释放有严格的条件限制，主要取决于成虫性成熟状态、时间和环境条件。

一、外激素的种类

昆虫信息激素可分为种内信息素和种间信息素两类。

1. 种内信息素

由一种昆虫释放到体外，引起同种昆虫其他个体行为反应的化学物质。昆虫的种内信息素主要有性信息素（sex pheromone）、聚集信息素（aggregation pheromone）、报警信息素（alarm pheromone）、疏散信息素（epideictic pheromone）、踪迹信息素（trail pheromone）、标记信息素（marking pheromone）等。

（1）性信息素　性信息素是一类性成熟的雌性或雄性分泌释放的，能引诱同种异性个体进行交尾的化学物质。通常是 2 种以上化合物的混合物。目前以鳞翅目蛾类昆虫的性信息素研究最多，这些性信息素多数是 12 个、14 个或 16 个碳原子的直链不饱和乙酸酯。目前已人工合成了多种昆虫性信息素的类似物，即性引诱剂（sex attractants），用于害虫防治中。

（2）聚集信息素　聚集信息素是由某种昆虫释放，招引同种个体群集的一类化学物质。如鞘翅目小蠹科的小蠹虫，专门在长势较弱的树木的树皮下为害。当少数个体找到适合它们寄生的树木时，便从后肠释放出一种信息素，这种化学物质与寄主树的萜烯类化合物互相作

用后，就能发出集合的信号，使远处分散的同类聚集飞来，集体取食为害。当所生存的寄主树木的营养降低，或条件变劣时，在原寄主上的小蠹成虫又开始分泌这种物质，它们能在很短的时间内，纷纷钻出树皮，成群结队飞迁到更适合的树林中去生活。

（3）报警信息素　报警信息素是当昆虫受到天敌侵袭时，释放到体外并引起同种个体逃避或防御的化学物质。报警信息素是昆虫释放的向同种其他个体通报敌情的信息化学物质，主要存在于一些社会性昆虫中，多数是单萜（monoterpene）、倍半萜、5～9个碳原子的短链乙酸酯、醇或酮。如当蚜群遇到天敌来袭时，最早发现敌害的蚜虫表现兴奋，肢体摆动，并及时释放出报警信息素。同种其他个体接到信息后，便纷纷逃离或掉落地上隐蔽。马蜂蜇人时，蜇针与报警信息素会同时留在人的皮肤里。人被蜇后的最初反应是捕打，信息素的气味便借助打蜂时的挥舞动作扩散到空气中，其他马蜂闻到这种气味后，即刻处于激怒的骚动状态，并能迅速而有效地组织攻击。通过对马蜂释放的报警信息素的提取化验，已知道其主要成分属于醋酸戊酯，有香蕉油气味。

（4）疏散信息素　疏散信息素是昆虫种群密度自我调节的信息物质，是昆虫在产卵场所或其他活动场所留下的有提示作用的信息化学物质，常是萜类化合物或14～18个碳原子的长链脂肪酸。如大菜粉蝶产卵时在卵壳上留有驱使同种雌虫不在附近产卵的信息素。

（5）踪迹信息素　踪迹信息素是由某种昆虫释放给同种其他个体指示路径的物质。如一些白蚁或蚂蚁采食回巢时留在沿途上标明其行踪的信息化学物质，常是萜类化合物。蜜蜂外出采蜜时，当一只工蜂发现蜜源后，便在蜜源附近释放出踪迹信息素，用来招引其他蜜蜂。即便是携蜜回巢后，仍可靠这种信息，往返于蜂巢与蜜源之间。据观察，这种信息可传递数百米远。已经查明蜜蜂释放的信息素的主要成分是柠檬醛等化学物质。

（6）标记信息素　标记信息素是指昆虫在其产卵场所、食物源或巢穴附近留下的、有提示作用的化学信息物质。寄生蜂类在产卵后，都要产生标记信息素，用来标记寄主上有同种个体存在的化学物质，其主要生态学功能是调节昆虫的产卵行为，通过阻止自身或同种其他个体对已标记寄主的产卵选择，或减少产卵量来减少后代之间对寄主资源的竞争，也调节昆虫近缘种之间对共同寄主资源的竞争。

2. 种间信息素 (allelochemics)

由一种昆虫释放到体外，引起异种昆虫个体行为反应的化学物质。

（1）利己素（allomone）　是由一种昆虫释放，能引起他种昆虫个体行为反应的化学物质，其行为对释放者有利。如驱避物质（repellent）、逃避物质（escape substance）、毒性物质（venom）、引诱物质（attractant）等。

（2）利它素（kairomone）　是由一种昆虫释放，引起他种昆虫个体行为反应的化学物质，对接受者有利。

（3）协同素（synomone）　是由一种昆虫释放，能引起他种昆虫个体行为反应的化学物质，这一反应对释放者和接受者均有利。

近年来，种间信息素是昆虫学、化学生态学和行为学研究的一个热点，这对于探讨害虫与植物、害虫与天敌、害虫与植物和天敌之间的相互关系有着极其重要的意义。

二、昆虫的外分泌腺体

昆虫向外部散发的不同作用的分泌物都是由昆虫身体上不同部位外分泌腺体所分泌的，这些部位可以在昆虫的头部、胸部、足部和翅上等。

鳞翅目雌虫释放的性信息素腺体，一般位于腹末生殖孔附近，通常处于第8、第9腹节之间。蝶类通常由雄虫释放性信息素，一种斑蝶雄性后腹部有一对生的臭腺，这种臭腺和可外翻的毛状鳞（气味刷）连在一起，在求爱过程中气味刷展开成扇形，散布性外激素。鞘翅目昆虫的性信息素，有的在粪便中，有的在后肠，有的在腹部末端。半翅目可在后胸胸板和后足胫节上。膜翅目昆虫在腹部前侧边缘，而蜜蜂由上颚腺分泌。

三、昆虫信息素的化学组成及其特点

昆虫信息素是带有挥发油性质的化学物质，具有香味或臭味。一般都是多种成分的混合物。有的昆虫是用顺式和反式异构体组成的混合物，有些用乙酸酯和醇或乙酸酯和醛的混合物，有些则用不同双键位置的异构体，有的化学结构很简单，而有的则较为复杂。多数是长链的不饱和醇、乙酸酯或醛类，但也有不少是萜类化合物。

信息素在化学结构上的微小变动，就会引起失去全部或大部分的引诱活性，或者相反。所谓结构改变包括功能团（乙酸酯、醇、醛）的变化。双键位置的改变、构型（顺式或反式）的不同、双键的数目以及碳链的长短等。因为立体构型不同，有的改变则可增加活性，称增效剂，有的则可减低活性称抑制剂。

种内信息素是一种昆虫释放的能引起同种其他个体产生特定行为或生理反应的信息化学物质。它在调节昆虫性行为、社会性和亚社会性昆虫（subsocial insect）的生理和行为反应中起着重要作用。

在多数昆虫中，信息素由表皮腺细胞（glandular epidermal cell）组成的外分泌腺（exocrine gland）向外分泌。外分泌腺主要有两种：一种是腺体没有导管通向外面，也没有暂时贮存信息素的结构，信息素分泌时是直接排到体外，这些腺体主要集中于表皮的皱褶处，如鳞翅目雌蛾分泌性信息素的腺体就是位于腹部后端的节间膜之间，通常是第8与第9腹节之间的节间膜上，主要在腹面，也有在背面或成环状环绕整个节间膜；另一种是腺体有贮存信息素的囊腔，以导管排出体外，如社会性膜翅目昆虫工蚁的杜氏腺（Dufour's gland）等。

不同昆虫类群或不同的信息素其外分泌腺的位置常有差异。鳞翅目雌蛾释放性信息素的腺体一般位于腹末端的节间膜上；蚜虫分泌警戒信息素的腺体在腹管上，而雌蚜 *Schizaphis* 分泌性信息素的腺体在后足胫节上；小蠹虫分泌聚集信息素的腺体在后肠上；白蚁分泌踪迹信息素的腺体在腹部第4或第5背板下；实蝇 *Rhagoletis* 分泌产卵标记信息素在中后肠上。

第十五章　昆虫的肌肉系统

昆虫通过肌肉系统（muscular system）来维持其基本形态，通过肌肉的收缩来实现昆虫的一切活动和行为，特别是飞翔是其重要特征及繁盛的原因之一。此外，昆虫还能步行、爬行、跳跃、游泳。例如，大蚕蛾和牛虻每小时可飞行 38km，蜻蜓每小时可飞行 50km 以上，跳蚤跳动的高度超过其自身长度的 100 倍，蚂蚁可以用口衔动超过其体重数倍的物体迅速返回巢穴，相当于人背负 100kg 的物体以 35km/h 的速度攀登峭壁。这些运动及所做的功都与昆虫有发达的肌肉相关。昆虫在寒冷条件下还可以通过肌肉收缩来提高体温，如蜜蜂。昆虫肌肉的活动受神经支配。ATP 是肌肉收缩的直接动力。昆虫飞行肌的代谢途径有很多特殊的适应性机制，能够维持昆虫长时间的飞行活动。

第一节　昆虫肌肉组织与类型

一、肌肉的组织结构

昆虫肌肉系统起源于中胚层，属横纹肌，是由很多纤维状的肌细胞（肌纤维）和包围在外围的结缔组织组成。肌细胞是一个细长大型的多核细胞，外面包围的薄膜称肌膜（sarcolemma），是由细胞膜转化而来的肌纤维外膜；具兴奋性，可接受并传递神经脉冲；常垂直内陷形成横管系统。其中含有很多细而平行的肌原纤维（myofibril），肌原纤维是肌肉的基本单位，是肌纤维特有的功能细胞器，由粗、细两种肌丝与肌纤维长轴平行排列组成；细胞核即肌核，1 条肌纤维中通常有多个细胞核；肌质即肌纤维的细胞质，或称肌浆，内含线粒体、内膜系统、肌质网和横管系统（T 管）等，还含有糖原、脂肪等（图 15-1）。

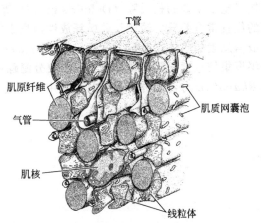

图 15-1　昆虫飞行肌纤维的横切面
（仿 Pringle，1975）

肌原纤维是由更细的肌丝（myofilament）组成，在偏光显微镜下具有分带现象，其中呈强双折射的称为暗带或 A 带，双折射较弱的称为明带或 I 带。在 A 带中间有一段相对较亮的区域，称为中带或 H 带，H 带中央又有一条明显的暗线，称为 M 带。在 I 带中间也有一个高度双折射的狭窄区，称为 Z 盘（Z 带）（图 15-2）。两个 Z 盘之间为一个肌节（sarcomere），这是肌原纤维收缩的基本单位。暗带部分有粗肌丝和细肌丝，而明带中仅有细肌丝，无粗肌丝。肌肉的伸缩就是由细肌丝在粗肌丝之间滑行的结果。

粗肌丝的直径一般为 16～22μm，仅由单一的肌球蛋白（myosin）分子聚合而成。肌球蛋白是一种原纤维蛋白，分子结构呈蝌蚪状，分子尾部是一对 α-螺旋形肽链，多个肽链再聚合成粗肌丝的主干；分子头部呈球状膨大，由 4 根较短的肽链组成，并有规律地裸露在粗肌丝主干，形成外突，具有肌动蛋白结合中心和 ATP 酶活性中心。

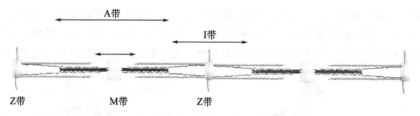

图 15-2　昆虫肌原纤维的分带现象（仿 Klowden，2007）

细肌丝的主要组分是肌动蛋白（actin）。肌动蛋白有两种形式，一种是单个球状分子，称肌动球蛋白（actomyosin），另一种是它的聚合形式，呈串珠状，称纤维状肌动蛋白（图 15-3）。此外，还有原肌球蛋白和肌钙蛋白两种重要的蛋白。

二、昆虫肌肉的类型

昆虫的肌肉按着生的部位和作用的范围来说，可分为体壁肌（skeletal muscles）（包括附肢肌）和内脏肌（visceral muscles）两大类。在胚胎发育过程中，当体腔囊开始扩大互相融合成整个体腔时，囊壁细胞分别在外胚层下形成体壁肌，在内胚层外面形成内脏肌。体壁肌由长条形的平行肌纤维组成，着生在体壁下面或体壁的内突上，担负着体节、附肢及翅等的运动，如背纵肌、腹纵肌、背腹肌等。内脏肌是包围在内脏器官外面的肌肉，有的是排列整齐的纵肌或环肌，如包围在消化道肠壁细胞外的肌肉；有的则是排列不规则的网状肌肉层，如分布在嗉囊壁及卵巢管膜外的肌肉。其功能是司内脏的伸缩和蠕动，还有一部分内脏肌混在结缔组织内，形成结缔膜的一部分。

体壁肌按肌原纤维的形状和排列方式，分为管状肌（tubular muscle）、束状肌（close-packed muscle）和纤维状肌（fibrillar muscle）三类。管状肌肌原纤维呈放射

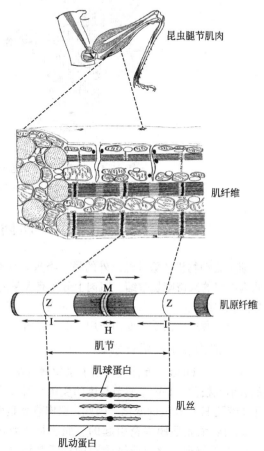

图 15-3　昆虫肌肉的结构（仿 Klowden，2007）

状排列在肌纤维的四周，肌纤维的中央是无肌原纤维的肌浆轴心，细胞核纵列在肌浆轴内。束状肌在肌纤维外包有一层不含肌原纤维的肌浆，肌原纤维和线粒体位于肌纤维的中央。根据肌浆层的厚薄，又可分为厚肌浆束状肌和薄肌浆束状肌。纤维状肌的细胞膜不明显，肌原纤维较粗大，由气管的细支联成疏松的多角形束，细胞核位于肌原纤维之间，不易分辨，线粒体显著，卵圆形，分布于肌原纤维间，多见于飞行昆虫的间接翅肌。

第二节　肌肉与体壁的连接

昆虫的肌肉两端都直接着生在表皮层或表皮内突上，而无真正的肌腱，其连接方式有以下几种：
（1）与皮细胞层连接　即肌肉与皮细胞层直接相连，此方式较原始。如天蛾幼虫。

（2）以肌小腱与体壁相连　多数昆虫的肌肉都是以肌小腱与体壁连接的。肌小腱是肌肉末端处的肌纤维特化而成的表皮质纤维，它穿透底膜和皮细胞层，伸入并与表皮层相连（图 15-4 A）。

（3）与体壁内脊连接　内脊或内突可着生肌肉，如背纵肌和腹纵肌的连接方式（图 15-4 B）。

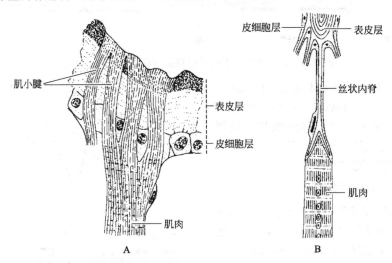

图 15-4　肌肉与体壁的连接（仿 Snodgrass，1935）
A—肌肉以肌小腱与体壁相连；B—肌肉与体壁内脊连接

第三节　肌肉的收缩机制

肌肉是动物机体除神经以外的另一类兴奋性组织，神经组织兴奋的表现是引起冲动的传导，而肌肉组织的兴奋则是收缩。肌肉上分布有大量的神经，二者形成突触联结，当神经系统将冲动传导给肌肉组织时，就会引起肌肉的兴奋（收缩）。在肌原纤维中，粗肌丝和细肌丝按照一定的方式结合，通过蛋白质的变构作用，引起细肌丝在粗肌丝间滑动，产生肌肉收缩活动。

一、肌肉收缩及滑行学说

1954 年，Huxley 等首次提出了肌丝滑行学说（sliding theory），阐明了肌肉的收缩机理：肌肉的收缩或松弛，是由于肌节长度的变化而引起的，但肌节中 A 带的长度并不发生改变，只是引起了 I 带及 H 区长度的变化。因此，肌肉收缩是由于粗、细两种肌丝相对滑动造成的。

肌肉收缩是肌膜兴奋引起的。肌膜接受刺激后首先发生去极化，并引起肌质网释放钙离子。钙离子与细肌丝上肌钙蛋白的钙亚基结合，引起肌钙蛋白分子变构，带动原肌球蛋白解除对肌动蛋白的结合抑制，使肌动蛋白与肌球蛋白结合，形成肌动球蛋白横桥摆动（图 15-5），由此进一步激活肌球蛋白头部的 ATP 酶，由其水解 ATP 产生能量。肌动球蛋白横桥的角度变化，使细肌丝向肌节中部滑行，导致横桥断裂，游离的肌球蛋白头部与下一个肌动蛋白单体结合，如此往复，引起粗肌丝两端的细肌丝带动 Z 膜相向运动，使肌节逐步缩短（图 15-6）。当刺激消失，肌膜恢复极化时，肌质网将钙离子重新吸收，肌钙蛋白的钙亚基失去钙离子恢复构象，原肌球蛋白重新与肌动蛋白结合，抑制肌动球蛋白横桥的生成，使肌肉依靠弹性恢复松弛状态。

二、肌肉收缩的调控

昆虫肌肉的收缩是由肌膜去极化引起的，这大多由分布在肌膜上的运动神经释放化学递质进行调控。但也有一些肌肉没有神经分布，它们能自发地产生收缩。此外，肌肉的收缩还受到激素、血淋巴的离子组成和机械张力的调控。

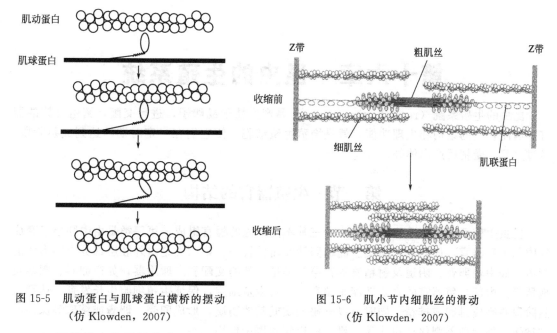

图 15-5　肌动蛋白与肌球蛋白横桥的摆动
（仿 Klowden，2007）

图 15-6　肌小节内细肌丝的滑动
（仿 Klowden，2007）

1. 肌纤维上的神经分布

昆虫肌肉上的神经呈多点式分布，即每条肌纤维都与运动神经末梢形成多个突触联结，运动神经末梢与肌肉的连接点又称运动终板（terminal lamella）。昆虫肌膜的电激应性较差，终板电位的传递是分级的（传播距离按指数级衰减），通常只能形成局部兴奋，不能作远距离传递。昆虫不同肌纤维上的运动终板间隔通常是一定的，一般在 $10\sim100\mu m$ 之间。昆虫的运动神经元除了在每条肌纤维上形成多个运动终板外，每一运动终板内的神经末梢还产生大量分支，这样，整条肌纤维就形成了一个能同时兴奋的运动单位。

昆虫的运动神经元分为兴奋性和抑制性两类，兴奋性神经又分为快神经、慢神经及一些中间类型。在昆虫的一条肌肉中，肌纤维通常仅接受一个或少数几个运动神经元的控制，在这种情况下，昆虫的中枢神经系统通过调整参与的运动单位数量和种类来控制收缩强度。

2. 肌膜神经的突触调控

运动神经元的末端以大量分支与肌纤维膜形成突触联系，并通过神经递质调节肌肉的兴奋。兴奋性神经释放的递质是 L-谷氨酸，一次神经冲动所释放的递质通常足以引起肌膜的去极化，但慢神经一次神经冲动仅释放少量的递质囊泡，一般不足以使肌膜去极化，必须由连续的脉冲作用，才能释放足够的递质囊泡，使肌膜产生兴奋；抑制性神经的化学递质为氨基丁酸，使肌肉不产生兴奋或降低其兴奋性。

3. 其他因子对肌肉活动的调节作用

昆虫肌肉的兴奋性还受到激素、体液化学成分和机械张力的影响。

4. 肌肉的收缩特性

肌肉接受一次有效刺激所引起的收缩过程，称为单收缩；在一次单收缩结束前又接受新的刺激，产生连续收缩的过程称为复合收缩。单收缩包括 3 个时期：潜伏期、收缩期和松弛期。复合收缩又包括完全紧张性收缩和不完全紧张性收缩。进行紧张性收缩的肌肉称紧张性收缩肌或称慢收缩肌，紧张性收缩肌对单个神经脉冲不敏感，反应迟钝。与紧张性收缩肌相对应的是快收缩肌，它对单个神经脉冲敏感，并迅速做出全或无的反应，全反应产生快速收缩，然后迅速回复到松弛状态，接受下一次脉冲。

快收缩肌与慢收缩肌的差异主要在于肌纤维内肌质网的发达程度。

肌肉在机械收缩过程中，只有少部分能量用于牵动负荷，绝大部分以热能形式散失。

第十六章　昆虫的生殖系统

昆虫的生殖系统（reproductive system）是产生精子或卵子，进行交配，繁殖种族的器官。因而它们的结构和生理功能，就是增殖生殖细胞，使它们在一定时期内达到成熟阶段，经过交配、受精后产出体外。

第一节　生殖器官的结构

昆虫生殖系统的构造比较复杂，由三种不同来源的器官组成：第一类是由中胚层发育成的内部生殖器官，如卵巢、精巢、侧输卵管及输精管等；第二类是由外胚层部分内陷形成的管道，如中输卵管、阴道及射精管等；第三类是外部的交配和产卵附器，如产卵器、阳茎及抱器等。内部生殖器官的主要功能是储存和增殖生殖细胞，保证生殖细胞生长发育，达到成熟阶段并完成排卵或排精；同时可以分泌胶质或其他物质，形成卵壳、卵囊或精珠等保护卵和精子。外生殖器则保证完成雌、雄虫的交配和授精作用。

一、雌性生殖器官

昆虫的雌性生殖器官的主要部分包括一对卵巢（ovary）、两根侧输卵管（lateral oviduct）及一根开口于生殖孔的中输卵管（median oviduct）。此外，大多数昆虫还在中输卵管后端连接着由体壁内陷形成的交尾囊、一个接受和储藏精子的受精囊（spermatheca）以及一对附腺（accessory gland）（图 16-1）。交尾囊的形状和结构在各类昆虫中有较大的变异。一般可区别为两类：一类呈囊状而后端开口比较大的，称生殖腔；另一类呈管状的通道称阴道（vagina）。生殖腔或阴道常以阴门开口于体外，原始的生殖孔则位于生殖腔或阴道里面的基端。

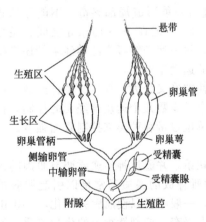

图 16-1　昆虫雌性生殖系统的结构
（仿 Snodgrass，1935）

标注：悬带、生殖区、生长区、卵巢管柄、侧输卵管、中输卵管、附腺、卵巢管、卵巢萼、受精囊、受精囊腺、生殖腔

1. 卵巢

大多数昆虫中，每一卵巢都由一群管状的卵巢管（ovariole）所组成。每一卵巢管前端伸出的端丝（terminal filament）集合成悬带（suspensory ligament），附着于邻近的脂肪体、体壁内面或背膈上。另一些昆虫中，两个卵巢的悬带常联结成一条中悬带，附着于背血管的管壁下。在昆虫的幼期，整个卵巢常包围在结缔组织形成的围鞘内，成虫期大多数昆虫的围鞘消失。卵巢管的数目在各类昆虫中变异较大，一般每一个卵巢由 4 根、6 根或 8 根卵巢管组成，较低等的昆虫卵巢管的数量较少，高等的昆虫卵巢管的数量较多。

（1）卵巢管的一般结构　一个模式的卵巢管可区分为三部分：端丝、卵巢管本部及卵巢管柄。端丝是卵巢管本部前端的围鞘延伸成的细丝；卵巢管本部包括生殖区（原卵区）和生长区（卵黄区）（图 16-1），以及卵室和卵泡细胞；卵巢管柄则是一个薄壁的管道，连接于卵巢管本部的后端与侧输卵管之间。在整个卵巢管的外面，包围着一层非细胞的管壁膜，有些昆虫的管壁膜外面还有上皮鞘（图 16-2）。

在成熟的卵巢管中，生殖区位于卵巢管本部的最前端，含有生殖干细胞及其产生的包囊干细胞、由包囊干细胞分裂产生的包囊细胞、包囊细胞进一步发育形成的滋养细胞和卵原细胞。生长区是生殖区下端的卵巢管本部，由于卵母细胞数目增多并逐渐长大，使之膨大和延伸而成，每一卵母细胞四周还包围着一层卵泡细胞。卵母细胞的生长发育，使生长区延伸成一系列由小而大的卵室，其中的卵母细胞逐渐沉积卵黄，并由卵泡细胞分泌卵壳，最后形成成熟的卵（图 16-2）。

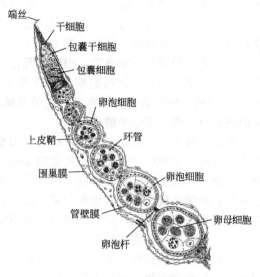

图 16-2　卵巢管内的卵母细胞链
（仿 Koch 等，1967）

（2）卵巢管的类型　根据卵母细胞在发育过程中获取营养的方式，可将卵巢管区别为以下三种类型：

① 无滋式（panoistic type）。生殖区内仅含有生殖细胞、卵原细胞、原始的卵母细胞及中胚层来源的卵泡细胞，而没有卵母细胞分化出来的滋养细胞。故称无滋式卵巢管。卵母细胞积聚卵黄主要依靠卵泡细胞吸取血液中的养料。常见于衣鱼目、石蛃目、蜉蝣目、蜻蜓目、直翅目及部分鞘翅目（图 16-3 A）。

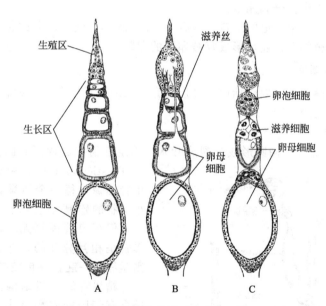

图 16-3　昆虫卵巢管的类型（仿 Schwalm，1988）
A—无滋式；B—端滋式；C—多滋式

② 端滋式（telotrophic type）。滋养细胞是在卵原细胞分化成卵母细胞的同时分化而成的，并都保持集中生殖区，但在卵母细胞发育的初期，以细胞质丝形成的滋养丝与每一个卵母细胞相连通，供给需要的营养。在这种情况下，生殖区又是卵母细胞的营养供应区，故称端滋式卵巢管。常见于半翅目及部分鞘翅目昆虫（图 16-3 B）。

③ 多滋式（polytrophic type）。卵巢管内的卵母细胞与滋养细胞交替排列，大多数昆虫的滋养细胞由卵原细胞分化（少数昆虫由卵泡细胞转化）而成。一个卵原细胞分裂成很多细

胞集成一团，并以原生质丝互相连通，但只有最后一个细胞形成有效的卵母细胞，其余的则分化为滋养细胞，当卵母细胞成熟时，滋养细胞内的营养物质也消耗殆尽。常见于脉翅目、鳞翅目、鞘翅目和双翅目昆虫（图16-3 C）。

（3）侧输卵管和中输卵管　侧输卵管是连接卵巢和中输卵管的一对管道，也是由中胚层演变而成。每一侧输卵管的前端与卵巢管连接处，常膨大呈囊状，称卵巢萼（calyx）（图16-1），可暂时储存卵子，如蝗虫的生殖系统。侧输卵管的外面，常包围有一层由环肌和纵肌组成的肌肉鞘，用以伸缩排卵。

中输卵管由外胚层演变而成，前端与两根侧输卵管相连接，后端开口于由体壁内陷形成的生殖腔或由生殖腔转变而成的阴道的基端（图16-1）。中输卵管后端的开口称生殖孔，是排卵的通道，而阴门则是生殖腔或阴道的外端开口，用以交配和产卵。大多数昆虫阴道的原始开口，由第8腹节的后端延伸到第9腹节，但很多鳞翅目昆虫第8腹节的原始开口并不封闭，仍保留作为交尾孔，而第9腹节的开口则作为产卵孔。

（4）生殖腔及其附属结构

生殖腔：中输卵管延伸至第8腹节以后，一般不直接开口在体表面，它的后端开口，即生殖孔，是隐藏在第8腹板内形成的生殖腔中的。生殖腔是雌、雄虫生殖器交尾的部位，故称为交尾囊。在很多昆虫中生殖腔已演变为位于体内的管状通道，称阴道。

受精囊：由第8腹节腹板后缘的体壁内陷而成，在具有生殖腔的昆虫中，受精囊的导管即开口于生殖腔上，而在具阴道的昆虫中，则开口在阴道的背壁上。受精囊的形状、大小和结构在各类昆虫中有很大的差异，一般是一个具有细长导管的表皮质囊，并具有附腺，附腺的分泌物可为精子提供养分和能量。

雌性附腺：在雌性生殖道的出口处常有1～2对腺体，能分泌卵的保护物，分泌胶质使虫卵黏着于物体或植物上，还可形成复被卵块的卵鞘。

二、雄性生殖器官

雄性昆虫的生殖器官主要包括由中胚层发育而来的一对精巢、一对输精管、一对储精囊以及射精管和雄性附腺（图16-4）。

1. 精巢的结构

精巢（testis）通常呈椭圆形或分裂成叶状，固定在消化道背面或侧面，是由一组精巢管（testicular tube）组成的。与雌性的卵巢管相像，每一个精巢管的基部有一段短小柄状的输精小管与输精管连通（图16-4），但精巢管顶端无端丝。有些昆虫的精巢管是相互分开的，外无围膜；有些昆虫则紧靠在一起，并包被在一层围膜内。

精巢管的一般结构为：精巢管壁由一层含有细胞的围鞘组成，有些昆虫的围鞘可区分为内、外两层细胞。管壁细胞的主要功能是吸收血液中的营养物质，供应精巢管内生殖细胞生长发育之用。根据生殖细胞在精巢中的发育程度，可把精巢管区分为连续的四个区域（图16-5）：

（1）生殖区（germarium zone）　位于精巢管的顶部，含有密集的精原细胞，四壁围以管壁细胞层。一些昆虫，生殖区顶

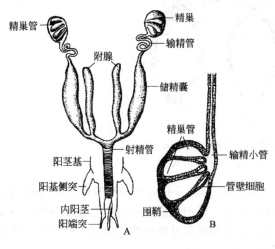

图16-4　昆虫雄性生殖系统的结构
（仿 Weber，1936）
A—模式结构；B—精巢的剖面

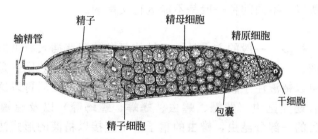

图 16-5　雄性昆虫精巢的横切面（仿 Chapman，1982）

部还含有一个大型的细胞被精原细胞群包围着，称为端胞，它和精原细胞由细胞质丝相连，是供应生殖细胞早期发育所需营养物质的营养细胞。

（2）生长区（growth zone）　位于生殖区下方。精原细胞向后移入生长区后，即被一群体细胞包围而形成一个包囊，并在其中进行分裂，最后分裂成 64～256 个精母细胞。

（3）成熟区（maturation zone）　位于生长区下方。精母细胞进入这一区域后，即连续进行两次成熟分裂，每个精母细胞分裂成四个精子细胞。

（4）转化区（transformation zone）　位于精巢管的最下方，此时，紧密排列在包囊中的圆形精子细胞转变成具有鞭毛的精子。最后，包围精子的包囊壁溶化，而精子仍成束地聚集在一起。

2. 输精管和储精囊

从精巢基部引出的细长管道，称输精管（vas deferens），相当于雌性的侧输卵管，输精管壁由一层位于底膜上的皮细胞层组成，底膜外面包有一层强壮的环肌，用以收缩排精。有些昆虫的输精管常有一部分膨大成囊状，用以储藏从精巢管中排除的成熟的精子团，称为储精囊（seminal vesicle）（图 16-4）。

3. 射精管

射精管（ejaculatory duct）在形态学上相当于雌性的中输卵管，是第 9 腹节后端的外胚层部分内陷而形成的管道（图 16-4）。因此，射精管的表皮层是与体壁相连的，管壁外面包围着强壮的肌肉层，纵肌在内，环肌在外，射精时用以伸缩射精管。射精管的顶端部分，常包有阳茎。

4. 雄性附腺

雄性附腺（paragonia gland）包括输精管和储精囊壁的腺细胞以及开口于输精管上的附腺（图 16-4）。附腺一般位于射精管和输精管的交界处，常呈长形囊状或管状，大多数昆虫只有一对。附腺分泌的黏液主要作用是浸浴精子和包围精子，或形成包围精子的特殊薄囊——精珠，以保证精子受精。

第二节　昆虫的交配和授精

昆虫的交配行为常受到各种因素的影响，常见的有：雄虫的成群飞舞、雄虫的鸣声吸引雌虫前来交配；雌虫的发光、雌虫的色彩和气味吸引雄虫等，其中雌虫散发的性外激素是引发昆虫交配的主要刺激性物质。

一、授精及其方式

1. 授精

两性交配时，雄虫将精液或精珠注入雌虫的生殖器官内，使精子（spermatozoa）储存在雌虫的受精囊中的过程，称为授精。由于雌雄虫的交尾器和附肢，特别是雄虫的结构具有高度的特殊形状，所以，不同的种一般是不能进行交配的。

2. 授精的方式

昆虫的授精方式很多，一般的方式是：以结构复杂的阳茎插入雌虫的生殖腔或阴道中进行交配，并传输精液。一些特殊的方式有：鳞翅目和很多鞘翅目的昆虫是在交尾囊中进行交尾和射精；蜻蜓雄虫以精液注于腹部基部的特殊交尾结构中，然后再以这一交尾器插入雌虫阴道中进行交尾；直翅类昆虫（蟋蟀、蝗虫、蟋蟀、螳螂等）以及脉翅目、鞘翅目、毛翅目、鳞翅目及膜翅目的一部分昆虫，雄虫的精子并不直接以精液的形式注入雌虫的生殖器官内，而是包藏在附腺形成的特殊薄囊（精珠）中进行传输。精珠常呈特殊的形状，以适应雌虫阴道或生殖腔的结构。

3. 精子移入受精囊的机制

当精子或精珠进入阴道或交尾囊后，精子靠机械作用或化学刺激而进入受精囊。例如：龙虱的精珠塞在雌虫的阴道进口处，靠后端腹板的收缩作用而使精子压入阴道。果蝇的精子注入雌虫阴道后，最初 1～2min 内保持静止不动状态。2～3min 后，由于雌虫附腺的激发作用而变得很活跃，并主动地游向受精囊。

二、排卵和受精的机制

昆虫卵的受精作用，常在交配后的一段时期内才进行，一般常在产卵前、卵子通过阴道内的受精囊孔时，精子再游入卵内。

1. 排卵

当卵巢管下端的卵子成熟以后，即冲破卵巢管塞排入侧输卵管内，以后再形成的卵巢管塞不再保持原来的形状。排卵后的空卵室四周的卵泡细胞层萎缩，然后自行溶化。排卵后萎缩的卵泡细胞称为黄体（corpus luteum）。当卵巢管上端的卵室和卵母细胞增大向下端延伸时，黄体即收缩，而在卵子成熟时，黄体几乎全部消失。排卵的机制尚不清楚，可能由激素及神经冲动所控制。

2. 受精

一般情况下，当卵子通过阴道内的受精囊孔时，一群精子才从受精囊排出，经卵孔进入卵内。有些昆虫，雌雄交配以后，精子可游入卵巢管进入尚在管内的卵子中受精。

很多雌性昆虫一生只交配一次，储存在雌虫受精囊中的精子可以存活几个月以至数年，另一些昆虫，一生需交配很多次，才能保证全部卵子都受精。

控制受精的机制可归纳为：排入阴道或生殖腔内的卵子首先调节位置，使卵孔正好对准受精囊导管开口；受精囊释放精子，可能是由肌肉层的收缩作用进行控制；精子进入卵孔则是化学趋性的反应；一些昆虫的精子，在活动时是按顺时针方向转动的，并常黏附于固体物表面移动，这种习性有助于寻觅卵孔。

第四篇　昆虫生物学

昆虫生物学是讨论昆虫的个体发育史，包括昆虫从生殖开始，经过胚胎发育、胚后发育各个阶段的生命特征，以及它们在一年中的发生经过，即年生活史，此外，还包括昆虫各阶段的行为习性。

昆虫种类繁多，不同昆虫在长期的进化中逐渐形成了各自相对稳定的生物学特性。研究昆虫生物学，不仅能够为昆虫分类学、应用昆虫学等的研究奠定基础，而且对害虫防治和益虫利用具有重要的实践意义。

第十七章　昆虫的生殖方法

第一节　昆虫的性别

一、昆虫的性别类型

昆虫的性别有雌性、雄性及雌雄同体 3 种情况。雌性（female）常用符号"♀"来表示，雄性（male）常用符号"♂"表示。绝大多数昆虫为雌雄异体，雌雄两性的差异主要表现在内部和外部生殖器官的不同。

少数襀翅目、半翅目和双翅目昆虫中存在雌雄同体。

二、雌雄二型现象

昆虫雌雄个体间除内、外生殖器官即第一性征上存在差别外，在个体大小、体型、体色等第二性征方面也存在明显差异的现象称为雌雄二型现象（sexual dimorphism）（图 17-1）。

昆虫的雌雄二型现象相当普遍，可表现在多个方面。多数昆虫是雌性个体大而雄性个体小，但少数昆虫如金龟甲总科的一些类群为雌性个体小而雄性个体大，犀金龟雄虫身体比雌虫大得多，且头部和前胸背板生有雌虫没有的巨大角状突起。锹甲的雄虫上颚比雌虫大得多（图 17-1）。在半翅目蚧类、鳞翅目蓑蛾和一些毒蛾以及鞘翅目萤火虫中，雄虫具翅，雌虫无翅。双翅目虻科昆虫雌虫复眼为离眼，雄虫复眼为接眼。舞毒蛾 *Lymantria dispar* 雌虫色淡，雄虫色深。丝带凤蝶 *Sericinus montela* 雄虫翅的基色为白色，雌虫翅的基色为黑色。许多蟋蟀、蝉等鸣虫雄虫有发音的构造，雌虫没有。

图 17-1　锹甲的雌雄二型现象
（仿 Blanchard，1869）

昆虫的雌雄二型现象最初是指成虫期虫体结构形态的不同表现，后来发现雌雄昆虫间常常伴随着一些行为或习性的差异，包括寿命、取食习性以及变态等方面。如雄蚊只取食花蜜而雌蚊吸血。

昆虫的雌雄二型现象是其在长期演化过程中性分化的结果。几乎所有的昆虫都或多、或少存在第二性征，这些特征只有在显著地表现出来时，才分化为雌雄二型。

三、多型现象

同种昆虫在同一性别个体间在大小、颜色及结构等方面出现两种或两种以上不同类型分化的现象称为多型现象（polymorphosis）。这种现象在卵、幼虫、蛹及成虫期均可发生。形成多型现象有不同原因，季节变化是一些昆虫多型现象的主要原因，如黄斑卷叶蛾 *Acleris fimbriana*、桃潜叶蛾 *Lyonetia clerkella*、梨木虱 *Psylla chinensis* 等有冬型、夏型之分。褐飞虱 *Nilaparvata lugens* 有长翅和短翅型之分，其形成受到光照、温度等气象因子以及食物、若虫密度等因素的影响。

多型现象在社会性昆虫更为典型，不同类型间不仅形态上有差别，其职能和行为也有不同的分化。在白蚁群中生殖蚁即可分为长翅型、短翅型和无翅型（图 17-2），还有专门负责交配的雄蚁，此外还有无生殖能力的兵蚁和工蚁。在有些蚂蚁巢群中情况更复杂，有照顾后代的，有负责保卫的、有种植真菌的、有出外寻食的等。在一些营社会性生活的蜂类巢群中存在三种类型蜂，它们的大小、外形均有明显的差别，其雌性个体中，有负责生殖的蜂后，还有许多失去生殖能力只负责劳作的工蜂，两者属于多型现象，雄蜂则负责与蜂后交配，蜂后或工蜂与雄蜂之间则属于二型现象。

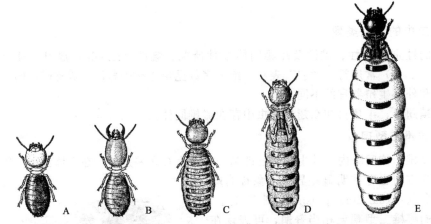

图 17-2　白蚁 *Amitermes hastatus* 的多型现象（仿 Skaife，1954）
A—工蚁；B—兵蚁；C—无翅型繁殖蚁；D—短翅型繁殖蚁；E—原始繁殖蚁后

第二节　昆虫的生殖方式

昆虫生殖按照不同的标准可划分为不同的类型。根据参与生殖的个体可分为单体生殖和双体生殖；根据受精机制可分为两性生殖和孤雌生殖；根据产生后代的个体数可分为单胚生殖和多胚生殖；根据昆虫生殖的虫态可分为成体生殖和幼体生殖；根据生殖产生出后代的虫态可分为卵生和胎生。虽然昆虫生殖方式多样，但绝大多数昆虫都进行双体、两性、单胚、成体、卵生的生殖方式。

一、两性生殖

两性生殖（sexual reproduction）是指昆虫必须经过雌雄两性交配，卵受精后方能发育成新个体的生殖方式，如蜻蜓目昆虫生殖方式是两性生殖（图 17-3）。

两性生殖是昆虫中最常见的生殖方式。雄虫排精时精子已进行了减数分裂，而卵则必须在受精后方能进行减数分裂。两性生殖的优点是能够保持子代更高的多样性。

二、特殊生殖方式

1. 孤雌生殖

孤雌生殖（parthenogenesis）是指卵不受精也能发育成正常新个体的生殖方式。孤雌生殖在昆虫中较为普遍，目前除蜻蜓目、革翅目、脉翅目和蚤目外，其他目的昆虫都发现存在有孤雌生殖的现象。

孤雌生殖按照不同的标准可划分为不同的类型。根据产生后代的性别可分为产雌孤雌生殖、产雄孤雌生殖及产雌雄孤雌生殖；根据引起孤雌生殖的原因可分为自然孤雌生殖和人工孤雌生殖；根据孤雌生殖出现的频率又可分为兼性孤雌生殖和专性孤雌生殖。

图 17-3　蜻蜓目昆虫的两性交配
（仿 Waage，1986）

（1）兼性孤雌生殖（facultative parthenogenesis）　兼性孤雌生殖又称偶发性孤雌生殖（sporadic parthenogenesis），是指昆虫在正常条件下进行两性生殖，但偶尔发生不受精的卵也能发育为新个体的现象。如家蚕（*Bombyx mori*）、舞毒蛾（*Lymantria dispar*）等。

（2）专性孤雌生殖（obligate parthenogenesis）　专性孤雌生殖是指一些昆虫在整个生活史或某些世代中，多数或全部的卵不经过受精而发育成新个体的现象。专性生殖又可分为以下 4 种类型。

① 经常性的孤雌生殖（constant parthenogenesis）。经常性的孤雌生殖也称永久性孤雌生殖，进行这种生殖方式的昆虫雌虫产下受精卵和不受精卵两种卵，受精卵发育成雌虫，不受精卵发育成雄虫，如蜜蜂。此外，还有很多种类昆虫在自然情况下没有雄虫，或雄虫还没有被发现过，几乎完全或完全进行孤雌生殖，如一些蚧类、瘿蜂、蓟马等。

② 周期性的孤雌生殖（cyclical parthenogenesis）。周期性的孤雌生殖又称循环性孤雌生殖，是指一些昆虫孤殖生殖与两性生殖随季节变迁交替进行，即所谓异态交替（heterogeny）或世代交替（alternation of generation），如蚜虫、瘿蜂。

③ 幼体生殖（paedogenesis）。幼体生殖是孤雌生殖的一个特殊情况，以下将专门论述。

④ 地理性孤雌生殖（geographical parthenogenesis）。地理性孤雌生殖是指昆虫在一些地区进行孤雌生殖，在其他地区进行两性生殖，如一种蓑蛾 *Cochiotheca crenulella* 在西亚能行孤雌生殖，而在意大利北部和法国南部进行两性生殖。

孤雌生殖对于昆虫的广泛分布起着重要作用，因为即使有一个雌虫被带到新的地区，就有可能在当地繁殖起来。当遇到不适应的环境条件而造成昆虫大量死亡时，孤雌生殖的昆虫也更容易保留它的种群。

2. 多胚生殖

多胚生殖（polyembryony）是指一个卵产生两个或两个以上的胚胎，每个胚胎都能发育成一个新个体的生殖方法。常见于内寄生性的膜翅目昆虫如小蜂科、茧蜂科、姬蜂科、细蜂科、螯蜂科的一些种类，捻翅目昆虫也有进行多胚生殖的。

行多胚生殖的卵在成熟分裂时，卵中的极体发展为包在胚胎外面的滋养羊膜，可直接从寄主体内吸取营养，而不是单靠卵黄供给营养。而卵核至少经过一次成熟分裂，每分裂一次子核数量增加一倍，发展为两个乃至上千个胚胎，每个胚胎都能发育成一个新个体（图 17-4），孵化出的幼虫取食寄主组织。多胚生殖产生子代数量的多少取决于寄生性昆虫的种类和寄主的承受能力，如广腹细蜂 *Platygaster vernalis*，当寄生于瑞典麦杆蝇 *Oscinalla frit* 时，产生 15～20 个胚胎；而当寄生在甘蓝银纹夜蛾 *Autographa brassicae* 体上时，则

图 17-4 多胚跳小蜂 *Litomastix*
在蛴螬体内行多胚生殖
（仿 Askew，1971）

可发育为 2000 个胚胎。

多胚生殖是寄生性昆虫对自然的一种适应，是其在寄主难寻的条件下进化形成的生殖方式，可使其一旦找到适宜的寄主就能产生较多的后代。

3. 胎生

胎生（viviparity）是指昆虫胚胎发育在母体内完成，由母体产出来的是幼体。

根据幼体离开母体前获得营养方式的不同可以分为以下 4 种类型。

（1）卵胎生（ovoviviparity）　是指昆虫胚胎发育所需的全部营养均由卵本身提供，胚胎发育在母体内完成。如一些介壳虫、蓟马、个别甲虫及一些蝇类。

（2）腺养胎生（adenotrophic viviparity）　是指昆虫胚胎发育的营养由卵供给，幼体孵化后仍然寄养在母体生殖腔膨大而成的"子宫"中，由子宫腺供给营养，幼体接近老熟时才由母体产出后马上化蛹。如一些舌蝇、虱蝇等。

（3）血腔胎生（haemocoelous viviparity）　是指一些昆虫没有输卵管，当卵在体内发育完成后，卵巢破裂，卵释放于血腔中，卵从血腔中吸取营养而完成胚胎发育的生殖方式。有些幼虫孵化后，从母体的孵道中爬出，如捻翅目昆虫。有些幼虫在母体内取食母体组织，最后穿破母体体壁而出，母体死亡，如一些瘿蚊。

（4）伪胎盘生殖（pseudoplacental viviparity）　是指一些昆虫的卵无卵壳、卵黄，其胚胎发育所需的营养完全由伪胎盘从母体内吸取。伪胎盘物质可来自母体或由卵本身构造而成或二者兼备，如一些蚜虫、螺蜂、寄蜻等。

卵甚至幼体在母体内发育可以缩短昆虫在寄主体外的生活周期，是保护卵的适应性生殖方式。

4. 幼体生殖

幼体生殖（paedogenesis）是指一些昆虫在幼虫或蛹期阶段就能进行生殖。卵发育完成，并按血腔胎生的方式发育成长，然后破母体而出进行自由生活。如瘿蚊科的 Miastor 属，在夏季进行两性生殖，而其余季节进行幼体生殖，并在其他季节营相同的生殖方式（图 17-5）。幼体生殖同时又属于孤雌生殖和血腔胎生。

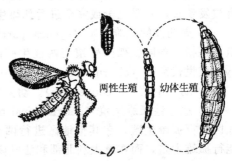

图 17-5　瘿蚊 Miastor 的幼体生殖
（仿 David 和 Ananthakrishnan 等，2004）

两性生殖　幼体生殖

幼体生殖的昆虫可以缩短昆虫的生命周期并在较短的时间内迅速增大其种群数量，幼体生殖同时具有孤雌生殖和胎生的优点，有利于昆虫分布和在不利环境条件下保持种群生存的适应。

第十八章　昆虫的胚前发育

昆虫的个体发育（ontogenesis）是指从卵发育到成虫的整个过程。一般认为，除孤雌生殖的昆虫外，昆虫的个体发育包括胚前发育、胚胎发育和胚后发育3个连续的过程。胚前发育（preembryonic development）是指生殖细胞在亲本体内形成，以及完成授精和受精的过程。胚胎发育（embryonic development）是指受精卵内合子开始卵裂至发育为幼体为止的过程。胚后发育（postembryonic development）是指幼体从卵中孵化来到成虫性成熟的整个发育过程。

第一节　卵

一、卵的形成

卵的形成又称卵子发生（oögenesis），是指原始生殖细胞在卵巢内发育成卵子的过程。原始生殖细胞迁移进入卵巢生殖区后形成卵原细胞，卵原细胞经过几次有丝分裂和生长形成卵母细胞，卵母细胞移入生长区后再经过减数分裂和后期加工最终形成成熟的卵子。

卵母细胞体积增长速度能够直接反映其营养物质合成和积累的程度。在卵子发生初期，卵母细胞处于分化和生长时期，进行旺盛的有丝分裂，自身在生长过程中积极合成大量的核酸、蛋白质、酶类等物质，使体积显著增长；卵子发生中后期，卵黄发生启动，卵母细胞开始通过自身合成和不断摄取而积累卵黄，卵黄积累的速度和数量极为惊人，导致卵母细胞体积急剧增长。

昆虫不同卵巢管类型中，卵母细胞在发育过程中获得营养的方式即卵黄发生的方式有所不同，在无滋式的卵巢管中，卵母细胞依靠围绕其周围的卵泡细胞直接从血液中吸取营养。在具滋式的卵巢管中，卵母细胞从滋养细胞和卵泡细胞中获得营养。卵母细胞在卵黄沉积行将结束时，卵泡细胞在卵母细胞表面分泌一层薄薄的卵黄膜，并在卵黄膜外面分泌沉积形成较厚的卵壳，卵泡细胞在完成生理使命后逐渐退化，卵子发育成熟（图18-1）。

二、卵的基本构造

昆虫的卵（egg 或 ovum）是一个大型细胞。卵的最外面是起保护作用的卵壳（chorion），卵壳里面的一薄层结构为卵黄膜（vitelline mem-

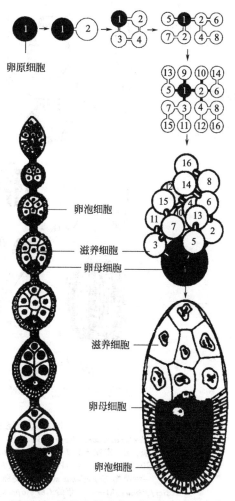

图18-1　果蝇卵的形成（仿 Müller，1957）

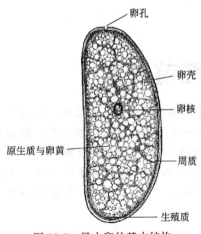

卵孔

卵壳

卵核

原生质与卵黄

周质

生殖质

图 18-2　昆虫卵的基本结构
（仿 Johannsen & Butt，1941）

brane），卵黄膜围着原生质、卵黄（yolk）和卵核。卵黄充塞在原生质内，但紧贴卵黄膜内的原生质中没有卵黄，这部分原生质称为周质（periplasm）。未受精的卵，卵细胞核即卵核一般位于卵中央，这种卵黄位于卵中央，周质中无卵黄的卵叫中黄式卵（centrolecithal egg）（图 18-2）。在卵的前端有一个或多个小孔，称为卵孔（micropyle）。卵孔是受精时精子的通道，又称为精孔或受精孔。卵孔周围即卵孔区常具各种不同的刻纹，有些昆虫卵的端部有卵盖（egg cap）。有些昆虫还有一定数量的呼吸孔（aeropyle）。卵壳结构复杂，多较厚而坚硬，但一些寄生性膜翅目昆虫的卵壳薄或呈膜质，能够伸缩，胎生性昆虫的卵壳常消失。卵壳可以防止卵内水分过量蒸发，又能使适量的水分与空气进入卵内。卵的基部含有以后形成生殖器官的生殖质。

三、卵的类型

昆虫卵较小，但与高等动物的卵相比则相对很大。卵的大小与昆虫本身的大小及产卵量

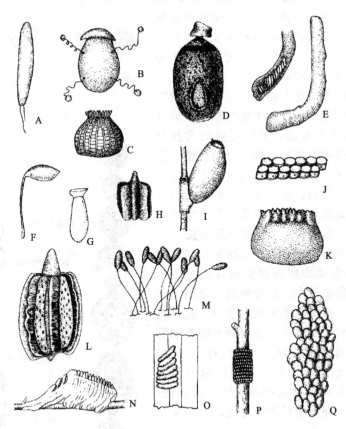

图 18-3　昆虫卵的形状（仿各作者）

A—高粱瘿蚊 Contarinia sorghicola；B—蜉蝣 Ephemerella rotunda；C—鼎点金刚钻 Earias cupreoviridis；
D——一种蝽；E—东亚飞蝗 Locusta migratoria manilensis；F——一种小蜂 Bruchophagus funebris；
G—米象 Sitophilus oryzae；H—木叶蝶 Phyllum ciccifolium；I—头虱 Pediculus humanus capitis；
J——一种菜蝽 Eurydema sp；K—美洲蜚蠊 Periplaneta americana；L——一种蝽 Phyllium
sicifolium；M——一种草蛉 Chrysopa sp.；N—中华大刀螳 Tenodera sinensis；O—灰飞虱
Delphacodes striatella；P—天幕毛虫 Malacosoma neustria；Q—玉米螟 Ostrinia furnacalis

116

等有关，昆虫卵的大小相差很大，多数昆虫卵长在 1.5～2.5mm 之间，较大的卵如蝗虫的卵长可达 6～7mm，小的如某些蚜虫的卵，卵长仅为 0.02～0.03mm。

昆虫卵的形状多种多样，多为卵圆形或肾形，还有球形、半球形、纺锤形、桶形、瓶形等（图 18-3）。昆虫卵壳表面常有各种形状的脊纹，有助于增加卵壳的硬度，也可用于鉴别不同种类昆虫的卵。

多数昆虫的卵初产时颜色较浅，多呈乳白色、淡黄色或淡绿色等，以后颜色逐渐加深，呈绿色、褐色、红色等，卵孵化前颜色进一步加深。根据卵的颜色可以判断昆虫卵发育的进度。

第二节 精　子

一、精子的形成

精子的形成（spermigenesis）又称为精子发生（spermatogenesis），是指原始生殖细胞在精巢内发育成精子的过程。位于精巢小管顶端生殖区（原精区、增殖区）里有许多原始生殖细胞围绕着一个巨大的端细胞，原始生殖细胞分裂后产生一个新的原始生殖细胞和一个精原细胞，每个精原细胞被来源于中胚层的多个细胞所包围分别形成独立的育精囊。在生长区内，育精囊内细胞经过多次分裂产生若干精母细胞，每个精母细胞在生长后期进行两次减数分裂形成 4 个精细胞。在转化区或储精囊中，精细胞经过细胞核物质浓缩、鞭毛形成等而转化形成精子。

二、精子的基本结构

昆虫精子基本组成部分为头部和尾部。头部包括顶体（acrosome）和核（nucleus）。顶体位于精子顶端，呈锥状或球状，有的昆虫无顶体。核多细长，核质密而均匀。尾部包括中心粒联体和鞭毛。中心粒联体连接头与鞭毛，所以又称其为颈。鞭毛由轴丝、线粒体衍生物、高尔基体衍生膜等组成。轴丝包括副微管、双微管及中心微管，通常为 9+9+2 模式，也有其他轴丝模式类型（图 18-4）。

三、精子的类型

昆虫精子大小差别很大，长度介于 300～1500μm 之间，直径不足 1μm。

昆虫精子与高等动物相比少得多，但比同种昆虫所产的卵数多得多。昆虫精子多以精子束的形式存在。一般同种昆虫精子大小

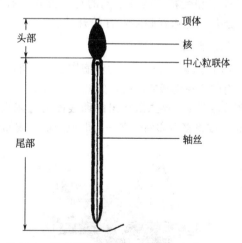

图 18-4　昆虫精子的结构（仿 Berland 等，1968）

和形状基本相似，但在一些昆虫中也存在精子二型现象（sperm dimorphism）。如果蝇 *Drosophila subobscura* 及 *D. bifasciata* 中发现有长、短两种精子；在一些鳞翅目昆虫中存在具核精子（真精子）和无核精子（副精子），具核精子具有生殖能力，无核精子具有辅助具核精子受精及营养的功能。

昆虫精子形态变化多样。根据鞭毛的有无可以分为无鞭毛精子（aflagellate sperm）和鞭毛精子（flagellate sperm）。鞭毛精子根据鞭毛的多少又可分为单鞭毛精子、双鞭毛精子和多鞭毛精子。多数昆虫精子为单鞭毛精子。

117

第三节　昆虫的授精、受精和产卵

一、授精

两性交配时，雄虫将精液或精珠注入雌虫的生殖器官内，并储存于受精囊内的过程，称为授精（insemination）。由于不同昆虫内、外生殖器官具有高度的种的特异性，从而避免了种间的杂交。昆虫授精的方式一般都以阳茎插入雌虫的生殖腔或阴道中进行交尾，传输精液。鳞翅目和很多鞘翅目昆虫则是在交尾囊中进行交尾和射精。少数昆虫的授精方式比较特殊，蜻蜓雄虫将精液注入腹基部的交尾器中，然后再以这一交尾器插入雌虫阴道中进行交尾。在一些鳞翅目、直翅目、脉翅目、毛翅目、鞘翅目及膜翅目昆虫中，雄虫的精子并不直接以精液的形式注入雌虫的生殖器官内，精液包藏在附腺分泌的特殊蛋白质薄膜囊形成精珠（精包）中，雄虫将精珠注入雌虫的交配囊或生殖腔中。精珠在到达雌虫体内后精子散开，储存于受精囊内。授精后，精囊被雌虫体内的蛋白酶消化并吸收。雄虫精子在雌虫生殖腺内生活时间较长，如蜜蜂的精子可以在雌蜂体内生活几年。雌虫经交配后受精囊内储存的精子较多，例如果蝇一次交配后可传递 4000 个精子到雌虫体内，蜜蜂交配后精子可达 500 万～600 万。

二、受精

昆虫的受精作用常在交配后的一段时间内进行。卵巢管下端的卵子成熟后即经过卵巢管柄排入侧输卵管，并沿中输卵管进入阴道或生殖腔。当卵子通过受精囊口时，精子从受精囊排出，经卵孔进入卵内，精子脱去尾部变成雄性原核，其中一个雄性原核与雌性原核结合形成合子，这个过程称为受精（fertilization）。经精孔进入卵内的不是一个而是一群精子，但最后只有一个精核和卵核结合，完成受精过程，其余进入卵内的精子退化消失。

授精和受精是两种不同的行为方式，有时甚至相隔几年。在适宜的条件下，合子开始第 1 次分裂，意味着胚胎发育的开始。

三、产卵

卵由于输卵管和阴道的伸缩作用而被排出体外。不同昆虫产卵习性不同，有的单产，有的块产；有的产在隐蔽的场所，如地下（图 18-5），有的产在底物的表面；有的卵裸露，有的则具有卵鞘或覆盖物。昆虫所产出的卵表面常有雌虫附腺的分泌液，使卵能够黏着于产卵底物上（图 18-6），或将多粒卵黏合在一起形成卵块，或如草蛉一样形成丝支撑卵，螳螂、蜚蠊形成卵鞘。

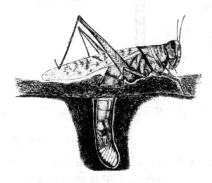

图 18-5　蝗虫的产卵情况
（仿 Matthews 和 Matthews，2010）

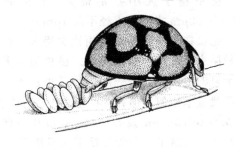

图 18-6　南非瓢虫 Chilomenes lunulata
产卵（仿 Blaney，1976）

昆虫对产卵场所的选择，主要依靠雌虫的感觉器官，特别是视觉感受到的刺激。多数昆虫的产卵方式表现出高度的选择性与适应性。首先，成虫把卵产在幼虫食物源上或幼体栖境内，便于幼体觅食。如蜻蜓和蚊子将卵产于水中，寄生蜂将卵产于寄主体内或体外，一些果树食心虫将卵产于果面上，小蠹 *Scolytus unispinosus* 成虫常在死木中挖掘隧道，将卵产于隧道末端，幼虫孵化后即取食木材（图 18-7）。另外，一些昆虫产下具有覆盖物的卵，可保护卵不受天敌和同类的侵害。如一些鳞翅目蛾类可将腹末的毛盖于卵上。还有一些昆虫的产卵场所能够为卵提供一个适宜的生长发育环境，如一些昆虫产卵于植物组织中，可使卵能够从寄主中获得水分。

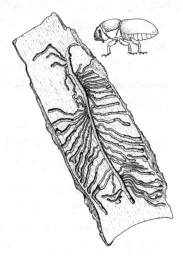

图 18-7　小蠹 *Scolytus unispinosus* 的产卵情况（仿 Deyrup，1981）

第十九章　昆虫的胚胎发育

昆虫胚胎发育的过程如下所述。

精子进入卵内后，卵核进行两次分裂（其中一次为减数分裂），产生 2～3 个极体和一个成熟的卵核（图 19-1），极体大多不久就退化消失，精子脱去尾部变成雄性原核，雄性原核与雌性原核结合为合子，合子的第 1 次分裂标志着昆虫胚胎发育（embryonic development）的开始。除孤雌生殖外，昆虫的胚胎发育都必须在卵受精后开始。

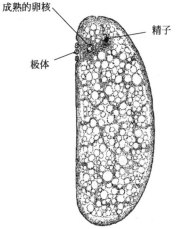

图 19-1　精子进入且受精之前的卵
（仿 Johannsen & Butt，1941）

昆虫胚胎发育要经过一系列复杂的变化，为了便于叙述，此处将胚胎发育分成几个主要阶段加以介绍。

一、卵裂和胎盘形成

卵裂（cleavage）指合子开始分裂并形成很多子核的过程。昆虫卵裂可以分为以下两种类型。

（1）完全卵裂（total cleavage）　完全卵裂是指昆虫卵内物质一分为二的卵裂方式。如一些寄生性的膜翅目昆虫。

（2）表面卵裂（superficial cleavage）　表面卵裂是指细胞分裂非均等，而主要在卵的外层进行的卵裂方式。多数昆虫均进行表面卵裂。

合子分裂成若干子核，这些子核边分裂边向周缘移动，并进入周质，之后子核间开始出现细胞膜，形成一个围绕卵黄的单细胞层，称为胚盘（blastoderm）（图 19-2）。卵裂时有一部分子核留在卵黄间称为初生消黄细胞（primary vitellophages）。胚盘形成后，部分子核又从卵的周缘回到卵黄间称为次生消黄细胞（secondary vitellophages）。两者都具有消化卵黄供给胚胎发育所需营养的作用。

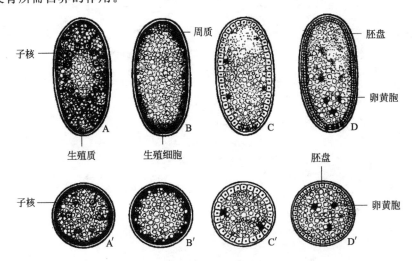

图 19-2　胚盘的形成（仿管致和，1981）

A，A′—合子分裂成若干子核；B，B′—子核向周缘移动至周质；C，C′—子核间出现细胞膜；
D，D′—胚盘形成；A～D—纵切面；A′～D′—横切面在胚盘形成过程中，与卵孔相对的一端就分化出了原始生殖细胞，当发生生殖器官时，这些生殖细胞即转移进生殖器官，最后发育形成卵和精子。

二、胚带、胚层和胚膜形成

胚盘形成后，其细胞开始分化，位于卵腹面的胚盘细胞逐渐加厚，形成以后发育成胚胎的细胞带，称为胚带（germ band）。胚盘的其余部分细胞则逐渐变薄，形成胚膜（embryonic envelop）。随后胚带从前到后沿中线内凹，其凹陷的部分称为胚带中板（median plate），两侧的部分称为胚带侧板（lateral plate）。中板不断地内陷，从而形成一条沟，两侧板则相向而生，直至沟边愈合，从而形成外面一层、里面两层的胚层构造（图19-3）。此外，里层的形成还有另外两种方式，一是胚带中板内陷时，两侧板相向而生最终愈合，中板形成里层，称为长覆式胚层分化；二是胚带中板处向内分裂出另外一群细胞，从而形成里层，原来的胚带就是外层，称为内裂式胚层分化（图19-4）。外层即为以后形成的外胚层（ectoderm），里层进一步分化为中带与侧带，中带形成内胚层（endoderm），侧带形成中胚层（mesoderm）。

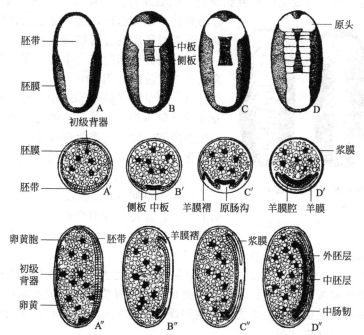

图19-3　胚带、胚层和胚膜的形成（仿管致和，1981）
A，A′，A″—胚带形成；B，B′，B″—胚膜（浆膜）和中板形成；C，C′，C″—中板
两侧相向延长；D，D′，D″—羊膜形成和胚层发生；A～D—腹面观；
A′～D′—横切面；A″～D″—纵切面

多数昆虫在胚层形成时整个胚胎向里陷入，胚膜两侧逐渐伸向胚胎的腹面并愈合，在胚胎腹面形成两层胚膜，外面的称为浆膜（serosa），里面的称为羊膜（amnion），胚胎和羊膜间的腔称为羊膜腔（amniotic cavity），腔内的液体称为羊水（amniotic fluid），胚膜和羊膜腔起到保护胚胎的作用。

三、胚胎的分节和附肢的形成

在胚层形成的同时，胚胎分节便开始了。多数昆虫先是中胚层分节，随后外胚层分节。胚带前端宽大，发育为原头（protocephalon），原头上发生上唇、口、眼和触角。其余各节较窄，称为原躯（protocorm），原躯上发生颚叶、胸部和腹部。多数昆虫胚胎分节由前向后

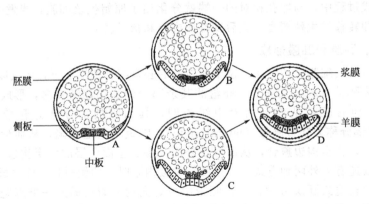

胚膜 ← 浆膜

侧板 ← 羊膜

中板

图 19-4　长覆式（A→B→D）和内裂式（A→C→D）胚层分化（仿管致和，1981）

发生，而一些鞘翅目昆虫则由胸部向前、后两端分节。

胚胎分节后，每一节发生一对囊状突起，以后发育形成附肢，一些昆虫胚胎发育后期，有的囊状突起又退化，有些昆虫则在胚胎腹部的附肢尚未消失时胚胎发育就结束了。

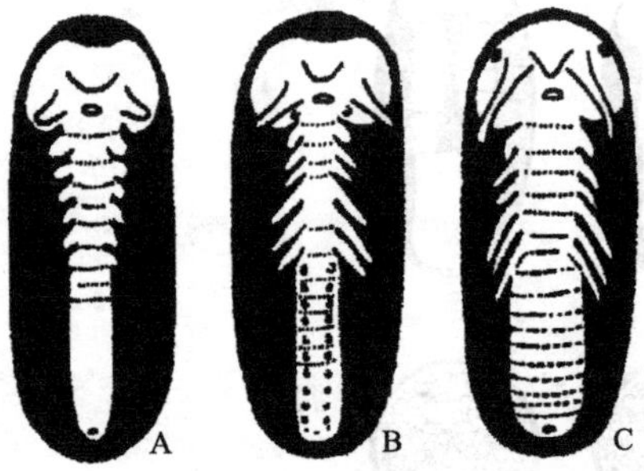

按胚胎分节和附肢发生的次序，胚胎发育可以分为以下 3 个阶段（图 19-5）。

（1）原足期（protopod phase）　原足期胚胎没有分节或分节不明显，或仅头部与胸部发生分节并形成初生的附肢。如一些寄生性膜翅目小蜂的卵，其卵内卵黄含量很少，发育至原足期孵化，幼虫称为原足型幼虫（图 19-5 A）。

（2）多足期（polypod phase）　多足期胚胎腹部明显分节，且每一腹节出现一对附肢。如鳞翅目和膜翅目叶蜂的卵内卵黄含量较多，在多足期或寡足期的

图 19-5　胚胎发育的 3 个时期
（仿 Richards 和 Davies，1978）
A—原足期；B—多足期；C—寡足期

初期孵化，其幼虫称为多足型幼虫（图 19-5 B）。

（3）寡足期（oligopod phase）　寡足期胚胎腹部除生殖节外，各节出现的附肢又退化消失。一些昆虫卵内卵黄含量丰富，足够提供完成 3 个发育阶段所需要的养料，幼虫在寡足期孵化。如不全变态类昆虫及全变态类的一些鞘翅目、脉翅目、膜翅目昆虫的幼虫，其中全变态类幼虫称为寡足型幼虫（图 19-5 C）。

四、器官和系统的形成

昆虫的各器官系统在胚胎发育过程中陆续形成，其中生殖细胞多出现于胚盘形成时，其余器官均在胚层形成后由胚层分化而来。由外胚层形成体壁、消化道的前肠和后肠、马氏管、神经系统、呼吸系统、多种腺体、绛色细胞、中输卵管、射精管、受精囊等；中胚层形成肌肉、循环系统、卵巢、侧输卵管、精巢、输精管、脂肪体等；内胚层仅形成中肠（图19-6）。

1. 消化系统和马氏管

胚胎开始分节时，其前端和后端的外胚层即向内凹陷分别形成口道（stomodaeum）和肛道（proctodaeum），分别发育形成消化道的前肠和后肠。中肠形成较晚，由内胚层发育而来，在形成中肠之前，内胚层细胞群集中于口道和肛道分别形成前中肠韧（anterior mesenteron rudiments）和后中肠韧（posterrior mesenteron rudiments），其细胞不断增殖，沿着卵黄的侧腹面相向增长，最后愈合形成中肠。在卵孵化前，中肠与前、后肠之间的隔膜消

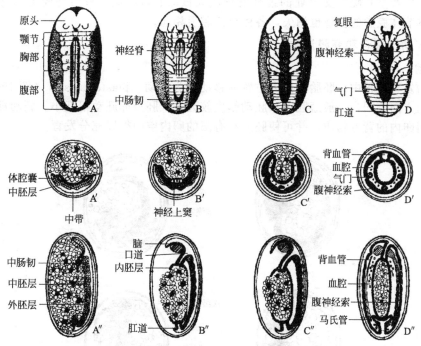

图 19-6 附肢形成和器官系统发生（仿管致和，1981）

A~D—腹面观；A′~D′—横切面；A″~D″—纵切面

失，沟通形成一条消化道。但一些不自由取食的蜂类幼虫直到化蛹时中肠与后肠才沟通。

马氏管由外胚层形成的肛道发育而来，唾腺也是外胚层内陷形成的。

2. 神经系统

在口道和肛道形成之前，外胚层在腹中线处凹陷而形成一条神经沟（neural groove），其两侧的外胚层分化出小型的体壁细胞和大型的神经母细胞（neuroblasts）。神经母细胞在神经沟两侧分裂增长形成神经脊（neural ridge），按体节形成一系列的神经节，神经节间形成神经索，之后整个神经系统与体壁分离。感觉器官也是由外胚层细胞特化形成的。

3. 气管系统

各体节由外胚层从侧面内陷而成气管系统，每一体节内的气管在背面和腹面形成分支并沟通，各体节之间的气管相通形成纵干，原有的内陷口变成气门。

4. 生殖系统

在形成胚盘时，卵的后端就分化形成了原始生殖细胞。在羊膜形成时，生殖细胞介于胚带与卵黄之间，之后向前移动分为两群，分别进入中胚层形成的生殖脊，将来生殖脊前端发育形成卵巢或精巢，生殖脊后端形成侧卵管或输精管，分别与外胚层内陷而形成中输卵管或射精管沟通。雌性和雄性附腺均由外胚层内陷形成。

5. 循环系统

随着体腔囊向背面扩展，位于其侧背、腹壁相接处由中胚层形成的心母细胞成新月形，并且两个凹面相向而生，愈合而成心脏。心脏前方的大动脉由头部的体腔囊向后增长而成，最后与心脏相接形成背血管。血细胞由体腔囊内侧壁分散的中胚层细胞分化而来。

6. 体腔

在体节分化时，大部分体节两侧部分的中胚层各发生一个空腔，称为体腔囊（coelomic sac），同时在里层中带下面出现一个空腔，称为神经上窦（epineural sinus）。体腔囊不断扩大，其背壁形成包在消化道外面的内脏肌和生殖脊，腹壁形成体壁肌和脂肪体以及围心细胞。在体腔囊背壁和腹壁交界处的细胞发育成大核的心母细胞。最后神经上窦与体腔囊相遇，前后体节体腔囊的横壁也消失，各体节体腔囊相通。

五、胚动、背合和胚膜消失

1. 胚动

在胚胎发育过程中，胚胎在卵内位置的移动称为胚动（blastokinesis）（图 19-7）。不同昆虫其胚动方向不同，一般短胚型卵胚动幅度较大，长胚型卵胚动幅度小。胚动可使胚胎更充分地利用卵内的营养物质，并可使胚胎在有限的卵内空间得以充分发育。

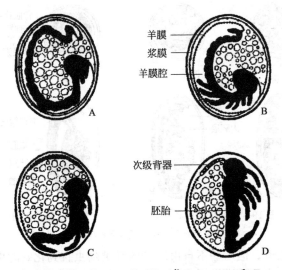

图 19-7　胚动的过程（A→B→C→D）（仿 Johannsen 和 Butt，1941）

2. 背合

随着胚胎发育的进展，位于卵腹面的胚带围绕卵黄向背面伸展，胚胎部分不断增大，而由于营养物质逐渐被利用导致卵黄逐渐减少，最后胚胎两侧向卵的背面延伸至背中线处闭合，形成完整的胚胎，这一过程称为背合（dorsal enclosure）。背合完成于胚胎发育的后期，背合的完成标志着体壁与体腔的形成。

3. 胚膜消失

在胚胎发育的中后期，浆膜和羊膜从它们各自的愈合处破裂，最后被牵引到胚胎的背面，呈管状下陷于卵黄中，退缩为背器（dorsal organ）。随后背器逐渐离解，并全部被卵黄吸收。不同昆虫胚膜消失的情况不同，一般羊膜和浆膜全部消失；有些昆虫羊膜保留，浆膜消失；有些昆虫浆膜保留，羊膜消失；鳞翅目昆虫的羊膜和浆膜均保留，并往往有一部分卵黄被夹于两层胚膜之间，所以初孵幼虫常有取食卵壳作为早期的养料。

第二十章　昆虫的胚后发育

胚后发育是一个伴随着变态的生长发育期，这个时期所需的时间因昆虫种类不同而异，但多数昆虫为数周或数月。

第一节　昆虫的变态

昆虫在个体发育过程中，特别是在胚后发育过程中所经历的一系列形态变化称为变态（metamorphosis）。

昆虫经过长期的演化，形成以下 4 种变态类型。

一、表变态

表变态（epimorphosis）的主要特征为初孵幼体与成虫差别不大，在胚后发育过程中只是发生个体增大、性器官成熟、触角和尾须节数增加、鳞片和刚毛增长等变化，因此又称无变态。此外，成虫性成熟后仍能蜕皮，是表变态昆虫的一个重要特征，为从节肢动物祖先那里继承下来的特性。石蛃目和衣鱼目昆虫属于表变态，是昆虫中最原始的变态类型。

二、原变态

原变态（prometamorphosis）的特点是由幼期到真正的成虫期经过一个亚成虫期。亚成虫期在外形上与成虫相似，翅已展开，但体色较浅，足较短，且已性成熟。亚成虫期很短，可以飞行，其蜕皮后变为成虫，因此可以将其视为成虫阶段的一次蜕皮。这类昆虫幼期生活在水里，具由附肢演化而来的气管鳃。仅见于蜉蝣目昆虫，是有翅类昆虫中最原始的变态类型。

三、不全变态

不全变态（incomplete metamorphosis）的特点是其个体发育经历卵、幼体和成虫 3 个虫期，成虫期的特征随着幼体的生长发育而逐步显现，翅是在幼体体外发育的，因此属于外翅部昆虫。

不全变态又可再分为以下 3 种类型。

（1）渐变态（paurometamorphosis）　幼体与成虫期在外部形态以及栖境、生活习性等方面都很相似，只是幼体翅的发育程度以及内、外生殖器发育不成熟（图 20-1），其幼体通称若虫（nymph）。

直翅目、蜻目、螳螂目、等翅目、蜚蠊目、革翅目、啮虫目、纺足目、半翅目等属于渐变态。

（2）半变态（hemimetamorphosis）　幼体水生，成虫陆生，以至幼体和成虫期在体形、呼吸器官、取食器官、行动器官等方面均有明显分化（图 20-2）。其幼虫通称为稚虫（naiad）。蜻蜓目和襀翅目昆虫属于半变态。

（3）过渐变态（hyperpaurometamorphosis）　由幼体向成虫期转变时要经历一个不食不动、类似蛹的阶段，很像完全变态中的蛹，但其翅是在体外发育的（图 20-3），与全变态幼体翅在体内发育不同，称为伪蛹。通常认为过渐变态是昆虫从不全变态到全变态的一个过渡类型。缨翅目、半翅目雄性介壳虫和粉虱科属于过渐变态。

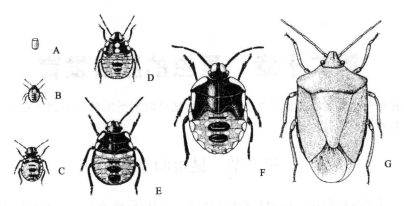

图 20-1　稻绿蝽 *Nezara viridula* 的渐变态（仿 Hely 等，1982）

A—卵；B—1 龄若虫；C—2 龄若虫；D—3 龄若虫；E—4 龄若虫；F—5 龄若虫；G—成虫

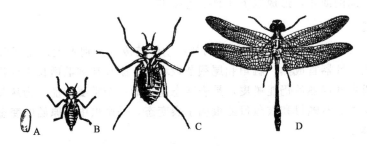

图 20-2　蜻蜓的半变态（仿 Atlkins，1978）

A—卵；B—低龄稚虫；C—末龄稚虫；D—成虫

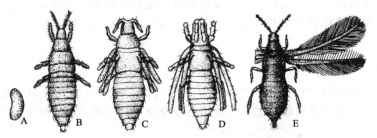

图 20-3　梨蓟马 *Taeniothrips inconsequens* 的过渐变态（仿 Foster 和 Jones）

A—卵；B—1 龄若虫；C—伪蛹；D—蛹；E—成虫

四、全变态

全变态（complete metamorphosis）的特点是其个体发育经历卵、幼体、蛹和成虫 4 个虫期（图 20-4）。其成虫的翅在幼体阶段是以翅芽的形式在体壁下发育，化蛹时翻到体外，所以全变态昆虫均属于内翅部。幼体与成虫在外部形态、内部器官以及生活习性等方面均具有很大差别，其成虫的外部器官几乎都是以器官芽的形式存在于幼体体内，而且幼体常具有很多成虫也不具备的暂时性器官如腹足等，其幼体和成虫的生活环境、取食方式也有很大差别，如金龟甲的幼体生活在土中，取食植物的根，而成虫生活在地上，取食植物的叶片、果实和花器。在幼体和成虫之间有一蛹期，这一虫期各种器官发生剧烈转化。脉翅目、广翅目、蛇蛉目、鞘翅目、捻翅目、双翅目、长翅目、蚤目、毛翅目、鳞翅目和膜翅目均属于全变态。

全变态类昆虫的幼体称为幼虫。

126

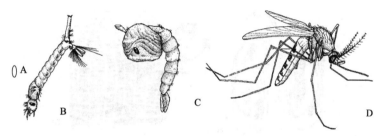

图 20-4 淡色库蚊 *Culex pipiens* 的全变态（仿 Clements，1992）

A—卵；B—幼虫；C—蛹；D—成虫

在全变态昆虫中，有一类昆虫的各龄幼虫在身体形状、取食方式和取食对象上存在很大差别，这种变态通称为复变态（hypermetamorphosis）。如芫菁，其幼虫大多数取食蝗虫卵，1 龄幼虫具有发达的胸足，能搜寻寄主。当找到蝗虫卵取食后蜕皮进入 2 龄，变成行动迟缓、胸足退化的蛴螬型幼虫，此后幼虫下移到较深的土中，变成不食不动的伪蛹越冬，来年再蜕皮化蛹，羽化为成虫（图 20-5）。脉翅目螳蛉科、捻翅目、双翅目蜂虻科、膜翅目姬蜂科等均属于复变态。

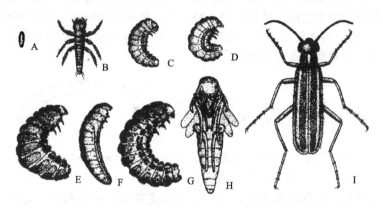

图 20-5 锯角豆芫菁 *Epicauta gorhami* 的复变态（仿周尧，1980）

A—卵；B—1 龄幼虫；C—2 龄幼虫；D—3 龄幼虫；E—4 龄幼虫；

F—5 龄幼虫；G—6 龄幼虫；H—蛹；I—成虫

第二节　胚后发育的过程

一、幼虫期

广义上讲，昆虫从卵孵化出来后到出现成虫特征（不全变态类羽化或全变态类化蛹）之前的整个发育阶段，都可以称为昆虫的幼虫期。而全变态昆虫的幼虫即为狭义的幼虫期。

1. 孵化

昆虫胚胎发育结束后，幼虫破卵而出的过程叫孵化（hatching）。有的昆虫胚胎发育完成后，并不马上破卵而出，而是在卵中越冬，来年再孵化，如舞毒蛾，实际上是以未离卵的幼虫越冬，而不是真正的以卵越冬。

不同昆虫的孵化方式不同，一些昆虫靠破卵器（egg burster）突破卵壳；一些半翅目昆虫卵顶端具一卵盖，卵盖周围的卵壳比较脆弱，若虫靠头部的压力即可顶开卵盖（图 20-6 A）；鳞翅目幼虫靠上颚直接咬破卵壳（图 20-6 B）；双翅目蝇科昆虫可借助口钩将卵壳划破。

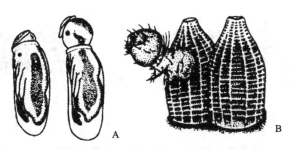

图 20-6　卵的孵化（仿 Sikes 和 Wigglesworth，1931）

A—温带臭虫 *Cimex lectularius*；B—欧洲粉蝶 *Pieris brassicae*

2. 生长和蜕皮

昆虫体壁即为外骨骼，幼虫自卵中孵出后，随着虫体的生长，其表皮便限制了虫体的生长，必须将其脱掉，以更大的外骨骼来代替。幼虫形成新表皮而将旧表皮脱掉的过程叫蜕皮（moulting），脱下的旧表皮叫蜕（exuvia）。

在正常情况下，昆虫幼虫生长一个阶段后便脱一次皮，每一次蜕皮后，都伴随着一次快速的个体增长，然后速度减缓再蜕皮。虫体的大小或生长的进程可用虫龄（instar）来表示。从卵孵化出到第 1 次蜕皮之前的幼虫为第 1 龄幼虫，经第 2 次蜕皮后的幼虫叫第 2 龄，依此类推（图 20-7）。相邻两次蜕皮所经历的时间叫龄期（stadium）。全变态类昆虫最后一龄幼虫称为老熟幼虫，老熟幼虫蜕皮后即变为蛹。

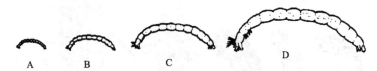

图 20-7　一种摇蚊幼虫的生长（仿 Gullan 和 Cranston，2010）

A—1 龄幼虫；B—2 龄幼虫；C—3 龄幼虫；D—4 龄幼虫

同一龄幼虫个体间的体长常有所不同，但其头壳宽度的增长却有一定的规律。1890 年 Dyar 对 28 种鳞翅目昆虫幼虫的头壳宽度进行测量，发现各龄幼虫头壳宽度是按几何级数增长的，即某一龄幼虫与其前一龄幼虫的头壳宽度之比为一常数（常为 1.2～1.4），这就是戴氏法则（Dyar's rule）或戴氏定律（Dyar's law）。这一法则并不能适用于所有昆虫种类，但仍有一定的应用价值。

不同昆虫蜕皮的次数具有极大的差异。直翅目、鳞翅目多为 4～5 次，金龟甲为 3 次，蜉蝣目则脱 20～30 次皮，衣鱼目可达 50～60 次之多。

高等昆虫仅幼虫蜕皮，但石蛃目和衣鱼目成虫期仍可继续蜕皮。有些昆虫雌虫比雄虫多脱 1～2 次皮，这种现象在蚧、蝗虫等类群中常见到。

蜕皮次数往往是一个种类的特征。但当生活条件不适应时，蜕皮次数亦可出现变化，例如高温增加蜕皮次数。如地中海粉螟 *Anagasta kuehniella* 在 15℃时脱 4 次皮，18℃时脱 5 次皮。而大菜粉蝶 *Pieris brassicae* 在 14～15℃时蜕皮 5 次，22～27℃时则为 3 次。饥饿往往增加蜕皮次数，以抵抗不良环境，如网衣蛾 *Tineola biselliella* 幼虫在饥饿或食物太干燥时，蜕皮次数由 4 次增至 40 次，发育期由 26 天延长到 900 天，但这种蜕皮虫体会越脱越小。营养不足往往阻滞蜕皮，如吸血蝽象 *Rhodnius prolixus* 吸血不足就不能蜕皮。

根据幼虫蜕皮的性质，可将其分为 3 种类型。幼期伴随着生长的蜕皮叫生长蜕皮；当幼体蜕皮变为蛹或成虫，或蛹蜕皮后变为成虫，这种蜕皮叫变态蜕皮；因环境条件改变引起的蜕皮叫生态蜕皮。

在昆虫的个体发育史中，幼虫期的明显特点是大量取食和增长速率惊人，如木蠹蛾 *Cossus cossus* 老熟幼虫的体重为初孵幼虫体重的 7.2 万倍。幼虫期是昆虫大量获取并积累营养的阶段，也是农林害虫的主要为害期，因而也成为害虫防治的主要时期。昆虫整个幼虫期中因低龄幼虫食量小、对药剂敏感而成为防治的最佳时期。

3. 幼虫类型

全变态昆虫幼虫即为狭义的幼虫期，这类幼虫不论外形、内部构造还是生活环境、习性等方面均与成虫有很大差异。其共同特点为没有复眼和外生翅芽。

根据胚胎发育程度和胚后发育中的适应和变化，幼虫可分为以下 4 种类型。

(1) 原足型幼虫（protopod larvae）　幼虫是在胚胎发育的早期孵化，腹部分节不明显，胸足仅为几个突起，口器发育不全，神经及呼吸系统简单，浸浴在寄主体腔中，靠体壁吸收营养，不能独立生活。这类昆虫卵内的卵黄很少，因此孵化完成于胚胎发育的原足期。根据胚胎发育结束时的发育程度，原足型幼虫又分为以下两类。

① 寡节原足型幼虫（oligosegmented protopod larvae）。这类幼虫很像一个发育不全的胚胎，腹部不分节，胸足和其他附肢只是几个突起，如某些广腹细蜂科的早龄幼虫（图 20-8 A）。

② 多节原足型幼虫（polysegmented protopod larvae）。这类幼虫附肢未发育完全，但腹部已分节，如环腹蜂科、姬蜂总科、小蜂总科及细蜂总科的某些早龄幼虫（图 20-8 B）。

(2) 多足型幼虫（polypod larvae）　幼虫是在胚胎发育的多足期孵化，除 3 对胸足外，腹部还有多对附肢。根据幼虫的体形和附肢的形态，多足型幼虫又可分为以下 2 种类型。

① 型幼虫（campodeiform larvae）。幼虫形似石蛃，身体略扁，胸足细长，腹部具细长的腹足或其他附肢，如广翅目、毛翅目和部分鞘翅目昆虫的幼虫（图 20-8 C）。

② 蠋型幼虫（eruciform larvae）。幼虫身体为圆筒形，胸足和腹足较短，如鳞翅目、长翅目和膜翅目叶蜂科幼虫（图 20-8 D、E、F）。

(3) 寡足型幼虫（oligopod larvae）　寡足型幼虫在胚胎发育的寡足期孵化，仅具 3 对胸足，腹部无附肢。根据其体形和胸足的发达程度，寡足型幼虫可分为以下 4 种类型。

① 步甲型幼虫（carabiform larvae）。前口式，胸足发达，行动迅捷，为捕食性种类，如脉翅目、毛翅目、鞘翅目中的步甲、瓢虫的幼虫等（图 20-8 G）。

② 蛴螬型幼虫（scarabaeiform larvae）。身体粗壮，胸足较短，行动迟缓，弯曲成 "C"形，如金龟甲幼虫（图 20-8 H）。

③ 叩甲型幼虫（elateriform larvae）。身体细长，体壁较硬，胸足短小，如叩甲、拟步甲幼虫（图 20-8 I）。

④ 扁型幼虫（platyform larvae）。身体扁平，胸足有或退化，如一些扁泥甲及花甲幼虫（图 20-8 J）。

(4) 无足型幼虫（apodous larvae）　足完全退化，既没有胸足也没有腹足，常根据头部的发达程度可分为 3 种类型。

① 全头无足型幼虫（eucephalous larvae）。头部骨化完全，外露，如蚤目、低等双翅目、膜翅目细腰亚目和一些鞘翅目中昆虫幼虫（图 20-8 K）。

② 半头无足型幼虫（hemicephalous larvae）。头部部分退化，后端缩入前胸，如双翅目短角亚目及部分寄生性膜翅目昆虫幼虫（图 20-8 L）。

③ 无头无足型幼虫（acephalous larvae）。头部十分退化，完全缩入胸部，外部仅留有口钩，如双翅目环裂亚目的昆虫幼虫（图 20-8 M）。

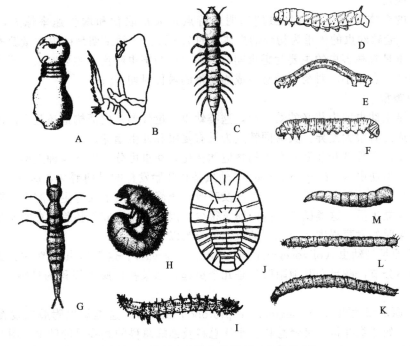

图 20-8 全变态类幼虫的类型（仿各作者）

A—广腹细蜂 *Platygaster* sp.；B—环腹蜂 *Synopeas rhanis*；C——一种鱼蛉；D——一种天蛾；
E——一种尺蛾；F——一种叶蜂；G——一种龙虱；H—日本金龟子 *Popillia japonica*；I—沟线角
叩甲 *Pleonomus canaliculatus*；J——一种扁泥甲；K——一种毛蚊；L——一种盗虻；M——一种家蝇

二、蛹期

1. 蛹化

全变态类昆虫的末龄幼虫蜕皮变为蛹的过程称为蛹化（pupating）或化蛹。

末龄幼虫在化蛹前，停止取食，寻找适宜的化蛹场所，身体缩短，颜色变淡，称为前蛹（prepupa）或预蛹。此时幼虫表皮已经部分脱离，成虫翅和附肢等已翻到体外，但仍被表皮所覆盖，蜕皮后，翅和附肢即显露出来。自末龄幼虫脱去表皮起至变为成虫为止所经历的时间称为蛹期。一些昆虫化蛹前，幼虫常寻找适当的化蛹场所，有些昆虫吐丝作茧，有些昆虫用丝缀合土粒、排泄物等作茧。在土中化蛹的昆虫常分泌黏液混合土粒筑成内壁光滑的土室即蛹室，刺蛾老熟幼虫可结一石灰质的坚硬雀卵形茧，这些特殊的保护物有利于昆虫蛹期保护自己（图 20-9）。

外观上看昆虫蛹期是相对静止的时期，但其体内却在进行着幼虫器官改造为成虫器官的剧烈变化，主要发生幼虫旧组织的解离和新的成虫组织的发生，如鳞翅目幼虫的肌肉系统需改造为适合成虫飞行的肌肉系统，幼虫消化固体食物的消化道需改造成消化液体食物的消化道。蛹的抗逆性一般比较强，且多有保护物或隐藏于隐蔽场所，蛹期也是许多昆虫躲避不良环境如越冬等的虫态。

2. 蛹的类型

根据蛹的翅、触角和足等附肢是否贴附于蛹体上，可将昆虫的蛹分为以下 3 种类型（图 20-10）。

（1）离蛹（exarate pupae） 离蛹又称裸蛹，其特征为翅和附肢不贴附在体上，可以活动，各腹节也能活动。一些脉翅目和毛翅目昆虫甚至可以爬行或游泳。广翅目、脉翅目、鞘翅目、长翅目、毛翅目、膜翅目等昆虫的蛹为离蛹。

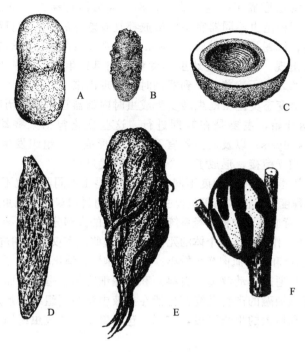

图 20-9　蛹的保护物（仿各作者）

A—家蚕 *Bombyx mori* 的茧；B—菜叶蜂 *Athalia colibri* 的茧；C—金龟子
Scarsbaeus sacer 的土室剖面；D—小菜蛾 *Plutella xylostella* 的茧；
E—大蚕蛾 *Samia cythia* 的茧；F—黄刺蛾 *Cnidocampa flavesens* 的茧

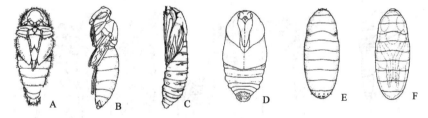

图 20-10　蛹的类型（仿各作者）

A,B—离蛹；C,D—被蛹；E,F—围蛹

（2）被蛹（obtect pupae）　被蛹的特征为翅和附肢粘贴在体上，不能活动，腹节多数或全部不能活动。鳞翅目、鞘翅目隐翅甲科、双翅目长角亚目等昆虫为被蛹。

（3）围蛹（coarctate pupae）　围蛹的蛹体为离蛹，但在离蛹外，有一个如同蛹壳的构造，这是第 3、4 龄的虫蜕。双翅目环裂亚目及捻翅目的雄蛹为围蛹。

三、成虫

1. 成虫的形成

不全变态类昆虫的幼虫期和成虫十分相似，幼体向成虫转变的过程无论是外部器官还是内部组织构造都只需经过一系列渐进的改变即可完成。但是全变态类昆虫的幼虫和成虫差异极大，幼虫向成虫的转变需经深刻的变化，其变化的发生主要集中在蛹期，实际上成虫的外部和内部器官在幼虫的生长过程中已逐渐发生。

（1）外部变化　全变态类昆虫幼虫的外部构造如体壁、触角、眼、口器、足等均要发生向成虫相应构造的转变，同时成虫还发生幼虫期从外表上看不出来的翅和外生殖器。幼虫在生长过程中其体壁下就已形成了一些细胞群，称为成虫器官芽或成虫盘（imaginal discs）。器官芽在不同昆虫和同种昆虫不同器官中的形成都是有差异的。双翅目昆虫早在胚胎发育的晚期就可出现器官芽，鳞翅目一种蛱蝶 *Vanessa* sp. 的翅芽在第 1 龄幼虫时就出现，而足的器官芽到第 4 龄时才出现。器官芽在幼虫的发育后期迅速生长，在前蛹期已从体壁下翻出来，但仍被末龄幼虫的表皮所遮盖，要到蛹期时才显现出来。

（2）内部变化 全变态类昆虫幼虫转变为成虫时内部器官需要经历剧烈的变化，这些变化大部分是从幼虫期开始，主要是在蛹期进行。这些变化包括某些幼虫组织或器官的破坏——组织解离（histolysis）以及成虫器官和组织的形成——组织发生（histogenesis）。这两个过程同时进行，相互衔接，形成了一个渐进的取代过程。

不同种类昆虫内部器官的变化程度不同，同一种类昆虫不同器官也不相同。一般较低等全变态类昆虫组织解离程度小，而较高等的昆虫特别是膜翅目和双翅目昆虫的内部器官变化大且复杂。在各类器官中，背血管、中枢神经系统和呼吸系统的大部分往往不经过组织解离和彻底破坏，因为这些器官停止工作就意味着个体的死亡，所以这些器官仅在蛹期进行着连续的生长和组织分化；马氏管、脂肪体和部分肌肉变化较小；而皮细胞层、消化器官、腺体等常要重新形成。

组织解离基本上是通过自动解离（自溶）和吞噬细胞的吞噬作用而进行的。被酶作用的自溶产物以及吞噬细胞消融的产物最终都排泄在血液中参与新组织的形成。在幼虫期，从外表看似乎只是一个体积增大的生长阶段，实际上包含着生长和成虫组织分化两个过程。

2. 羽化

成虫从它的前一虫态蜕皮而出的过程称为羽化（emergence）。

不全变态昆虫的若虫或稚虫经最后一次蜕皮即羽化为成虫。羽化为成虫前，若虫或稚虫先寻找一个适宜的羽化场所，然后用足攀附在底物上，停止取食和行动，不久即开始蜕皮。蜕皮时，头先从胸部裂口处伸出，逐渐全体脱出（图 20-11）。

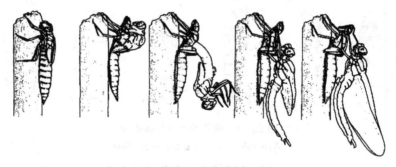

图 20-11 蜻蜓羽化的过程（仿 Blaney，1976）

全变态昆虫的蛹在行将羽化时身体颜色越来越深，之后虫体扭动以增加血压，迫使蛹皮裂开，成虫由裂口脱出。一些蝇类羽化时成虫身体收缩，血压的增加使其头部的额囊膨大从而挤破蛹壳。化蛹在隐蔽场所或蛹体外有保护物的昆虫，其羽化必须伴随着脱离保护物或隐蔽场所的过程。在土中化蛹的昆虫，成虫直接从土中钻出；有些无钻掘能力的昆虫羽化时沿着幼虫化蛹前做好的一条直达地表的通道爬出；一些化蛹在树干中的鳞翅目昆虫幼虫在化蛹前预先做好一 "羽化孔"，羽化前常借蛹体的扭动和刺列的帮助爬到羽化孔附近；作茧化蛹的昆虫羽化时还要破茧，家蚕成虫能分泌含有溶茧酶的液体而将茧的一端溶解出一个开口，成虫即由此脱茧而出；黄刺蛾 *Cnidocampa flavescens* 幼虫老熟后在寄主枝条上作一坚硬的雀卵形茧，蛹的复眼之间有一个具有小齿的匙形突起用于破茧，称破茧器，破茧器因蛹体的蠕动而在茧壁上摩擦，使得茧壁上刻划形成一个圆周刻痕，成虫羽化时顶开这一刻痕出茧（图 20-12）。

刚羽化的昆虫身体柔软，色淡，翅和部分附肢均未伸展，昆虫以吞吸空气及肌肉收缩等方式增加虫体压力以帮助翅和附肢伸展。羽化不久，成虫体色加深，体壁硬化，开始成虫期的活动。

3. 成虫的生活

成虫是昆虫生命史的最后一个虫态。在成虫期，一切生命活动均围绕生殖而展开。

性成熟（sex maturation）是指成虫体内性细胞（精子和卵子）发育成熟。刚羽化的成虫一般性细胞不是完全成熟的，由于雄虫生殖腺发育较

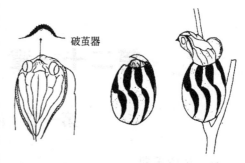

图 20-12　刺蛾的破茧器（仿朱弘复等，1982）

快，所以往往是雄虫成熟度高而雌虫成熟度低，这种现象称为雄性先熟。全变态类昆虫雄虫羽化时精子往往已经成熟并储存于储精囊中，而雌虫生殖腺在羽化几天后方开始发育，有些昆虫要进行交配后卵巢才开始发育。不同昆虫其性成熟的早晚是一个种的特征，一些昆虫羽化时即已性成熟，不久即可交尾、产卵，如毒蛾等一些口器退化的鳞翅目蛾类及蜉蝣；多数昆虫羽化时性未成熟，必须继续取食才能够达到性成熟。这种对性细胞发育不可缺少的成虫期营养，称为补充营养（complementary nutrition），如直翅目、一些半翅目、鞘翅目、鳞翅目等昆虫。有些昆虫，如黄绿条螟 Loxostege sticticalis 等，成虫是否补充营养，完全取决于幼虫期的营养状况，而有的昆虫其幼虫期营养对其生殖则没有决定性作用。一些昆虫的性成熟还需要特殊的刺激才能完成，如东亚飞蝗 Locusta migratoria manilensis 必须经过长距离的迁飞，一些雌性蚊类、跳蚤必须经过吸血的刺激才能够达到性成熟。

成虫性成熟后要进行交配，交配次数因昆虫种类而异，有的昆虫一生只交配 1 次，有的昆虫一生可交配多次，通常雌性交配次数比雄性少些，如三化螟 Tryporyza incertulas 雌虫一生交配 1～3 次，雄虫则为 1～5 次。昆虫交配的时间具有昼夜节律，同时也受到环境条件的影响。根据卵巢发育的各种特征，结合雌虫受精囊的情况以及成虫的性活动等，可以大致估计雌虫的日龄和产卵状况，用于预测预报虫情。

昆虫的生殖期可以划分为产卵前期、产卵期和产卵后期三个时期，这三个时期的长短随昆虫种类而异。一般是产卵期较长，成虫不取食的昆虫的产卵前期较短，如家蚕羽化后立即交配，交配约 8～24h 后就大量产卵。如果昆虫成虫期有滞育存在，一般都发生在产卵前期，如一些瓢虫。

昆虫的生殖力总的说来是相当高的，但是不同种类间的差异很大，生殖力的大小决定于种的遗传性和生活条件两个基本因素。如棉蚜 Aphis gossypii 的胎生雌蚜一生只产 50～60 粒卵，卵生雌蚜只能产卵 4～8 粒。黏虫 Mythimna separata 通常可产卵 500～600 粒，而白蚁蚁后一天即可产卵上万粒，一生能产 5 亿粒卵。同一种昆虫，取食不同的食物，其生殖力不同，如暗黑鳃金龟 Holotrichia parallela 取食榆树叶片时，平均卵量为 180 粒，而取食杨树叶片时，平均卵量 23 粒。

第二十一章 昆虫的生活史

第一节 昆虫的生命周期

一、生命周期

昆虫的新个体（卵、幼体）自离开母体开始，到成虫性成熟产生后代为止的个体发育过程称为一个生命周期（life cycle）。1 个生命周期称为 1 个世代（generation）。

二、寿命

在正常情况下，昆虫的新个体从离开母体到死亡所经历的时间即为其寿命（life span）。昆虫的寿命要比其生命周期长一些，两者差别的大小取决于成虫生殖后所存活的时间。蜉蝣的生命周期与寿命基本相同，羽化后性已成熟，羽化当日即交配，随后产卵、死亡，所以蜉蝣有朝生暮死之称，实际上指的是其成虫阶段，其完成整个个体发育过程常需几个月的时间。有些甲虫成虫性成熟后可存活半年到 1 年，其寿命比生命周期要长。

不同种类昆虫寿命差别较大。桃蚜 *Myzus persicae* 每年可繁殖 20～30 代，其寿命仅有 20～30 天；十七年蝉 *Megicicada septendecim* 寿命达 17 年；而白蚁蚁后的寿命可达 60～70 年。多数昆虫雄虫在交配结束不久就死去，而雌虫要等到产卵结束后死亡，有些还具有护卵和护幼习性，所以同种昆虫雌虫寿命往往长于雄虫寿命。

第二节 昆虫的生活史和多样性

一、生活史

昆虫的生活史（life history）是指昆虫在一定阶段的发育史。生活史常以 1 年或 1 代为单位。昆虫在一年中的生活史称为年生活史或生活年史（annual life history），即昆虫从越冬复苏开始至第二年越冬复苏前的生活史。昆虫完成一个生命周期的生活史为代生活史或生活代史（generational life history）。

二、昆虫的化性

昆虫在 1 年内发生的世代数称为昆虫的化性（volitism）。1 年发生 1 代的昆虫称为一化性（univoltine）昆虫，如大豆食心虫 Leguminivora glycinivorella；一年发生 2 代的昆虫称为二化性（bivoltine）昆虫，如二化螟 Chilo suppressalis；1 年发生 3 代及以上的昆虫称为多化性（polyvoltine）昆虫，如蚜虫。两年以上才完成 1 代的昆虫称为部化性（partvoltine）昆虫或多年性昆虫。

完成一个世代所需时间除与种的遗传性有关外，与环境条件关系很大，其中温度是一主要原因。如黏虫 *Mythimna separata*，在华南发生 6 代，在华北多为 3～4 代，东北大部地区为 2 代。也有些昆虫在各地均发生相同的代数，如大豆食心虫、舞毒蛾 *Lymantria dispar* 各地均为 1 年 1 代。

三、世代重叠

二化性和多化性昆虫由于发生期或成虫产卵期较长，或越冬虫态出蛰期不集中，造成不同世代同时混合发生的现象称为世代重叠（generation overlapping）。多化性昆虫中，世代完全不重叠的现象很少，小菜蛾 *Plutella xyllostella* 在杭州 9 月份可有 8 个世代混合发生。而一化性昆虫世代重叠的现象较少，但有些昆虫由于越冬期、出蛰期的差异也会出现世代重叠的现象。

四、局部世代

同种昆虫在同一地区具有不同化性的现象称为局部世代（partial generation）。如桃小食心虫 *Carposina niponensis* 第 1 代幼虫蜕皮后大多数继续发育进入下一代，但另一部分幼虫则入土做越冬茧进入越冬状态，形成局部世代。

五、世代交替

有些多化性昆虫在 1 年中的若干世代间生殖方式以及生活习性存在明显差异的现象，常以两性世代与孤雌世代交替进行，称为世代交替（alternation of generation）。世代交替的现象在蚜虫中发生较为普遍，从春季到秋季均为孤雌生殖世代，而秋末进行两性生殖，以受精卵越冬（图 21-1）。

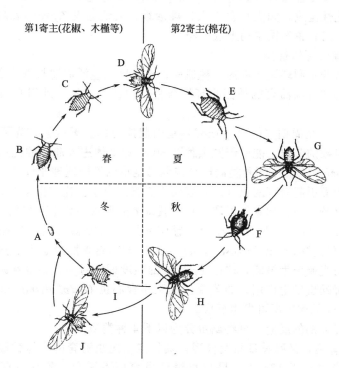

图 21-1　棉蚜的生活史（仿彩万志，2001）

A—受精卵；B—干母；C—干雌；D—迁移蚜；E，F—无翅胎生侨蚜；G—有翅侨蚜；H—性母；I，J—性蚜

六、休眠和滞育

昆虫在生活史的某一阶段遇到不良环境条件时，生命活动出现停滞的现象，以使其安全度过不良的环境。这一现象常与冬季低温或夏季高温相关，分别称为越冬或冬眠（hibernation）和越夏或夏眠（aestivation）。根据引起和解除生长发育停滞的条件，可分为以下 2 种类型。

1. 休眠

当遇到不良环境条件时，昆虫生长发育暂时停滞，待不良条件消除后又可恢复生长发育的现象称为休眠（dormancy）。休眠的昆虫往往需要一定的虫态，例如东亚飞蝗以卵期休眠。有的昆虫则任何虫态均可休眠，如小地老虎 *Agrotis ipsilon* 在我国江淮流域以南，它的幼虫、蛹及成虫均可休眠越冬。由于昆虫不同虫态和虫龄的生理特性不同，其抗逆性也不同，休眠过后死亡率就会不同，这就会影响昆虫以后的发生基数。

2. 滞育

昆虫生长发育的暂时停滞是由环境条件引起，但往往不是不良环境条件直接引起，当不良条件消除后昆虫也不能马上恢复生长发育，这种现象称为滞育（diapause）。滞育是昆虫长期适应不良环境而形成的种的遗传性，当不良环境条件尚未到来时，昆虫已经停止生长发育，有的甚至在植物生长最茂盛的季节已进入滞育状态，如舞毒蛾。具备滞育特征的昆虫必须固定在一定的虫态，滞育时昆虫的生理状况发生变化。滞育又可分为以下 2 种类型。

（1）兼性滞育 兼性滞育（facultative diapause）又称任意性滞育，滞育可发生在不同的世代。如亚洲玉米螟 *Ostrinia furnacalis* 在我国自北向南 1 年可发生 1～6 代，各地均以末代老熟幼虫越冬。不同世代滞育昆虫的数量也不同，亚洲玉米螟在北京地区 1 年发生 3 代，冬季除第 3 代幼虫滞育外，第 1 代有少量越冬，第 2 代也有大部分滞育。

（2）专性滞育 专性滞育（obligatory diapause）又称绝对滞育，滞育发生在固定虫态，这种滞育常为一化性昆虫，如大豆食心虫、舞毒蛾、大地老虎 *Agrotis takionis* 等，无论外界条件如何，到了滞育虫态昆虫马上进入滞育。

3. 引起和解除滞育的条件

滞育是昆虫避开不利环境条件的一种适应，也是昆虫生活周期与季节变化保持一致的一种基本对策，引起和解除滞育的外因是环境条件，内因是激素，外因必须通过内因才能起作用。

（1）环境因子 光周期（photoperiod）是引起滞育的主要因素。光周期是指一昼夜中光照时数与黑暗时数的节律。能引起昆虫种群 50% 的个体进入滞育的光周期称为临界光周期（critical photoperiod）。不同种类的昆虫或同种昆虫的不同地理亚种其临界光周期是不同的。感受光照刺激而引起滞育的虫（龄）态叫临界光照虫态。这一虫态是固定的，往往是滞育虫态的前一虫（龄）态，如家蚕以卵滞育，其临界光照虫态为上一代的成虫。环带锦斑蛾 *Pseudopidorus fasciata* 以 4 龄幼虫滞育，感应光周期的敏感阶段出现在幼虫期的最初 9 天。以前蛹期滞育的黄绿条螟 *Loxostege sticticalis* 的临界光照虫态为老熟幼虫。处于临界光照虫态的昆虫对光照极为灵敏，往往 1～2 lx 的照度即能对一些钻蛀在果实内的食心虫和内寄生性的寄生蜂幼虫发生作用，如苹果内的梨小食心虫 *Grapholitha molesta* 幼虫，仅在果面上接受 1～3 lx 的照度即可发生反应。

根据滞育对光周期的反应，可将昆虫分为以下 4 种类型。

① 短日照滞育型，又称长日照发育型，其特点是昆虫滞育的个体数随着日照时数的减少而增多。通常光照长于 12～16h 昆虫可继续发育而不滞育。冬季滞育的昆虫如三化螟 *Tryporyza incertulas* 等属于此类。

② 长日照滞育型，又称短日照发育型，其特点是昆虫滞育的个体数随着日照时数的增加而增多。通常光照短于 12h 昆虫可继续发育而不滞育。夏季滞育的昆虫如大地老虎等属于此类。

③ 中间型，其特点是光周期过长或过短均可引起昆虫滞育，昆虫只在一定的光周期范围内发育。如桃小食心虫在 25℃，光照短于 13h 老熟幼虫全部滞育，光照长于 17h 半数的个体滞育，而光照在 15～16h 时不滞育。因此，这类昆虫不会分布在高纬度地区，一年只有当夏季来临才出土，而不是早春一开春时出土，这也是长期进化的结果。

④ 无光周期反应型，其特点是光周期的变化对昆虫滞育没有影响，如丁香天蛾 *Sphinx ligustri* 等。

在自然条件下，温度也影响到昆虫对光周期的反应。光周期的变化总是同温度的变化相适应，短日照滞育型，高温可抑制滞育的发生。一般昆虫的临界光周期随温度的升高而减少，大致温度每升高 5℃，临界光周期缩短 1～1.5h，若温度下降，则临界光周期相应地延长。同种昆虫低纬度地区种群比高纬度地区种群滞育晚些，北方种群进入滞育比南方种群早些，从而保证昆虫在低温到来前就能进入滞育。

食物一般主要通过改变光周期或温度的刺激而影响昆虫滞育的诱导，食物缺乏常会导致更多昆虫的滞育。有时食物的质量也会影响昆虫的滞育，如跳甲 *Sminthurus viridis* 取食衰老的植物时即诱导其夏季滞育。

此外，种群密度以及湿度也对昆虫滞育产生一定的影响。

在自然界中，昆虫滞育不是由单个因子控制的，而是由多个因子交互作用的结果。

（2）激素　昆虫滞育的发生与其体内激素水平有关。

以卵滞育的昆虫是否产生滞育卵取决于成虫。成虫接受外界刺激后产生脑激素，脑激素传递到咽下神经节，促使其产生卵滞育激素，成虫即产生滞育卵。以幼虫和蛹滞育的昆虫是脑神经分泌细胞不产生脑激素，使前胸腺的分泌活动受到抑制而不分泌蜕皮激素，使之无法蜕皮变态从而引起滞育。以成虫滞育的昆虫则是由于脑神经分泌细胞不产生脑激素，使咽侧体的分泌活动受阻不能分泌保幼激素，从而导致卵发育受阻，附腺分泌活动停止而引起成虫期滞育。

进入滞留状态的昆虫，体内可溶性的碳水化合物、脂肪含量上升，含水量下降，体液的冰点下降，呼吸率下降，新陈代谢作用降到最低，抗逆性增强。

滞育昆虫需经过一段时期的滞育代谢后，才能解除滞育。解除滞育需要温度、光周期、湿度和持续时间等共同作用。冬季滞育的昆虫，解除滞育的温度比正常发育温度要低，但一般在 0℃ 以上，如丁香天蛾结束滞育的适温为 0.5～10℃，而其正常生长发育的适宜温度为 20℃。多数昆虫到冬至日基本上都已解除滞育，但因为低温，所以尚无法恢复生长发育，此时给以适宜的温度，即可恢复生长发育。多数昆虫进入滞育后对光周期的感受能力越来越弱，以致最后对光周期的变化不起反应。少数昆虫进入滞育后，光周期对其依然有作用。如蟋蟀 *Nemobius yezoensis*，当春天来临时，只给以适温并不能使之恢复生长，只有当光照超出临界光周期后滞育才被解除。

处于滞育状态的昆虫具有较强的抗逆能力，当一旦恢复生长发育，抗逆能力马上降低。当早春出现春寒时，会出现大批昆虫冻死的现象，这些便是解除了滞育的个体。

第二十二章　昆虫的主要习性与行为

昆虫的习性（habits）是指昆虫种或种群具有的生物学特性。亲缘关系相近的昆虫往往具有相似的习性。

昆虫的行为（behavior）是指昆虫的感觉器官接受刺激后通过神经系统的综合而使效应器官产生的反应。

昆虫种类繁多，其习性和行为也非常复杂。了解昆虫的习性和行为可以帮助人们更好地利用益虫和防治害虫。

第一节　昆虫活动的昼夜节律

昼夜节律（circadian rhythm）是指昆虫的活动与自然界中昼夜变化规律相吻合的节律。昆虫活动的这种时间节律也称为生物钟（biological clock）或昆虫钟（insect clock）。

绝大多数昆虫的飞行、取食、交配、产卵等活动均有固定的昼夜节律。

白天活动的昆虫称为昼出性或日出性昆虫（diurnal insect），如多数蝴蝶昼出夜伏；夜间活动的昆虫称为夜出性昆虫（nocturnal insect），如多数蛾类昼伏夜出；只在弱光下活动的昆虫称为弱光性昆虫（crepuscular insect），如蚊子仅在黎明或黄昏时出来活动；还有一些昆虫昼夜均可活动，如蚂蚁。

具有不同昼夜节律的昆虫在身体的色彩等方面也发生了一些变化，一般来讲，昼出性的昆虫体色艳丽，如蝴蝶等；夜出性的昆虫体色则灰暗，如蛾类等。

昼夜节律是长期演化的结果，许多昆虫的活动节律还有季节性，多化性昆虫各世代对昼夜变化的反应也会不同，明显地表现在迁移、滞育、生殖等方面。

第二节　昆虫的食性与取食行为

一、食性

食性（feeding habit）是指昆虫的取食习性。食性是昆虫在长期演化过程中所形成的对食物的选择性。不同种类的昆虫，取食食物的种类和范围不同，有些昆虫同一种类的不同虫态食性也不同。

昆虫食性按食物性质可分为植食性（phytophagous 或 herbivorous）、肉食性（carnivorous）、腐食性（saprophagous）和杂食性（omnivorous）等几种主要类型。植食性和肉食性昆虫以植物和动物的活体为食，植食性昆虫最多，占昆虫总数的 45%，许多农业害虫均属于此类，如棉铃虫、黏虫等。肉食性昆虫又可以分为捕食性和寄生性两类，捕食性如草蛉、螳螂、蜻蜓等，寄生性如一些寄生蜂、寄生蝇等，其中很多种类可作为天敌昆虫用于防治害虫。腐食性昆虫是以动物和植物的尸体、粪便等为食的，如埋葬虫、果蝇等。而杂食性昆虫则既可以植物为食又可以动物为食，如蜚蠊等。

植食性昆虫按取食食物的范围可分为单食性（monophagous）、寡食性（oligophagous）和多食性（polyphagous）3 种类型。单食性昆虫只取食一种植物，如三化螟 *Tryporyza incertulas* 只取食水稻。寡食性昆虫取食 1 个科内的若干种植物，如小菜蛾只为害十字花科蔬菜。多食性昆虫以多科植物为食，如棉铃虫为害 30 多科的 200 多种植物。多食性昆虫对寄主的选择也有主次之分。这三类昆虫之间界限并不十分严格，只是说明了昆虫食性的专化程度。

昆虫的食性相对稳定，但仍具有一定的可塑性，许多昆虫在缺乏正常食物时，可以被迫改变食性。已经人工研制合成了多种昆虫的人工饲料，例如已经合成并制作出了人工卵，用于工业化生产赤眼蜂。

二、取食行为

不同昆虫其取食行为不同，但取食步骤基本相似。植食性昆虫取食一般经过兴奋、试探与选择、进食、清洁等过程，捕食性昆虫取食一般经过兴奋、接近、试探和猛扑、麻醉猎物、进食、清洁等过程。有些捕食性昆虫具有将取食后猎物的空壳背在自己体背的习性，如一些草蛉的幼虫。

昆虫对食物具有一定的选择性，可用视觉、嗅觉或味觉等识别和选择食物，但多以化学刺激作为择食的最主要因素。

第三节　趋　　性

昆虫的趋性（taxis）是指昆虫对某种刺激所产生的趋向或背向的定向行为活动。趋向活动为正趋性，背向活动为负趋性。

按刺激源不同昆虫的趋性可分为以下几种类型。

（1）趋光性（phototaxis）　是指昆虫对光的刺激所产生的定向行为活动。趋向光源的反应称为正趋光性，背向光源的反应称为负趋光性。多数昆虫有趋光性，昆虫对光的波长和光的强度也具有选择性。多数夜间活动的昆虫对灯光表现出趋性，特别是对波长为365nm的黑光灯的趋性较强，所以这些害虫可用黑光灯诱杀。光对蚜虫的迁飞具有一定的导向作用，但在光强达到10000 lx以上时桃蚜却躲藏起来。蜚蠊具有负趋光性。

（2）趋化性（chemotaxis）　是指昆虫对化学物质刺激产生的定向行为活动。趋化性常与昆虫的觅食、求偶、避敌和寻找产卵场所有关。如多数昆虫性成熟后雌性可分泌性外激素以引诱同种雄性前来交尾，一些夜蛾对糖醋液具有正趋性。

（3）趋温性（thermotaxis）　是指昆虫对温度刺激产生的定向行为活动。昆虫总是趋向于最适宜的温度，如体虱在正常条件下，表现为正趋温性，但当人发高烧或死亡时，便离开人体，表现为负趋温性。跳蚤对寄主体温十分敏感，在2m之外便能感觉到热源。

此外，一些昆虫还具有趋湿性、趋声性等。不同种类昆虫趋性不同，甚至同种昆虫不同性别和不同虫态的趋性也不同。不论哪种趋性，昆虫对刺激的强度或浓度都有一定程度的选择性。生产上可利用昆虫的趋性诱集昆虫或防治害虫。

第四节　群　集　性

群集性（aggregation）是指同种昆虫的大量个体高密度地聚集在一起的习性。不同昆虫群集的方式有所不同，根据群集时间的长短，可将其划分为以下2种类型。

（1）临时性群集（provisional aggregation）　是指昆虫在某一虫态和一段时间内群集在一起，之后分散开的群集现象。如马铃薯瓢虫 *Henosepilachna vigintioctomaculata* 等昆虫群集在一起越冬，之后分散生活；美国白蛾 *Hyphantria cunea* 幼虫4龄以前群居网内取食，之后分散生活。

（2）永久性聚集（permanent aggregation）　是指昆虫终生群集在一起的群集现象。进行社会性生活的昆虫为典型的永久性群集，如蜜蜂、白蚁、蚂蚁等。

有时临时性群集和永久性群集之间的界限并非十分明显，如东亚飞蝗的群居型和散居型可以互相转化，其群集是由于若虫粪便中含有聚集外激素——蝗呱酚，虫量越大，越容易群集，小数量时属于临时性群集，大数量时属于永久性群集。

第五节　扩散与迁飞

一、扩散

扩散（dispersion）是指昆虫在一定时间内发生的由原发地向周边地区转移、分散的过程。也可称为蔓延、传播或分散。

根据昆虫扩散的原因可将其分为以下 2 种类型。

（1）主动扩散（active dispersion）　是指昆虫由于取食、求偶、避敌等原因而主动发生的扩散。如一些蚜虫常常由点片发生开始，之后逐渐向周围植株蔓延。

（2）被动扩散（passive dispersion）　是指昆虫由于水力、风力、动物或人类活动等原因而被动发生的扩散。如检疫害虫可借人为活动扩散；一些蛾类幼虫孵化后常先群集为害，以后吐丝下垂，靠风力传播。

昆虫扩散主要受自身生理状况、适应环境的能力和外界环境条件的限制，地形、气候、生物因素以及人类活动都会影响到昆虫的扩散分布。扩散常使一种害虫的分布区扩大，从而造成害虫传播，了解害虫的扩散习性有利于人们对害虫进行测报和防治。

二、迁飞

迁飞（migration）是指昆虫成群整批或分批地从一个发生地转移到另一个发生地的现象。

迁飞是某些昆虫系统发育过程中所形成的一种遗传特性，迁飞具有方向性。迁飞常发生在昆虫个体发育过程中某种不适宜的环境因素来临之前，都发生在成虫产卵以前，通过迁飞使该种群迁移到一个新的发生地去繁殖其新的一代。在蜻蜓目、直翅目和鳞翅目昆虫中迁飞现象非常普遍，许多农业害虫如东亚飞蝗、黏虫、棉铃虫等均有迁飞习性。蚜虫、飞虱等小型昆虫本身飞行能力弱，往往是被上升的气流带到空中顺风进行长距离迁飞，而多数大型昆虫进行主动迁飞。迁飞过程中有的昆虫只有一次迁飞，而有的昆虫则可每天按节律降落地面停息或取食，以后可作多次再迁飞，直到卵成熟或交配后便定居繁殖而不再迁飞。

根据迁飞路线，迁飞可以分为单迁和回迁两种类型，绝大多数昆虫为单迁。

迁飞是昆虫对环境的适应，可以减轻因环境恶化所带来的影响，增大了昆虫生存、繁衍的机会，有助于种的延续生存。

第六节　昆虫的防卫

在自然界中有许多昆虫的天敌，包括昆虫病原物、食虫动物甚至食虫植物，昆虫在长期的进化中形成了许多防卫对策以抵御天敌的侵扰。

一、化学防卫

化学防卫（chemical defense）是指昆虫利用化学物质进行的防卫行为。昆虫主要由外分泌腺释放出防卫物质，这些物质一般是从食物中获得，在腺体中通过内源性酶合成的一些化学物质的混合物。这些物质可使捕食者产生烦躁、毒害、呕吐、起疱、麻醉或拒食等效应。防卫物质对捕食者产生的效应可分为有毒和无毒两大类。

图 22-1　凤蝶科昆虫的化学防卫（仿 Gullan 和 Cranston，2010）

　　许多昆虫都具有化学防卫的行为，这些昆虫采用防卫物质使攻击者避而远之。如膜翅目的蜜蜂、胡蜂等昆虫通过蜇针向攻击者注射毒液；鳞翅目毒蛾科幼虫体毛基部有毒腺，受到威胁时能够分泌毒液；凤蝶科昆虫前胸背板前缘有臭丫腺，遇到危险时释放难闻气味（图22-1）；一些瓢虫遇到侵害时会产生反射性出血；有些昆虫的卵能够从亲代获得防卫物质保护自己，某些灯蛾的雄性成虫将其从幼虫阶段从寄主植物中获得的生物碱通过精液分泌物转移到雌性成虫体内，雌成虫再将其传递给卵，使卵成为捕食者不好吃的食物；步甲科气步甲属 *Brachinus* 的肯尼亚炮甲 *Stenaptinus in-signis* 在遇到威胁时把腹部对准进攻对象，并从肛门中释放出爆炸性的防卫性化学物质，看上去像烟雾一样，同时伴随有炮火一样的响声，可把敌人吓跑（图 22-2）。

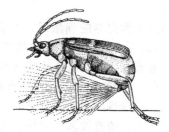

图 22-2　肯尼亚炮甲 *Stenaptinus insignis* 的化学防卫（仿 Dean 等，1990）

二、行为防卫

　　行为防卫（behavioral defense）是指昆虫以各种行为方式进行的防卫。

　　（1）逃遁（escape）　逃遁是指昆虫受到惊扰时逃离捕食者或危险地的行为。在捕食者接近时，昆虫采取跑跳、游泳或飞翔等方式迅速逃离（图 22-3），螽蟖遇到危险时会通过振翅、跳跃等方式逃遁。苍蝇遇到惊扰时会迅速飞离。蜻蜓稚虫遇到敌害时会收缩腹部从肛门排出水分，这样会使其身体不断向前冲，迅速逃跑。

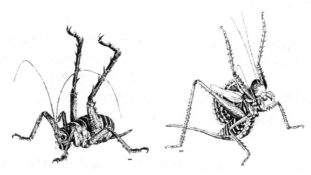

图 22-3　两种螽蟖 *Deinacrida heteracantha* 和 *Neobarettia spinosa* 的逃遁（仿 Matthews 和 Matthews，2010）

　　（2）威吓（threat）　威吓是指昆虫受到威胁时摆出特有的姿态或发出恐吓的声音从而吓退捕食者的行为方式。如螳螂在遇到危险时，会把头部朝向捕食者，翅和前足外展暴露出其上的鲜艳颜色，同时腹部摩擦发出响声，这种行为的结果是常常把捕食者吓退。灰目天蛾 *Smerinthus ocellatus* 受到威胁时露出后翅上隐蔽的眼状斑，对其捕食者具有威慑效果（图 22-4）。

　　（3）假死（thanatosis）　假死是指昆虫受到某种刺激后，身体卷缩，静止不动或突然跌落呈死亡状，停息片刻后又恢复常态的现象。许多甲虫、螳螂等都具有假死的习性；一些蛾

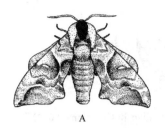
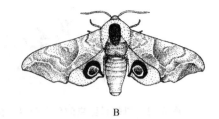

图 22-4　灰目天蛾 *Smerinthus ocellatus*（仿 Stanek，1977）
A—休息时褐色的前翅盖在后翅上；B—受惊时露出后翅上的眼状斑

类幼虫受到突然的刺激时，常会吐丝下垂，过一会儿又爬回原处；长壮蝎蝽 *Laccotrephes robustus* 受到攻击时，前足折叠平伸向前方，中、后足平伸向后方，整个身体像一个小木棍。通常假死的状态持续时间都很短。

（4）自残（autotomy）　自残是指昆虫被捕食或伤害时脱落身体的一部分以逃生的行为方式。昆虫自残器官多为虫体的足、尾须、前胸背板等部位，如大蚊受到侵害时常常断掉其足以求生；角蝉被鸟类叼住膨大的前胸背板时，其膨大部分可能被捕食者吃掉，但身体的其他部分可趁机逃生。自残如果发生在若虫期，脱落的部分在下次蜕皮时可再生，如蜻蜓目稚虫的尾腮自残后能再生，但再生肢比原肢短小。自残若发生在成虫期则一般不能进行再生，甚至会影响到其生存，如小菜蛾跗节接触农药后足自残，无法进行再生。肢体自残的实质是昆虫以牺牲局部利益换取个体生存的机会，对昆虫个体生命的延续和种群的繁盛有着积极的意义。

（5）聚集防卫（group defence）　聚集防卫是指昆虫以群集的方式进行防卫的行为。聚集防卫是许多具有化学保护作用且具有警戒色的昆虫的一种防卫行为。如一些叶甲幼虫形成聚集防卫圈，一些幼虫在圈中，另一些幼虫形成一个外环，可以分泌有毒的化合物，这些类群常会摇头或摆尾，表现出防卫行为；一些社会性昆虫可以协同御敌，如蜜蜂蜂群在受到外来捕食者威胁时通常以震动腹部、快速振翅等方式向攻击者发出警报，结团攻击，当警报解除后，蜂群又逐渐恢复

图 22-5　一种筒腹叶蜂的聚集防御
（仿 Gullan 和 Cranston，2010）

正常活动；一种筒腹叶蜂聚集在一起生活，当受到威胁时，幼虫将其腹部弯向空中，并从口中吐出具有强烈味道的液体进行防卫（图22-5）。

三、物理防卫

物理防卫（physical defense）是指一些昆虫利用自身的特殊结构、分泌物或建造隐蔽物等方式进行的防卫。

一些昆虫的表皮上的角与刺等可用于恐吓捕食者；一些介壳虫、绵蚜等分泌的蜡、粉或胶等物质起到阻止天敌捕食的作用。

（1）伪装（camouflaging）　伪装是指昆虫直接利用环境中的材料遮盖体躯从而有利于自身生存的现象。昆虫伪装所用的材料有土粒、沙粒、植物片段、虫蜕以及猎物的尸体等。蓑蛾的幼虫可用丝黏合植物材料结成一个可移动的套；某些猎蝽的若虫能用腹部刚毛分泌的黏液将土粒、植物片段和吸空的猎物尸体覆盖在自己体背上以掩饰自己，这样可能被捕食者误认为是无关紧要的垃圾（图 22-6）；石蚕可以利用水中的各种杂物建造自己的伪装场所

（图 22-7）。

图 22-6　一种猎蝽的伪装
（仿 Gullan 和 Cranston，2010）

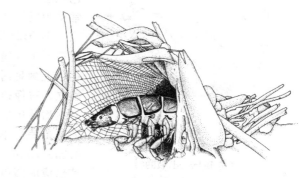
图 22-7　一种石蚕的伪装
（仿 Wiggins，1978）

（2）警戒色（aposematic coloration）　警戒色是指昆虫具有同背景成鲜明对照的颜色，可以警示天敌以保护自己。这些昆虫通常具有鲜艳的红色、黄色、橙色、白色或黑色。一些有毒的或是不可食的动物常具有警戒色，捕食者通过误食一个或几个具有警戒色的昆虫后学会了避开它们。

（3）拟态（mimicry）　拟态是指昆虫模拟环境中的其他生物或物体的形状、颜色、斑纹或姿态等，而得以保护自己的现象。

拟态现象在昆虫十分普遍，可以发生于昆虫的不同虫态。昆虫拟态所模拟的对象可以是周围物体或生物的形状、颜色、化学成分、声音、发光及行为等，但最常见的拟态是同时模拟被模拟对象的形与色。典型的拟态系统由拟态者、模拟对象和受骗者组成，三者有一定程度的同域性和同时性。

按照不同的划分标准可将拟态划分成不同的类型。根据发现者可将拟态划分为贝氏拟态、缪氏拟态、波氏拟态、瓦氏拟态等，常见有以下 2 种类型。

① 贝氏拟态（Batesian mimicry）：贝氏拟态是指被模拟者对捕食者来讲是不可食的或危险的，而拟态者则是可食的或不危险的拟态。贝氏拟态对拟态者有利，对被模拟者不利。贝氏拟态是以其发现者 H. W. Bates 的名字命名的。如食蚜蝇很像蜜蜂，但却没有蜜蜂的刺蜇能力，捕食者在取食过蜜蜂后便不再捕食食蚜蝇。

② 缪氏拟态（Müllerian mimicry）：缪氏拟态是指拟态者和被模拟者对捕食者来讲都是不可食的拟态。捕食者取食其中之一，以后二者均得到保护，缪氏拟态对双方均有利。缪氏拟态是以其发现者 F. Müller 命名的。如在北美的佛罗里达的黑脉金斑蝶 *Danaus plexippus*、皇后斑蝶 *D. gilippus* 以及副王线蛱蝶 *Limenitis archippus* 三者之间具有拟态现象，它们对于当地的乌鸦来讲均具有化学防卫作用，属于缪氏拟态（图 22-8）。

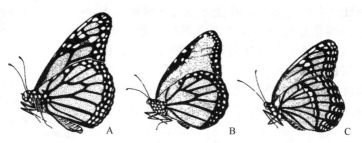
图 22-8　3 种蝴蝶的缪氏拟态（仿 Brower，1958）
A—黑脉金斑蝶 *Danaus plexippus*；B—皇后斑蝶 *D. gilippus*；C—副王线蛱蝶 *Limenitis archippus*

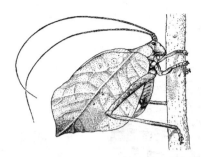

图 22-9　一种拟叶螽 *Mimetica mortuifolia* 的拟态
（仿 Belwood，1990）

根据昆虫所模拟的对象可将拟态分为形状拟态、颜色拟态、声学拟态、光学拟态、行为拟态和化学拟态等，常见为以下 2 种类型。

① 形状拟态（shape mimicry）：形状拟态是指昆虫模拟周围环境中物体或生物形态的现象。如尺蠖幼虫在树枝上栖息时，以身体后部的腹足固定在树枝上，身体斜立，很像树枝；枯叶蝶双翅合拢时翅的反面酷似枯叶；一些瘤叶甲的身体表面高低不平，呈瘤突状，整个身体的外形完全像是鳞翅目幼虫的一粒粪便；一种拟叶螽 *Mimetica mortuifolia* 形态很像叶片，甚至有叶脉及像真菌形成的菌斑（图 22-9）。

② 颜色拟态（color mimicry）：颜色拟态是指一些昆虫具有与其栖息环境颜色相似的体色，以此躲避捕食者得以保护自己的现象，又称为保护色（protective color）。如树干上的枯叶蛾、草丛中的蝗虫等。许多昆虫还随环境颜色的改变而变换身体的颜色，如当菜粉蝶 *Pieris rapae* 在甘蓝叶上取食时，所化的蛹是绿色或黄绿色的，而当越冬时在地下化蛹时，蛹为褐色。

有些昆虫既有保护色，又具有警戒色。如很多绿色的蝗虫具有红色的后翅。

第七节　昆虫的通讯

通讯（communication）是指能够导致信息共享的昆虫间的信息传递。每种昆虫都有自己的通讯系统，昆虫借助于通讯，把一个昆虫的信息传递给另一个昆虫，并引起后者做出适当反应。

昆虫通讯的主要方式有以下 4 种。

（1）化学通讯（chemical communication）　化学通讯是指昆虫以挥发性化学物质为媒介的信息交流方式。化学通讯是昆虫最有效的通讯方式，在生物间起信息作用的化学物质称为信息化学物质。其中用于同种个体间通讯的化学物质即种内信息素，用于不同种类昆虫间通讯的化学物质即种间信息素，又称它感化合物。如当一只隐蔽的棒香茅蚁 *Acanthomyops claviger* 受到猛烈攻击时会立即做出强烈的反应，持续地排放出腺体内的储存物质，不一会儿附近的其他工蚁就感知到并赶来帮忙。有些居住在蚂蚁巢中的昆虫能够得到蚂蚁的抚育和喂食，就是因为它可以模拟蚂蚁幼虫释放信息素所致。

皇后斑蝶的雄蝶求偶时其腹部有能外翻的气味刷，飞行中气味刷产生的性信息素会直接喷洒在雌蝶的触角上，起到打消雌蝶逃离而同意与其交尾的作用（图 22-10）。昆虫对一定浓度范围的化学物质才有行为反应，即具有一定的行为阈值。鳞翅目雄虫都有对信息素反应的上限和下限，其反应呈钟形曲线，所以在田间释放时要控制好信息素的量。

（2）听觉通讯（audio communication）　听觉通讯是指昆虫以音频信号作为媒介的通讯方式。发音现象在昆虫中

图 22-10　皇后斑蝶 *Danaus gilippus* 的化学通讯
（仿 Brower 等，1965）
示雄蝶（上）张开腹部前端的气味刷，产生性信息素喷洒在雌蝶（下）的触角上

普遍存在，特别是直翅目、半翅目、双翅目和鞘翅目中较为常见。按产生鸣声的原因可以分为发音器发音和昆虫活动发音两种类型。

由发音器发出鸣声可以分为摩擦发声和膜振动发声。如蝼蛄、蟋蟀和螽斯的发声是由两前翅上的发音器摩擦产生的，东亚飞蝗的发声是由覆翅上的音齿和后翅上的刮器互相摩擦产生的。膜振动发声是膜通过肌肉收缩与松弛作用振动发声。蝉的发声就是一个典型的例子，蝉在腹部第1节腹面具有1对鼓膜，鼓膜周围的脊上着生有鼓膜肌，通过鼓膜肌的收缩与舒张产生声音。

还有一些发声昆虫没有专门的发音器，这类昆虫往往通过取食、清洁、筑巢、飞翔等活动而发出声音，如蚊、蠓、蝇的鸣声是飞行时翅振动产生的。还有一些昆虫可通过身体的某些部位敲击地面或其他物体发出声音，如有些白蚁的兵蚁用上颚敲击隧道壁发音将信息传递给同伴。

昆虫用于通讯的声音具有物种的特异性，不同种类昆虫的鸣叫习性、鸣声特征及发声器的结构差异显著。同种昆虫不同的鸣声可以代表不同信息含义，如长颚蟋蟀 *Velarifictorus asperses* 的鸣声主要有召唤声、求偶声、警戒声、挑衅声、胜利声、欢迎声等。有些昆虫如蝉发出的声音大多能被人耳听到，但很多昆虫发出的声音是人耳听不到的。

(3) 视觉通讯（visual communication）　视觉通讯是指以视觉信号作为媒介的通讯方式。

视觉信号具有一定的作用距离，有明确的方向性，可被光感受器所感受。昆虫可以用视觉识别颜色、偏振光、舞蹈和发光等。视觉在蝶等昆虫的求爱中起着重要作用，雄蝶在寻觅雌蝶时首先用视觉分辨对象翅上的斑纹是否属于同类。一些蝴蝶雄性常有较雌性更鲜艳的体色，可以在示爱时取悦对方。昆虫能利用视觉识别偏振光，并能利用其定位、导航和测量时间。蛾类以月光和星光导航，由于月光和星光的光线对于飞蛾来说相当于平行光，所以其飞行路线和光线成一个固定的角度，这样可以保证其飞行路线是直线。

蜜蜂能够以舞蹈的方式通过视觉传递信息，侦查蜂以不同的舞蹈向同伴传递蜜源的远近和方向，随后其他蜜蜂跟着侦查蜂逐一查实，最具吸引力的巢址会激发最多的蜜蜂跳舞，代表优势巢址的跳舞蜜蜂会及时宣告最优的巢址，然后蜂群就前往新巢址（图22-11）。一些昆虫可用发光进行视觉通讯，有的昆虫由于体内发光细菌的存在而发光，如有些鳞翅目幼虫；多数昆虫为自身发光，其中萤火虫的

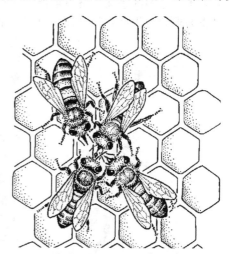

图22-11　蜜蜂通过视觉传递信息（仿Frisch，1967）

发光为其典型代表，有的两性都可发光，有的仅雌性发光，其闪光具有种属特异性。

(4) 触觉通讯（tactile communication）　触觉通讯是指昆虫以身体接触进行信号传递的通讯方式。显然，触觉信号只有在近距离时才起作用。昆虫身体上遍布触觉感受器，任何部位都可以进行触觉通讯。蚂蚁通过触角拍打蚜虫的腹部可使对方分泌蚂蚁喜食的蜜露（图22-12），如果蚂蚁连续拍打蚜虫的腹部，蜜露的分泌量可增加3倍。寄生蜂通过触角敲打植物表面以寻找寄主，一些昆虫中的交喃现象也是一种触觉通讯的表现。

昆虫的各类通讯行为是其进化过程中长期自然选择的结果，这些行为在昆虫觅食、求偶、繁殖、防卫等行为活动中具有重要作用，昆虫在其复杂的生活中不是孤立地使用单一的通讯方式，而是综合地使用两种或两种以上的通讯方式完成种内或种间的通讯，其通讯信号

图 22-12　蚜虫与蚂蚁间的触觉通讯（仿 Farbricius，1977）

A—蚂蚁用触角轻拍蚜虫的腹部；B—蚜虫排出蜜露供蚂蚁取食

的完善和综合程度也是随着进化而提高的。

第八节　昆虫的求偶和交配行为

大部分昆虫进行两性生殖，性成熟的雌性和雄性间需要经过求偶过程后再行交配。

一、求偶行为

求偶行为（courtship behavior）是指性成熟的昆虫向异性示爱并促使异性接受交配的行为活动。

通过雄性昆虫的求偶炫耀和争斗，雌性昆虫可从中挑选活力旺盛的个体作配偶，给后代留下优良的遗传基因，使后代具有更强的生命力。所以求偶对维持昆虫各个种群的生存和繁衍有着十分重要的意义。昆虫求偶过程是互相选择的过程，受到神经系统和激素的控制，每种昆虫的求偶行为都有特异性，以避免不同昆虫的种间杂交。通常昆虫为交配而同时同地出现，较为常见的昆虫求偶方式包括鸣叫、舞蹈、纠缠、送礼、炫耀、偷袭以及释放信息素等。如萤火虫的闪光、蝉的鸣叫以及雄蝶的求偶舞蹈等；一些长蝽的雄虫在求爱时会送给雌虫喜欢吃的种子，并先注入唾液以使种子适合雌虫取食；双翅目虻科雄牛虻求偶时先用自身分泌物作一个小篮子，再把小昆虫等猎物盛到篮子里当礼物馈赠对方，其中一些种类求偶时还存在着一种欺骗现象，有些雄虻捉不到小虫子，就送个空篮或在篮中装个假礼物前去骗婚，雌虻往往上当受骗。雄虫个体的大小常在雌虫的选择上起着重要作用，如一些竹节虫中雌虫常被较大的雄虫垄断着，雄虫用足互相打斗以争夺雌虫。长翅目昆虫的雄性在求偶时送给雌性自己捕捉的猎物（图 22-13）。雄性昆虫间的竞争虽然很激烈，但竞争的结果大多是胜利者赶走战败者，很少发生死亡。

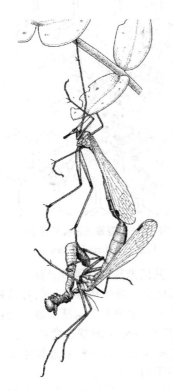

图 22-13　长翅目昆虫 *Harpobittacus australis* 的求偶行为（仿 Gullan 和 Cranston，2010）

二、交配行为

交配行为（mating behavior）又称交尾行为，是指昆虫从两性结合到分开的全部交配过程。

昆虫的交配是指雄虫通过外生殖器将精液或精包注入雌虫体内的过程。交配过程一般包括跨骑、拥抱、交尾和清洁等步骤，不同种类昆虫交配体位有所不同（图 22-14）。有的昆虫交配时有一些特殊行为，如雌性螳螂常在交配时将雄性螳螂吃掉。嗅觉、视觉、听觉信号在多数昆虫交配行为间的作用十分明显。许多昆虫的交配具有一定的节律，性信息素具有种的特异性，在交配隔离上起着很重要的作用。如当雄蝶接近雌蝶后可释放出一种催欲剂，刺激雌虫发生交尾反应。

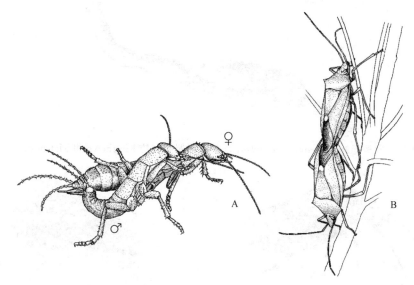

图 22-14　不同昆虫的交配行为（A 仿 Ando，1982；B 仿 Gullan 和 Cranston，2010）
A—日本蛩蠊 *Galloisiana nipponensis*；B—蝽科昆虫

第九节　昆虫的社会行为

社会行为（social behavior）是指昆虫同一种群个体之间的相互协作所表现出的各种行为活动。

Michener 1974 年按照昆虫社会化的特点将昆虫划分为独居性、亚社会性、群居性、准社会性、半社会性、真社会性昆虫 6 种类型。为方便起见，常把独居性和真社会性昆虫以外的昆虫统称为前社会性昆虫。几乎没有一种昆虫是在完全与其他个体相独立的条件下度过其整个生活周期的，昆虫一般至少要在其生活周期中的某一段时间与其他个体生活在一起。

前社会性（presocial）昆虫营群体生活，虽然不像社会性昆虫群体内的成员有明确的不同职能，但并不是多个个体简单地聚集。个体之间的相互作用十分重要，如报警行为、亲代照顾就是前社会性昆虫的重要行为表现。蚜虫受惊时会释放出报警信息素，群体中的其他个体感受到后表现出坠落、跳离寄主、摇摆等行为反应，这种报警行为实际上是一种益它行为，是以牺牲自己的生存和生殖的机会为代价而保护其他个体。亲代照顾在前社会性昆虫中主要是指亲代对子代的照顾。穴居在地下的蝼蛄、蟋蟀雌虫产卵后四处觅食，当若虫孵化出来后再回到土穴照料自己的后代，随着若虫的成长，原来的住处变得狭小，它便挖掘扩大土穴，直到后代能够独立生活时，雌虫把老巢穴留给后代，自己迁往他处（图 22-15）。

一些蝽象的亲代照顾多数情况下只发生在若虫的 1、2 龄时期，如蝽雌虫用身体为卵和若虫提供庇护（图 22-16）。雌性负子蝽常将卵产到雄蝽体背上，雄虫背负着卵继续在水中生活，直至若虫孵化（图 22-17）。一些雌性蜣螂把卵产在粪球里，并且留下来守护，使粪球保持干净，幼虫孵化出来后立刻就有食物可吃。

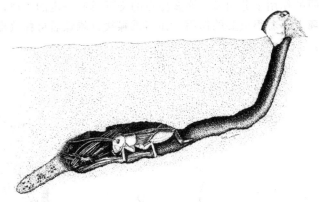

图 22-15　穴居蟋蟀 *Anurogryllus arboreus* 的亲代照顾（仿 Matthews 和 Matthews，2010）

图 22-16　蝽象 *Antiteuchus tripterus* 的亲代护卵和若虫（仿 Matthews 和 Matthews，2010）

图 22-17　雄性负子蝽及其背负的卵（仿 Matthews 和 Matthews，2010）

真社会性（eusocial）昆虫群体内具有明确分工，不育或非繁殖个体协助繁殖个体，群体内成员合作照料幼虫，而且群体内具有世代重叠的现象。真社会性昆虫种群内有分工，常包括 1 个或几个王后的有限繁殖群，由职虫协助，有的昆虫还包括有兵虫以进行防御，也可能进一步细分成亚品级来执行特殊任务，甚至一些品级的成员可能缺乏取食的能力，需要由职虫饲喂。蚂蚁、蜜蜂、白蚁都是典型的真社会性昆虫。在蚂蚁群中，有蚁后、雄蚁、工蚁和兵蚁之分，工蚁中还常有大、中、小等不同的型，雄蚁负责与蚁后交配，蚁后的主要职责是产卵，兵蚁保卫蚁群，工蚁则分担筑巢、觅食、搬运等工作。织叶蚁属 *Oecophylla* 的蚂蚁通过协作能够编织出具有复杂构造的蚁巢，这些编织蚁的工蚁不停地寻找可以弯曲的任何叶片，然后由一连串的工蚁把叶片折成帐篷状，工蚁常用身体架通叶缘间的宽缝，另一群工蚁用上颚夹住幼虫搬运到新的筑巢场所，幼虫被诱发分泌出丝线连接叶片框架织巢（图22-18）。

图 22-18　织叶蚁筑巢
（仿 Hölldobler，1984）

营社会性生活的昆虫具有复杂的社会组织，群落中不同品级的个体各司其职，减少了族群成员间的竞争，提高了群体对环境的适应能力。

社会性昆虫在生态学上很成功，并对人类有重要影响。社会性昆虫的数量是惊人的，如日本石狩红蚁 *Formica yessensis* 的一个超级群落估计有 3.06 亿只工蚁和 100 多万只蚁后，分散在 2.7

km² 地面由 4500 个相互连通的巢中。在美国，蜜蜂每年在商业蜂蜜生产以及农林作物传粉上的价值就高达数十亿美元。

第十节　昆虫的学习行为

学习行为（learnig behavior）是指昆虫后天获得的行为。学习是指由经历导致的行为变化。学习所产生的行为反应可因学习效果的遗忘而被遗弃，也可因新的经历而改变，这是学习行为区别于内在行为反应的基本点。

许多昆虫具有学习行为。植食性昆虫的学习行为一般具有习惯性反应、厌恶性学习、联系性学习、敏感性反应、嗜好性诱导几种类型。蜜蜂能把花色、花香与花蜜联系起来，如果在蓝色器皿中只装纯水，旁边黄色器皿装有糖水，工蜂就能很快把黄色与食物联系起来。在容器不变的情况下，把糖水和纯水互换，工蜂依然继续在黄色的器皿中搜寻，直到通过反复尝试，最后学会在蓝色器皿中搜寻为止。寄生蜂通过学习可以显著提高其对寄主的搜索效率，提高寄生率。当隆脊瘿蜂 *Leptopilina boulardi* 获取用甜菜饲养的寄主上搜索产卵的经历后，它对所经历气味的接受程度就会随着经历的次数增加而上升，从而提高了搜索效率。

昆虫的学习行为受到遗传、刺激类型、食物范围、寄主的发育状况以及个体生理状态等因素的影响。

害虫对寄主植物驱避抗性产生习惯性学习就会加重对作物的为害，产生厌恶性学习则有利于对作物的保护。利用害虫的联系性学习行为，释放前让不育雄虫学习自然交配场所的环境刺激，可增强通过释放不育雄虫控制害虫的防治效果。

第五篇　昆虫的分类学

第二十三章　昆虫分类学的基本原理

第一节　昆虫分类学概述

一、物种概念

物种（species），也称种，是分类的基本阶元，物种定义是分类学的核心问题之一。目前为大多数人所接受的是生物学的物种概念，即：物种是自然界能够自然交配、产生繁衍后代，并与其他种群存在生殖隔离的群体。例如，棉铃虫 *Helicoverpa armigera* （Hubner）就是一个物种。我们说目前已经鉴定的昆虫种类已经达到 100 多万种，就是指的种这个分类阶元。

二、昆虫的分类阶元

1. 分类单元

分类单元（taxon）是分类工作中的客观操作单位，有特定的名称和分类特征。如一个具体的属、一个具体的科、一个具体的目等。

2. 分类阶元

分类阶元（category）是由各分类单元按等级排列的分类体系（hierarchy）。在分类学中有 7 个基本的分类阶元，包括：界、门、纲、目、科、属、种。种是分类的基本阶元，其余的 6 个是主要阶元。为了更加详细了解种的分类地位，将主要阶元还可以进一步细化：

① 主要阶元下还可以加亚（sub-）、次（infra-）。

② 主要阶元上还可以加总（super-）

③ 目与纲之间可加入部（cohort）；

④ 科和属之间可以加族（tribe）。

因此昆虫的各个分类阶元可以综合如下：

1. 界（kingdom）
   2. 门（phylum）
      亚门（subphylum）
        总纲（superclass）
         3. 纲（class）
             亚纲（subclass）
              部（cohort）
               总目（superorder）
                4. 目（order）
                    亚目（suborder）
                     总科（superfamily）
                      5. 科（family）

亚科（subfamily）

族（tribe）

亚族（subtribe）

6. 属（genus）

亚属（subgenus）

7. 种（species）

亚种（subspecies）

一些分类阶元学名的固定的尾词：目（order）以-odea 或-ptera 结尾，如螳螂目 Mantodea；鞘翅目 Coleoptera、鳞翅目 Lepidoptera 等。总科（superfamily）以-oidea 结尾，如螳总科 Mantoidea、金龟总科 Scarabaeoidea 等。科（family）以-idae 结尾，如花金龟科 Cetoniidae、锹甲科 Lucanidae 等。亚科（subfamily）以-inae 结尾，如花螳亚科 Hymenopodinae 等。族（tribe）以-ini 结尾，如琵甲族 Blaptini、砚甲族 Akidini 等。

三、种以下阶元

物种内并非均匀一致，而是由一系列种群所组成。不同种群间由于遗传变异可有所差异，所以种下分类曾使用过许多种下单元。常见的有：

（1）变种（variety） 以前，有些人认为凡不符合模式的标本称为一个变种。分类学早期应用较多，1961 年以后已废弃不用。

（2）生态型（ecotype） 是同一基因型在不同生态条件下产生的不同表现型，形态上有明显差异，但其后代可随环境条件的改变而发生可逆性变化。如东亚飞蝗的群居型和散居型，密度高时产生群居型，翅长、前胸背板平直、可迁飞；密度低时为散居型，翅稍短、前胸背板隆起、不迁飞。蚜虫有有翅型和无翅型，营养条件好时为无翅胎生蚜，营养恶化时产生有翅型，迁移到其他植株上去。分类学上现已不用生态型这一概念。

（3）亚种（subspecies） 由于地理隔离，不同种群间基因交流降低，各自向不同方向演化，有相当大的趋异，但相互间仍能杂交，未达到种的级别，就定为亚种，也叫地理亚种，是目前分类学上仅用的种以下分类阶元。

第二节　昆虫的命名

一、昆虫学名

按照《国际动物命名法规》给昆虫命名的拉丁语名称、分类阶元或拉丁化文字组成的名称都是学名，昆虫的中文名和英文名都不是昆虫的学名，只能叫做俗名（vernacular names，common names）。

学名由拉丁语单词或拉丁化的单词所构成，大多数名称源于拉丁语或希腊语，通常表示命名的动物或类群的某个特征，也可以用人名、地名等命名。

二、昆虫的命名方法

（1）单名法（nomen） 属和属级以上的分类单位由一个拉丁词组成，即单名法。第一个字母必须大写。

（2）双名法（binomen） 昆虫种的学名是由两个拉丁词组成，第一个是属名，第二个是种名，如黏虫 *Mythimna separata*。很多时候学名后面都会带有定名人的姓和定名年份，但它们都不是学名的组成部分，如细尤犀金龟 *Eupatorus gracilicornis* Arrow，1908。

当某一学名中的属名被修订或种名被更改时，原定名人的姓氏要加圆括号，以便查对。如三化螟最初学名为 *Schoenobius incertulas* Walker，20 世纪 70 年代将该种移入 *Tryporyza*

属，学名成为 *Tryporyza incertulas* （Walker），80 年代，又将该种移入 *Scirpophaga* 属，学名又成为 *Scirpophaga incertulas* （Walker）。

如果一个种只鉴定到属而尚不知道种名，则用 sp. 来表示，如 *Aphis* sp. 表示蚜属一个种；多于一个种时用 spp.，如 *Aphis* spp. 表示蚜属的两个或多个种。

（3）三名法（trinomen） 昆虫亚种的学名是由属名、种名、亚种名三部分组成，也就是所说的三名法。如橡胶木犀金龟的一个亚种 *Xylotrupes gideon kaszabi*。

三、模式标本

作为规定的典型（type）标本，即第一次用于描述和记载新种时所用的标本。当一个分类单元被作为新种发表的时候，描述者就必须指定一个或多个标本作为其模式，这些标本就是模式标本（type specimen，type specimens）。

模式标本的类型：

（1）正模（holotype） 发表新种时所依据的单一模式标本称为正模，如果依据多个标本记载新种，就应该指定其中一个作为正模，其余的标本称副模。

（2）配模（allotype） 发表新种时与正模一起使用的异性标本称为配模。

（3）副模（paratype） 依据多个标本发表新种时，正模式标本以外被引用的标本。

（4）全模/综模（syntype） 发表新种时依据一系列标本而未定正模标本，这时全部模式标本被称为全模或综模。

（5）选模（lectotype） 发表新分类群时，发表者未曾指定正模式标本或正模已遗失或损坏时，是后来的作者根据原始资料，依次从综模、副模、新模和原产地模式标本中，选定 1 份作为命名模式的标本，即为选模。

（6）新模（neotype） 当正模、副模等标本均有错误、损坏或遗失时，根据原始资料从其他标本中重新选定出来充当命名模式的标本。

四、优先率

优先率（priority）是动物命名法规的核心，一个分类单元的有效名称是最早给予它的可用名称。一个种被两个或更多的作者分别多次作为新种来记载发表，这个种可能因此而有好几个名称，这时候就需要用到优先率，即只有 1758 年元月 1 日以后所用的第一个学名才是有效的学名，之后所定的任何其他学名都称为异名。这就保证一种昆虫只对应一个学名。

第三节　分类检索表

分类检索表（identification key）是鉴定昆虫种类的工具，它广泛应用于各分类阶元的鉴定。检索表的编制是用对比分析和归纳的方法，从不同阶元（目、科、属或种）的特征中选出比较重要、突出、明显而稳定的特征，根据它们之间的相互绝对性状，作成简短的条文，按一定的格式排列而成。检索表的运用和编制，是昆虫分类工作重要的基础，学习和研究昆虫分类，必须熟练掌握检索表的制作和使用。

检索表的形式，常用的有双项式（两项式）、单项式和包孕式三种，其中以前两种最为常见。现以石蛃目、衣鱼目、直翅目、鞘翅目、半翅目等 5 目昆虫为例，说明双项式检索表的制作方法。

1　无翅 ……………………………………………………………………………………… 2

　　有翅 ……………………………………………………………………………………… 3

2　上颚与头壳之间只有 1 个后关节………………………………………………… 石蛃目

　　上颚与头壳之间有前关节和后关节 2 个关节……………………………………… 衣鱼目

双项式检索表的特点是，每一条包含两项对应的特征，所鉴定的对象符合哪一项，就按哪一项所指示的条数继续向下检索，直至检索到其名称为止，总条数为所含种类数减1。

第四节　昆虫分类的特征

一、分类特征的含义和作用

分类特征是一个分类单元和其他分类单元的成员借以相区别或可能相区别的属性。利用这个定义时应注意：把分类特征看成是生物有机体的任何形状的属性是不正确的，如同一种群的个体，形态特征也不相同，如两性的差别就不是分类特征；不同分类单元的对比是确定有机体各性状是否为分类特征的基本方法，分类特征意味着分类上的真正或潜在区别。生物分类研究大多是依据形态特征，特别是外部形态特征。但是，随着科学技术的发展，科学仪器日新月异，给观察和确定昆虫分类特征带来了新的方法和手段，丰富了分类学研究的内容，提高了分类研究反映客观实际的可靠性。

二、分类特征的类型

绝大多数物种描述都是根据选择的形态特征，而且虽然现代的趋势肯定是向着包括其他类型的特征前进（尤其是生理学、生物化学、遗传学、分子生物学、行为学的特征），但形态学特征可能还会继续成为大多数描述的中心，至少在昆虫中是这样。

分类中可以选择的特征很多，主要包括：

（1）形态学特征　指昆虫成虫身体构造上的性状特征。形态学特征是分类学中最常用、最基本的特征，除体长、体宽、颜色等一般的外部形态外，还用到一些特殊构造（如外生殖器、各种腺体等）、内部形态（如消化道、神经系统等）、胚胎学特征及胚后发育特征等。

（2）幼期特征　指胚胎期、卵、幼虫、蛹等成虫期之前各阶段的特征。

（3）生物化学特征　生物体物质结构的性状应用在生物分类上即为生物化学特征。20世纪40年代起，随着生物化学的发展，用生物化学方法分析昆虫体内物质结构的研究日益增多。如利用血清反应法、色谱法、电泳法、核酸的研究以及蛋白质分子中氨基酸次序的测定等生物化学方法探究昆虫的亲缘关系。

（4）生态学特征　利用昆虫与其周围各种环境因素相互作用的各种性状来进行分类的特征，叫生态学特征，如生态位、食性、寄生物等。

（5）地理分布特征　每种昆虫都有一定的地理分布范围。主要包括一般的生物地理分布格局、种群的同域-异域关系等。一个种可以在生态上形成多个种群。通过比较所鉴定材料的形态是否相同、有无生殖隔离、同域分布还是异域分布来判断它们是种群、亚种还是不同种。

（6）行为特征　可以利用昆虫的各种行为特征来进行分类。通常能观察到的昆虫行为主要包括趋性、反射、本能和学习4种类型，具体体现在鸣声、气味、交配等多个方面。

（7）细胞学特征　利用电子显微镜可以对昆虫的超微结构进行深入研究，昆虫超微结构体现在细胞学水平。其内容涉及到昆虫体壁、气管、消化道、唾腺、丝腺、血细胞、脂肪体、神经、肌肉、生殖系统、感觉器官等。应用最多的是染色体、精子、体壁表面及感觉器官的特征。利用这些特征可以鉴定不同的属、种，特别是近缘种。

第二十四章 昆虫的分类系统

昆虫属于节肢动物门 Arthropoda，六足总纲 Hexapoda。根据目前多数分类学者的观点，六足总纲又可以分为原尾纲、弹尾纲、双尾纲和昆虫纲，其分类系统见表 24-1。

表 24-1 六足总纲分类系统

	纲 class		目 order	
一	原尾纲 Protura			
二	弹尾纲 Collembola			
三	双尾纲 Diplura			
四	昆虫纲 Insecta			
1		石蛃目	Microcoryphia	bristletails
2		衣鱼目	Zygentoma	silverfish
3		蜉蝣目	Ephemeroptera	mayflies
4		蜻蜓目	Odonata	dragonflies and damselflies
5		襀翅目	Plecoptera	stoneflies
6		等翅目	Isoptera	termites
7		蜚蠊目	Blattodea	cockroaches
8		螳螂目	Mantodea	mantids
9		蛩蠊目	Grylloblattodea	rock crawlers, ice crawlers
10		螳䗛目	Mantophasmatodea	gladiators, heelwalkers
11		䗛目	Phasmatoptera	walkingsticks
12		纺足目	Embioptera	web spinners, embiids, foot spinners
13		直翅目	Orthoptera	grasshoppers, crickets, katydids, mole crickets
14		革翅目	Dermaptera	earwigs
15		缺翅目	Zoraptera	zorapterans, angel insects
16		啮虫目	Psocoptera	barklice, booklice, and parasitic lice
17		虱目	Phthiraptera	bird lice, chewing lice, biting lice, sucking lice
18		缨翅目	Thysanoptera	thrips
19		半翅目	Hemiptera	true bugs, cicadas, plant hoppers, tree hoppers, aphids
20		脉翅目	Neuroptera	antlions, lacewings and allies
21		广翅目	Megaloptera	alderflies, dobsonflies, and fishflies
22		蛇蛉目	Raphidioptera	snakeflies
23		鞘翅目	Coleoptera	beetles
24		捻翅目	Strepsiptera	twisted-winged insects, stylopids
25		双翅目	Diptera	true flies, mosquitoes, midges, horse flies, house fvies
26		长翅目	Mecoptera	scorpionflies, hangingflies and allies
27		蚤目	Siphonaptera	fleas
28		毛翅目	Trichoptera	caddisflies
29		鳞翅目	Lepidoptera	butterflies and moths
30		膜翅目	Hymenoptera	ants, bees, wasps and sawflies

石蛃目昆虫和衣鱼目昆虫原生无翅，属于传统的无翅亚纲 Apterygota，英文名 wingless insects。蜉蝣目等其他 28 个目属于有翅类 Pterygota，英文名 winged insects，属于传统的有翅亚纲，但有些类群在进化过程中出现后生无翅。

第二十五章　昆虫纲的分类

第一节　石蛃目

石蛃目 Archaeognatha（或 Microcoryphia），英文 jumping bristletails，曾是缨尾目 Thysanura。
最显著的特征是上颚与头壳之间只有一个后关节，体小到中型，6～25mm，身体近纺锤形；体被鳞片，复眼大，接眼式；触角长，丝状；咀嚼式口器，下颚须 7 节，长于足的长度；腹部 2～9 节有成对刺突；尾须长，多节，有长中尾丝（图 25-1）。

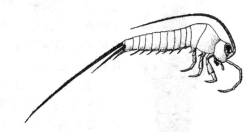

图 25-1　石蛃目昆虫石蛃 *Machillis* sp.（仿周尧，1950）

表变态，成虫期继续蜕皮。很多种类生活在石头上或石头下，夜间活跃，取食藻类、地衣、苔藓和腐烂有机体。该目包括 2 个科，即石蛃科 Machilidae 和光角蛃科 Meinertellidae，500 种。

第二节　衣鱼目

衣鱼目 Zygentoma，英文名 silverfish、firebrats。
体型中等，扁平，体长 5～30mm；复眼较小或缺失，除了毛衣鱼科 Lepidothrichidae 具

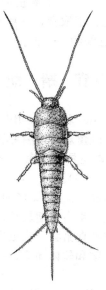

图 25-2　衣鱼目昆虫 *Lepisma saccharina*（仿 Lubbock，1873）

有 3 个单眼外，其他科没有单眼；触角丝状，有的超过体长；口器咀嚼式，在身体和附肢上分布不同长度和结构的刺突；腹部末端具有缨状尾须及中尾丝（图 25-2）。

表变态。衣鱼行动迅速，白天隐藏在石头和树叶下，夜间出来觅食，有些种类生活在室内的书籍、衣物等处，有的生活在厨房和卫生间。衣鱼取食范围广泛，但较嗜食藻类、地衣和含淀粉的食物。衣鱼生活史较长，一般为 3 年，长的可达 7～8 年。蜕皮频繁，最多蜕皮可达 60 次，且成虫期继续蜕皮。

第三节 蜉 蝣 目

蜉蝣目 Ephemeroptera 或 Ephemerida，英文名 mayflies。

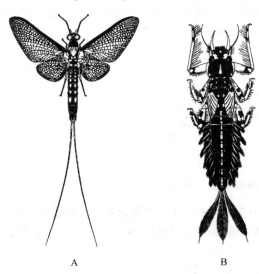

体小到中型，长形、纤弱的昆虫；触角短，刚毛状；口器退化，复眼大，有 3 个单眼；有 2 对膜翅，但后翅退化，休息时竖立在体背，翅面有很多横脉；腹部末端有 2 个长尾须，通常还有 1 个中尾丝（图 25-3）。具有亚成虫期。

原变态，稚虫水生，蚴形，触角短，复眼特别发达，腹部末端有长的尾须及中尾丝，腹部侧面有 4～7 对气管鳃。稚虫通常生活在没有污染的流动的水中。有些种类生长发育很快，4 周就可以完成一代，有些则较慢，1 年到 4 年完成 1 代。

蜉蝣完成稚虫发育以后即离开水环境，迅速蜕皮变成亚成虫，亚成虫飞到附近树枝或树叶上经过几个小时后再度蜕皮变成性成熟的成虫，此时成虫的翅由亚成虫期的不透明变得透明。蜉蝣是唯一有翅以后还会继续蜕皮的昆虫。

图 25-3 蜉蝣目昆虫（A 仿 Needham，1935；B 仿 Borror 等，1981）
A—蜉蝣科 Hexagenia 属成虫；
B—河花蜉科河花蜉属 Potamanthus 稚虫

蜉蝣成虫期很短，成虫口器退化，不取食，一些种类的羽化、繁殖和死亡会在一天完成。全世界已记载约 3000 种，中国已知约 260 种。

第四节 蜻 蜓 目

蜻蜓目 Odonata，英文名 dragonflies 和 damselflies。

成虫体型中至大型，体形长形，触角短，呈刚毛状，复眼发达，咀嚼式口器，胸部具有 2 对大小和脉序都很接近的膜翅，通常还具有翅痣（图 25-4 A）。雄虫的交配器在第 2～3 腹节的腹面，具有特殊的交配方式（图 25-5）。

稚虫口器咀嚼式，下唇延长，形成"面罩"，能伸缩，适于捕食（图 25-4 B C）。

半变态。蜻蜓目昆虫成虫捕食性，生命周期较长，它的发达的复眼、强有力的咀嚼式口器、长足以及强的飞行能力都适应它捕食猎物。稚虫生活在水中，生活周期也较长，取食蜉蝣的稚虫、小的甲壳类动物、环节动物和软体动物，一些大型的蜻蜓的稚虫还可以攻击小的鱼和蝌蚪。

全世界已知种类 5600 种，中国已知约 660 种。本目下分 2 亚目：

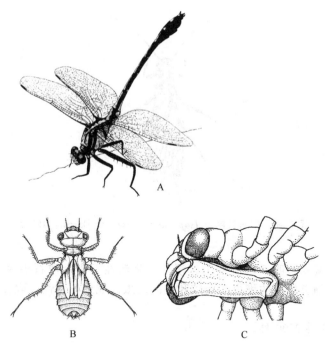

图 25-4 蜻蜓目昆虫（A 仿 Gillott，2009；B 仿 CSIRO，1970；C 仿 Wigglesworth，1964）
A—成虫；B—稚虫；C—稚虫口器

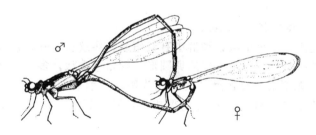

图 25-5 蜻蜓目昆虫（豆娘）交配状（仿 Walker，1953）

1. 均翅亚目 Zygoptera

本亚目的昆虫颜色常艳丽，俗称豆娘。头长形。前后翅的形状和脉序相似。翅基狭窄形成翅柄。休息时一般四翅竖立体背。稚虫体细长，腹末有 3 个尾鳃，尾鳃是呼吸器官，常呈叶片状，也有呈囊状或其他形状。

2. 差翅亚目 Anisoptera

本亚目昆虫俗称蜻蜓。头圆形。后翅基部比前翅基部稍大，翅脉也稍有不同。休息时四翅展开，平放于两侧。稚虫短粗，具直肠鳃，无尾鳃。蜓科和蜻科常见。

第五节 襀 翅 目

襀翅目 Plecoptera，俗称石蝇，英文名 stoneflies。

体小型至大型，柔软，5～50mm，体色黑色、绿色和黄色，具不发达的咀嚼式口器；触角线状，复眼特别发达，2～3 个单眼，大多数种类有翅，少数种类无翅。部分种类翅变短并且不能飞行。通常情况 2 对翅与腹部等长或长于腹部，足的跗节 3 节，尾须长，雌性没有真正意义上的产卵器（图 25-6）。

稚虫除了具有成虫没有的各种形态的气管鳃以外与成虫很相似。具有多节的尾须，至成

图 25-6 襀翅目昆虫 *Isoperla confuse*（仿 Borror，1981）

虫期尾须节数减少。

半变态，稚虫喜欢有明显水流的山区溪流，生活在石头上或石头底下，植食性或杂食性，有些肉食性，捕食蜉蝣的稚虫、摇蚊和蚋的幼虫。成虫植食性，取食藻类、苔藓、高等植物或不取食。

全世界记载 16 科 2500 种。

第六节　等　翅　目

等翅目 Isoptera，英文名 termites。

多型性社会性昆虫，小至中型，种群中有繁殖蚁、兵蚁和工蚁。繁殖蚁和工蚁的头为卵圆形或球形，兵蚁的头呈长方形、方形或卵圆形，触角念珠状，多节，口器咀嚼式，复眼存在但通常退化，通常无单眼。有翅型种类的翅为膜质，前后翅的大小、形状、脉序都很相似，休息时 2 对翅平叠放于体背；各对足很相似，基节膨大，跗节多数 4 节，少数种类 5 节，尾须 1 对，短小（图 25-7）。

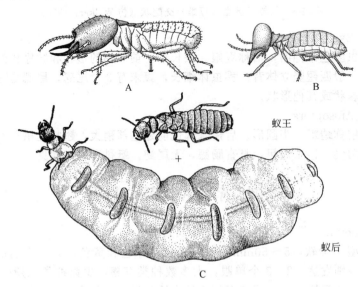

图 25-7 等翅目昆虫白蚁（A，B 仿 Harris，1971；C 仿 Watson 和 Abbey，1985）

A—家白蚁属 *Coptotermes* 兵蚁；B—象白蚁属 *Nasutitermes* 兵蚁；

C—象白蚁 *Nasutitermes exitiosus* 蚁王和蚁后

白蚁的蚁后寿命很长，是世界上寿命最长的昆虫，有些蚁后的寿命可能会超过70年。个体较大，有些种类比人的拇指还大，一天可产上千头卵。蚁王寿命也很长，并能间歇性地与蚁后交配源源不断提供精子。

白蚁可以取食植物、真菌和土壤。白蚁可以从活体或死亡的植物体内取食纤维素。传统的观点是白蚁依靠其肠道内的微生物降解、消化维生素，但现在分子生物学技术证明白蚁本身也能产生酶类促进纤维素分解。白蚁的取食具有相当的破坏性，可以使房屋的木质结构受损、农作物受害，在世界上的很多地区白蚁危害堤坝造成的穴道导致洪水泛滥。世界范围内每年要花费数十亿美元来控制和修复由白蚁造成的这种损害。

全世界已知种类3000种，80％属于白蚁科，中国已知4科540种。在热带和亚热带地区极其常见的种类，在温带地区却很少见。但在寒温带地区由于商业运输把白蚁带到那里，它们则可以在室内温暖的环境下定居，而如果在室外则不能生存。

第七节　蜚　蠊　目

蜚蠊目 Blattodea，英文名 cockroaches。

蜚蠊身体扁平，身体呈椭圆形，头部隐藏在前胸背板下，头式下口式。多数种类复眼非常发达，单眼退化，但某些生活在洞穴或蚁巢中的种类复眼退化或缺失。触角长，丝状，多节，口器为发达的咀嚼式口器，3 对足比较相似（图 25-8）。翅可能非常发达、短截或缺失。在一些种类中长翅型和短翅型同时存在。

渐变态，卵产于卵鞘内，有些种类的卵鞘附于雌虫腹部末端直至孵化。多数隐藏性，夜行性，多数生活在野外，主要生活在地下，在地面的裂隙、石头下，腐烂的树木和植物里。有些种类生活在地上，如植物的叶片上，昼行性，有些种类生活在室内，如人类的厨房中，是重要的卫生害虫。大多数种类喜欢生活在潮湿的环境中。

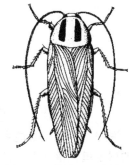

图 25-8　蜚蠊目昆虫德国小蠊（仿周尧，1950）

蜚蠊一般为杂食性，但有极少数是捕食性的，一些种类还可以取食腐烂的木质植物，靠肠道内的共生菌或原生动物进行分解消化，这种情况和白蚁很相似。若虫发育缓慢，发育期可能要持续 1 年，期间要蜕 12 次皮。成虫寿命较长。

全世界已知 5 科 4000 种，重要种类有德国小蠊、东方蜚蠊、美洲大蠊。

第八节　螳　螂　目

螳螂目 Mantodea，英文名 mantids、praying mantids。

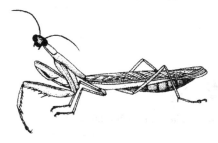

图 25-9　螳螂目昆虫中华螳螂
（仿袁锋与王素梅，1996）

触角丝状，头部三角形，能够大角度转动，复眼特别发达。口器咀嚼式，下口式，前胸特别延长，着生一对捕捉足。前翅革质、形成覆翅。足的跗节 5 节（图 25-9）。

渐变态。具有适于隐藏在叶片和花中的保护色，在热带地区螳螂的种类多、数量大。螳螂多数生活在树木及其他植物上，通常以守株待兔方式等待猎物的到来，偶尔也会悄悄接近猎物直到达到捕食的范围才开始攻击。螳螂的交配有时对于雄性个体很危险，因为雌虫一般比较大，而且常把雄虫当作一顿美餐而捕食配偶。卵被产在泡沫状的物质里，这些物质能够变硬形成卵鞘，卵鞘被附着在距离地面一定高度的物体上，一些种类把卵鞘产在土壤内。亲代有照顾卵甚至 1 龄若虫的现象。

全世界已知 8 科 2200 余种，主要分布于热带地区，中国已知 165 种。

第九节　蛩蠊目

蛩蠊目 Grylloblattodea，英文名 rock crawlers、ice crawlers。

体长形，20～35mm，头扁平，下口式，口器咀嚼式，复眼退化或缺失，无单眼，触角长，丝状。各对足形态一致，均具有大的基节，跗节 5 节。无翅。腹部具有长的、分节的尾须，雌性有发达的产卵器，雄性的外生殖器不对称（图 25-10）。

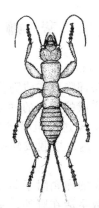

图 25-10　蛩蠊目昆虫中华蛩蠊（仿王书永，1987）

渐变态。隐居型昆虫，通常生活在高海拔、湿冷的环境里，在寒温带森林的石头下、腐烂的树木里、落叶下。该虫在白天和夜间均较活跃，气温升高时则到地下生活，冬天在雪下活动。捕食各种昆虫，也可取食死亡昆虫和植物。胚胎发育可能持续几个月到 3 年的时间。若虫有 8 个龄期，发育可达 7 年之久。

全世界已知 1 科 28 种，中国仅知 1 种。

第十节　螳䗛目

螳䗛目 Mantophasmatodea，英文名 gladiators、heelwalkers。

体中型，下口式，口器咀嚼式，复眼发达，无单眼，丝状触角，多节；前胸侧板大，完全外露；无翅；基节长，跗节 5 节；雌性具有发达的产卵器；尾须不分节，具有抓捕功能（图 25-11）。

图 25-11　螳䗛目昆虫 *Praedatophasma maraisi* 雌虫（仿 Zompro 等，2002）

本目是 2002 年新发现的一个目。

全世界已知 2 科 13 种，现存种类仅分布于非洲。

第十一节 䗛 目

䗛目 Phasmatoptera，英文名 walkingsticks。

也称竹节虫目，体中型至大型，通常呈长的圆筒形，偶尔呈叶片状，体色通常是绿色或褐色，但同一种竹节虫的不同种群体色差异较大。复眼特别发达，通常无单眼；口器咀嚼式，前胸短，中胸和后胸长；有的种类有翅，有的种类无翅，足非常相似，跗节 3～5 节；产卵器短小或隐藏，雄性的外生殖器不对称、隐藏，尾须不分节（图 25-12）。

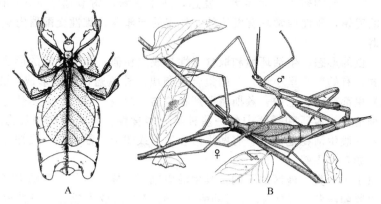

图 25-12 䗛目昆虫（A 仿刘胜利，1990；B 仿 Gullan 和 Cranston，2005）
A—中华丽叶䗛；B—*Didymuria violescens*

渐变态。通过模拟树枝或树叶躲避天敌的捕食。很多竹节虫属于夜出性昆虫，白天潜伏不动。有些种类会进行孤雌生殖。植食性，竹节虫种群密度一般较小，不会给植物造成经济为害。

全世界 2500 多种，中国记录 100 余种。巨型竹节虫 *Pharnacia serratipes* 为现生昆虫中体型最长的，达 33 cm。

第十二节 纺 足 目

纺足目 Embioptera，英文名 web spinners、embiids、foot spinners。

小到中型个体，体长形，触角念珠状，有复眼，无单眼，口器咀嚼式，绝大多数种类雄性的前后翅几乎相同，径脉特别粗壮，雌性无翅；跗节 3 节；尾须 2 节且在雄性中常常是不对称的（图 25-13）。

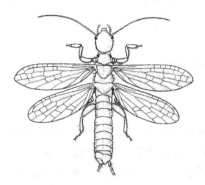

图 25-13 纺足目昆虫 *Embia major* 雄虫（仿 Imms，1913）

渐变态。生活在热带和亚热带陆地地区，少数种类生活在海洋的岛屿上。群集在丝巢内。若虫 4～5 龄，植食性。

全世界记载有 8 科 300 多种，但该目可能包含 2000 种。中国记录 7 种。

第十三节 直 翅 目

直翅目 Orthoptera，英文名 grasshoppers、locusts、katydids、crickets、mole crickets。

体中到大型，有长翅型、短翅型和无翅型种类，头下口式，口器咀嚼式，复眼发达，触角丝状，或长或短，前胸较大，后足大，发达，适于跳跃，跗节通常 3～4 节。如果有翅，则前翅是加厚的覆翅，雌性通常具有发达的、外露的产卵器，雄性交配器内藏。一般有发达的听器和发音器。

渐变态：若虫的形态、生活环境和取食习性与成虫相似；卵生：卵的形状呈圆柱形；产卵方式：隐蔽式，有的数个呈小堆，有的集合呈卵块，外覆盖保护物形成卵囊；产卵环境：蝼蛄、蟋蟀和蝗虫都产卵在土中，螽斯将卵产在植物组织内。食性：大多数直翅目昆虫为植食性，取食多种植物；螽斯和蟋蟀中的一些种类为多食性，甚至有些种类为腐食性和捕食性。成虫习性：一般生活在地面上，有些生活在地下或树上，能跳跃，飞翔力不强，但少数种类成群迁飞，如东亚飞蝗。

直翅目昆虫由于种类、地区的不同，其生活史也不一样，一年一代的类型为多，一般是在夏秋产卵，以此卵越冬，翌年 4、5 月间孵化，6、7 月间成为成虫，待性成熟，就进行生殖，一年仅一个世代，也有多化性和多年性种类，利用保护色、拟态、防御腺等方法防御外敌。

直翅目分为蝗亚目 Caelifera 和螽斯亚目 Ensifera。

一、蝗亚目

触角丝状、剑状或棒状，少于 30 节，触角短于身长之半，听器位于腹部第一节背面两侧；跗节不多于 3 节；产卵器短，凿状。

1. 蚱科 Tetrigidae

体小，前胸背板延伸过腹部，使整个身体呈菱形，触角短，线状，没有发音器和听器，跗节形式 2-2-3 式（图 25-14）。

经济意义不大。

图 25-14 蚱科昆虫日本菱蝗 *Tetrix japonica*（仿周尧，1980）

图 25-15 蝗科昆虫美洲蝗 *Schistocerca Americana*（仿 Hebard，1934）

2. 蝗科 Acrididae

体中型，9～80mm，多数在 15～30mm，粗壮，触角丝状或剑状，短于体长，前胸背板发达，但未盖过腹部。2 对翅，前翅狭窄，后翅宽阔，前翅在基半部分加厚，形成革质，通常呈屋脊状，盖住后翅和身体腹部，后翅膜质，展开呈扇形，前后翅翅脉均呈网状。跗节 3-3-3 式，听器位于第一腹节两侧，产卵器短、瓣状（凿状）（图 25-15）。

植食性昆虫，能取食不同科的植物，多数种类一年发生一代，若虫有5龄期。卵为两端圆的圆柱形或略有弯曲，有的有花纹，通常聚产在土中，形成卵囊，卵囊对卵有保护作用，以卵越冬。

若虫：自然条件下，越冬卵经4～5个月，翌年3～4月，当气温渐暖时，是蝗卵孵化、蝗蝻出土的季节，刚孵出的若虫又叫蝗蝻，没有翅，能跳跃。蝗蝻的形态和生活习性与成虫相似，只是身体较小，蝗蝻逐渐长大，3龄以后，翅芽显著，5龄以后，变成能飞的成虫。

成虫刚羽化后，身体、足和翅比较柔软，不能飞翔，经做短距离的跳跃和步行，寻找食物，经过一到几天的锻炼，即可飞翔，成虫的寿命比较长，一般在一个月到三个月左右，成虫期主要任务是飞翔、觅食、补充营养、交配和产卵、繁育后代。成虫存在雌雄二型现象，雌虫的个体比雄虫的个体明显大。

在全世界有一万多种，我国有一千多种，蝗虫不仅种类多，而且种群数量巨大，危害严重，是农业、牧业的大害虫。在1949年前，人们将水灾、旱灾、蝗灾并列为最为严重的三大自然灾害。蝗灾是一种世界性的农业生物灾害，全世界有1/3的大陆，包括一百多个国家和地区，不同程度受到蝗灾的威胁，其中以非洲和亚洲的一些国家蝗灾发生最为频繁，危害也最为严重。

二、螽斯亚目

触角丝状，多于30节，通常长于或等于体长，听器位于前足胫节基部，以左右前翅摩擦发声，跗节3节或4节，有刀状、剑状或矛状产卵器。

1. 螽斯科 Tettigoniidae

触角细长，超过体长，产卵器刀状，扁而阔，尾须短，发音器在前翅基部，听器位于前足胫节基部，跗节4节（图25-16）。

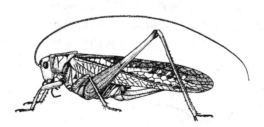

图25-16　螽斯科昆虫乌苏里螽斯 *Gampsocleis ussuriensis*（仿袁锋和王素梅，1996）

渐变态，卵多产于植物组织中，或成列产于叶边缘或茎干上，若虫蜕皮5～6次变为成虫；一年一代，成虫通常在7～9月为活跃期；成虫植食性或肉食性，也有杂食种类，多栖息于草丛、矮树、灌木丛中，善于跳跃，不易捕捉，具有保护色；植食性种类多对农林牧业造成不同程度危害。

2. 蟋蟀科 Gryllidae

体色暗，触角细长，超过体长，产卵器矛状，尾须长，足的跗节3节，雄虫发音器在前翅近中部，听器在前足胫节上（图25-17）。

渐变态，多一年一代，以卵越冬，穴居，常栖息于地表、砖石下、土穴中、草丛间，夜出活动，杂食性，吃各种作物、树苗、菜果等，雄性善鸣，好斗，有些种类具有药用价值。

3. 蝼蛄科 Gryllotalpidae

体中型，黄褐色，被有短细的毛；触角短于体长，前翅短，发音器不发达，后翅长，伸出腹末如尾状；前足开掘式；产卵器内藏，跗节3节，有尾须（图25-18）。

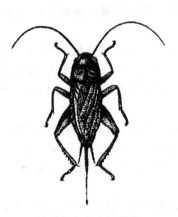

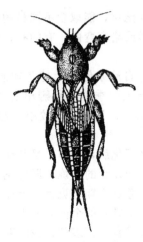

图 25-17 蟋蟀科昆虫南方油葫芦 *Teleogryllus mitratus*（仿袁锋和徐有恕，1987）

图 25-18 蝼蛄科昆虫华北蝼蛄 *Gryllotalpa unispina*（仿袁锋和徐有恕，1987）

渐变态，栖息在温暖潮湿、腐殖质多的壤土或沙壤土内。1～3 年一代，成虫或若虫在土壤深处越冬；春秋两季特别活跃，昼伏夜出；为害对象为小麦、玉米等禾谷类作物，也可为害棉花、烟草、蔬菜及树苗。蝼蛄为害特点：咬食播下的种子；咬食作物根部，伤口成松开的纤维状，幼苗枯死或生长不良；夜间咬食近地面的嫩茎，常将幼苗咬断；造成交错的隧道，土松动，作物根部与土壤分离，造成严重的缺苗断垄。

第十四节　革　翅　目

革翅目 Dermaptera，通称蠼螋、蝠螋，英文名 earwigs。

身体通常细长，扁平，前口式，口器咀嚼式，触角丝状，多节，无单眼，体外寄生的种类复眼退化或消失，其余种类有复眼。前翅变为短的、光滑无翅脉的覆翅，后翅半圆形、膜翅，具放射状翅脉，3 对足很相似，足的跗节 3 节。腹部具有不分节的钳状尾须，雌性产卵器退化或消失（图 25-19）。

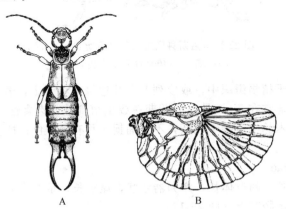

图 25-19 革翅目昆虫欧洲蠼螋 *Forficula auricularia*（A 仿 Capinera，2001；B 仿 Essig，1942）

A—成虫；B—展开的后翅

渐变态，卵是卵圆形，营自由生活的蠼螋是夜出性昆虫，白天躲到石块下或朽木里。蠼螋行动迅速，但几乎不用翅来飞行。很多蠼螋种类是杂食性的，也有一些取食植物的嫩根和芽，但更喜食动物性食物。

热带地区蠼螋可以全年繁殖，温带地区只在夏季繁殖。外寄生种类胎生，其他种类卵生。雌雄二型现象显著，雄性尾钳大，形状多样，用于捕食、防卫或交尾时抱握雌虫。

全世界已知 1800 种，我国已知 210 多种。

第十五节　缺　翅　目

缺翅目 Zoraptera，英文名 zorapterans、angel insects。

体微小型至小型，一般少于 4mm，身体柔软，触角念珠状，9 节，口器咀嚼式，下口式。通常无翅，有翅种类翅膜质，翅脉减少，跗节 2 节，腹节 11 节，尾须只有 1 节。雌性没有产卵器，雄性外生殖器通常不对称。成虫以 2 种形式存在：一种体色苍白色，没有复眼和单眼，无翅型；一种体色暗色，有复眼和 3 个单眼，有翅型（图 25-20）。

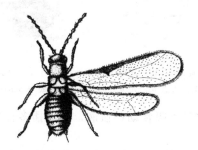

图 25-20　缺翅目昆虫胡氏缺翅虫 *Zorotypus hubbardi*（有翅型）（仿 Candell，1920）

渐变态，成虫隐藏在树皮或腐木下生活，取食真菌孢子和小的节肢动物。

全世界已知 1 科 32 种，主要分布于热带，属于稀有昆虫种类。

第十六节　啮　虫　目

啮虫目 Psocoptera，英文名 booklice。

体长 1～10mm，身体柔软，多数成虫前翅长于后翅，翅脉也比后翅复杂。休息时前翅伸越腹部末端，触角长，丝状。头球状，突出，但有时高度退化。复眼发达，但在某些种类中退化，口器咀嚼式，具有发达的上颚。成虫阶段前胸通常退化，中后胸膨大，承载飞行肌。足纤弱，一些种类的腿节膨大。有些种类无翅。跗节 2～3 节，在很多有翅种类中，后足的基节上有鼓室，认为是它们的发音器。腹部 11 节，外生殖器隐藏，无尾须（图 25-21）。

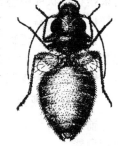

图 25-21　啮虫目昆虫
（仿李法圣，1999）

渐变态，多数种类卵生。卵单产或块产，有时上面会有覆盖物。一些种类以滞育卵越冬。若虫 5～6 龄，成虫阶段会有 1～2 天的成虫幼嫩期，然后才能开始繁殖活动。合适条件下产卵期可持续 2 个月，1年可发生几代。多数啮虫目昆虫生活在植物上或树皮下，有些生活在落叶中、石头下或洞穴内。少数种类在室内或粮仓内生活。植食性为主，偶尔有腐蚀性种类，很少给人类造成经济损失。很多种类具有群集性。

第十七节　虱　目

虱目 Phthiraptera，包括传统的虱目 Anoplura 和食毛目 Mallophaga。英文名为 true

lice、sucking lice、biting lice、bird lice。

体小型，0.35~10mm，扁平，无翅，口器为特殊的刺吸式或变形的咀嚼式，触角短，3~5节；复眼小或退化，无单眼；胸部有不同程度愈合。足短粗，攀登式，跗节1~2节；爪1~2个；腹部10节，无尾须（图25-22）。

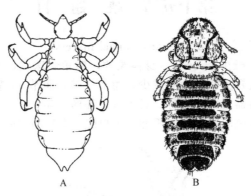

图 25-22　虱目昆虫（A仿 Gillott，1996；B仿周尧，1946）
A—人体虱 *Pediculus humanus*；B—牛鸟虱 *Damalinia bovis*

人虱、猪虱、鸟虱，许多种类吸食动物血液，并传播多种病毒，为卫生及家畜动物重要害虫。

渐变态，若虫与成虫相似。卵产于所寄生寄主的羽毛、毛发、皮肤或衣物上。

全世界已知 24 科 5000 余种，中国已知 1000 种。

第十八节　缨　翅　目

缨翅目 Thysanoptera，英文名 thrips。

体小型至微小型，0.5~5mm，体细长，略扁，黑色、褐色或黄色；口器锉吸式，能锉破植物的表皮而吮吸其潮流；有复眼和 3 个单眼，触角 6~9 节，线状，略呈念球状，末端数节尖锐，触角节上有钉状、角状突出或长圆形陷入的感觉器；翅狭长，边缘有缨状毛；足的末端有泡状的中垫，爪退化，也称泡脚目。雌性腹部末节圆锥形，腹面有锯状产卵器，或圆柱形无产卵器。

过渐变态，泛称蓟马，一般在干旱季节繁殖特别快而形成灾害，耐高温和降雨，暴雨可降低其密度，天敌有花蝽科昆虫、草蛉和食蚜蝇的幼虫以及瓢虫。

缨翅目分为管尾亚目 Tubulifera 和锥尾亚目 Terebrantia。

一、管尾亚目

前翅光滑无毛，无翅脉或只有一条简短的中脉，雌虫腹部末端管状，腹面不纵裂，无特化产卵器。

1. 管蓟马科 Phlaeothripidea

触角 8 节，少数 7 节，第 3~4 节上有锥状感觉器；前翅无翅脉。

二、锥尾亚目

前翅有微毛，有 1~2 条纵脉，有时还有横脉；雌虫腹部末端锥状，腹面纵裂，产卵器锯状。

1. 纹蓟马科 Aeolothripidae

体粗壮，黑褐色，翅白色，常有暗色斑；触角短，9 节，第 3、4 节上有长形感觉区，末端 3～5 节愈合，不能活动；翅较阔，前翅末端圆形，围有缘脉，有明显的横脉；有产卵器，锯状，从侧面看其尖端向上弯曲。

2. 蓟马科 Thripidae

体略扁平，触角 6～8 节，末端 1～2 节形成端刺，第 3、4 节上有感觉器，翅有或无毛，通常狭而端部尖锐，雌者腹末圆锥形，无刺毛，生有锯状产卵器，侧面观尖端向下弯曲（图 25-23）。

代表：温室蓟马、烟蓟马、稻蓟马。

本目目前已记载 9 科 6000 多种，中国已知 500 多种。

图 25-23　蓟马科昆虫 *Caliothrips fasciatus*（仿 Capinera，2001）

第十九节　半　翅　目

半翅目 Hemiptera，英文名 true bugs、cicadas、leafhoppers、spittle bugs、planthoppers、aphids、jumping plant lice、scale insects、white flies。

半翅目包括传统的半翅目和同翅目 Homoptera，如常见的蝽象（蝽）、蝉、叶蝉、蜡蝉、蚜虫、介壳虫等，是昆虫纲最大的类群之一，分布广泛。它们均具有刺吸式口器，吸食植物汁液或捕食小动物，一些是农、林业害虫或益虫；少数吸血、传播疾病；有些种类可分泌蜡、胶、或形成虫瘿，生产五倍子，是重要的工业资源昆虫；有的有一定的药用价值；有的鸣声悦耳动听、形态奇特，是重要的观赏昆虫。

一、形态特征

体小至大型，成虫体形多变，体长 1～110mm，翅展 2～150mm。

1. 头部

口器刺吸式，后口式；上颚和下颚特化成口针藏于下唇特化成的喙中；喙常 3～4 节，从前足基节间伸出，或从头部前下方或后下方伸出；触角丝状或刚毛状；复眼大；单眼 2～3 个或缺。

2. 胸部

前胸背板发达，常为六角形，角与边的形状多变；中胸小盾片三角形，有些类群小盾片为盾状或半圆形，可盖住前后翅并达到腹末；后胸小；一般有 2 对翅，前翅基半部革质、端半部膜质（此翅类型为半鞘翅），或质地均一，革质或膜质；停息时两对翅平叠或呈屋脊状放置；有些种类为短翅型或无翅型。甚至在同一种内也有长翅型、短翅型或无翅型个体；足多为步行足，适于爬行。但也有些种类的部分足特化为开掘足、捕捉足、跳跃足、游泳足或水上疾走，一些雌虫的足退化或消失，如雌性介壳虫因固定生活而胸足退化；跗节多数 2～3 节，少数 1 节或缺。

3. 腹部

腹部 9～11 节，一般 10 节。蝉亚目腹部 11 节，8、9 两节形成外生殖器；胸喙亚目的腹部可见节不多于 9 节，其中木虱、蚜虫和雌性介壳虫腹部前 3 节常有不同程度的愈合；无尾须；雄性第 9 腹节特化成生殖节，雌性通常第 8、9 两节形成产卵器，有 3 对产卵瓣，第 2 对常愈合，但介壳虫和蚜虫的雌虫一般无瓣状产卵器；部分种类腹部还有发音器、听器、腹管或管状孔等结构；胸部或腹部常有臭腺或蜡腺；异翅亚目成虫臭腺开口于后足基节前，但臭虫的臭腺开口于腹部第 1～3 节背板上；若虫的臭腺都位于腹部第 3～7 节背板上；无尾须。

二、生物学

1. 栖境和食性

多为陆栖，有些异翅亚目的蝽类水面栖、水中栖或生活于潮湿环境中，还有的生活于地下。异翅亚目蝽类常见的陆栖类群如蝽科、缘蝽科和猎蝽科等；成虫和若虫水面栖的种类如黾蝽科；水中栖的种类如负子蝽科等。

食性多为植食性，其中大多为多食性，可取食多种植物；少数为寡食性或单食性，其中包括一些捕食性和吸血性昆虫。植食性昆虫将口器刺入植物组织内部取食，许多是经济植物的害虫；部分肉食性或捕食其他昆虫，其中一些属于益虫；还有的吸食血液，传播疾病，是重要的传病媒介昆虫。异翅亚目中常见的植食性类群如蝽科、长蝽科、缘蝽科等，可吸食植物汁液，传播病害，降低植物生长势，是农业害虫；捕食性类群如猎蝽科、姬蝽科、花蝽科等，是进行害虫生物防治的好帮手；吸血性类群如臭虫科，可吸食人类血液，传播疾病，是重要的卫生害虫。

2. 活动习性

多数种类白天活动，少数夜间活动。部分种类低龄若虫群集生活。成虫有较强的趋光性和护卵习性。稻褐飞虱 *Nilaparvata lugens* Stal、白背飞虱 *Sogatella furcifera*（Horvath）能长距离迁飞。蝽类昆虫受惊扰时从臭腺喷出液体，有浓烈的臭味，用以防御。

3. 变态和生活史

大多数为渐变态，经历卵、若虫和成虫3个阶段；少数为过渐变态，如雄性介壳虫和粉虱有类似蛹的虫态，属过渐变态。

1年发生1代或多代，多以卵越冬。有些种类冬季在适宜的气候条件下不滞育，有些种类则滞育越冬。个别种类如十七年蝉 *Magicicada* spp.，需17年才能完成1代。卵的形状与结构差别较大，常为圆筒形、卵形、鼓形或肾形；常单产或聚产于土壤、寄主体内或体表。如蝽、蝉、叶蝉和飞虱等有发达的产卵瓣，将卵产于植物组织内或土中；蚜虫、介壳虫、木虱和粉虱等无特化产卵瓣，将卵产于寄主表面。若虫一般6龄，少数9龄。

4. 繁殖方式

多数为两性卵生，少数为卵胎生或孤雌生殖（孤雌胎生或孤雌卵生）。寄蝽和少数长蝽为卵胎生；一些介壳虫、粉虱经常进行孤雌生殖；多数蚜虫进行周期性孤雌生殖，即两性生殖和孤雌生殖交替进行。

5. 雌雄二型和多型现象

雌雄二型在一些种类中很明显，大多是雌虫较雄虫个体大；有的雄虫有翅而雌虫无翅，如介壳虫；有的雄虫有发音器而雌虫没有，如蝉；有些种类有多型现象，且多见于雌性，如飞虱有长翅型和短翅型；蚜虫至少有两型，即有翅孤雌型和无翅孤雌型，一般有干母、有翅孤雌蚜、无翅孤雌蚜、雌蚜和雄蚜。

6. 共栖现象

半翅目中的胸喙亚目和蜡蝉亚目昆虫，用刺吸式口器刺入寄主的韧皮部取食，其液体食物中的水和糖多，但蛋白质和氨基酸少，为了浓缩蛋白质和氨基酸，大量的水和糖通过肛门排出体外，为蚂蚁所喜食。蚂蚁追随其后，舔食蜜露，并保护它们不受天敌的侵扰。有的蚂蚁在晚秋或冬季将这些昆虫或其卵搬回巢内过冬，到春季再把它们搬回到寄主植物的嫩芽上。因此，在这类昆虫为害的植物上，经常看到有大量蚂蚁在活动。

三、半翅目与人类的关系

1. 有害的半翅目昆虫

半翅目昆虫多为植食性，是重要的经济作物害虫。它们对植物的为害有四，一是以口器刺吸植物汁液，使植物营养不良、生长势降低，叶片或果面出现斑点、缩叶、卷叶、虫瘿、肿瘤，造成畸形生长，甚至枯萎死亡。二是有些种类用发达的产卵器在植物组织内产卵，造成枯枝。三是有些种类分泌蜜露，影响植物呼吸和光合作用，并引起霉菌滋生，对一些植物影响极大。四是传播植物病毒病，已知的传毒昆虫 80％属于半翅目，在传毒方面蚜虫为害最重，其次是叶蝉、飞虱和粉虱。蚜虫传播植物病毒病所造成的损失通常比其直接为害造成的损失更大。

此外，少数种类还吸食血液、传播疾病；蝽类昆虫常有臭腺，有些能发出让人恶心的气味，令人生厌。

2. 有益的半翅目昆虫

半翅目昆虫中有些种类捕食害虫和螨，属于农林益虫，可用于生物防治，应加以保护利用；而有些种类是对人类非常有益的资源昆虫，可生产紫胶、白蜡、五倍子等工业原料和产品。紫胶虫 *Lacciferlacca*（Kerr）雌虫分泌紫胶；白蜡虫 *Ericerus pela*（Chavannes）雄性分泌虫白蜡；胭脂虫 *Dactylopius coccus* Costa 的虫体可以提取胭脂红酸；五倍子蚜 *Schlechtendalia chinensis*（Bell）寄生漆树属植物叶子形成虫瘿五倍子等；有的种类有一定药用价值；有的鸣声悦耳动听、形态奇特，是重要的观赏昆虫。

四、分类及常见科简介

目前，多数分类学家主张将半翅目分为胸喙亚目 Sternorrhyncha、蜡蝉亚目 Fulgoromorpha、蝉亚目 Cicadomorpha、鞘喙亚目 Coleorrhyncha 和异翅亚目 Heteroptera 共 5 个亚目。全世界已记载半翅目约 151 科 92000 多种，我国已知 5000 多种。半翅目常见科简介如下。

1. 胸喙亚目

体微小至小型。喙着生于前足基节间或更后；触角丝状；单眼 2～3 个；有或无翅；有翅型的前翅覆翅或膜翅，基部无肩片；前翅有不多于 3 条纵脉从基部伸出；停息时两对翅呈屋脊状叠放于体背；跗节 1～2 节；雌虫产卵器有 3 对产卵瓣或无特化的产卵器；消化道有滤室；植食性。

（1）木虱科 Psyliidae　体小型，体长 1～8mm，活泼善跳。喙 3 节，触角 10 节，末节端部有 2 刺；单眼 3 个；前翅皮革质或膜质，R 脉、M 脉和 Cu₁ 脉基部愈合，形成主干，到近翅中部分成 3 支，近翅端部每支再各 2 分支；后翅膜质，翅脉简单；跗节 2 节，后足基节有疣状突起，胫节端部有刺（图 25-24）。

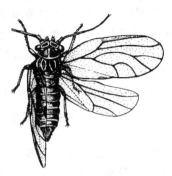

图 25-24　木虱科昆虫中国梨木虱
（仿杨集昆和李圣法，1981）

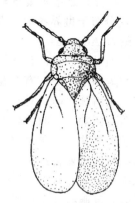

图 25-25　粉虱科昆虫温室白
粉虱（仿 Lloyd，1922）

两性生殖，卵生，产卵于叶片、芽鳞或嫩梢上，有的产卵于植物组织中。若虫 5 龄，群集，善跳，多有蜡腺，能分泌蜡质保护物，有些还可以分泌蜜露，故常有蚂蚁伴随。成、幼虫刺吸植物汁液，为果树、林木害虫；有些还能传播植物病毒病。国内常见种类：柑橘木虱 *Diaphorina citri* Kuwayama 为害柑橘等芸香料植物，中国梨木虱 *Psylla chinensis* Yang et Li，主要为害梨树。

（2）粉虱科 Aleyrodidae　体小型，体长 1～3mm，体和翅上被有白色蜡粉，故而得名粉虱科；触角 7 节，单眼 2 个；两性均有翅 2 对，大小相似；前翅脉序简单，R 脉、M 脉和 Cu₁ 脉合并在 1 条短的主干上，后翅纵脉 1 条；跗节 2 节（图 25-25）。

若虫 4 龄，1 龄若虫触角 4 节，足发达，行动活泼，蜕皮后足和触角退化，第 4 龄结束时不再活动，特称"蛹壳"。

主要在被子植物的叶背产卵和为害。多粒卵排成弧形或环形，一些种类是非常重要的害虫。常见重要种类：烟粉虱 *Bemisia tabaci*（Gennadius）寄主植物达 74 科 500 多种，是传毒昆虫；温室白粉虱 *Trialeurodes vaporariorum*（Westwood）是温室、大棚和露地蔬菜的重要害虫。

（3）蚜科 Aphididae　体小型，体长 1～7mm，多数约 2mm，有时被蜡粉；触角 4～6 节，6 节居多，末端 2 节上有圆形感觉孔；单眼 2 个；前翅有 Rs、M、Cu₁ 和 Cu₂ 4 条斜脉，M 脉分叉 1～2 次；停息时两对翅叠放于体背呈屋脊状；跗节 2 节，爪间突毛状；腹部第 5 节或第 6 节背两侧各有 1 个腹管，腹管有的长管状，有的膨大，少见球状或缺；腹末尾片形状多样，尾板末端圆（图 25-26）。

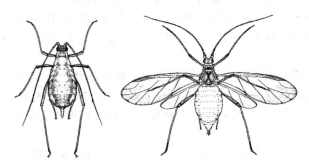

图 25-26　蚜科昆虫豌豆蚜的无翅蚜和有翅蚜（仿 Capinera，2001）

胎生，营同寄主或异寄主生活，1 年 10～30 代。若虫 4 龄，大多生活在植物的芽或花序上，少数在根部，是最重要的经济植物害虫类群。常见重要种类：桃蚜 *Myzus persicae*（Sulzer）广泛分布于世界各地，寄主多达 50 科 400 余种，并能传播百余种植物病毒病。

（4）球蚜科 Adelgidae　体小型，体长 1～2mm，体背面蜡片发达，常有蜡粉或蜡丝覆于体上。有翅型触角 5 节，有宽带状感觉孔 3～4 个；但无翅蚜及若蚜触角 3 节，复眼有 3 个小眼面；雌蚜触角 4 节；有翅型前翅具 M、Cu₁ 和 Cu₂ 3 条斜脉，Cu₁ 和 Cu₂ 脉基部分离，后翅仅 1 条斜脉；静止时翅呈屋脊状；跗节 2 节；无腹管；尾片半月形（图 25-27）。

卵生，若虫 4 龄；一般营异寄主生活，生命周期有干母、瘿蚜、伪干母、侨蚜、性母；是松、杉类重要害虫。重要种类：红松球蚜 *Pineus cembrae pinikoreanus* Zhang et Fang，是东北地区红松的重要害虫。

（5）根瘤蚜科 Phylloxeridae　体小型，体表有或无蜡粉，触角 3 节。无翅蚜及若蚜只有 1 个感觉孔，复眼有 3 个小眼面，尾片半月形，无腹管；有翅蚜只有 2 个长感觉孔，前翅具 M、Cu₁ 和 Cu₂ 3 条斜脉，Cu₁ 和 Cu₂ 脉基部共柄；后翅无斜脉，停息时翅平放于体背；跗节 2 节（图 25-28）。

卵生，若虫 4 龄；一般营同寄主生活，寄主为栎属等阔叶植物。重要种类：葡萄根瘤蚜 *Viteus vitifoliae*（Fitch）为害葡萄的叶和根部，是重要的检疫害虫。

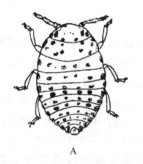

图 25-27　球蚜科昆虫松球蚜（仿牟吉元等，1996）
A—有性雌蚜；B—干母第 1 龄若蚜

图 25-28　根瘤蚜科昆虫梨黄
粉蚜（仿周尧，1964）

（6）瘿绵蚜科 Pemphigidae　体长 1.5～4mm，常有发达蜡腺，体表多有蜡粉或蜡丝，触角 5～6 节，感觉孔横带状；有翅蚜前翅 4 条斜脉，M 脉不分叉，后翅 Cu 脉 1～2 支。静止时翅合拢于体背呈屋脊状。腹管退化呈小孔状、短圆锥状或缺；尾片宽，半月形（图 25-29）。

图 25-29　瘿绵蚜科昆虫苹果绵蚜（仿周尧，1977）
A—有翅胎生雌蚜；B—无翅雌蚜（去掉胸部蜡毛）

若虫 4 龄。多数种类营异寄主生活，第 1 寄主多为阔叶树，第 2 寄主多为草本植物，少数为木本植物。重要种类：五倍子蚜是著名的资源昆虫，苹果绵蚜 *Eriosoma lanigerum* (Hausm) 是重要的检疫害虫。

（7）绵蚧科 Margarodidae　该科是蚧总科 Coccoidea 中体型最大的科。雌虫营自由生活，体肥大，身体柔软，背有白色卵囊；腹部分节明显；触角 11 节；无翅。雄虫触角 10 节；前翅膜翅，后翅棒翅；跗节 1 节；腹末有 1 对突起（图 25-30）。

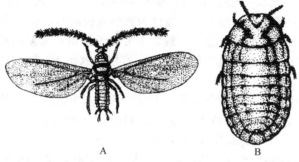

图 25-30　绵蚧科昆虫草履蚧 *Drosicha corpulenta* (Kuwana)（仿周尧，1977）
A—雄成虫；B—雌成虫

生活于植物枝叶的表面，主要为害林木和果树的枝干和根部，其中有许多重要害虫。著

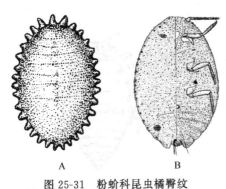

图 25-31　粉蚧科昆虫橘臀纹
粉蚧（仿周尧，1977）

A—未除去蜡粉的雌成虫；B—除去蜡粉的雌成虫

名种类：吹绵蚧 *Icerya purchasi* Maskell 为柑橘生产的毁灭性害虫。

（8）粉蚧科 Pseudococcidae　雌虫长卵圆形，体柔软，被蜡粉；体分节明显；触角 5～9 节，端节常较前节长且大；无翅；常有足，跗节 1 节；肛门周围有骨化的肛环（anal ring）和肛环刺毛（setae）4～8 根，通常 6 根；自由生活。雄虫常有翅，触角 10 节，腹末有 1～2 对白色长蜡丝（图25-31）。本科昆虫因体表被白或乳黄色蜡粉，貌似白粉披身，得名粉蚧。

卵生或胎生，多生活在枝叶表面，主要为害果树和林木。重要种类：湿地松粉蚧 *Oracella acuta* （Lobdell），来源于美国，现在广东、广西危害严重。

（9）蚧科 Coccidae　本科昆虫雌雄异型。雌成虫体形和大小不一，但同种间体型较雄成虫大，无翅；或裸露或被蜡质分泌物；触角 6～8 节；一般有足，但小，跗节 1 节，少数无足；腹末有臀裂（anal cleft）；肛门上有 2 块三角形的肛板（anal palte）。雄成虫有翅，触角 10 节，单眼一般 4～10 个；足发达，跗节 1 节；腹末有 2 条长蜡丝（图 25-32）。

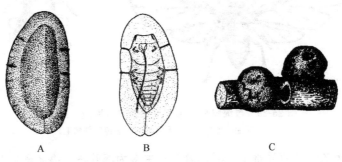

图 25-32　蚧科昆虫褐蚧和朝鲜坚球蚧（仿周尧，1977）

A—褐蚧成虫背面；B—褐蚧成虫腹面；C—朝鲜坚球蚧雌成虫

该科昆虫寄生于乔木、灌木和草本植物上，许多种类是重要的林果害虫。重要种类：褐软蚧 *Coccus hesperidum* L. 为害柑橘等多种林果。白蜡蚧 *Ericerus pela* （Chavannes）是中国特有的资源昆虫，其雄性若虫分泌的白蜡被国际上誉为"中国蜡"。

（10）盾蚧科 Diaspididae　该科是蚧总科 Coccoidea 中数量最多的科，因圆形蜡质介壳很似"盾牌"而得名。雌成虫体形不一，通常为圆形或长筒形，被盾状蜡质介壳；介壳与虫体明显分开；虫体碟状，部分体节愈合；触角 1 节或无触角；无复眼或单眼；无翅也无足；腹部第 4～8 节或第 5～8 节愈合成臀板。雄成虫有翅；触角 10 节；足发达，跗节 1 节；腹末无蜡丝（图 25-33）。

两性生殖或孤雌生殖，产卵于介壳下。主要生活于木本植物上，寄主范围广，是林果和花卉常见的害虫类群之一。重要种类：梨圆蚧 *Quadraspidiotus perniciosus* （Comstock）、松突圆蚧 *Hemiberlesia pitysophila* Takagi 等。

（11）胶蚧科 Kerridae　雌成虫体圆球形或梨形，体壁柔软，体节几乎全部融合，体上被很厚的介壳；头小，触角极退化，瘤状；胸部发达，占虫体的绝大部分，足退化；无翅；腹末有肛环和肛环刺毛。雄成虫有翅，少数无翅；触角 10 节；腹末有 2 条长蜡丝（图 25-34）。本科昆虫通称胶蚧。

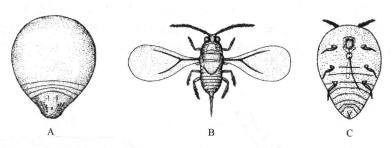

图 25-33　盾蚧科昆虫代表椰圆盾蚧（仿周尧，1977）
A—雌成虫；B—雄成虫；C—第1龄若虫

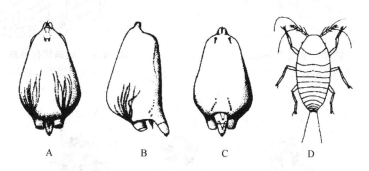

图 25-34　胶蚧科昆虫紫胶虫（仿 Silvestri，1934）
A—雌成虫背面观；B—侧面观；C—腹面观；D—第1龄若虫

该科昆虫寄生于乔木和灌木的树枝上，其中部分种类可分泌一种树脂——紫胶，而紫胶是一种重要的化工原料，广泛地应用于多种行业。著名种类：紫胶虫是世界著名的资源昆虫，我国紫胶产量位居世界第三。

2. 蜡蝉亚目

体小至大型，喙着生点在前足基节以前；触角刚毛状，着生在复眼之间；前翅质地均一，革质或膜质，前翅基部有肩片；翅脉发达，前翅至少有4条纵脉从翅基伸出，其中2条臀脉相接成"Y"形；静止时翅屋脊状叠放于体背；跗节3节。

（12）蜡蝉科 Fulgoridae　体中至大型，外形奇特，体色艳丽，是半翅目中最美丽的类群。头大多圆形，有些种类头部形状怪异，额与颊膨突；单眼2个；翅发达，均为膜质，翅脉到端部多分叉，并多横脉，呈网状；前翅肩片明显，后翅常有鲜艳色彩；中足基节长，着生在体的两侧，互相远离；后足基节短，固定不能活动，并互相接触；能跳跃，后足胫节多刺，腹部常大而扁宽（图25-35）。

常见种类：斑衣蜡蝉 Lycorma delicatula（White），为害椿树等经济植物；龙眼蜡蝉 Fulgora candelaria（L.），俗称龙眼鸡，是我国南方龙眼和荔枝的害虫。

（13）蛾蜡蝉科 Flatidae　体中至大型，体长4～32mm；外形似蛾，体色多为褐或淡绿色，个别种类色彩艳丽。头比前胸窄；单眼2个；前翅宽大，近三角形，翅脉网状，前缘区多横脉，臀区脉纹上有颗粒；后翅宽大，但横脉少，翅脉不呈网状；多雌雄二型现象（图25-36）。

成虫和若虫均喜群集，主要在藤本和木本植物上为害。若虫常被有长蜡丝。重要经济害虫种类：碧蛾蜡蝉 Geisha distinctissima（Walker）为害柑橘等果树，褐缘蛾蜡蝉 Salurnis marginella（Guerian）为害咖啡、茶、柑橘等。

（14）飞虱科 Delphacidae　体小型，体长2～9mm，体色多灰白或褐色；头小且短，少数头部延长与体其余部分等长；单眼2个；触角锥状，通常不长于头与前胸长度之和；前胸常呈衣领状，中胸三角形，翅膜质，静止时合拢成屋脊状，少数种类短翅或无翅型；前翅基部有肩片；后足胫节有2个大刺，端部有1个可以活动的距，是本科最显著的鉴别特征（图25-37）。

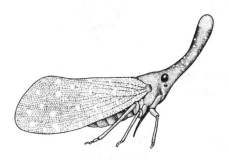

图 25-35　蜡蝉科昆虫 *Pyrops sultan*（仿 Edwards，1994）

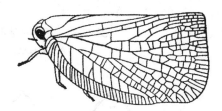

图 25-36　蛾蜡蝉科昆虫碧蛾蜡蝉（仿周尧，1985）

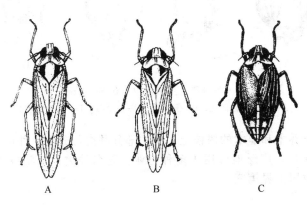

图 25-37　飞虱科昆虫白背飞虱（仿袁锋和徐有恕，1987）

A—长翅型雌虫；B—长翅型雄虫；C—短翅型雌虫

许多种类为害禾本科植物，并传播多种植物病毒病，是经济植物的重要害虫。常见重要种类：褐飞虱 *Nilaparvata lugens*（Stål）、白背飞虱 *Sogatella furcifera*（Horvath）和灰飞虱 *Laodelphax striatellus*（Fallén），是水稻重要害虫。

3. 蝉亚目

体小至大型，喙着生点在前足基节以前；触角刚毛状，生于复眼下方；单眼2～3个；前翅质地均一，膜质或革质，基部无肩片；翅脉发达，前翅至少有4条纵脉从翅基部伸出，臀区没有"Y"形脉；静止时翅屋脊状叠放于体背；跗节3节。

（15）蝉科 Cicadidae　俗称知了。体中至大型，体长15～110mm；触角短，刚毛状或鬃状；单眼3个；前后翅是膜翅，常透明，翅脉发达；前足开掘足，腿节常具齿或刺；雄虫第1腹板有发达的半圆形瓣状发音器（图25-38 A）。

蝉的生活史为4～17年，成虫生活于植物地上部分，产卵于嫩枝内，常导致顶梢死亡。若虫地下生活，吸食植物根部汁液。若虫老熟后钻出地面，爬上枝叶上羽化，脱下的皮称"蝉蜕"或"枯蝉"（图25-38 B）。若虫被真菌寄生后形成"蝉花"。蝉蜕和蝉花可入药。常见种类：蚱蝉 *Cryptotympana atrata*（Fabr.）。

（16）叶蝉科 Cicadellidae　体小型，体长3～15mm，形态多样；单眼2个，少数种类无单眼；触角刚毛状；前翅革质，后翅膜质；后足胫节有2条以上的棱脊，棱脊上有3～4

图 25-38 蝉科昆虫（A 仿周尧，1954；B 仿 Resh 和 Cardé，2009）

A—鸣鸣蝉成虫；B—蝉科昆虫 *Cyclochila australasiae* 成熟若虫

列刺状毛，该特征为显著的鉴别特征（图 25-39）。

该科昆虫多生活在植株上，能飞善跳，成虫和若虫均刺吸为害植物的叶子，不少种类能传播植物病毒病，是农林业的重要害虫。常见重要种类：大青叶蝉 *Cicadella viridis*（Linnaeus）、黑尾叶蝉 *Nephotettix cincticeps*（Uhler）。

（17）沫蝉科 Cercopidae　因若虫常埋藏于泡沫中而得名。体小至中型，头部常比前胸背板窄，单眼 2 个；触角短，刚毛状；前胸背板大，常呈六边形；前翅革质，后翅膜质；后足胫节有 1～2 个侧刺，末端有 1～2 圈端刺（图 25-40）。

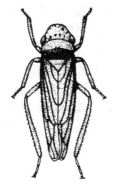

图 25-39　叶蝉科昆虫大青
叶蝉（仿周尧，1954）

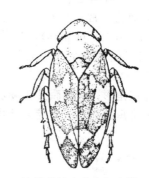

图 25-40　沫蝉科昆虫黄头长沫蝉 *Philaenus
spumarius*（仿 Borror 等，1976）

俗称吹泡虫，泡沫是由若虫第 7～8 腹节表皮腺分泌的黏液从肛门排出时混合空气形成。

多数种类为害草本植物，少数为害木本植物，许多种类是农、林业害虫。常见害虫种类：稻赤斑黑沫蝉 *Callitettix versicolor*（Fabr.）是水稻重要害虫，斑带丽沫蝉 *Cosmoscarta bispecularis* 为害桑、桃、茶等。

（18）角蝉科 Membracidae　体小至中型，体长 2～20mm。形态奇特，多为黑色或褐色，少数色彩艳丽；复眼大而突出，单眼 2 个；触角短，鬃状；前胸背板特别发达，向前、后、上或向两侧延伸成角状突出，故名角蝉；前后翅均为膜质（图 25-41）。

该科一些种类有很高的观赏价值。

主要生活于灌木或乔木上，喜群集，特别是若虫；年发生 1～2 代，以卵在树枝内越冬。常见种类：苹果红脊角蝉 *Machaerotypus mali* Chou et Yuan，可为害苹果等树木；鹿角蝉 *Elaphiceps cervus* Buckton 是板栗等树木的害虫。珍稀种类：周氏角蝉 *Choucentrus*

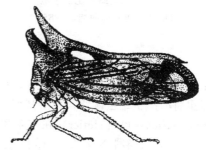

图 25-41　角蝉科昆虫周氏角蝉
（仿袁锋，1996）

sinensis Yuan。

4. 鞘喙亚目

体小型，扁平，体长2～4mm；触角短，丝状，3节，藏于头下；喙4节，基部包于前胸侧板形成的鞘内；前翅质地均匀，有网状纹，不能飞行；后翅退化或无；静止时前翅平叠于体背；足跗节2节。

生活于潮湿环境，植食性，取食苔藓。目前仅知膜翅蟏科 Peloridiidae 1个科13属25种，分布于南半球，如南美洲、新西兰和澳大利亚等，我国尚未发现。

5. 异翅亚目

体小至大型，喙的着生点在头的前端；触角丝状，一般生于复眼下方；单眼2个或无；前翅为半鞘翅，即基半部革质，端半部膜质；半鞘翅加厚的基半部常被爪片缝（claval suture）分为革片和爪片，有的革片还分缘片和楔片；膜质的端半部是膜片，膜片上常有翅脉和翅室；静止时翅平叠于体背。跗节1～3节。

（19）黾蟏科 Gerridae　又称水黾科。体长1.7～36mm，体形细长，体色暗淡，腹面有银白色绒毛；复眼球形，单眼常退化；触角4节；喙4节；中胸发达，明显长于前、后胸之和；有或无翅；足细长，前足短，适宜捕食，中、后足长，密生防水性绒毛；中、后足基节接近而远离前足基节；跗节2节；腹部小，有臭腺（图25-42）。

成、若虫均群集生活于急流或静水表面，产卵于水面的漂浮物上。肉食性，捕食落水昆虫或其他小动物。常见种类：水黾 *Aquarium paludum* Fabr.；代表种类：海南巨黾蟏 *Gigantometra gigas*（China），为世界最大型的黾蟏科昆虫之一。

（20）负子蟏科 Belostomatidae　又称田鳖科，是异翅亚目中个体最大的科。体中至大型，体长9～112mm；体椭圆形，扁平；触角4节；喙5节；复眼突出，无单眼；前胸背板大，小盾片三角形；前翅膜片无翅脉或翅脉网状；前足捕捉足，粗大，中后足游泳足；腹部末端的呼吸管短而扁，或可缩入体内；前跗节有爪；跗节式 2-2-2 或 3-2-2（图25-43）。

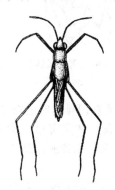

图 25-42　黾蟏科昆虫水黾
（仿章士美和杨明旭，1985）

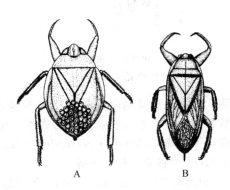

图 25-43　负子蟏科昆虫
（仿章士美和杨明旭，1985）
A—负子蟏雄成虫和背负的卵；B—大田鳖成虫

成、若虫均水生，喜静水，多生活在浅水域底层或水草间。肉食性，可捕食各种水生昆虫和蝌蚪、田螺、鱼苗和鱼卵等，成虫趋光性强。成虫常产卵在泥底或水草上，有些种类的雌虫将卵产于雄虫体背，并由其背负至卵孵化，故得名负子蟏。代表种类：桂花蝉 *Lethocerus indicus*（Lepeletier）在广东和广西等地作为食用。

（21）蝎蟏科 Nepidae　体长15～50mm，体形多样，有细长如螳螂者称为水螳螂或螳蟏，有体阔呈长卵状者称水蝎或蝎蟏。触角短，3节；喙3节；前足特化为捕捉足，跗节1节，中后足细长，适于游泳；腹部末端有1对长或短的呼吸管（图25-44）。

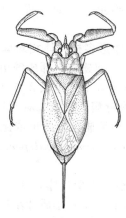

图 25-44　蝎蝽科昆虫（仿 Gullan
和 Cranston，2005）

图 25-45　划蝽科昆虫狄氏夕
划蝽（仿郑乐怡，1999）

水生，喜静水，在水底或水草间爬行。肉食性，捕食水中小昆虫或鱼卵。常见种类：小
螳蝎蝽 *Ranatra unicolor* Scott，中华螳蝎蝽 *Ranatra chinensis* Mayr。

（22）划蝽科 Corixidae　体长 2.5～15mm，体多狭长，呈两侧平行流线型；触角 3～4
节；喙 1 节；头部后缘覆盖前胸前缘；前翅质地均匀，革质；前足一般粗短，跗节 1 节，特
化加粗为匙形；中足细长，向两侧伸出；后足游泳足；跗节式 1-1-2 或 1-2-2（图 25-45）。

生活于静水或缓流水体中，体轻于水，一般附着在底层植物上，主要取食藻类，也有些
种类捕食蚊子幼虫或其他小型水生动物；趋光性强；游泳时动作急促、迅速。代表种类：狄
氏夕划蝽 *Hesperocorixa distanti* (Kirkaldy)。

（23）仰蝽科 Notonectidae　又称仰泳蝽科。体长 5～15mm。体背隆起似船底，游泳时
背面向下、腹面朝上。触角 4 节；喙 3～4 节；前足和中足短，用以握持物体；后足长桨状，
用以划水游泳，休息时伸向前方；跗节 2 节，后足跗节无爪（图 25-46）。

图 25-46　仰蝽科昆虫仰泳蝽（仿牟吉元等，1996）

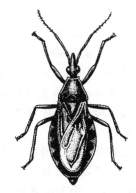

图 25-47　猎蝽科昆虫广椎猎蝽（仿章士美等，1985）

水生，产卵于水中植物组织内。肉食性，常捕食小昆虫、鱼卵和鱼苗等。代表种类：中
华大仰蝽 *Notonecta chinensis* Fallou。

（24）猎蝽科 Reduviidae　又称食虫蝽科。体小至大型，体壁一般比较坚实，体形多样，
黄、褐或黑色；头部较细长，后端呈颈状；触角 4 节；喙短，3 节，明显成弧形弯曲，后端
放在前胸腹板沟内；多有单眼 2 个；小盾片小三角形；前翅膜片常有 2 个翅室，室端伸出 2
条纵脉；跗节常为 2 节或 3 节；腹部中段常膨大（图 25-47）。

捕食性或吸血。多数种类是有益虫，捕食害虫及螨类，如黑光猎蝽 *Ectrychotes andreae*

Thumberg；少数种类吸食哺乳动物或鸟类的血液，传播锥虫病，如广椎猎蝽 *Triatoma rubrofasciata* （DeGeer）。

（25）盲蝽科 Mirdiae　体小至中型，体长 4～10mm，体形多样，体相对脆弱；复眼突出，无单眼；触角 4 节，喙 4 节，第 1 节与头部等长或较长；前翅在中部成钝角弯曲；革区分为革片、爪片和楔片；膜片有翅室 2 个，无纵脉；跗节常为 3 节，少数 2 节（图 25-48）。

大多数植食性，为害植物花蕾、嫩叶或幼果，并传播病毒病，是农、林和牧草的害虫，如三点盲蝽 *Adelphocoris asciaticollis* Reuter；少数肉食性种类捕食小昆虫或昆虫卵。还有一些兼有植食性和肉食性。常见益虫种类：黑肩绿盲蝽 *Cyrtorrhinus lividipennis* Reuter 在稻田里捕食稻飞虱或叶蝉的卵。

（26）姬蝽科 Nabidae　又称姬猎蝽科或拟猎蝽科，体小至中型，体长 3～12mm。体通常浅褐色至深褐色，头细长，前伸；触角 4 节；喙 4 节；单眼 2 个；小盾片小三角形；前翅膜片上常有纵脉组成的 2 个或 3 个翅室，并有少数横脉；前足捕捉足，足上多刺，跗节 3 节，无爪垫（图 25-49）。

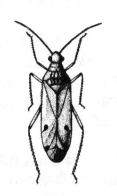

图 25-48　盲蝽科昆虫烟盲蝽
（仿章士美和陈凤玉，1985）

图 25-49　姬蝽科昆虫暗色姬蝽
（仿任树芝，1998）

喜欢在草本植物的基部或土壤表面活动，昼伏夜出；肉食性，捕食小昆虫和动物，是对农业有利的益虫。常见种类：暗色姬蝽 *Nabis stenoferus* Hsiao。

（27）花蝽科 Anthocoridae　体小型，体长 1.5～6mm，椭圆形，背面扁平。头向前平伸，前半比较狭窄；触角 4 节；喙 4 节，第 1 节很小，不明显，常被误认为 3 节；单眼 2 个；前胸背板梯形，小盾片发达；前翅革片分缘片和楔片，膜片常具不明显的纵脉 2～4 条；跗节 3 节（图 25-50）。

常见于植物花、果、树皮上或落叶间，肉食性，主要捕食小昆虫和昆虫卵，有些取食植物汁液或花粉；常以成虫在枯枝落叶下及其他隐蔽场所越冬。天敌种类：东亚小花蝽 *Orius sauteri* （Poppius），南方小花蝽 *Orius similis* Zheng。

（28）长蝽科 Lygaeidae　体小至中型，体长 2～12mm，长卵形；头多平伸，触角 4 节，有单眼 2 个；喙常 4 节；小盾片小三角形；前翅革区无楔片，膜片上有 4～5 条纵脉，少数端部分支成网状，或有 1 个宽翅室。跗节 3 节；腹部气门位于背面，有臭腺（图 25-51）。

经常出没于土表层或低矮植物上。多为植食性，不少种类为害种子；少数种类捕食小型昆虫和螨类；个别种类吸食高等动物的血液。常见害虫种类：小长蝽 *Nysius ericae* （Schilling），高粱长蝽 *Dimorphopterus spinolae* （Signoret），甘蔗异背长蝽 *Cavalerius saccarivorus* Okajima。

（29）红蝽科 Pyrrhocoridae　体中至大型，体长 10～20mm，长椭圆形；体多为红色而带有黑斑。头部平伸，触角 4 节；喙 4 节；无单眼；小盾片小三角形；前翅膜片纵脉多于 5 条，基部有 2 个或 3 个翅室，少数种类翅脉呈不规则网状；跗节 3 节（图 25-52）。

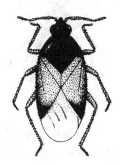

图 25-50　花蝽科昆虫南方小花蝽
（仿章士美和张维球，1985）

图 25-51　长蝽科昆虫小长蝽
（仿章士美和胡海操，1985）

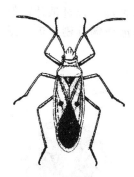

图 25-52　红蝽科昆虫离斑棉红蝽
（仿彩万志等，2001）

图 25-53　缘蝽科昆虫稻棘缘蝽
（仿章士美和熊江，1985）

常生活于植物表面或地面，植食性，为柑橘、葡萄等植物的害虫。常见害虫种类：棉红蝽 Dysdercus cingulatus (Fabr.) 为害棉花。

（30）缘蝽科 Coreidae　体中至大型，体长 6～40mm，形态多样，宽扁或狭长；触角、前胸背板和足常有扩展成叶状的突起，特别是后足胫节；头小，短于前胸背板；触角 4 节；喙 4 节；单眼 2 个；小盾片小三角形；前翅革区有革片和爪片，膜片有多条平行纵脉，基部常无翅室；雄性后足腿节常膨大，具瘤或刺状突起；跗节 3 节（图 25-53）。

成、若虫植食性，栖于植物上，吸食植物幼嫩组织或果实汁液，对农、林植物均有一定为害。臭腺特别发达，恶臭。常见害虫种类：稻棘缘蝽 Cletus punctiger Dallas，粟缘蝽 Liorhyssus hyalinus (Fabr.) 等。

（31）网蝽科 Tingidae　体小至中型，体长 1.5～10mm，体多扁平；头、胸背面及前翅上有网状纹；触角 4 节，第 3 节最长，第 4 节纺锤形；喙短，4 节；无单眼；小盾片小三角形；跗节 2 节（图 25-54）。

成、若虫植食性，主要为害草本植物，多在寄主叶背面或幼嫩枝条群集刺吸为害。常见害虫种类：亮冠网蝽 Stephanitis typical (Distant) 为害香蕉，梨冠网蝽 Stephanitis nashi Esaki et Takeya 为害梨。

（32）臭虫科 Cimicidae　体小型，体长 4～6mm，扁卵圆形，红褐色；触角 4 节；喙 4 节；无单眼；前翅极退化，呈短小的三角片状，向后最多伸达腹部第 2 节；跗节 3 节（图 25-55）。

图 25-54 网蝽科昆虫梨网蝽
（仿彩万志等，2001）

图 25-55 臭虫科昆虫温带臭虫
（仿章士美和王世璋，1985）

外寄生，吸食人、鸟类、蝙蝠等动物的血液，夜出性，或传播家禽疫病。常见种类：温带臭虫 *Cimex lectularius* L.。

（33）土蝽科 Cydnidae 体小至中型，体长 1.5～25mm，长卵形，体表常具刚毛或硬短刺；触角 5 节，少数 4 节；单眼 2 个；小盾片大三角形或舌形，长过爪片，但不伸达至腹末；前足胫节扁平，两侧具坚硬的刺，适于掘土；中、后足顶端具刷状毛；跗节 3 节（图25-56）。

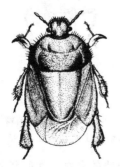

图 25-56 土蝽科昆虫根土蝽
（仿章士美和李长安，1985）

图 25-57 蝽科昆虫稻绿蝽
（仿章士美，1985）

生活于地表土壤中或其他隐蔽处，为害植物的根部或茎基部，常造成大片缺苗断垄；少数食动物尸体；多数种类有趋光性。常见害虫种类：根土蝽 *Stibaropus jormosanus* Takado et Yamagihara 等。

（34）蝽科 Pentatomidae 体小至大型，背面一般较平，体色多样；触角 5 节，极少数 4 节；单眼 2 个；小盾片大三角形或小舌形；前翅革片伸达翅的臀缘；膜片有多条纵脉，多从一基横脉上发出；跗节 3 节（图 25-57）。

多数植食性，栖于植物上，刺吸为害植物，许多种类为农、林害虫；少数肉食性。若虫喜群集，成虫有护卵习性，臭腺特别发达。常见害虫种类：稻绿蝽 *Nezara viridula*（L.）为害水稻，斑须蝽 *Dolycoris baccarum*（L.）为害烟草；另外九香虫 *Aspongopus chinensis* Dallas 是我国有名的药用昆虫，有益脾补肾之功效。

（35）荔蝽科 Tessaratomidae 体大型，体长 15～26mm，外形与蝽科相似，常有金属光泽。触角 4 节，少数 5 节；喙 4 节；单眼 2 个；前胸背板宽大，后缘有时向后扩展；小盾片大，三角形；前翅革片伸达翅的臀缘；膜片有多条纵脉，少分支；跗节 2 节或 3 节；腹部第 2 气门外露（图 25-58）。

生活于乔木上，植食性，喜食幼果和嫩梢的汁液。若虫喜群集。臭腺特别发达。重要种类：荔蝽 *Tessaratoma papillosa* Drury 是荔枝和龙眼等树木的重要害虫。

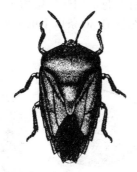

图 25-58　荔蝽科昆虫荔蝽（仿彩万志等，2001）

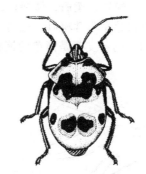

图 25-59　盾蝽科昆虫油茶宽盾蝽（仿章士美，1985）

（36）盾蝽科 Scutelleridae　体小至大型，体长 5～20mm，体背强烈圆隆，腹面平坦；触角 5 节或 4 节；单眼 2 个；小盾片极度发达，盾形，盖住翅和整个腹部，故名盾蝽。前翅与体等长，革片不伸达翅的臀缘，膜片不折叠，上具多条纵脉；跗节 3 节（图 25-59）。

植食性，多为害农作物、蔬菜、果树和森林，雌虫有护卵和初孵若虫的习性。重要害虫种类：扁盾蝽 *Eurygaster testudinarius* （Geoffroy），丽盾蝽 *Chrysocoris grandis* （Thunberg）等。

（37）龟蝽科 Plataspidae　体小至中型，体近圆形或卵圆形，背面隆起。触角 5 节；喙 4 节；单眼 2 个；前胸背板中部前方有横缢，小盾片极发达，半球形，覆盖翅和整个腹部，因外形龟状，故名龟蝽；前翅大部分膜质，可折叠在小盾片之下；跗节 2 节（图 25-60）。

图 25-60　龟蝽科昆虫筛豆龟蝽
（仿章士美和尹益寿，1985）

植食性。常群栖于植物枝干上，尤其在豆科植物上常见。常见种类：筛豆龟蝽 *Megacopta cribraria* （Fabr.）。

第二十节　脉　翅　目

脉翅目 Neuroptera，英文名 lacewings、owlflies、antlions。

体中大型，体壁通常柔弱，有时生毛或覆盖蜡粉，头下口式，很活泼，口器咀嚼式，触角细长，线状、念球状、梳状或棒状，单眼 3 个或无，前胸通常短小，翅 2 对，前后翅都是膜质，大小和形状很相似，翅脉密而多，呈网状，在边缘多分叉，少数种类翅脉少而简单，跗节 5 节，爪 2 个。

幼虫一般衣鱼形或蠋虫形，口器捕吸式，胸足发达，蛹为离蛹，多包在丝质薄茧内，卵圆球形或长卵形，有的种类具丝状卵柄。

有草蛉、粉蛉、蚁蛉、褐蛉等昆虫，全变态，全世界已知约 5000 种，中国记载近 200种，绝大多数种类的成虫和幼虫均为肉食性，捕食蚜虫、叶蝉、粉虱、蚧、鳞翅目的幼虫和卵以及蚁、螨等，其中不少种类在害虫的生态控制中起着重要作用。

1. 粉蛉科 Coniopterygidae

体小型，体翅被有白色蜡粉，触角念珠状。前后翅相似，翅脉简单，纵脉至多不超过10 条，到翅缘不再分叉，前缘横脉至多 2 条（图 25-61）。

完全变态。卵椭圆形、略扁，有网状花纹，一端有突起的受精孔。幼虫身体扁圆，两端尖削，成虫栖居在果树和林木之间。成虫和幼虫均捕食蚧、螨、蚜和粉虱等。

2. 草蛉科 Chrysopidae

体中型，细长，柔弱，体绿色、黄色或灰白色，复眼有金色的闪光，触角长，线状，前后翅的形状和脉序非常相似，透明，翅脉绿色或黄色，前缘区有 30 条以下的横脉，不分叉，Rs（径分脉）的各支都是简单的梳状分支（图 25-62 A）。

图 25-61　粉蛉科昆虫 Conwentzia sp.（仿周尧，1976）

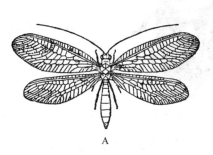

图 25-62　草蛉科昆虫（A 仿杨集昆，1978；B 仿周尧，1986）
A—大草蛉 Chrysopa pallens 成虫；B—Chrysopa sp. 幼虫

产卵的方式特别，它用腹尖在草叶表面分泌一点黏液，腹部一翘，把黏液拉成一条纤细长柄，在柄的顶端产一个卵，这是为了使别的小虫吃不到它，也为了避免初孵化的幼虫吃掉未孵化的卵。幼虫（图 25-62 B）捕食蚜虫及其他为害花草树木及谷类的小虫，是益虫，它把蚜虫的体液吸干，把干壳粘在自己背上当作伪装，鸟类不吃草蛉，因为许多种的草蛉身上发出一种臭味。

3. 褐蛉科 Hemerobiidae

体中、小型，体多褐色或翅上有褐斑，无单眼，触角念球状，前翅缘区横脉很狭长，前后翅的形状、大小及脉序相似，有斑纹，亚前缘脉与第一径脉平行，在近端部 1/4 处愈合，没有明显的翅痣，有长形的翅痣下室（图 25-63 A）。

4. 蚁蛉科 Myrmeleontidae

体细长，外形略似蜻蜓，触角短棒状，翅狭长，前后翅的形状大小及脉序相似，有时有斑纹，亚前缘脉与第一径脉平行，在近端部 1/4 处愈合，没有明显的翅痣，有长形的翅痣下室（图 25-64 A）。

幼虫蚁狮生活在气候炎热地区的干沙里，它头上有一对强大的大颚（图 25-64 B），用来挖坑及捕食，用颈部向后

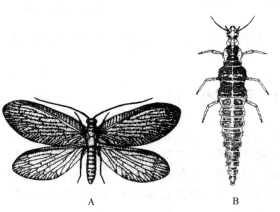

图 25-63　褐蛉科昆虫（A 仿杨集昆，1999；B 仿 Tauber 和 Krakauer，1997）
A—全北褐蛉 Haemerobius humuii 成虫；B—幼虫

猛扬的方式抛除浮沙，造成一个漏斗形的沙坑，藏身在坑底，坑壁的沙只要轻轻一碰就会滑下，所以当一只蚂蚁或其他小虫走到坑边时，就会踏动浮沙，一同跌落。如果猎物没有跌到坑底，蚁狮就不断扬起沙来打它，使它再跌下去。蚁狮用双颚把它咬住，拉进沙里，蚁狮有毒的分泌液流入受害者体内，使它麻痹，蚁狮将受害者吸干后，把残骸抛出坑外。

5. 蝶角蛉科 Ascalaphidae

大型种类，体长 40～50mm，外形很像蜻蜓，身体上多细长毛，触角长，端部膨大而

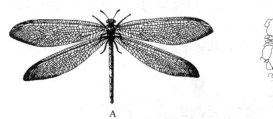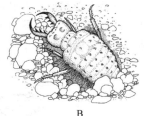

图 25-64　蚁蛉科昆虫（A 仿周尧，1942；B 仿 Wigglesworth，1964）

A—蚁蛉成虫；B—蚁蛉幼虫

图 25-65　蝶角蛉科昆虫黄花蝶角蛉（仿周尧，1942）

扁，典型球杆状，复眼大，有沟，分为上下两部分，前后翅形状与脉序很相似，后翅稍短，亚前缘脉与第一径脉紧相平行，近端部愈合，翅痣明显，翅痣下室短（图 25-65）。

卵孵化后，幼虫常在地面活动，喜群集，成虫喜在树枝上栖息。

第二十一节　广　翅　目

广翅目 Megaloptera，英文名 alderflies、dobsonflies 和 fishflies。

通常个体较大，一些种类翅展可以达到 17 cm。复眼非常发达。触角丝状，细长。口器咀嚼式，单眼有或无。各胸节都非常发达并能自由活动。3 对足相似。翅膜翅，横脉多，无翅痣。腹节 10 节，无尾须（图 25-66）。

幼虫细长，某些种类可以达到 8 cm，头突出，发达。

图 25-66　广翅目昆虫东方巨齿蛉成虫（仿周尧，1954）

完全变态昆虫。广翅目昆虫成虫生活在溪流旁，或者湿冷的环境中。白天栖息在植物上，它们通常很少取食，一般寿命较短，只有几小时或几天。卵可以几百粒至上千粒产在临近水源的石头上或植物上。幼虫水生，捕食性。绝大多数种类为一化性昆虫，一些大型种类为多年性昆虫，需要 5 年才能发育一代。幼虫 10～12 龄，要化蛹时，离开水源，钻入到土壤、苔藓内或石头下化蛹。

第二十二节　蛇　蛉　目

蛇蛉目 Raphidioptera，英文名 snakeflies。

成虫与广翅目昆虫很相似，但其由头的后部和前胸形成的细长的"颈"可以与广翅目相区别。头式前口式，复眼突出，口器咀嚼式，触角长，丝状，多节。单眼3个或无单眼。2对翅相似，翅脉是具有很多横脉和1个翅痣的原始脉序。雌性具有发达细长的产卵器（图25-67）。

图 25-67　蛇蛉目昆虫西岳蛇蛉 *Agulla xiyue*（仿周尧，1958）

完全变态。幼虫细长，头前口式，口器咀嚼式。3对胸足很一致，腹部没有附肢。离蛹，形态接近成虫。成虫日出行，可以在花上、叶片上和树干上活动，以软体节肢动物为食，特别是蚜虫和鳞翅目幼虫，同时也取食花粉。

第二十三节　鞘　翅　目

鞘翅目 Coleoptera，英文名 beetles 和 weevils。

鞘翅目昆虫通称甲虫，属有翅类，全变态类。该目是昆虫纲乃至整个动物界种类最多、分布最广的第一大目。迄今全世界已知有35万多种，占全球已知昆虫总数的1/3，中国记载约有1万余种；其中许多种类是农、林业的重要害虫，一些靓丽种类具有很高的观赏价值。

一、形态特征

1. 成虫

体小至大型，体长 0.25～150mm；体躯坚硬，前翅高度角质化，形成鞘翅。

（1）头部　坚硬，口器为典型的咀嚼式，头式大多为前口式或下口式，触角一般有11节，形状多样，有丝状、锯齿状、棍棒状、念珠状、锤状、鳃叶状和膝状等；复眼常发达，圆形、椭圆形或肾形，少数穴居或地下生活种类的复眼常退化或消失；很少种类具单眼，少数有2个背单眼或1个中单眼。鞘翅目中有一类称为象甲的昆虫，其头部向前极度延伸而成象鼻状的喙，口器生于喙的端部，容易识别。

（2）胸部　各节发达，侧板均折向腹面。前胸背板发达，后缘直、凸出或呈波形；前胸腹板在前足基节间向后延伸，当包围住前足基节窝时，称前足基节窝闭式，相反即为前足基节窝开式；中胸背板仅露出小盾片，呈三角形、梯形、方形、圆形或心形；中胸腹板发达，当中足基节窝被中胸腹板包围而不与侧板相接时，称中足基节窝闭式，当它与侧板相接时称为中足基节窝开式（图25-68）；有翅2对，前翅鞘翅，后翅膜翅，停息时，两鞘翅在体背中央相遇成一条直线，称鞘翅缝，后翅折叠于前翅下；

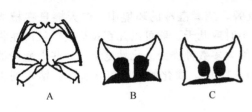

图 25-68　鞘翅目足的基节窝
类型（仿 Ross 等，1982）
A—后足基节将第1腹板划分；B—前足基节窝开式；C—前足基节窝闭式

部分种类只有 1 对前翅或无翅；胸足发达，特化形式多样，有步行足、开掘足、抱握足、捕捉足、跳跃足或游泳足；跗节 2～5 节，跗节式有 5 节类、拟 4 节类、异跗类、4 节类、拟 3 节类、3 节类和 2 节类（图 25-69）。

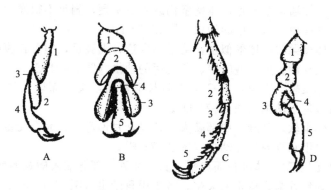

图 25-69　鞘翅目足的跗节类型（仿 Ross 等，1982）
A—后足跗节拟 3 节（瓢虫）；B，D—后足跗节拟 4 节（叶甲）；C—跗节 5 节（步甲）

　　5 节类的跗节式是 5-5-5；拟 4 节类或隐 5 节类的跗节为 5 节，但第 3 节膨大呈双叶状，把短小的第 4 节隐藏其中；异跗类的跗节式是 5-5-4；4 节类的跗节式是 4-4-4；拟 3 节类或隐 4 节的跗节实为 4 节，第 2 节膨大呈双叶状，把短小的第 3 节隐藏其中；3 节类的跗节式是 3-3-3；2 节类的跗节式是 2-2-2。

　　（3）腹部　10 节，但可见腹节只有 5～8 节。由于腹板常愈合或退化，可见第 1 腹板的形状是分亚目的重要特征。在肉食亚目 Adephaga 中，后足基节向后延伸，将第 1 腹板完全分割开成 2 块；在多食亚目 Polyphaga 中，后足基节未能将第 1 腹板完全分开，第 1 腹板的后端相连；腹部最后 1 节背板称臀板，它露出鞘翅外或被鞘翅覆盖；雌虫腹部末端几节渐细形成可伸缩的产卵器；无尾须（图 25-70）。

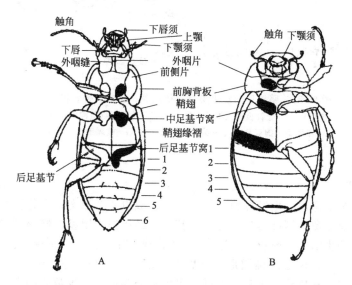

图 25-70　鞘翅目肉食亚目和多食亚目的腹面特征（仿 Matheson，1911）
A—肉食亚目（步甲 Harpalus）；B—多食亚目（金龟子 Phyllophaga）

2. 幼虫及其类型

幼虫前口式或下口式，口器咀嚼式；单眼 0～6 对；胸足 3 对，发达或退化，无腹足。

根据幼虫形态特征和生活习性，可把鞘翅目幼虫分为 7 类：

(1) 肉食甲型（蛃型） 体壁坚硬，上颚发达，有 3 对发达的胸足，行动活泼；捕食性。如步甲、虎甲、芫菁等的幼虫（图 25-71 A）。

(2) 金针虫型 体通常金黄色，体壁坚韧或末节坚硬，胸足不很发达，无腹足，行动不太活泼；植食性。如叩甲、拟步甲的幼虫（图 25-71 B）。

(3) 伪蝎型 体壁柔软，体形似蚕，胸足不发达，无腹足，但可在腹部腹面着生肉质突起；行动不活泼，植食性。如一些叶甲、负泥甲的幼虫（图 25-71 C）。

(4) 蛴螬型 体柔软，肥硕，呈 C 形或新月形弯曲，头大而硬，胸足不发达，不善于爬行。如地下害虫金龟子幼虫（图 25-71 D）。

(5) 象甲型 体柔软，肥胖，中部膨大，体呈新月形弯曲；完全无足，生活在隐蔽而富营养的环境中。如象甲和豆象科的幼虫（图 25-71 E）。

(6) 钻蛀型（无足型） 体细长而扁平，头小而硬，部分缩入横宽的前胸内，上颚发达，胸足退化或无足。如钻蛀为害树木的天牛、吉丁甲科幼虫（图 25-71 F）。

(7) 枝刺型 胸足短小，可活动，体背布满成列而坚硬的刺突。如马铃薯瓢虫的幼虫（图 25-71 G）。

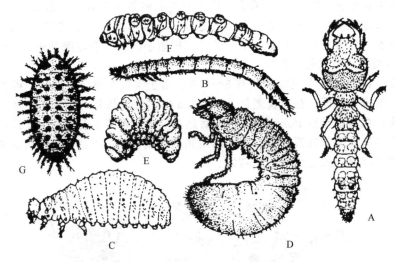

图 25-71 鞘翅目的幼虫类型（仿周尧，1977；钟觉民，1990）

A—肉食甲型（虎甲）；B—金针虫型（细胸金针虫）；C—伪蝎型（负泥甲）；D—蛴螬型（金龟子）；

E—象甲型（豌豆象）；F—钻蛀型（天牛）；G—枝刺型（马铃薯瓢虫）

二、生物学

1. 生活周期

绝大多数为全变态，一生经过卵、幼虫、蛹、成虫 4 个虫态；但芫菁科、寄甲科、隐翅虫科和大花蚤科及豆象科等种类为复变态，其幼虫经历肉食甲型、蛴螬型和拟蛹 3 个阶段。

鞘翅目昆虫的生活史一般较长，通常 1～4 代或多年 1 代，个别种类甚至需 25～30 年才能完成 1 代。卵多为圆球形或椭圆形，产卵方式多样；幼虫通常 3～5 龄，多数为寡足型，少数无足型；蛹多数是离蛹，少数是被蛹。多数种类为卵生，少数为胎生、卵胎生或幼体生殖。一般以成虫、蛹或幼虫越冬，少数以卵越冬。

2. 生活习性

(1) 栖境和食性 鞘翅目昆虫由于具有坚硬的外壳而具有较强的抗逆性和广泛的分布性，能在各种栖境下生存，主要包括三种形式：陆栖、水栖和半水栖。绝大多数的植食性甲虫为陆生，如金龟子、叶甲等；部分种类为水生，如龙虱、水龟虫等；半水栖的甲虫生活在非常潮湿的环境中。

鞘翅目昆虫的成、幼虫食性复杂，主要有植食性、肉食性、腐食性、粪食性、尸食性等。大多数甲虫是植食性，取食植物及其产品，因而很多种类是林木和作物的害虫，如金针虫、金龟子、天牛、叶甲等；肉食性种类捕食昆虫或小型动物，或寄生于其他昆虫或小动物活体内，因而在害虫生物防治中得到利用和保护，如步甲、瓢甲等；腐食性、粪食性和尸食性的甲虫，如埋葬虫、蜣螂的许多种类以动植物制品、尸体、排泄物为食，可为人类清洁环境。多数鞘翅目为多食性，部分寡食性，少数单食性。

（2）趋光性和假死性　多数鞘翅目昆虫的成虫有强的趋光性和假死性，可以利用这些习性来捕捉和防治它们。

（3）雌雄二型现象　雌雄二型现象在鞘翅目昆虫中很突出，多数种类雌雄两性的大小、颜色及外部形态等特征有显著不同。

三、鞘翅目与人类的关系

鞘翅目昆虫多数种类是植食性，食性复杂，许多种类是农林牧业和储藏物的重要害虫。它们为害植物的各个部位，且幼虫和成虫均能为害，给生产带来了严重的损失。还有一些幼虫期钻蛀为害的种类能传播植物病害，如松褐天牛 Monochamus alternatus Hope 的幼虫是松材线虫 Bursaphelenchus xylophilus（Steiner et Buhrer）的主要传播媒介。

同时，一些植食性甲虫可用于杂草的生物防治。我国曾先后从加拿大和俄罗斯引入豚草条纹叶甲 Zygogramma suttralis（Fabr.）来防治恶性豚草 Ambrosia spp. 取得了很好效果；从美国引进空心莲子草叶甲 Agasicles hygrophila Selman et Vogt 防治空心莲子草 Alternanthera philoxeroides（Martius）也取得了成功。

肉食性甲虫是重要的天敌类群，一些种类已经成功地应用于生物防治中。例如，我国引进澳洲瓢虫 Rodoliam cardinalis Mulsan 和孟氏隐唇瓢虫 Cryptolaemus montrouzieri Mulsant 来防治介壳虫；利用瓢虫防治蚜虫、粉虱、介壳虫、叶螨；利用花绒寄甲 Dastarcus helophoroides（Fairmaire）防治松褐天牛和光肩星天牛等，也取得了良好效果。

腐食性的甲虫，以动植物尸体、腐败物和粪便为食，在保护生态环境方面起了极大作用；一些甲虫，如龙虱、水龟虫等是人们很好的美味佳肴；还有一些可以入药。

此外，鞘翅目是最原始的传粉昆虫，在昆虫中的传粉作用位于膜翅目和双翅目之后，鳞翅目之前，位于第三。

四、分类及常见科简介

鞘翅目分 4 个亚目：原鞘亚目 Archostermata、肉食亚目 Adephaga、菌食亚目 Myxophaga 和多食亚目 Polyphaga。

1. 原鞘亚目

体小至中型。成虫触角丝状，前胸有或无背侧缝，静止时后翅端部卷成筒状；后翅具小纵室；后足基节不与后胸腹板愈合，可动，不把第 1 腹板完全分开；跗节 5 节。幼虫蛃型、蛴螬型、金针虫型或象虫型；上颚具白齿区；足 6 节，爪 1 个。成虫和幼虫均为植食性。陆栖。

该亚目仅 1 总科——长扁甲总科 Cupedoidea，包括 3 科：眼甲科 Ommatidae、长扁甲科 Cupedidae 和复变甲科 Micromalthidae，全世界已知不足 30 种，在此不作详细介绍。

2. 肉食亚目

体小至大型。触角多丝状；成虫前胸有背侧缝；后翅具小纵室；后足基节固定在后胸腹板上，不可动，并把第 1 可见腹板完全分开；跗节 5 节；幼虫蛃型或步甲型；上颚无白齿区；足 5 节；多数种类第 9 腹板背板有尾突。成虫和幼虫基本上为肉食性，仅少数种类为植食性。陆栖或水栖。

(1) 虎甲科 Cicindelidae　体中型，体长 10～20mm，长圆柱形，常具金属光泽和鲜艳色斑；下口式，头比胸部略宽，触角 11 节，触角间距小于上唇宽度；后翅发达，善于飞翔。足细长，胫节有距（图 25-72）。

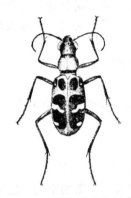 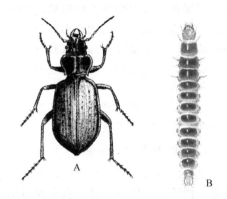

图 25-72　虎甲科昆虫六星虎甲
（仿 Capinera，2001）

图 25-73　步甲科昆虫（A 仿 Swan 和 Papp，
1972；B 仿 Lawrence，1991）
A—步甲 Calosoma sycophanta 成虫；B—步甲 Abaris bigenera 幼虫

陆栖；多数种成虫白天活动，行动敏捷，喜在田坎、河边捕食小昆虫，当人走近时，常向前短距离飞翔后停下，故称拦路虎；幼虫头部圆盘形，身体细长，具毛瘤，头和胸部比腹部宽大。常在砂地或泥土中挖洞穴，匿居其中，头塞在洞穴入口处，张开上颚，狩猎路过的小虫。幼虫第 5 腹节背面有突起的逆钩可防止猎物挣扎外脱；腹末无尾突。常见种类：中华虎甲 Cicindela chinensis De Geer。

(2) 步甲科 Carabidae　通称步甲。体小至大型，体长 1～60mm，长圆形或圆柱形，体色暗淡或具鲜艳的金属光泽；头前口式，常窄于前胸；触角 11 节，丝状，触角间距大于上唇的宽度；鞘翅表面具沟纹，多数地栖种类成虫后翅退化，左右鞘翅愈合，不能飞行；少数树栖种类成虫后翅发达，有较强的飞翔能力；后足转节叶状膨大，跗节 5 节（图 25-73 A）。

幼虫前口式，上颚有齿；第 5 腹节无逆钩，第 9 腹节有伪足状突起（图 25-73 B）。

多数成虫不善飞翔，土栖，多在地表活动，行动敏捷，白天隐藏于石头、断木、树皮、枯枝落叶下或废墟中；少数种类树栖。成虫喜欢在晚上活动，有趋光性和假死性。肉食性，捕食昆虫、蜗牛或千足虫。步甲属 Carabus 昆虫与环境质量关系密切，在不少国家已被列为重点保护对象。在我国，拉步甲 Carabus lafossei Feisthamel 和硕步甲 Carabus davidi Deyrolle et Fairmaire 是国家 II 级重点保护野生动物。

(3) 龙虱科 Dytiscidae　体小至大型，体长 1.2～45mm；体椭圆形，扁平而光滑，背腹两面呈弧形拱出；头缩入前胸内，触角丝状，11 节；后足特化为游泳足，基节发达，左右相接；雄虫前足为抱握足，交配时用以抱握雌虫（图 25-74）。

成、幼虫均水生，喜静水；肉食性，以水中的鱼卵、鱼苗、蝌蚪和昆虫为食；有趋光性。常见种类：黄缘龙虱 Cybister japonicus。

3. 菌食亚目

体小型，触角棒状；前胸具背侧缝，后翅具纵室，边缘有长缨毛；跗节 3 节。

该亚目仅有 1 个总科——球甲总科 Sphaerioidea，包括 4 科：宽跗甲科 Torridincolidae、单跗甲科 Lepiceridae、球甲科 Sphaeriidae 和水缨甲科 Hydroscaphidae；共约 20 种，我国记

载种很少，在此不作详细介绍。

4. 多食亚目

体小至大型。成虫前胸无背侧缝；后翅无小纵室；后足基节不固定在后胸腹板上，可动，不把第 1 可见腹板完全分开；跗节 3～5 节；触角类型多样。幼虫类型多样；上颚具臼齿区；足 4 节；无跗节，爪 1 个或无。

（4）水龟甲科 Hydrophilidae　体小至大型，体长 1～40mm，外形似龙虱，但比较起来体背更隆起，腹面更扁平；触角短，6～9 节，棍棒状；下颚须线状，长于或等于触角长度；中胸腹板常有 1 个中脊突；后足为游泳足，但不扁平；跗节 5 节（图 25-75）。

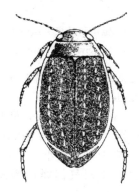

图 25-74　龙虱科昆虫 *Dytiscus verticalis*（仿 Gillott，2005）

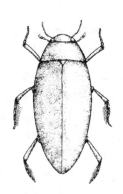

图 25-75　水龟甲科昆虫 *Hydrophilus triangularis* 成虫（仿 Gillott，2005）

成、幼虫常见于水体或潮湿环境中，有趋光性。成虫多腐食性；幼虫多肉食性，捕食水生动物，有些种类还为害水稻。常见种类：长须水龟甲 *Hydrophilus acuminatus* Motschulsky。

（5）埋葬甲科 Silphidae　体小至中型，体长 3～45mm；体扁卵圆或较长，体壁较软，常具鲜艳色彩；触角棍棒状或锤状，10 节；鞘翅短，端部平截或圆形，常露出端部 3 个腹节；中足基节远离；跗节 5 节（图 25-76）。

成、幼虫均腐食性，聚集在动物尸体、排泄物附近或生活在朽木、蚁穴中；个别种类为植食性或肉食性。常见种类：四斑埋葬甲 *Nicrophorus quadripunctatus* Kraatz、花埋葬甲 *Necrophorus maculifrons* Kraatz。

（6）隐翅虫科 Staphylinidae　体小至中型，体长 0.5～50mm；细长，两侧平行，黑色、褐色或色彩鲜艳；头前口式；

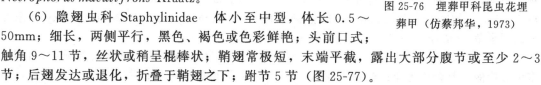

图 25-76　埋葬甲科昆虫花埋葬甲（仿蔡邦华，1973）

触角 9～11 节，丝状或稍呈棍棒状；鞘翅常极短，末端平截，露出大部分腹节或至少 2～3 节；后翅发达或退化，折叠于鞘翅之下；跗节 5 节（图 25-77）。

成、幼虫常栖息于砖头或枯枝落叶下，以腐败物为食，或取食花粉，或捕食其他昆虫和螨类；有些种类生活于蚂蚁、白蚁或鸟巢内。有些种类有毒，能引起皮肤病。常见种类：青翅蚁形隐翅虫 *Paederus fuscipes* Curtis 捕食水稻害虫。

（7）锹甲科 Lucanidae　体中至大型，体长 10～60mm，成虫长椭圆形或卵圆形，较扁平；体壁坚硬，鞘翅发达，有光泽；头大，前口式；触角膝状，11 节；前胸背板宽方形；鞘翅覆盖整个腹部；跗节 5 节。该科成虫雌雄二型现象显著，雄虫上颚特别发达，呈鹿角状向前伸出，而雌虫上颚较短小（图 25-78）。幼虫蛴螬型；下口式；触角约与头等长；肛门呈"I"或"Y"字形。

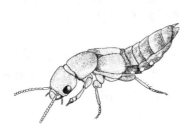

图 25-77　隐翅虫科昆虫 *Staphylinus*
caesareus（仿 Stanek，1969）

图 25-78　锹甲科昆虫大锹甲 *Lucanus*
elaphus（仿 Swan 和 Papp，1972）

植食性或腐食性，一般生活于朽木或腐殖质中，在林地的地表或树头易发现。成虫喜夜出，趋光性强。常见种类：福运锹甲 *Lucanus fortunei* Saunders。

（8）鳃金龟科 Melolonthidae　体小至大型，体长 2～50mm，身体粗壮，椭圆形，多为棕色、褐色到黑色；触角鳃叶状，8～10 节；中胸小盾片显著，鞘翅常有 4 条纵肋；前足开掘足，中足基节相互靠近；后足胫节有 2 枚端距，后足前跗节 1 对爪大小相似；跗节 5 节；腹板 5 节，腹末 2 节外露；气门多位于腹板侧端，腹部最后 1 对气门露出鞘翅边缘（图 25-79 A）。

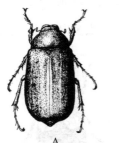

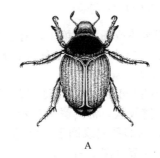

图 25-79　鳃金龟科昆虫代表（仿 Capinera，2001）　图 25-80　丽金龟科日本狐丽金龟（仿 Capinera，2001）
A—成虫；B—幼虫侧面观　　　　　　　　　　　　　A—成虫；B—幼虫侧面观

植食性。成虫常夜间活动，取食植物的叶、花、果；趋光性强；幼虫土中生活，取食植物的根部，很多种类是农、林和牧草的重要害虫（图 25-79 B）。重要种类：华北大黑鳃金龟 *Holotrichia oblita*（Feldermann）、暗黑鳃金龟 *Holotrichia parallela* Motschulsky 和东北大黑鳃金龟 *Holotrichia diomphalia* Bates 等。

（9）丽金龟科 Rutelidae　体中至大型，体长 10～40mm，体卵圆形或椭圆形，粗壮；多色彩艳丽，具金属光泽；触角鳃叶状，10 节；中胸小盾片可见；中足基节相互靠近，后足胫节有 2 枚端距，后足 1 对爪不等长；跗节 5 节；腹部 3 对气门位于侧膜上，3 对气门位于腹板侧端（图 25-80 A）。

主要为植食性，少数腐食性，盛发于森林和平原地区；成虫为害植物的叶、花或果，趋光性强；幼虫（图 25-80 B）取食植物根部，可造成严重危害。重要害虫种类：铜绿丽金龟 *Anomala corpulenta* Motschulsky、日本狐丽金龟 *Popillia japonica* Newman 和中华狐丽金龟 *Popillia quadriguttata* Fabr.。

（10）花金龟科 Cetoniidae　体小至大型，体长 12～100mm，多色彩艳丽，有花斑，部分具金属光泽；体背平坦；头面唇基发达；触角鳃叶状，10 节；鞘翅外缘在肩后稍凹；中胸腹板有圆形突出物向前伸出；小盾片发达，三角形；鞘翅前阔后狭，背面常有 2 条强直纵肋；足粗短，中足基节相互靠近；后足胫节有 2 枚端距，后足 1 对爪等长，跗节 5 节。有的种类雌雄二型明显，雄虫的唇基、头部、前胸背板有角状或其他形状突起，前足胫节较细长（图 25-81 A）。

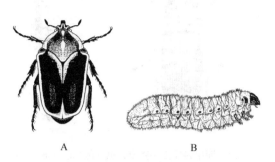
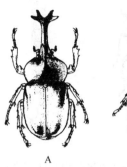

图 25-81 花金龟科昆虫 *Cotinis nitida*
(Linnaeus)（仿 Capinera，2001）
A—成虫；B—幼虫

图 25-82 犀金龟科昆虫双叉犀
金龟（仿章有为，1999）
A—雄成虫；B—雌成虫

花金龟是一个多具艳丽色彩的日出性类群，成虫常为害花，取食花粉，故名花金龟。幼虫（图 25-81 B）土栖，取食有机质，有时为害植物根部。常见种类：白星花金龟 *Protaetia brevitarsis* Lewis 和小青花金龟 *Oxycetonia jucunda* (Faldermann)。

(11) 犀金龟科 Dynastidae　又称独角仙科。体大至特大型，体长 30～65mm；体粗短，背表面近圆形且明显拱起；雌雄二型现象明显，雄虫头面、前胸背板有强大的角突或其他突起或凹坑，雌虫则无突起或突起不显著；触角鳃叶状，10 节；中胸小盾片可见；中足基节靠近，后足胫节有 2 枚端距，后足 1 对爪等长；跗节 5 节（图 25-82）。幼虫蛴螬型；下口式。

成虫植食性，幼虫多腐食性，部分也在地下为害植物根系。濒危种类：叉犀金龟 *Allomyrina davidis* (Deyrolle et Fairmaive) 为国家 Ⅱ 级重点保护野生动物。著名种类：二疣犀甲 *Oryctes rhinoceros* L.。

(12) 吉丁甲科 Buprestidae　体小至中型，体长 1.5～100mm；条形或舟形，常有铜色、绿色或黑色等金属光泽；头嵌入前胸；触角 11 节，多为锯齿状；前胸背板宽大于长，腹板突嵌在中胸腹板上；后胸腹板上具横缝；跗节 5 节；可见腹板 5 节（图 25-83 A）。

成虫食叶、嫩枝和树皮，对火光有强烈趋性，也喜阳光，常栖息于向阳面的树枝间。幼虫（图 25-83 B）蛀茎干、枝条或根部。常见害虫种类：柑橘吉丁甲 *Agrilus auriventris* Saunders。

(13) 叩甲科 Elateridae　体中至大型，体长 5～40mm；体狭长而平扁，两侧平行；褐色或黑色。触角 11～12 节，锯齿状、栉齿状或丝状；前胸背板后侧角突出成锐刺状；前胸腹板有一楔形突向后插入中胸腹板沟内，形成弹跳结构；跗节 5 节（图 25-84 A）。

幼虫金针虫型，表皮黄褐色且坚硬，统称金针虫（图 25-84 B），是重要的地下害虫，能为害多种农作物、林木、果树、牧草和中药材。常见种类：细胸金针虫 *Agriotes subrittatus* Motschulsky 在我国东北为害较重；蔗梳爪叩甲 *Melanotus regalis* Candze 是我国南方地区甘蔗害虫。

成虫地上生活，被捉时能不断叩头，企图逃脱，故称叩头虫。

(14) 萤科 Lampyridae　体小至中型，体长 4～20mm，长而扁，体壁与鞘翅较柔软；头小，隐藏在平坦的前胸背板之下；前口式；触角 9～11 节，跗节 5 节。该科成虫雌雄二型现象突出：雌虫常无翅呈幼虫型，发光器在腹部第 7 节，触角丝状或栉齿状；雄虫有翅，前翅为软鞘翅；发光器在腹部 6、7 节，触角常为梳状（图 25-85 A）。

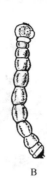

图 25-83　吉丁甲科昆虫柑橘吉丁甲（仿周尧，1977）
A—成虫；B—幼虫

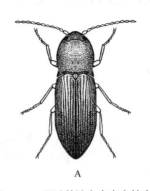

图 25-84　叩甲科昆虫小麦金针虫（仿 Capinera，2001）
A—成虫；B—幼虫

图 25-85　萤科昆虫（A 仿周尧，1954；
B 仿 Boving，1931）
A—窗胸萤成虫；B—萤火虫 Lampyris noctiluca L. 幼虫

图 25-86　花萤科昆虫（A 仿 Miwa；
B 仿 Boving，1931）
A—赤胸花萤成虫；B—花萤 Malthodes marginatus Latr. 幼虫

　　喜欢生活在水边或潮湿环境，夜间活动；成虫一般不取食，幼虫（图 25-85 B）肉食性，常捕食小昆虫、蜗牛、蛞蝓或蚯蚓等。许多种的卵、幼虫、蛹和成虫体内都含有荧光素，都能发光，以雌成虫发光能力最强。常见种类：红胸萤 Luciola lateralis Motsch、中华黄萤 Luciola chinensis L. 等。

　　（15）花萤科 Cantharidae　体小至中型，体长 1～20mm，体壁与鞘翅与萤科昆虫一样较柔软；体蓝色、黑色或黄色；触角 11 节，丝状或锯齿状；前胸背板多为方形，少数半圆或椭圆形，不盖住头部，头部从背面可见；跗节 5 节；腹部无发光器。成虫雌雄二型现象不显著（图 25-86 A）。

　　成、幼虫多为肉食性；成虫常出现于花草上，故名花萤；幼虫（图 25-86 B）出没于土壤、苔藓或树皮下；个别杂食性种类为害小麦、芹菜及部分葫芦科秧苗。常见种类：黑斑黄背花萤 Themus imperialis（Gorham）和中国圆胸花萤 Prothemus chinensis Wittmer。

　　（16）瓢虫科 Coccinellidae　俗称花大姐。体小至中型，体长 0.8～17mm，体瓢形或长卵形，呈半球形拱起，常有鲜艳色彩和斑纹；头小，紧嵌入前胸背板；触角棒状，端部 3 节膨大；跗节隐 4 节（图 25-87 A，C）。

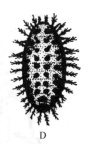

图 25-87　瓢甲科昆虫（仿周尧，1977）

A—七星瓢虫成虫；B—七星瓢虫幼虫；C—马铃薯瓢虫成虫；D—马铃薯瓢虫幼虫

该科约 80％种类为肉食性，是益虫，捕食蚜虫、粉虱、介壳虫和螨类等，在害虫生物防治中起着重要作用。20％种类为植食性，其中多数是害虫，为害多种植物，少数取食真菌。

肉食性瓢虫成虫鞘翅表面光滑无毛（除小毛瓢亚科被毛），触角着生于复眼前，上颚具基齿；幼虫肉食甲型，行动活泼。如：七星瓢虫 Coccinella septempuctata L.、龟纹瓢虫 Propylaea japonica（Thunberg）和异色瓢虫 Harmonia axyridis（Pallas）等。植食性瓢虫成虫鞘翅上密被细毛、无光泽，触角着生于复眼之间，上颚不具基齿；幼虫（图 25-87 B，D）枝刺型，爬动缓慢。如马铃薯瓢虫 Henosepilachna vigintioctomaculata（motschulsky）是重要的茄科作物害虫。

（17）拟步甲科 Tenebrionidae　体小至大型，体长 2～35mm，黑色或褐色，外形似步甲而得名拟步甲；头小，部分嵌入前胸背板前缘内，前口式；触角 10～11 节，丝状或棍棒状；前足基节窝闭式；鞘翅常在中部以后愈合，后翅退化；跗节式 5-5-4（图 25-88 A）。

图 25-88　拟步甲科昆虫 Eleodes suturalis（仿 Capinera，2001）

A—成虫；B—幼虫

植食性，常生活于朽木内、种子、谷类及其他制品中；多夜间活动，成虫具有趋光性；在荒漠等干燥地区常成群出现为害作物，也是重要的仓储害虫。幼虫似金针虫，但腹部末端无成对骨质突起和伪足，只有一个尾突（图 25-88 B）。常见种类：黄粉甲 Tenebrio molitor L. 已大量人工繁殖用作养殖鱼类、蝎子、蜈蚣等的饲料；重要害虫种类：赤拟谷盗 Tribolium castaneum（Herbst）和杂拟谷盗 Tribolium confusum Jacquelin 等是重要的仓储害虫。

（18）芫菁科 Meloidae　体中型，体长 3～30mm；体壁和鞘翅较软，黑色、灰色或褐色，少数具有金属光泽；头下口式；触角 11 节，丝状或锯齿状；头与前胸等宽或比前胸宽；前翅软鞘翅，两鞘翅在末端分离，不合拢；前足基节窝开式；跗节式 5-5-4（图 25-89 A）。

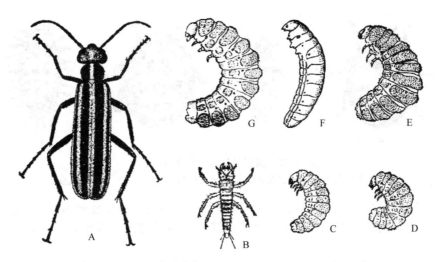

图 25-89　芫菁科昆虫锯角豆芫菁（仿周尧，1977）

A—成虫；B—第 1 龄幼虫；C~E—第 2~4 龄幼虫；F—第 5 龄幼虫；G—第 6 龄幼虫

　　变态类型为复变态，幼虫各龄期形态如图 25-89 B~G。幼虫肉食性，一般寄生于蜂巢，或食蝗卵；成虫为害豆科植物及杂草；受惊时常从腿节端部分泌含有斑蝥素的液体，此液体对皮肤有强烈的刺激作用，能侵蚀皮肤，使之变红，形成水泡，还有令人不快之剧臭，因此自古就作为药用。常见种类：豆芫菁 *Epicauta gorhami* Marseul 和中华豆芫菁 *Epicauta chinensis* Laport。

　　（19）天牛科 Cerambycidae　体中至大型，体长 2~175mm，长圆筒形，背部略扁；触角 11 节，丝状，能向后伸，常长于体长或较体长短；触角第 1 节长度是第 2 节的 3 倍以上；复眼肾形并包围触角基部；前胸背板侧缘有侧刺突；跗节隐 5 节；鞘翅长，臀板不外露（图 25-90）。

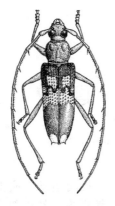

图 25-90　天牛科昆虫桉树天牛 *Phoracantha semipunctata*（仿 Duffy，1963）

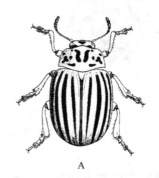

图 25-91　叶甲科昆虫马铃薯叶甲（仿 Capinera，2001）

A—成虫；B—幼虫

　　成、幼虫多植食性，个别种类成虫肉食性；成虫常需补充营养，故常有访花习性，也有的在取食过程中传播植物病害。多夜间活动，成虫产卵于树皮缝隙，或以其上颚咬破植物表皮，产卵在组织内。幼虫蛀食树根、树干或树枝的木质部，许多种类为木材和树木的重要害虫，也有一些种类为害棉、麻等作物。重要种类：光肩星天牛 *Anoplophora glabripennis* (Motschulsky) 和松褐天牛 *Monochamus alternatus* Hope。

（20）叶甲科 Chrysomelidae　体小至中型，体长 1～20mm，椭圆形，背面呈拱形凸起，常有鲜艳色彩和金属光泽，又称金花虫；触角 9～11 节，丝状或近似念珠状；复眼卵圆形；跗节隐 5 节（图 25-91 A）；某些种类后足特化成跳跃足。

成、幼虫均植食性，成虫食叶和花，故称叶甲；幼虫为害方式多样，有潜叶的、有食叶的还有取食根部的，其中包括许多重要的农、林害虫。重要检疫种类：马铃薯甲虫 *Leptinotarsa decemlineata*（Say）（图 25-91）严重为害马铃薯，且传播病害；常见种类：黄曲条跳甲 *Phyllotreta atriolatam*（Fabr.）和黄守瓜 *Aulacophora femoralis*（Motschulsky）是蔬菜害虫。

（21）豆象科 Bruchidae　体小型，体长 2～6mm，卵圆形，前端稍窄，灰色、褐色或黑色；头下口式，头向前伸形成短喙状；触角 11 节，锯齿状或棍棒状；复眼下缘具深的 "V" 字形凹陷；鞘翅短，臀板外露；后足腿节常膨大，腹面有齿；跗节隐 5 节（图 25-92）。幼虫象甲型（图 25-92 B）。

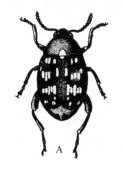
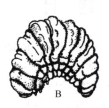
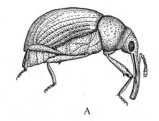
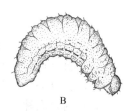

图 25-92　豆象科昆虫豌豆象（A 仿周尧，1954；B 仿彭维诚，1954）
A—成虫；B—幼虫

图 25-93　象甲科昆虫辣椒象甲
（仿 Capinera，2001）
A—成虫；B—幼虫

豆象科成虫性活泼，善于飞翔，大多数种类在野外、部分在仓库内生活，主要为害豆类植物的种子。在气温较高的地区和仓库内能全年繁殖为害，造成豆类大量损失，不少种类是检疫对象。重要种类：绿豆象 *Callosobruchus chinensis*（L.）、灰豆象 *Callosobruchus phaseoli*（Chevrolata）、菜豆象 *Acanthoscelides obtectus*（Say）、四纹豆象 *Callosobruchus maculatus*（Fabr.）、巴西豆象 *Zabrotes subfasciatus*（Boheman）、豌豆象 *Bruchus pisorum* L.、蚕豆象 *Bruchus rufimanus* Boheman 等都是重要检疫对象。

（22）象甲科 Curculionidae　体小至大型，体长 0.5～40mm，体表常粗糙或具粉状分泌物；头前口式，额和颊向前延伸成喙状，口器着生在喙端部；触角膝状，10～12 节，末端 3 节膨大；头部无外咽片，有外咽缝 1 条；跗节 5 节或隐 5 节（图 25-93 A）。

成、幼虫均为植食性，多数种类以幼虫蛀入植物组织内为害，幼虫象甲型（图 25-93 B）不仅为害死树和活树，还能为害植物的根、茎、枝、果等；成虫行动迟缓，假死性强。重要农林害虫种类：甜菜象甲 *Bothynoderes punctiventris* Germar、稻水象甲 *Lissorhoptrus oryzophilus* Kuschel、梨虎象（梨实象甲）*Rhymchites foveipennis* Fairmaire 等，其中稻水象甲是重要的检疫害虫。常见储藏害虫种类：玉米象 *Sitophilus zeamais* Motschulsky、谷象 *Sitophilus granaries*（L.）和米象 *Sitophilus oryzae*（L.）等。

第二十四节　捻　翅　目

捻翅目 Strepsiptera，英文名 twisted-wing insects、stylopoids。如图 25-94 所示。

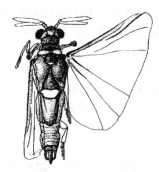

图 25-94　捻翅目昆虫
Xenos dianshuiwengi
（仿杨集昆，1997）

雄性成虫：个体较小，1~7mm，通常为黑色或褐色。头部非常特殊，向外突出，触角扇形。口器咀嚼式，但有不同程度退化。前胸和中胸较小，后胸非常大，通常可以占身体长度的一半，前翅退化、无翅脉，其作用与双翅目昆虫的平衡棒相似。后翅巨大但翅脉少。足软弱，前足和中足没有转节，用于交配时抱住雌性昆虫。腹部 10 节，无尾须。

雌性：只有 Mengenillidae 科昆虫是营自由生活，其他的捻翅目昆虫都是寄生性昆虫。体长 2~30mm，触角、复眼、单眼和口器退化，无翅、无足，一般呈蛆状，一生不离开寄主。

主要寄主为半翅目头喙亚目昆虫以及膜翅目的泥蜂总科、胡蜂总科和蜜蜂总科昆虫，其他寄主为直翅目昆虫、双翅目昆虫。雄性昆虫，通常羽化后只能生存几个小时，能够积极地搜寻未交配的雌性个体，雌性个体通过释放雌性激素吸引雄性。

第二十五节　双　翅　目

双翅目 Diptera，英文名 mosquitoes、midges、horse flies、house flies 和 true flies。

双翅目昆虫包括蚊、蝇、虻、蠓、蚋等种类。生活习性复杂，分水生性和陆生性种类；按食性，又可分为植食性、寄生性和捕食性，也有粪食性和腐食性种类。其活动与人类关系密切，有的是农林、卫生害虫，有的则为寄生性或捕食性天敌昆虫。

本目主要特征为：虫体仅有 1 对发达的膜质前翅，后翅退化为平衡棒，极少数种类前翅退化消失；口器刺吸式或舐吸式；全变态类型。

一、形态特征

成虫体微小到中型，极少大型。体圆筒形，少数种类近球形。复眼发达，占头的大部分。触角多样。长角亚目为丝状，一般 6 节以上；短角亚目和环裂亚目，触角一般 3 节。环裂亚目中，第 3 节较大，背面着生触角芒；短角亚目中，第 3 节末端有一长突起，有的第 3 节又分若干亚节。口器舐吸式或刺吸式。前、后胸退化，中胸特别发达。前翅发达、膜质，后翅退化为平衡棒；极少数种类，翅退化消失。跗节 5 节，爪及爪垫各 1 对。

二、生物学特性

多数两性生殖，卵生，部分环裂亚目为伪胎生和胎生。幼虫分节，口器不显著，眼常缺失。头一般分三种类型：

① 全头型：头部发达、完整，如蚊类幼虫；

② 半头型：头的后部及口器部分退化、不完整，部分缩入胸部，如虻类幼虫；

③ 无头型：头部不明显，口器退化，有 1~2 个口钩，如蝇类幼虫。

蛹多数是被蛹和围蛹，少数离蛹。

双翅目种类多喜欢潮湿环境，部分种类为水生。成虫大多白天活动，少数种类黄昏或夜间活动。

三、分类及常见科简介

双翅目下常分长角亚目 Nematocera、短角亚目 Brachycera 和环裂亚目 Cyclorrhapha 三个亚目：

1. 长角亚目

长角亚目是双翅目中比较低等的类群，包括蚊、蠓、蚋等。小至大型，体多细长。触角细长，多呈丝状，一般6节以上。其中，蚊科、蚋科等类群多具有吸血习性，为重要卫生害虫。

（1）大蚊科 Tipulidae　成虫小至大型，体细长、少鳞片。灰褐至黑色或黄色具黑斑。头端部延伸成喙状，但喙的长度变化较大。口器位于喙的末端、较短小，下颚须一般4节。复眼通常明显分离，无单眼。触角多丝状。前胸背板较发达，中胸背板有"V"形盾间缝。足细长；翅狭长、基部较窄，翅脉发达。腹部长，雄性端部一般明显膨大，雌性末端较尖（图25-95 A）。幼虫长筒形，11节，半头型，腹部末端有4～6个指状突（图25-95 B）。

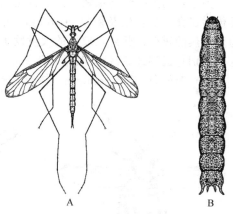

图 25-95　大蚊科昆虫欧洲大蚊
Tipula paludosa（仿 Capinera，2001）
A—成虫；B—幼虫

成虫飞行一般较缓慢，基本不取食。幼虫陆生、水生或半水生。多数种类为腐食性，部分种类为植食性，也有捕食性。

（2）蚊科 Culicidae　成虫翅脉、头、胸及其附肢和腹部（按蚊亚科除外）多具鳞片。口器长喙状，由下唇包围的6根长针状结构组成，即上颚和下颚各一对、上唇和舌各一个。触角细长，14～15节，环毛状，雄虫触角上的环毛长而密。复眼大，无单眼。胸部背面隆起。翅狭长，翅缘和翅脉具鳞片和毛，是该科的主要特征。足细长，爪简单，栖息时后足通常向上举起。蚊体表覆盖形状及颜色不同的鳞片，使蚊体呈不同的颜色。这是鉴别蚊类的重要依据之一。翅脉上也有鳞片，翅后缘有缘鳞（图25-96 A）。

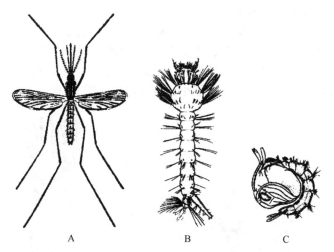

图 25-96　蚊科昆虫（A仿李凤荪，1952；B，C仿 Borror 等，1981）
A—中华疟蚊成虫；B，C—淡色库蚊 *Culex pipiens* L. 幼虫、蛹

蛹分头胸部和腹部，头胸部有呼吸管一对。幼虫虫体可明显区分为头、胸和腹三部分，无附肢（图25-96 B，C）。

蚊的孳生场所因种类而异，包括湖泊、沼泽、稻田、水塘、沟渠、泉潭、水井、水坑、缸罐，以至树洞、捕虫植物囊袋的积水中。雌蚊在水中产卵，卵单产或黏集成块，浮于水面或沉于水底。也有产在湿土表面和容器内壁的。有少数种类在浮生植物叶片下产卵。卵孵化成幼虫和蛹后，都栖息在水中，用末端一对气门或呼吸管呼吸空气。幼虫期4龄，以悬浮的或附着的微小生物以及其他有机物为食，少数种类是肉食性。蛹不取食，但能活动。

为主要的卫生性害虫之一。蚊科昆虫多可吸食人畜血液，其中部分种类为虫媒病毒的重要传播媒介。如：埃及伊蚊 *Aedes aegypit* （Linnaeus）和白纹伊蚊 *A. albopictus* （Skuse）为登革热的媒介。此外，蚊虫的大量发生也常对人类社会活动造成严重影响。如在部分旅游区（特别是近湿地景区），其常对人群造成严重滋扰。

（3）摇蚊科 Chironomidae 体形与蚊科昆虫大体相似，成虫口器多有退化。其中文名

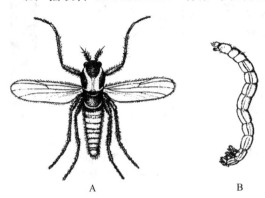

图 25-97 摇蚊成虫及幼虫（A仿周明牂，
1953；B仿 Borror 等，1981）
A—麦摇蚊 *Orthocradius* sp. 成虫；
B—摇蚊 *Chironomus tentans* Fabricius 幼虫

与成虫静止时不停地摆动前足有关。微小至中型，多纤长脆弱。体色多样，但不具鳞片。头部较小、复眼发达、无单眼。触角柄节退化，梗节发达、球状，鞭节丝状。雄蚊触角各节具轮生长毛。翅狭长、多膜质透明、无鳞片，但常难超过腹部末端。足细长，前足常明显长于中足和后足，并常举起摆动。腹部狭长（图 25-97 A）。

幼虫身体细长，1～6mm。体色较淡，部分种类因体液中含有红色素而呈血红色（图 25-97 B）。

摇蚊成虫多不取食，有较强趋光性。羽化后，有婚飞习性；雄蚊常成群于清晨或黄昏群飞。幼虫多水中生活，栖息生境多样。

摇蚊幼虫是淡水水域中底栖动物的主要类群之一，也是多种鱼类的天然饵料，营养价值很高，因此与养渔业的关系密切。另一方面，少数植食性种类的幼虫可以对水生经济作物造成侵害，例如在中国东北和宁夏为害水稻。

（4）蚋科 Simuliidae 成虫体通常黑色，俗称黑蝇。体长1.5～5mm。复眼大，无单眼。触角短粗，9～11节、各节比较近似。多具下垂的短喙，适于刺吸血液。胸背隆起。翅宽阔、透明、无色斑和鳞片，翅前部纵脉发达。足短粗，跗节5节。腹部9节。第1腹节背板形成脊片，末缘具长缨毛；其余腹节背板小、腹板退化（图 25-98 A）。

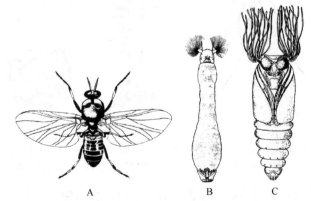

图 25-98 蚋科昆虫 *Simulium nigricoxum* （仿 Cameron，1922）
A—雌性成虫；B—幼虫；C—蛹

卵呈圆三角形，成鳞片状或堆状排列。幼虫头部通常带黑色，形状较特殊，中间细，后端明显膨大，前方多具1对放射状排列的刚毛。躯干多带灰白色、部分种类颜色较深，胸部

腹面具一伪足，它们以前胸足和尾吸盘交替附着在物体上进行活动，有时在活动时口内可吐丝涂在附着物上，并有一根细丝粘连虫体与附着物，以适应于在急流的流水里生活（图 25-98 B）。幼虫一生共蜕皮 5～6 次。蛹为半裸茧型，茧由幼虫丝腺分泌的丝织成，前端开口，蛹的头和胸部前端裸露在外，后端牢固地黏着在石块或植物上（图25-98 C）。

成虫在晚春和夏季常大量出现在山区、林区、森林草原等有泉水、溪流或河流的地方。雄蚋不吸血，羽化后栖息在岸边植物上，交配后即死亡。雌蚋吸血，交配后大量出现在人畜周围，侵袭人畜。雌蚋产卵在山泉、溪流、河水以及路旁清洁流水沟内的水草、树枝、叶片或石块上。成虫飞行力强，白天活动。

（5）蠓科 Ceratopogonidae　体长 1～3mm，体色常为褐色或黑色。触角细长，由 13～15 节组成。喙较短，刺吸式口器。翅短宽、翅面上常具暗斑，中脉分叉。停息时，两翅常上下叠放（图 25-99）。

蛹为裸蛹，分头、胸、腹 3 部，体前方背面有一对呼吸管。幼虫呈蠕虫状，在水中作螺旋运动，行体壁呼吸。卵呈长纺锤形，长为宽的 4 倍以上。

吸血库蠓类多在日出前和日落后出来活动，大量活动时形成群飞，雌雄交配以后，雌虫必须吸血才能使卵发育成熟。

蠓类成虫平时隐蔽于洞穴、杂草等避光和无风的场所。下雨时不活动。

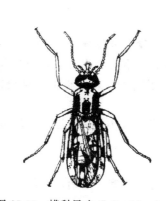

图 25-99　蠓科昆虫 *Culicoides dovei*
（仿 Cole 和 Schlinger，1969）

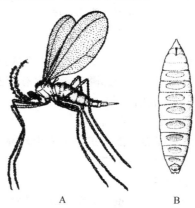

图 25-100　瘿蚊科昆虫麦红吸浆虫（仿周尧，1956）
A—成虫；B—幼虫

有吸血习性的蠓侵袭人畜，传播疾病，作为病原体的宿主，是一类重要的医学昆虫。蠓类吸血可引起皮肤红肿，奇痒难忍，搔破之后可因感染而形成大片溃疡。

（6）瘿蚊科 Cecidomyiidae　微小至小型，成虫一般体长 1～5mm，虫体纤弱。复眼发达、多无单眼，触角细长。翅面较宽、膜质透明，常具色斑、毛或鳞片结构，翅脉简单。足细长、易断（图 25-100 A）。

幼虫圆筒形或扁圆筒形、两端较尖，共 3 龄。口器退化。无足，但多数种类的 3 龄幼虫前胸腹面中央具骨化的"Y"形胸骨。该结构为表皮加厚，为本科独有特征（图 25-100 B）。

成虫期一般较短，雄虫交尾、雌虫产卵后，常很快死亡。幼虫习性多样，根据食性可分为菌食（或腐生）性、植食性和捕食性三类。其中，部分植食性种类常作为重要的农业害虫出现；而捕食性种类则可捕食蚜虫、介壳虫、粉虱和蓟马等害虫，是重要的天敌类群。

2. 短角亚目

通称虻类。中至大型，体粗壮。触角较短，一般 3 节；鞭节形状变化较大。头部无额囊缝和新月片。捕食性和腐食性种类较多，一些种类为植食性或寄生性。幼虫水生或陆生。

（7）虻科 Tabanidae　成虫体粗壮，体长 5～26mm。头部半球形，多宽于胸部。复眼发达，雄虫为接眼式，雌虫为离眼式。触角 3 节，鞭节端部又分 2～7 小节。中胸发达。爪间突发达。翅多膜质、透明，部分种类翅上具斑纹；静止时，呈屋脊状或平覆于腹背。翅面中央具长六边形中室，R_{4+5} 脉端部分叉，分别伸达翅顶角前后方（图 25-101 A）。

幼虫圆柱形或梭形，胸部无附肢，腹部末节背面具短的呼吸管（图 25-101 B）。

幼虫生活于湿土中，幼虫期较长。雄虫只吸食植物汁液，雌虫则可吸食人畜血液。幼虫多为肉食性，有学者将其作为天敌看待；但成虫为畜牧业重要害虫，也是一些动物和人畜共患病的传播媒介。

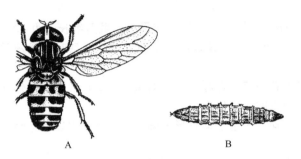

图 25-101　虻科昆虫华虻（A 仿素木得一，
1952；B 仿王遵明，1983）
A—成虫；B—幼虫

图 25-102　食虫虻科昆虫 *Mallophorina pulchra*（仿 Cole 和 Schlinger，1969）

（8）食虫虻科 Asilidae　体型中至大型。体粗壮，多毛和鬃。复眼分开，较大，头顶明显凹陷。颜部发达、中部隆起，其上有较密的鬃和毛。触角柄节和梗节多具毛，鞭节端部多有由 1～3 节形成的端刺。雌雄虫口器类似，长而坚硬，适于捕食、刺吸猎物。足较粗壮，有发达的鬃（图 25-102）。

成虫捕食能力很强，主要生活于开阔林区，可捕食金龟子、蜂类等多种昆虫。幼虫捕食性，生活于土中或朽木中。

3. 环裂亚目

总称蝇类。触角短，3 节，第 3 节背面具触角芒。幼虫为无头型。围蛹，羽化时蛹壳在前端成环状裂开，故称环裂亚目。

蝇类生活史包括卵、幼虫、蛹和成虫 4 个阶段，为全变态昆虫。

其中，植食性蝇类幼虫常可蛀食作物各种组织和器官，是重要的农作物害虫；而另一些种类又可通过骚扰、吸血、传播寄生虫病等方式危害人类健康、影响畜禽生长发育。包括寄蝇、食蚜蝇在内的多个种类又是重要的天敌类群。近年来，作为重要的资源昆虫，蝇类又具有了更广泛的开发、应用前景。

（9）食蚜蝇科 Syrphidae　成虫体色鲜艳明亮，多具黄、蓝、绿等色彩的斑纹，外形似蜂。翅面 R_{4+5} 脉与 M_{1+2} 脉间多具褶皱状或骨化的伪脉一条，翅端横脉常与翅外缘平行（图 25-103 A）。

由于生活习性不同，幼虫外形也有差别（图 25-103 C）。

成虫多于花间活动，可取食花粉、花蜜。幼虫生活习性多有不同，分捕食性、腐食性及植食性等。其中，捕食性种类幼虫多可捕食蚜虫。

（10）实蝇科 Tephritidae　小型至中型，体常具黄、棕、橙黑等色。头大，无髭。触角短，触角芒着生于触角背面基部。翅具雾状斑纹，亚前缘脉呈直角弯向前缘，具中室 2 个。雌虫产卵器长而突出，3 节明显（图 25-104）。

成虫常出现于花间，翅常展开、并作前后扇动。实蝇科是双翅目中具有重要经济意义的昆虫类群之一，其中许多种类为世界性或地区性检疫害虫，对果蔬生产和国际贸易具有极大威胁。

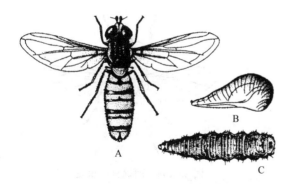

图 25-103　食蚜蝇科黑带食蚜蝇（A 仿孙彩虹，1980；
B 仿周尧，1977；C 仿 Metcalf，1966）
A—成虫；B—蛹；C—幼虫

图 25-104　实蝇科昆虫地中海实蝇
成虫（仿 Capinera，2001）

（11）果蝇科 Drosophilidae　体小型。头部具额框鬃、后顶鬃。触角基部靠近，触角芒一般羽状。中胸背板正中刚毛常为 2～10 列规则的纵列，背中鬃一般 2 对；一般具 1 对肩鬃、2 对背侧鬃、1 对沟前鬃、2 对翅上鬃、2 对翅后鬃。翅前缘脉具 2 缺刻，前缘脉达 R_{2+3} 或 R_{4+5} 端，亚前缘脉退化，具前横脉、后横脉。足胫节具端前鬃（图 25-105）。

成虫喜腐败发酵味，多产卵于腐败果实或植物上，繁殖快、易于人工饲养。

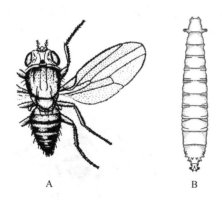

图 25-105　果蝇科昆虫（A 仿江崎；B 仿钟觉民，1990）
A—果蝇成虫；B—果蝇幼虫背面

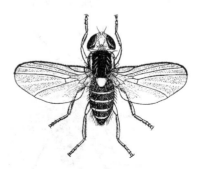

图 25-106　潜蝇科昆虫甘蓝潜
叶蝇（仿 Capinera，2001）

（12）潜蝇科 Agromyzidae　微小至小型，体黑色或黄色，部分类群具绿、蓝或铜色金属闪光。翅面较大，透明或具颜色。C 脉在 Sc 脉末端或接近于 R_1 的联合处有一折断。径脉分支直达翅缘，臀脉变短、不达翅缘，具一臀室。胸部的小鬃通常规则地排成鬃组。雌虫腹部可见 6 个体节，雄虫可见 5 个体节。幼虫蛆形，体长 4～5mm。气门 1 对，位于体背（图 25-106）。

幼虫以植物组织为食。多数种类潜于叶中，部分种类可蛀食嫩枝、茎和根部，少数种类可引起虫瘿。

（13）蝇科 Muscidae　成虫体长 2～10mm，粗壮、鬃毛少，多灰黑色或具黑色纵条纹。头部有额囊缝，触角芒羽毛状，小盾片的端侧面无细毛，背侧片上无背侧鬃，前翅有下腋瓣，M_{1+2} 脉端部向下弯曲，Cu_2+2A 脉不深达翅缘。

卵呈长卵形，背侧有孵化褶。幼虫蛆状，体后端具后气门，口器多变。蛹为围蛹，第 2 腹节具一呼吸角（图 25-107）。

分布环境广泛，几乎在有生命的地域均有蝇科种类发现。常见种类家蝇 *Musca domestica* L. 能传播霍乱、伤寒、痢疾等50余种疾病。蝇类幼虫多生活于人畜粪便中或有机物上。

图 25-107　蝇科昆虫家蝇成虫
（雄）(仿范滋德，1965)

图 25-108　丽蝇科昆虫亮绿蝇
成虫 (仿范滋德，1965)

（14）丽蝇科 Calliphoridae　中大型种类，体多呈青、绿或黄褐等色，常具金属光泽。胸部常无暗色纵条。雄虫复眼一般相互靠近，雌虫复眼远离。口器发达，舐吸式。翅侧片具鬃或毛，翅 M_{1+2} 脉向前作急剧的角形弯曲（图 25-108）。

世界性分布。成虫具访花习性，可传播花粉。幼虫食性广泛，多数为尸食性或粪食性，对于法医昆虫学具有应用价值。

（15）麻蝇科 Sarcophagidae　多为中小型灰色蝇类。额部宽度，雄虫窄于雌虫。触角芒基半部羽状。翅面下腋瓣宽、具小叶，M_{2+3} 脉在末端常呈角形向前弯曲。腹部常具银色或带金色的粉被条斑，腹部各腹板侧缘常为背板遮盖（图 25-109）。雄虫尾器复杂多样，雌虫尾器有时特化。多数为卵胎生。

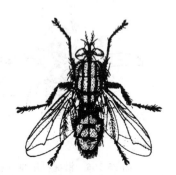

图 25-109　麻蝇科昆虫麻蝇 *Sarcophaga*
naemorrhoidalis（仿范滋德，1965)

图 25-110　寄蝇科昆虫柞蚕饰腹寄蝇
雄虫 (仿赵建铭，1978)

世界性分布。

（16）寄蝇科 Tachinidae　小型或中型蝇类，体粗壮、多毛和鬃。触角芒光裸或具微毛。中胸翅侧片及下侧片具鬃。胸部后小盾片发达、突出。腹部多刚毛（图 25-110）。

成虫活跃，多白天活动。雌蝇多产卵于寄主体表或栖息地。幼虫与家蝇幼虫相似，分节明显，前气门小、后气门显著。寄生性。

寄蝇可寄生鳞翅目、鞘翅目等多类群害虫，是农、林、果、蔬害虫的重要天敌类群。

第二十六节　长　翅　目

长翅目 Mecoptera，英文名 scorpionflies。

成虫外型似蝎，称为蝎蛉，小至中型，体细长，略侧扁，头部下口式，多向下延伸成喙状，口器咀嚼式；复眼发达，单眼 3 个或缺；触角丝状、多节。前胸短小；足多细长，基节尤长；跗节 5 节；翅狭长、膜质，前、后翅大小、形状和脉相相似，少数种类翅退化或消失，腹部 10 节，尾须短小，不分节；雄虫外生殖器膨大成球形，并似蝎尾状上举（图 25-111）。

图 25-111　长翅目昆虫染翅蝎蛉 *Panorpa Helena*（仿 Peterson，1951）

　　全变态，幼虫与鳞翅目幼虫类似。成、幼虫一般肉食性或腐食性，捕食节肢动物或软体动物，少数种类也取食花蜜、花果实或苔类等。

　　已知 400 种，多分布于亚热带和温带，我国已记载有 80 余种。

第二十七节　蚤　目

　　蚤目 Siphonaptera，英文名 fleas。

　　体小型，头小，复眼退化，触角短，隐藏在触角沟内；口器刺吸式；无翅，身体扁平。跳跃足，足的基节大，跗节 5 节；腹部 10 节（图 25-112）。幼虫无足型，蛹为离蛹，包围在茧内。是重要的卫生害虫。

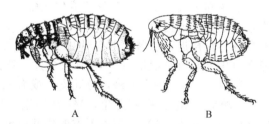

图 25-112　蚤目昆虫（A 仿 Gullan，2005；B 仿周尧，1980）

A—猫蚤；B—人蚤

第二十八节　毛　翅　目

　　毛翅目 Trichoptera，英文名 caddisflies。

　　小型至中型，外表似蛾类，称为石蛾，头下口式，口器咀嚼式，但没有咀嚼能力，触角长，线状，单眼有或无，前胸小，中胸发达，翅膜质，密被粗细不等的毛，前翅狭长，后翅阔，静止时呈屋脊状；跗节 5 节，无尾须（图 25-113 A）。

　　幼虫能以丝或胶质分泌物缀细沙、小砾或小枝、碎叶造筒巢，巢的形态与质地常用作分类依据，因此泛称为石蚕（图 25-113 B）。幼虫以藻类为食，少数为害稻。

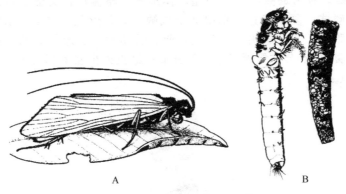

图 25-113　毛翅目昆虫（A 仿 Ross，1982；B 仿 Wiggins，1982）

A—成虫；B—毛石蛾科 *Agarodes* sp. 幼虫及其可携带巢

第二十九节　鳞　翅　目

鳞翅目 Lepidoptera，英文名 moths 和 butterflies。

是人类最为熟知和较容易识别的昆虫类群，属有翅类全变态类，包括蛾、蝶两类昆虫，全世界已知约 20 万种，中国已知约 8000 余种，该目为昆虫纲中仅次于鞘翅目的第 2 个大目，分布范围极广，以热带种类最为丰富。

一、形态特征

1. 成虫形态特征

体型有小有大，颜色变化很大，有的非常美丽，雌雄形态和颜色常有区别，触角丝状、栉齿状、羽毛状、棒状，复眼发达，单眼 2 个或无，口器虹吸式。多数种类前胸退化。一般具翅 2 对，发达，个别种类的雌虫无翅或仅具退化的翅，翅膜质，有鳞片覆盖，许多蛾类在翅面上由各色鳞片组成各种线条和斑纹，多根据其形状或位置命名，其分布、形状等因种类不同而异，是科以下分类常用的重要依据。

翅脉情况：脉序与假想脉序很接近，前翅通常有纵脉 12～14 条，中脉（M）基部退化或消失，形成一个大型翅室（中室），前缘脉（C）与前缘合并；亚前缘脉（Sc）自中室上方翅基部生出，不分支；径脉（R）出自中室前缘，分 5 支，或有减少、合并的现象。中脉（M）一般为 3 支，出自中室端部，M_1 在中室上角，M_3 在中室下角，M_2 介于两者之间；肘脉（Cu）2 支，出自中室后缘；臀脉（A）自中室下方的翅基伸出，1～3 条。横脉少，除中室端部外，在亚前缘脉基部与翅前缘基部间有一肩横脉；翅室除中室外缺，有些种类在中室的上方还有由径脉、径分脉并接所围成的封闭的小室，称为副室。后翅有纵脉 8～10 条，亚前缘脉和第 1 径脉合并为 $Sc + R_1$，径分脉（Rs）不分支，其他翅脉分布与前翅基本相同。

2. 幼虫形态特征

幼虫多足型，口器咀嚼式，身体各节密布分散的刚毛或毛瘤、毛簇、枝刺等，有腹足 2～5 对，以 5 对者居多，具趾钩。

鳞翅目幼虫在科属种的鉴定上应用以下特征：

（1）体形、体色　体长，圆桶形，有的略扁；体色多为绿色，钻蛀性的为乳白色、黄色、红色，身上有条纹，形成背线、亚背线、气门上线、气门下线、亚腹线、腹线。

（2）头部构造　圆形、三角形，额区有蜕裂线，头上有刚毛、单眼；单眼对数、大小有一定变化。

（3）口器

① 上唇的缺刻：一般为浅弧形，有的深裂成"V"字形（舟蛾）或"U"字形（图25-114）。

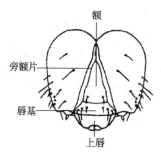

图 25-114 鳞翅目幼虫正面观
（仿 Resh 和 Cardé，2003）

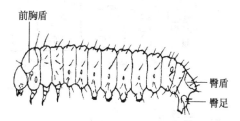

图 25-115 鳞翅目幼虫侧面观
（仿 Resh 和 Cardé，2003）

② 上颚：从外面可以分为基区和端区两部分，前者色淡，生有2毛，后者色深而有齿，齿的标准情形有2背齿、3主齿和1腹齿；上颚内侧有时有内齿和脊线；外面两区的比例，各个齿的有无和发达程度，里面脊线的数目和是否达到齿尖也作为分类的特征。

（4）胸部构造　前胸盾骨化程度不一（图25-115），上常具各种花纹；胸足三对，左右基节间的距离，腿节、胫节、跗节腹面泡状突起的有无，跗节末端特殊感觉毛的有无及其形状也作为分类的特征。

（5）腹部构造

① 腹足5对，常减少，在第3、4腹节上发生退化；趾钩的数目、长短和排列的情形分为以下几种类型。

a. 按趾钩排列的数目分：单行、双行、多行。

b. 按趾钩的长短分：单序（趾钩同样长短）、双序（趾钩两种长度相交替）、多序（三种或多种长度相交替）。

c. 按趾钩的形状分：环形、缺环、二横带（趾钩和身体纵轴垂直排列成两行的）、中带（趾钩和身体纵轴平行排列）。

综合以上几种趾钩分类方式，常用分类方式如下：单行环；双行环；单序中带；双序中带；双序环、缺环；三序环、缺环；二横带（图25-116）。

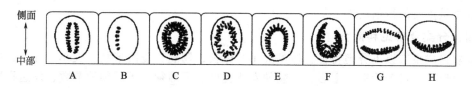

图 25-116 鳞翅目昆虫幼虫趾钩（仿 Peterson，1948）
A—二横带；B—单横带；C—双序环；D—多行环；E—内侧缺环；F—外侧缺环；G—二纵带；H—双序中带

② 臀盾和臀栉：腹部末节背面骨化，叫臀板或臀盾，形状和骨化程度不一；臀栉是在臀盾下方、肛门上方的梳状物，臀栉的有无、齿数、形状是分科特征。

（6）被物（体壁的外长物）　幼虫身体上有刚毛、毛片（刚毛基部常具骨化和深色的区域，称为毛片）、毛瘤（体表瘤状突起上着生刚毛，称为毛瘤）、毛撮（毛簇）（毛长而密集成簇或成撮，称毛簇或毛撮）、毛突（毛片高突呈锥状则称毛突）、枝刺（身体上具刺，刺上分枝的称枝刺）等。刚毛可分为原生刚毛、亚原生刚毛和次生刚毛3类。原生刚毛在第1龄即出现，亚原生刚毛在第 2 龄出现，这两种刚毛的分布和位置比较固定，给予专门名称，称为毛序，毛序是幼虫分类的重要特征之一（图 25-117）。

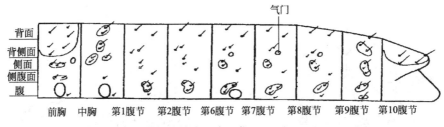

图 25-117　鳞翅目幼虫毛序（仿 Resh 和 Cardé，2003）

二、生物学

完全变态，1 年发生 1 代或数代，以多化性者居多，但亦有少数 2～3 年完成 1 代者，多以幼虫或蛹越冬，少数以卵或成虫越冬，卵多半圆形、扁球形、馒头形、瓶形，卵面上有许多条纹，多能吐丝结茧或结网，蛹为被蛹，成虫陆生，取食花蜜，多数不为害，少数为害果实。

鳞翅目昆虫的发生和高等植物，特别是被子植物密切相关，有些鳞翅目昆虫非常善于飞行，有些可以进行长距离的迁徙。大多数鳞翅目昆虫颜色暗淡，但也有些种类，特别是蝶类，具有鲜明的颜色。对于昼出性的蝶类和蛾类，是靠雄性的鲜艳颜色吸引雌性的；但是对于夜出性的种类是靠雌性释放的性外激素吸引雄性，这种性外激素能被很远距离的雄性昆虫所感知；雄性昆虫产生的性外激素能刺激雌性昆虫的交配行为。鳞翅目昆虫绝大多数情况下进行有性生殖、卵生，但在一些种类中存在孤雌生殖和卵胎生情况。产卵习性和产卵数量因种类不同差异很大。有些种类在飞行中产卵，有些种类产卵是受幼虫寄主植物释放出的化学信息所吸引，把卵产在幼虫寄主植物体内或体表。有些种类产卵量较少，有些种类则可以产几千枚卵。幼虫通常发育较快，一年可以发生多代。有些特殊种类需要 2～3 年才能发育一代。很多鳞翅目的蛹外围都会有茧包围，这些茧可以是由单纯的幼虫吐丝织成，也可能是丝和其他物质混合而成。蝶类的蛹是裸露的，没有茧包围。

三、鳞翅目昆虫与人类关系

因为鳞翅目昆虫的植食性和高的繁殖率，许多种类都是重要的害虫。有些种类是肉食性，取食动物性物质。几乎所有幼虫都是植食性的，植物体几乎所有的部分都会受其为害。成虫是重要的传粉昆虫。

四、分类及常见科简介

鳞翅目成虫有以下分类特征：体型大小、体长、翅展；复眼形状、大小、饰毛，单眼有无；触角形状；口器构造，上唇、上颚的发达程度，下颚须、下唇须的节数、发达程度；足上距的多少、刺的有无、跗节变化；翅的连接方式；翅面上花纹、斑纹、脉相。

鳞翅目昆虫一般分为轭翅亚目 Zeugloptera、无喙亚目 Aglossata、异蛾亚目 Heterobathmiina 和有喙亚目 Glossata 共 4 个亚目，有喙亚目包括了鳞翅目昆虫中 99％的种类，又可以分为几个次目（infraorder）：毛顶次目 Dacnonypha、新顶次目 Neopseustina、冠顶次目 Lophocoronina、外孔次目 Exoporia、异脉次目 Heteroneura 和双孔次目 Ditrysia。本部分介绍外孔次目和双孔次目常见科。

1. 外孔次目

（1）蝙蝠蛾科 Hepialidae　被认为是鳞翅目中低等的类群，这个科有很多结构特征与其他蛾类不同，如非常短的触角，缺乏有功能的喙。中等大小、体粗壮、多毛；头小，触角短，雌性触角念珠状，雄性触角梳状；口器退化；没有翅缰，翅轭小。雌雄二型现象明显，雄性小于雌性（图 25-118）。

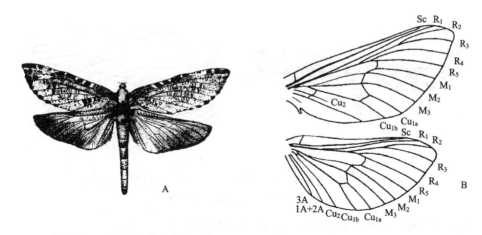

图 25-118　蝙蝠蛾科昆虫（A 仿 Daniel；B 仿 Triplehorn 和 Johnson，2005）
A—海氏蝙蝠蛾；B—蝙蝠蛾科昆虫脉序

幼虫蛀茎或根，腹足趾钩多行缺环。

雌性不是在特殊固定的地方产卵，而是在飞行中散播，产卵量有的很大，有的种类一头雌虫可以产卵 29000 粒，创鳞翅目产卵记录。幼虫取食多种食物，包括落叶、真菌、苔藓、腐败植物和多种单子叶和双子叶植物。蝙蝠蛾的幼虫被虫草菌所寄生形成一种重要中药材——冬虫夏草。

2. 双孔次目

（2）巢蛾科 Yponomeutidae，英文名 ermine moth

体小型，翅展 12～25mm，前翅较阔，外缘圆形，白色翅面上有黑点。前翅内中脉主干的痕迹仍然存在，中室外方翅脉均不呈交叉状，后翅阔，R_S 与 M_1 分离（图 25-119）。

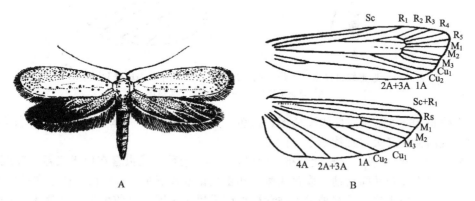

图 25-119　巢蛾科昆虫（A 仿周尧，1977；B 仿 Triplehorn 和 Johnson，2005）
A—苹果巢蛾；B—巢蛾科昆虫脉序

幼虫 8～25mm，体色黑、白，上具点；趾钩单序、双序环。

幼虫结网聚居的中小型蛾类。本科昆虫通称巢蛾。因幼虫常群居在枝叶上吐丝结网如巢而得名。世界已知约 800 种。

（3）菜蛾科 Plutellidae

体小型，方块状蛾，下唇须向上方，第二节生有向前伸的鳞毛；翅狭长，后翅菜刀型，与麦蛾、巢蛾很相近；成虫在休息时触角伸向前方，易区分；后翅 M_1 与 M_2 在基部愈合呈叉状（图 25-120）。

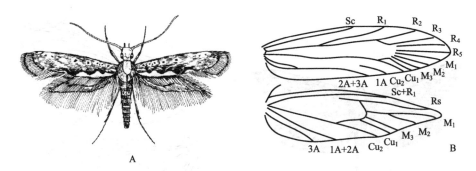

图 25-120　菜蛾科昆虫（A 仿 Capinera，2001；B 仿周尧，1977）

A—小菜蛾；B—菜蛾科昆虫脉序

幼虫细长，通常绿色；腹足细长，趾钩单序或双序环。

幼虫行动活泼，多在叶片上拉丝取食叶肉或潜叶、蛀食嫩梢，结网状茧化蛹其中。成虫有趋光性。本科已知近 400 种，世界性分布。其中菜蛾 *Plutella xylostella* L. 是十字花科植物的重要害虫，遍布全世界。最常见的种类小菜蛾是蔬菜的重要害虫。

（4）透翅蛾科 Sesiidae　体狭长型，上唇须向上；体色黑色、蓝黑色，上有红色、黄色斑，外型似蜂；翅狭长型，除翅脉边缘外，大部分透明；腹部雌 6 节，雄 7 节，有尾毛丛；前翅臀区小，臀脉退化；后翅亚前缘脉隐藏在褶内（图 25-121）。

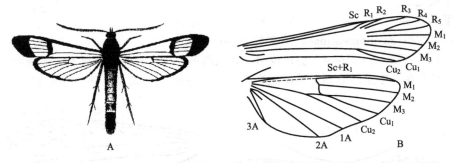

图 25-121　透翅蛾科昆虫（A 仿周尧，1977；B 仿 Triplehorn 和 Johnson，2005）

A—苹果透翅蛾；B—透翅蛾科昆虫脉序

幼虫体长 25～35mm，身体圆桶形，白色，节间常缢缩，唇基长度为头壳长度的 2/3。第 8 腹节气门又高又大，趾钩单序二横带。

本科已知 1000 多种，全球性分布，中国已知 40 余种。成虫喜在白天飞翔，夜间静息。尤其晴天中午常在花丛间活动，取食花蜜。幼虫是钻蛀性害虫，喜在树木枝干内蛀食木质髓部，引起树液向外溢出。某些种类也蛀食树根或瓜果。中国常见的种类苹果透翅蛾 *Conopia hector* Butler 为害苹果、桃，还有葡萄透翅蛾 *Parathrene regalis* Butler 等。

（5）卷叶蛾科 Tortricidae　体小型，黄褐色、棕黑色，上具条纹斑或云斑，下唇须鳞片厚，呈三角形，前翅略呈长方形，前缘向外突出；前翅翅脉都从基部或中室外方伸出，不合并；Cu_2 从中室下方近中部伸出；后翅 $Sc+R_1$ 与 Rs 在中室部分离（图 25-122）。

幼虫体长 10～25mm，圆柱形，多呈白色、淡绿、粉红色、棕褐色，唇基为头长 1/4 或 3/4，第 6 单眼靠近第 4、5 只单眼，趾钩为单序、双序环。

幼虫主要为害木本植物。有很多种类为害果树，为害作物的种类较少；喜欢荫蔽，多为

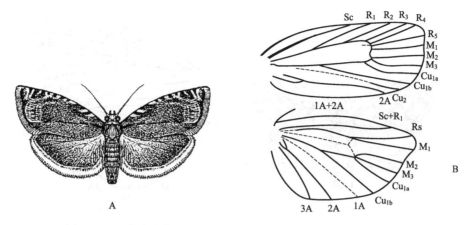

图 25-122　卷叶蛾科昆虫（A 仿 Capinera，2001；B 仿周尧，1977）

A—*Cydia nigricana* 成虫；B—卷叶蛾科昆虫脉序

卷叶种类；多在卷叶的巢中化蛹，或在寄主的树皮下或裂缝中化蛹；有碎屑造成的茧，在成虫羽化前，蛹伸出茧外。

（6）刺蛾科 Limacodidae　体中型，粗壮多毛，多为黄褐色、绿色，具有红褐色简单斑纹；前翅中室内有 M 脉基部，R_3、R_4、R_5 共柄，M_2 发出位置近 M_3；后翅 $Sc+R_1$ 与 Rs 在中室前端有短距离愈合。Rs 与 M_1 脉基部极接近或同柄（图 25-123）。

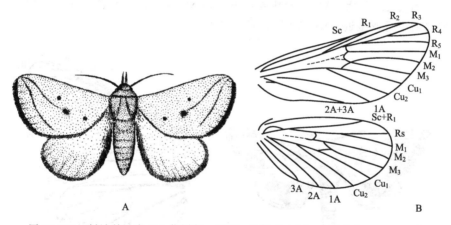

图 25-123　刺蛾科昆虫（A 仿周尧，1977；B 仿 Triplehorn 和 Johnson，2005）

A—黄刺蛾；B—刺蛾科昆虫脉序

幼虫短而肥，蛞蝓形，头小，能缩入前胸内，胸足小或退化，体壁上有瘤和刺，有的有毒毛，颜色鲜明。蛹被封闭在由石灰质形成的形状如雀卵的光滑而坚硬的茧内。

幼虫大多取食阔叶树叶，少数为害竹竿和水稻，是森林、园林、行道树、果园和多种经济植物（如咖啡、茶和桑等）的常见害虫。

（7）螟蛾科 Pyralidae　身体中、小型细长，下唇须特别长，伸出头部后向上弯曲；前翅三角形，足细长，单眼；前翅 R 脉 5 支，有共柄现象。R_3 与 R_4、R_3、R_4 与 R_5 共柄；后翅 $Sc+R_1$ 与 Rs 在中室外方接近，愈合，M_1 基部与 Rs 接近，M_2 与 M_3 由中室下方伸出（图 25-124）。

幼虫 10～35mm，白色、黄绿色、粉红色、紫色毛片上常具色斑。前胸较骨化，头在前胸下，背线色深。趾钩双序、三序环或缺环。

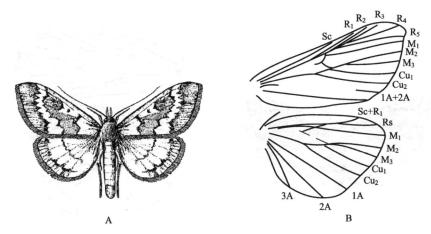

图 25-124　螟蛾科昆虫（A 仿 Capinera，2001；B 仿 Triplehorn 和 Johnson，2005）
A—欧洲玉米螟 *Ostrinia nubilalis* 成虫；B—螟蛾科昆虫脉序

　　所有幼虫都喜欢隐蔽，相当活泼，受到惊扰时能向前和向后作子子状的活动。食性：卷叶作虫苞；钻蛀茎秆；蠹食果实或种子；取食贮藏物。夜盗性：成虫晚间活动，有强的趋光性。

　　（8）舟蛾科 Notodontidae　中大型，灰色、褐色，粗壮多毛，尤其是足的腿节更显粗壮多毛；喙较退化，下颚须缺，多数无单眼；前翅在 R 脉附近有副室（R 脉一些分支形成的翅室）；R_3、R_4、R_5 共柄，M_2 发自中室中部，与 M_3 平行，少数接近 M_1；后翅 $Sc+R_1$ 与 Rs 在中室之前平行或接近，Rs 与 M_1 共柄（图 25-125）。

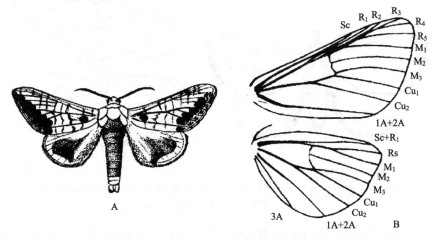

图 25-125　舟蛾科昆虫（A 仿周尧，1977；B 仿 Triplehorn 和 Johnson，2005）
A—舟形毛虫；B—舟蛾科昆虫脉序

　　幼虫体长 25～35mm，体形不一，多有奇形怪状，体色鲜明，具淡青色、绿色、紫褐色斑纹，上唇缺成角形，身体多具次生刚毛，足的上方有许多次生刚毛，趾钩单序中带。

　　本科已知 2000 多种，其中有些是重要的落叶害虫，主要为害果树、森林和行道树；常见的种类如舟形毛虫、苹果舟蛾、杨扇舟蛾等。

　　（9）毒蛾科 Lymantriidae　体中型，体与足腿节多毛，无喙，下唇须退化，无单眼；某些种类雌性无翅，尾部具毛；前翅带副室，R_3 与 R_4 共柄，M_2 的基部接近 M_3；后翅 $Sc+R_1$ 与 Rs 在中室 1/3 处或者在基部愈合或接近，然后分开（图 25-126）。

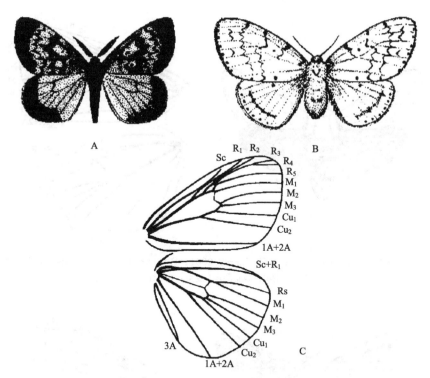

图 25-126　毒蛾科昆虫（A，B仿周尧，1977；C仿 Triplehorn 和 Johnson，2005）
A—舞毒蛾成虫雄虫；B—舞毒蛾成虫雌虫；C—毒蛾科昆虫脉序

　　幼虫 25～70mm，体具毛瘤或毛簇，中后胸有 2～3 个毛瘤，腹部第 6、7 节背中央各有一个翻缩腺，呈红色、黄色；趾钩单序中带。

　　食性很杂，幼虫容易更换寄主植物。多食植物，有时也捕食寄主植物上的蚜虫和介壳虫；为害多种农林作物。人接触毒毛和毒液能引起皮炎、眼炎、上呼吸道炎；家畜和家蚕误食带毒蛾幼虫的饲料亦能引起中毒，甚至死亡；本科重要经济种类有：舞毒蛾、模毒蛾、黄斑草毒蛾、茶黄毒蛾、茶白蛾、松茸毒蛾、盗毒蛾、雪毒蛾、杨雪毒蛾等。

　　（10）灯蛾科 Arctiidae　体中大型，粗壮且色艳。白、灰、黄、褐底色上具红色。有喙，单眼。前翅 M_2 基部近 M_3，后翅 $Sc+R_1$ 与 Rs 在中室基部愈合或接近，直到中部或端部（图 25-127）。

　　幼虫体色常为黑色或褐色，体上具毛瘤，生有浓密的长毛丛，毛的长短比较一致，中胸在气门水平上具 2～3 个毛瘤。趾钩双序环式。

　　成虫休息时将翅折叠成屋脊状，多在夜间活动，趋光性较强，如遇干扰，能分泌黄色腐蚀性刺鼻的臭油汁，有些种类甚至能发出爆裂声以驱避敌害。绝大多数灯蛾幼虫为多食性。幼虫白天活动和取食；受到惊扰，蜷缩成环形，把头掩藏在中央。

　　（11）夜蛾科 Noctuidae　体中型，少数小型，体色暗淡，有许多色斑，体节粗壮，有单眼，喙发达，下唇须很长或失踪；前翅狭长，上具各色斑，后翅阔。前翅 M_2 基部近 M_3；后翅 $Sc+R_1$ 与 Rs 在基部只有一小段愈合然后马上分开（图 25-128）。

　　幼虫体长 25～50mm，常具暗灰色条纹，少数有次生刚毛，上唇缺切"U"形，趾钩单序中带。

　　成虫均在夜间活动，趋光性强，多数种类对糖、酒、醋混合液表现有强的趋性。少数种类喙端锋利，能刺破成熟的果实。绝大多数幼虫植食性，为害方式多种多样，有的钻入地下

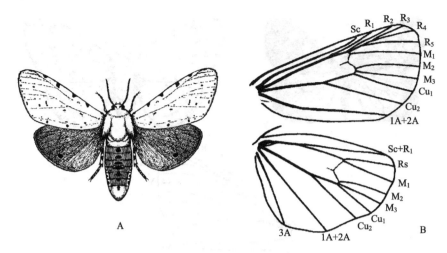

图 25-127　灯蛾科昆虫（A仿 Capinera，2001；B仿 Triplehorn 和 Johnson，2005）

A—盐泽灯蛾 *Estigmene acrea* 成虫；B—灯蛾科昆虫脉序

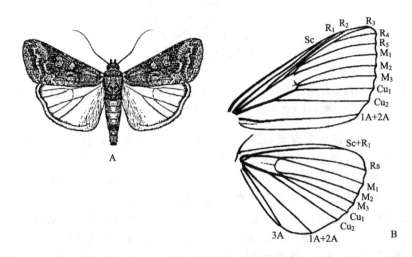

图 25-128　夜蛾科昆虫（A仿 Capinera，2001；B仿 Triplehorn 和 Johnson，2005）

A—甜菜夜蛾 *Spodoptera exigua* 成虫；B—夜蛾科昆虫脉序

为害，咬断植株根茎、幼苗，如地老虎类；有的蛀茎或蛀果为害，如棉铃虫；有的则暴露在寄主表面为害，如黏虫等。

（12）尺蛾科 Geometridae　体由小到大，身体细长，翅宽大而薄，鳞片少，外缘有波状纹，颜色多样，有些种类雌性无翅或退化；前翅 R 脉 5 支，R_2、R_3、R_4 共柄，M_1 与 M_2 接近，M_3 由中室下角发出，后翅 $Sc+R_1$ 与 Rs 在基部呈叉状（图 25-129）。

幼虫属于腹足减少类型。体中小型，20～50mm，身体圆细，腹部第 6 节、第 10 节上有腹足；上唇切"U"字形，体壁光滑；趾钩双序中带或双序、三序缺环。

幼虫向前爬行的方法是先把后部的足脱离地面，再把腹部弓起来，后部的足落地抓牢，然后使前部的足脱离地面，身体向前伸出去。

分布很广，有万种以上。中国有 1000 多种。大都是农林业的害虫。飞翔力不强，少数种的雌蛾翅退化；幼虫体形如树枝。重要的种类有：核桃星尺蛾，幼虫为多食性，为害核桃最严重；柿星尺蛾，为害木橑、核桃、柿等；木橑尺蛾，为害多种林木和果树，以柿为显著；棉大造桥虫，食性很杂；油茶尺蠖，为害茶和油茶树；桑尺蠖，为害桑树；槐尺蠖，又

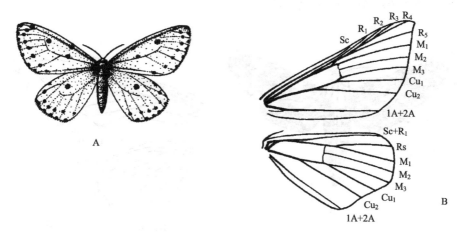

图 25-129 尺蛾科昆虫（A 仿朱弘复，1981；B 仿 Triplehorn 和 Johnson，2005）
A—女真尺蛾；B—尺蛾科昆虫脉序

叫吊死鬼，为害中国槐。

（13）枯叶蛾科 Lasiocampidae 体中大型，粗壮多毛，触角一般双栉齿状，复眼上有毛，下唇须发达，前伸。喙退化，无单眼。前翅 R_2 与 R_3、M_1 与 R_5 共柄，M_2 近 M_3，后翅肩角特别扩大，有基室，无翅缰（图 25-130）。

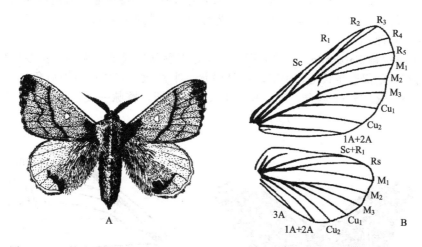

图 25-130 枯叶蛾科昆虫（A 仿周尧，1977；B 仿 Triplehorn 和 Johnson，2005）
A—杏枯叶蛾；B—枯叶蛾科昆虫脉序

幼虫中、大型，身体略扁，具鲜明颜色，多具次生刚毛；上唇缺切超过上唇 1/2，趾钩双序中带。

成虫停歇时模拟枯叶，因不少种类静止时如枯叶状而得名；幼虫化蛹前先织成丝茧，故也有茧蛾科之称；分布广泛，全世界已知约 2000 种，以热带为多。中国约有 200 种。大多夜间活动，雌蛾笨拙，雄蛾活泼有强飞翔力；有强趋光性。交配产卵后很快死亡，一般生存3～10 天。雌蛾产卵量 200～800 粒。环境适宜时，常大量发生成灾；幼虫绝大多数取食木本植物的叶子，天幕毛虫类为害果树和林木，松毛虫类是松树的大害虫。

（14）天蛾科 Sphingidae 体大型，整个体形呈纺锤形，触角中部加粗，末端带钩，口器较长，少数退化，无单眼；前翅狭长形，顶角尖，外缘向内倾斜，呈斜三角形；前翅 R_1 与 R_2 共柄，R_4 与 R_5 共柄，M_1 起源于中室上角，M_2 位于 M_1 与 M_3 之间；后翅在 $Sc+R_1$

与 Rs 之间在基部有一个粗的小横脉（图 25-131）。

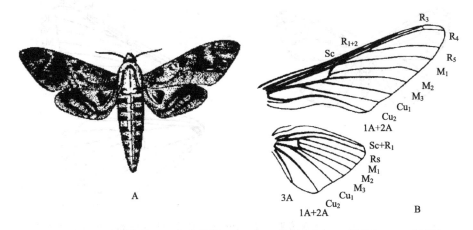

图 25-131　天蛾科代表（A 仿袁锋等，1977；B 仿 Triplehorn 和 Johnson，2005）
A—甘薯天蛾成虫；B—天蛾科昆虫脉序

幼虫肥大，圆柱形，光滑，体面多颗粒，第 8 腹节背面有一向后上方斜伸的尾角，在虫体的侧面经常有斜条纹，趾钩中带。

成虫飞翔力强，经常飞翔于花丛间取蜜。大多数种类夜间活动，少数日间活动。入土后作土茧化蛹，蛹的第 5 节和第 6 节能活动，末节有臀棘。蛹喙显著，有离体与贴体之别。成虫能发微声，幼虫也能以上颚摩擦作声。世界性分布，主要在热带。全世界已知 1000 余种，中国已知约 150 种。

（15）大蚕蛾科 Saturniidae　体大型，无喙，下唇须短或缺，无单眼；触角短，双栉齿状。翅大而宽，基部密生长毛，中室端部具眼状、半月状透明斑；后翅肩角发达，无翅缰；前翅 R 脉 4 支，R_3 与 R_4 愈合，R_2、R_3+R_4、R_5 共柄，臀脉一支；后翅 $Sc+R_1$ 与 Rs 从基部到端部一直分离（图 25-132）。

图 25-132　大蚕蛾科昆虫（A 仿周尧，1977；B 仿 Triplehorn 和 Johnson，2005）
A—樗蚕；B—大蚕蛾科昆虫脉序

幼虫身体中大型，体色淡绿、黄色、褐色；粗壮，体上多枝刺，趾钩双序中带，身体侧面足的附近有三角形骨化区。

主要产于热带地区，中国已记载 40 余种；若干种也能产丝，如日本的柞蚕和中国的柞蚕都产柞蚕丝，行销全世界。

（16）蚕蛾科 Bombycidae： 体中型，翅阔，前翅 5 条径脉基部合成一柄；后翅第一条脉与中室有横脉相连，有三条臀脉，身体不呈纺锤形，触角羽毛状（图 25-133）。

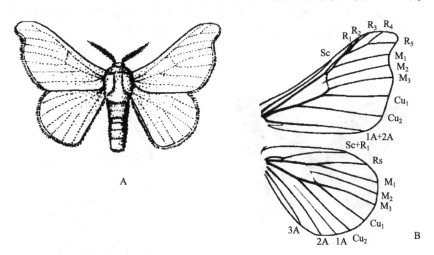

图 25-133 蚕蛾科昆虫（A 仿周尧，1977；B 仿 Triplehorn 和 Johnson，2005）

A—家蚕；B—蚕蛾科昆虫脉序

幼虫有尾角，但身体每节最多只分 2～3 个环，通常不分环。腹足左右分开。

（17）粉蝶科 Pieridae 体中型，底色为白色、黄色，上具黑色或红色斑点；前翅三角形，后翅卵圆形。前翅：R 脉 4 支，R_2 与 R_3 愈合成 R_{2+3}，R_4、R_5 共柄，A 脉只有一条；后翅 A 脉 2 条。

幼虫体长 20～40mm，圆筒形，绿色、黄色，有时具白色纵线，唇基达头长 1/2，身体密被毛突和次生刚毛，每个体节划分出 4～6 个小环节；趾钩双序中带或三序中带（图 25-134）。

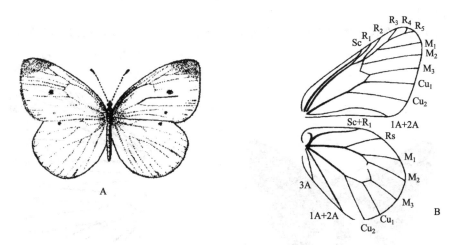

图 25-134 粉蝶科昆虫（A 仿周尧，2001；B 仿 Triplehorn 和 Johnson，2005）

A—菜粉蝶 *Pieris rapae*；B—粉蝶科昆虫脉序

卵炮弹形或宝塔形，直立而长，上端较细，有纵脊和横脊，蛹前半段粗，多棱角，后半段瘦削，头端有尖锐突起，上唇分 3 瓣，喙达翅芽的顶端，为害十字花科、豆科、蔷薇科等植物。

（18）凤蝶科 Papilionidae 体大型，色艳。前翅：三角形，R 脉 5 支，R₄ 与 R₅ 共柄，A 脉 2 支：1A＋2A 和 3A；后翅有尾突或无，入尾突的脉为 M₃；内缘有圆弯，肩部有钩状小脉（图 25-135）。

幼虫 20～60mm，头比前胸小，头上有小的次生刚毛，体表光滑，通常从后胸以后逐渐缩小，前胸背面有横口，受惊时分泌臭丫腺，趾钩为三序中带。

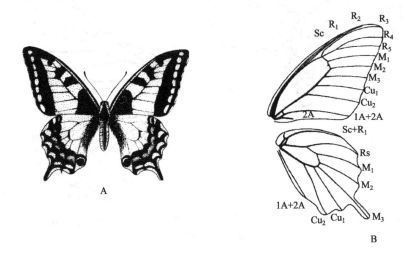

图 25-135 凤蝶科昆虫（A 仿周尧，1997；B 仿 Triplehorn 和 Johnson，2005）

A—金凤蝶成虫；B—凤蝶科昆虫脉序

卵近圆球形，只底面略平，表面光滑，或有微小而不明显的多角形雕刻纹，具珍珠光泽；蛹表面粗糙，头端 2 分叉，上唇分 3 瓣，喙达翅芽的端部，为害芸香科、樟科、伞形科和马兜铃等植物的叶。

（19）弄蝶科 Hesperiidae 体小型到中型，粗壮，色深，头大，触角棒状，末端有小钩，前足发达，中足胫节 1 距，后足 2 距。前后翅脉均分离，放射状，直接由基部或由中室外部发出（图 25-136）。

幼虫头大，色深。体纺锤形，前胸细瘦呈颈状，易识别，腹足趾钩三序环状。腹部末端

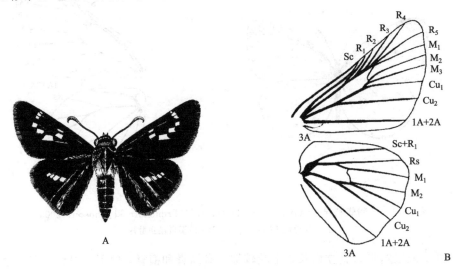

图 25-136 弄蝶科昆虫（A 仿周尧，1977；B 仿 Triplehorn 和 Johnson，2005）

A—直纹稻弄蝶；B—弄蝶科昆虫脉序

有臀节。

成虫多在早晚光线比较弱时活动。幼虫主要为害禾本科植物，常缀叶结苞为害。

（20）眼蝶科 Satyridae　体中小型，翅灰褐色、棕褐色、灰白色，很少有光泽，翅反面看均具眼状斑纹。头小，复眼四周有长毛，下唇须挺直，侧扁。前翅翅脉基部有几个膨大成囊状。前翅 R 脉 5 条，后翅具肩横脉（图 25-137）。

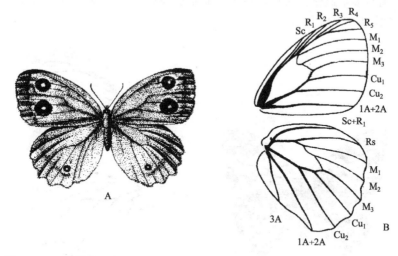

图 25-137　眼蝶科昆虫（A 仿袁锋，1996；B 仿 Triplehorn 和 Johnson，2005）
A—稻眉眼蝶；B—眼蝶科昆虫脉序

幼虫体中、小型，纺锤形；黄褐色、暗绿色；每个体节由 6 个小环节组成；头比前胸大，常具角状突起；第 3 个单眼大于其他单眼；趾钩为单序、双序中带；臀板分叉。

幼虫主要为害禾本科、莎草科、棕榈科、凤梨科、芭蕉科等单子叶植物。

（21）灰蝶科 Lycaenidae　体小，通常在 5 cm 以内，翅颜色鲜明，有时有金属闪光，反面较暗，有眼斑或细纹；触角上有白环；复眼周围绕一圈白色鳞片环。雄性的前足退化、无爪。前翅 M_1 自中室前端发出，后翅无肩脉，有时有尾突（图 25-138）。

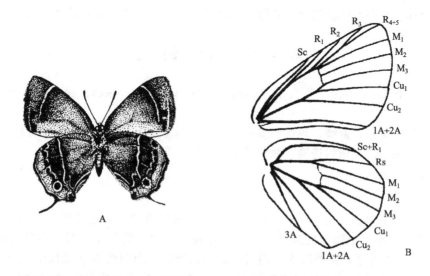

图 25-138　灰蝶科昆虫（A 仿周尧，1994；B 仿 Triplehorn 和 Johnson，2005）
A—裂斑金灰蝶（雄性反面）；B—灰蝶科昆虫脉序

幼虫小型，10～20mm，体短、扁，暗黄、绿色；头小，可缩在前胸内，周身密被短毛，无瘤；足短，隐藏；趾钩双序、三序中带，有时为异形中带。

占已知蝶类的 40%，全世界约有 6000 多种。

（22）蛱蝶科 Nymphalidae　体中型至大型，颜色鲜艳，翅面常具有美丽色斑，但翅的背面常常颜色暗淡，有些种类像枯死的树叶，当这些蛱蝶休息时，与环境融为一体，不易被其天敌发觉；前足多半退化，较小，触角锤状部分特别大。前翅 A 脉一条，中室闭室，后翅 A 脉两条（图 25-139）。

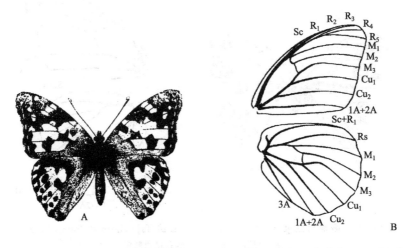

图 25-139　蛱蝶科昆虫（A 仿袁锋等，1977；B 仿 Triplehorn 和 Johnson，2005）
A—小红蛱蝶成虫；B—蛱蝶科昆虫脉序

幼虫 25～40mm，头小，圆形，有些头上具角状突起，体表具长短不一的枝刺，八、九两个腹节常愈合，趾钩单序、双序中带。

蛱蝶科昆虫约有 6000 种，是蝶类中种类最多的一个科，分布在世界各地，热带地区种类丰富，变化多样。成虫寿命在蝶类中最长，可以存活 6～11 个月。成虫种类不同取食习性不同，一些种类取食花蜜为主，其他种类可以取食流出的植物汁液、腐烂的水果、动物粪便、动物尸体。产卵习性差别大，有散产和块产。幼虫形态和行为差异也较大。

第三十节　膜　翅　目

膜翅目 Hymenoptera，英文名 sawflies、wood wasps、bees、ants、wasps、parasitoids。

包括叶蜂、树蜂、蜜蜂、蚂蚁和多种寄生蜂。形态变化很大，成虫主要特征为：咀嚼式口器；具两对膜质翅，翅钩连锁；触角显著，一般 9 节或 9 节以上。

一、形态特征

1. 成虫形态

头部一般为下口式。头顶一般具单眼 3 个。触角柄节较长，梗节较小，鞭节一般 10～20 节。胸部由前胸、中胸和后胸 3 节组成。细腰亚目中，腹部原始第 1 节常与后胸相接，称为并胸腹节。2 对翅，前翅较大，前后翅以翅钩连锁。小型的细腰亚目中，翅痣常缺失，翅脉常减少。部分种类为适应相应生活方式（如挖洞、捕获猎物等），足可发生较大特化。腹部 10 节，2～6 节构造相似。部分种类产卵器发达。

2. 幼虫形态

广腰亚目幼虫多为蠋形。头部骨化、半球形，常为下口式。胸部各节生有许多褶皱。中胸气门较大，后胸气门较小。胸足 3 对、发达。腹部 10 节，1～8 节结构相似，背面又分若干小节；第 10 腹节常有特化，背面无小节。

细腰亚目幼虫：老龄幼虫虫体纺锤形、蝇蛆状，表皮白色、较光滑。头呈半圆形，具一定骨化度，常为下口式。老熟幼虫头部常缩入胸内。体段特征不明显，一般可见 12～13 节。寄生性种类中，复变态现象较为普遍。

二、生物学特性

生物学习性多样。多数膜翅目成虫性喜阳光、多白天活动，少数种类夜晚活动、具趋光性。

1. 食性

食性较复杂。有取食花粉、花蜜的种类；有取食昆虫分泌蜜露的种类。多数胡蜂和蚂蚁为肉食性；但蚂蚁中也有植食性种类，可取食植物种子或真菌；少数蜜蜂、胡蜂也为腐食性。而部分的寄生性种类也可取食寄主伤口的渗出物。

2. 化蛹习性

化蛹场所多样。部分种类在土中或植物组织中建造蛹室化蛹，高等的针尾部在雌虫为其作好的隐蔽场所或巢室内化蛹。也可于裸露处化蛹，如悬茧姬蜂可悬丝作茧。也可于寄主残体外或内部化蛹。

3. 生活方式及社会性

生活方式多样。广腰亚目类群多为植食性；细腰亚目中的寄生部类群多为寄生性，且杀死猎物方式、产卵位置、寄生方式多种多样，而真尾部类群中的蚂蚁、蜜蜂则具有很强的社会性行为。

在具有社会性行为的类群中，虫体中多有多型现象。如在蜜蜂群体中，常包括一只蜂王、数只雄峰及大量工蜂。蜂王是生殖器官发达的雌蜂，可产卵、繁殖后代；工蜂是生殖器官不发达的雌蜂，司职采集花粉、花蜜及喂养幼蜂等工作；雄蜂交配后，不久多会死亡。

三、分类及常见科简介

按照传统分类学，膜翅目下分广腰亚目 Symphyta 和细腰亚目 Apocrita，而细腰亚目又可分为寄生部与针尾部两大类。

1. 广腰亚目

在膜翅目中，属低等植食性类群。腹部基部不缢缩，第 1 节未与后胸并合。前翅通常 1 个臀室，后翅至少 3 个翅室。下口式。前胸侧板常较短，伸向前上方；前胸背板横方形；胸腹侧片较发达。翅多发达，2 对、膜质。产卵器通常较短。幼虫头壳发达，下口式，胸足常明显。

成虫生活周期较短，部分种类不取食或仅取食花粉，对植物不造成危害。孤雌生殖现象较为普遍。多数种类幼虫可取食植物叶片，部分类群蛀食植物茎秆或果实。

（1）叶蜂科 Tenthredinidae 头部短、横宽。触角常为 9 节。中胸小盾片发达。无侧腹板沟。后胸侧板不与腹部第 1 背板愈合。前足胫节端距 1 对。后翅常具 5～7 个闭室。腹部第 1 背板常具中缝，无侧缘脊。产卵器短小，常稍伸出腹末（图 25-140 A）。

幼虫多足型，腹部多具 6～8 对足（图 25-140 B）。

幼虫常在寄主植物表面自由取食，少数种类可在寄主内部取食，如蛀芽、蛀茎和潜叶等。幼虫老熟后停止取食，多落于落叶或土中化蛹。部分种类成虫不取食，产卵后不久即死去。

（2）树蜂科 Siricidae 体中大型。头部方形或半球形，口器退化。触角丝状，第 1 节通

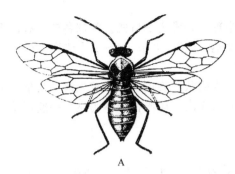

图 25-140　叶蜂科昆虫小麦叶蜂（仿袁锋和徐有恕，1987）

A—成虫；B—幼虫

常较长。前胸背板短，横方形。前足胫节具一端距，后足具 1～2 个端距。前翅，前缘室及翅痣均狭长，纵脉较直；后翅，常具 5 个闭室。腹部圆筒形，末节背板常发达、具长突。产卵器细长，伸出腹端较长（图 25-141）。

　　成虫不取食，幼虫具有蛀茎习性。

　　（3）茎蜂科 Cephidae　体形纤细。头部近球形，上唇退化。触角长丝状，第 1 节较长。前胸背板长大，后缘近平直或具浅缺口。无胸腹侧片。前足胫节具一端距，中后足各具两端距。前翅纵脉较直，Sc 脉消失。后翅至少具 5 个闭室。腹部筒形或侧扁，第 1～2 节间明显缢缩。产卵器较短，端部伸出腹末（图 25-142）。

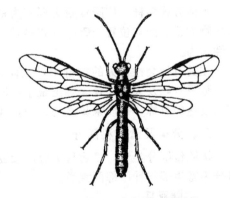

图 25-141　树蜂科昆虫泰加大树蜂（仿肖刚柔，1987）　图 25-142　茎蜂科昆虫麦茎蜂（仿周尧，1954）

　　幼虫胸足退化，无腹足，可蛀食植物茎秆。

　　2. 细腰亚目

　　细腰亚目是一个庞大类群，包括了膜翅目中的大部分种类。

　　腹部基部缢缩、呈细腰状。腹部第 1 节与后胸紧密相连，称作并胸腹节。翅发达，翅面上无关闭的臀室。大部分幼虫为肉食性，但猎物和食物多由亲代供给。

　　传统上，本亚目又可下分为寄生部和针尾部。

　　寄生部 Parasitica

　　腹部末节腹板具纵裂，产卵器多外露、位于身体腹面。多为寄生性种类。

　　姬蜂总科 Ichneumonoidae

　　目前，不同学者对姬蜂总科的分类观点尚不一致，姬蜂总科的成员也多有变动，但多是将姬蜂科和茧蜂科归为此类。

　　（4）姬蜂科 Ichneumonidae　姬蜂种类众多，形态变化较大。

成虫微小至大型，体多纤弱。触角较长，丝状。足转节 2 节，胫节距显著，爪发达、具一爪间突。翅一般大型，膜质。有翅型，前翅前缘脉与亚前缘脉愈合，具翅痣；具第 2 迴脉及小翅室。腹部多细长，产卵管长度不等、有鞘（图 25-143）。

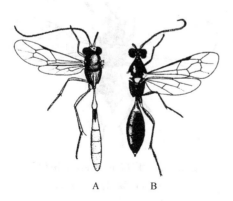
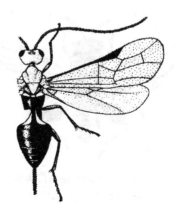

图 25-143　姬蜂科成虫特征（仿何俊华，1991）
A—螟蛉悬茧姬蜂；B—黏虫白星姬蜂

图 25-144　茧蜂科昆虫中华茧蜂
（雌）（仿何俊华等，1991）

卵多产于寄主体内或体外。蛹为离蛹，多具茧。

姬蜂科昆虫为常见而重要的天敌类群，在多种农作物田中均有大量发生。

（5）茧蜂科 Braconidae　小型至中大型。触角丝状。翅脉明显，前翅具翅痣，亚前缘脉有时消失；后翅前缘脉上缺少翅钩。腹部圆筒形或卵圆形。腹部第 2、3 背板愈合，具横凹痕、但不能自由活动。产卵管长度不等、有鞘，部分雌蜂产卵管长于体长数倍（图25-144）。

茧蜂一般寄生于幼虫，少数寄生成虫；除跨期寄生外，尚未发现仅寄生卵或蛹的种类。成虫产卵时，常专门或顺带用产卵管蛰刺寄主，吸食其流出的体液。也有极少数茧蜂的幼虫为捕食性。

小蜂总科 Chalcidoidea

体型多为微小型，少数种类为中型。成虫复眼大，单眼 3 个、位于头顶。触角大多膝状，5～13 节。小盾片发达，其前角有三角片。通常具膜质双翅，静止时重叠。翅脉极退化，前翅无翅痣。足转节 2 节。腹部腹板坚硬骨质化，无中褶。产卵管从腹部腹面末端伸出，具有一对与产卵管伸出部分等长的鞘。卵产于寄主体内或体外。蛹为裸蛹。第 1 龄和末龄幼虫头部构造变化很大。

生物学特性方面，小蜂总科的变化较其他寄生蜂总科都大。其中，大部分种类为寄生性，少数种类为植食性。部分种类的幼虫也为捕食性。寄生性表现复杂，有单寄生、外寄生等多种类型。寄主范围广泛，几乎可寄生昆虫纲内翅部的各个目生物。不同种类的小蜂又可寄生寄主的卵、幼虫、蛹及成虫各时期虫态。小蜂总科是膜翅目中种类较多、分类最为困难的类群之一。

（6）小蜂科 Chalcididae　体坚固，多小型。黑色或褐色，无金属光泽。触角 11～13 节。头、胸部常具粗糙刻点。胸部膨大，盾纵沟明显。翅面宽，无纵褶。后足基节长，圆柱形；后足腿节常膨大，胫节向内呈弧形弯曲；跗节 5 节。腹部圆卵形或椭圆形，具腹柄。产卵器未外伸（图 25-145）。

小蜂科昆虫均为寄生性，可寄生于鳞翅目、双翅目、鞘翅目等。一般为单寄生，但也有聚寄生种类。

（7）广肩小蜂科 Eurytomidae　微小至中型。体通常黑色无光泽，少数具微弱金属光泽，常具明显刻纹。触角着生于颜面中部、11～13 节。前胸背板宽阔、长方形，故名“广肩小蜂"；中胸背板常具刻点。并胸腹节常有网状刻纹。跗节5节。后足胫节具有2个距。腹部光滑，雌蜂腹部常侧扁、产卵管略伸出，雄蜂腹部圆形、具长柄（图25-146）。

图 25-145　小蜂科昆虫广大腿
小蜂（仿李学骝，1979）

图 25-146　广肩小蜂科昆虫槐种子
小蜂（仿廖定熹，1987）

食性较为复杂，主要为寄生性，可寄生鳞翅目、鞘翅目、半翅目等害虫。部分种类为捕食性；也有少数种类为植食性，可为害植物的茎和种子。

（8）金小蜂科 Pteromalidae　体小型至中型，常具绿色、蓝色等鲜艳金属光泽。头、胸部密布网状细刻点。头部卵圆形至近方形。触角多8～13节。前胸背板略呈方形。并胸腹节中部一般具明显刻纹。前翅缘脉、痣脉发达。跗节5节，后足胫节具一距（图25-147）。

金小蜂科为小蜂总科中最大的科，也是我国小蜂总科中最大的一个科。寄主范围极广，能寄生包括直翅目、半翅目等在内的多种昆虫，可寄生昆虫卵至成虫的各个时期。少数种类为捕食性或植食性。

图 25-147　金小蜂科昆虫黑青
小蜂（仿胡萃，1964）

图 25-148　跳小蜂科昆虫小蛾点
缘跳小蜂（仿廖定熹，1987）

（9）跳小蜂科 Encyrtidae　体微小至小型，一般1～3mm、常粗壮。多具暗金属色，平滑或具点刻。头部多呈半球形，复眼大、单眼呈三角形排列。触角多5节以上，柄节有时呈叶状膨大。中胸盾片常大而隆起，盾纵沟较浅或缺失；小盾片发达。后胸背板及并胸腹节较短。翅多发达，前翅缘脉较短。中足常发达，适于跳跃。侧面观，中足基节位于中胸侧板中部下方；胫节较长；跗节5节。腹部宽、无柄，常呈三角形。腹末背板侧方常前伸。产卵器内藏或外露（图25-148）。

寄主极为广泛，几乎可寄生有翅类中的各目昆虫。部分种类为重寄生蜂，也有种类为捕食性。卵为哑铃形，产于寄主体内。卵柄多伸出寄主体外，幼虫孵化后，可借此结构呼吸氧气。

（10）蚜小蜂科 Aphelinidae　体微小或小型，常短粗或扁平，极少数为长形。体色淡黄至暗褐色，少数种类黑色。触角 5～8 节，复眼较大。前胸背板较短。中胸盾纵沟深而直，小盾片宽、较平；中胸侧板常斜向划分。一般前翅缘脉较长，与亚缘脉长度近似；痣脉较短；无后缘脉。中足基节明显位于中胸侧板中部之后；中足胫节端距长而粗；跗节 4 节或 5 节。腹部无柄，产卵器内藏或少部外露（图 25-149）。

蚜小蜂的寄主主要为蚜总科、木虱总科、粉虱总科及猎蝽总科等。成虫以蚜虫或介壳虫的蜜露为食；或以产卵管刺入寄主，取食活虫体液。部分种类，雌蜂和雄蜂的个体发育、寄生行为差异很大。

蚜小蜂科昆虫是重要的天敌类群，在生物防治领域中应用广泛。如：粉虱丽蚜小蜂 *Encarsia formosa*，用于防治温室粉虱 *Trialeurodes vaporariorum*，在中国曾获得很大成功。

图 25-149　蚜小蜂科昆虫温室粉虱蚜小蜂（雌）(仿廖定熹，1987)

图 25-150　赤眼蜂科昆虫松毛虫赤眼蜂（雌）(仿庞雄飞和陈泰鲁，1980)

（11）赤眼蜂科 Trichogrammatidae　体微小至小型，粗壮至细长；黄或橙黄至暗褐色，无金属光泽。触角短，5～9 节；柄节长，与梗节呈肘状弯曲。前胸背板较短，外部难以观察；盾纵沟完整。翅发达，缘脉变化较大，前翅无后缘脉。部分种类翅面上的纤毛排列成行，呈放射状分布。跗节 3 节。腹部无柄，与胸部宽阔相连。产卵器内藏或大部露出（图 25-150）。

为世界性分布。具有卵寄生性，以寄生鳞翅目为主，也可寄生鞘翅目、膜翅目、双翅目、半翅目、缨翅目等。部分种类寄生蜂能潜入水下，寻找寄主的卵粒。多个种类的赤眼蜂被广泛地应用于鳞翅目害虫的生物防治上。

针尾部 Aculeata

全世界约有 21 个科，其中 15 个科在中国有分布。主要特征之一为产卵器进化为螯针、螯刺时可注射毒液，其产卵功能消失。卵粒则从螯针基部产出，不需再经过螯针。

青蜂总科 Chrysidoidea

（12）螯蜂科 Dryinidae　体小型。雄蜂具翅；部分种类雌蜂无翅，体形、行为似蚁类。头部较大，近方形。触角丝状、10 节，着生于唇基正前方。雌蜂前胸背板较长，中、后胸及并胸腹节成一圆柱形。前足较中、后足稍大；基节、转节较长，腿节基半部膨大，至末端逐渐纤细；第 5 跗节与 1 爪特化为螯状。腹部纺锤形或长椭圆形，产卵管针状、稍伸出腹末。雄蜂前胸背板较短，外部难以观察；盾纵沟明显，常呈 “V” 形或 “Y” 形。前足较中、后足小，不成螯状。腹部较纤细（图 25-151）。

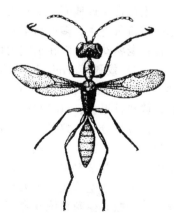

图 25-151　螯蜂科昆虫稻虱螯蜂 (仿何俊华，1978)

寄主为半翅目头喙亚目昆虫的成虫及若虫，如角蝉科、沫蝉科、叶蝉科等。雌蜂以前足的螯状结构抱紧、控制寄主后，迅速弯曲腹部、产出卵粒。卵多产于翅基或近腹末的腹部节间膜下，一端稍外露。卵孵化后，幼虫头部始终埋于寄主体内，腹部则露出寄主体外。随着虫体发育，幼虫退下的表皮仍附于寄主体表、形成"黑色囊状物"。幼虫老熟时，囊状物开裂，幼虫爬至植株上结茧、化蛹。

（13）青蜂科 Chrysididae　体小型至中型，常具青、蓝、紫等金属光泽。体壁骨化程度较高。头与胸等宽。触角短、12～13 节，着生位置近口器。小盾片发达，常向后伸至腹基部。并胸腹节侧缘常具尖刺。足纤细，爪多 2 分叉。前翅翅脉稍退化，后翅小、无闭室。腹部无柄。部分种类腹部能弯折在胸部下方而成圆球形，以抵御其他蜂类的攻击。腹末节背板后缘完整或具齿。产卵器管状，能收缩（图 25-152）。

青蜂科全为寄生性。部分种类还可寄生泥蜂科 Sphecidae、切叶蜂科 Megachilidae 及蜾蠃缝科 Eumenidae 等膜翅目昆虫。

胡蜂总科 Vespoidea

包括了传统划分的胡蜂总科 Vespoidea、土蜂总科 Scoloidea、蚁总科 Formicoidea 和蛛蜂总科 Pompiloidea。本总科为一并系类群，尚未找到将该总科内各科生物联系起来的共近裔性状。

（14）土蜂科 Scoliidae　多大型，体粗壮、常具密毛。雄性稍小，体偏细长。体常黑色，具橙黄或红色的斑点或窄条带。头部略成球形。触角短、弯曲，雌蜂 12 节、雄蜂 13 节。复眼较大。前胸背板与中胸紧连，不能活动；中、后胸腹板平坦，中、后足基节基部具片状突起。足短粗，胫节扁平。前足基节相近，中、后足基节远离。中足胫节距 1～2 个，后足距 2 个。翅面烟褐色，具绿色或紫色闪光。腹部延长，各节边缘具毛（图 25-153）。

图 25-152　青蜂科昆虫上海青蜂
（仿祝汝佐，1978）

图 25-153　土蜂科代表——白毛长腹
土蜂（仿袁锋和徐秋园，1996）

土蜂常于近地面上方几英寸处作平行飞行。雌蜂可掘洞入土以搜寻寄主，常在土层深处作土室掩藏寄主。多产卵于寄主腹节中段腹面中央。幼虫营外寄生生活，头常埋于寄主体内取食；老熟幼虫，常在土室内作茧。

（15）蚁科 Formicidae　触角膝状，柄节较长。蚁后、工蚁，触角 10～12 节；雄蚁，10～13 节。腹部第 1 节或 1～2 节，特化成独立于其他腹节的结节状或鳞片状。腹末具螫针，或螫针退化、以臭腺防御，或具有能喷射蚁酸的喷射结构（图 25-154）。

世界性分布。蚁科为社会性昆虫，其生活习性及栖息场所多样。在一个蚂蚁群体中，有雌蚁、雄蚁和工蚁三个基本品级。各品级间，形态差异较大，群体内职能也有所不同。雌蚁个体较大，具 2 对翅。婚飞、交配后，落地、脱翅进入巢内，之后产卵、成为蚁后。主要职能为产卵、繁殖后代及扩大种群。雄蚁相对较小，具 2 对翅。常与雌蚁婚飞、交配后不久即死亡。工蚁是生殖系统发育不完全的雌蚁，个体较小、无翅。主要负责筑巢、觅食、清洁等职能。蚁类的食物以动物性为主，部分种类以植物种子为食；少数种类与昆虫共生、取食昆虫的分泌物；更有种类能够种植真菌、豢养其他昆虫。

图 25-154　蚁科昆虫家蚁（仿矢野，1990）

图 25-155　蛛蜂科昆虫强力蛛蜂（仿周尧，1954）

（16）蛛蜂科 Pompilidae　体小至大型。体色杂而鲜艳，如黑色、暗蓝色、赤褐色等。雌蜂触角 12 节、卷曲，雄蜂 13 节，线状。上颚常具齿 1～2 个。前胸背板突伸达翅基片，与中胸背板连接不紧密。中胸侧板具缝，并被其分成上、下两部分。足长、多刺，各足基节均相互接触。中、后足胫节具 2 距，后足腿节常超过腹末。翅发达，后翅具臀叶。腹部较短，前几节间无缢缩，仅少数具柄（图 25-155）。

典型的狩猎性寄生蜂，可捕食蜘蛛。成虫常在花丛间搜寻，行动敏捷。成虫常在地下、石缝或朽木中筑巢，也可利用其他动物废弃的巢穴或树干中的虫道。捕获猎物后，先利用蛰针将其麻醉，之后于猎物腹部产卵；或将猎物拖入巢穴隐藏后，再行产卵。

（17）蜾蠃蜂科 Eumenidae　体中型。形似胡蜂，体暗色，具白色、黄色或红色斑纹。雌蜂触角 12 节，雄蜂 13 节。复眼内缘中部凹入。上颚长、刀片状，左右交叉或突向前方呈喙状。前胸背板向后延伸至翅基片。中足基节相互接触，中足胫节具 1 距。爪 2 叉状。休息时，翅常纵褶。腹部第 1 节背板与腹板部分常愈合，背板搭叠于腹板上（图 25-156）。

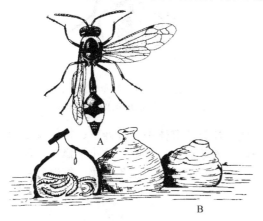

图 25-156　蜾蠃蜂科昆虫中华唇蜾蠃
（A 仿李永禧，1990；B 仿李铁生，1985）
A—成虫；B—巢

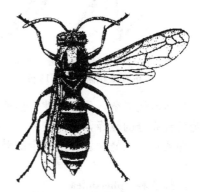

图 25-157　胡蜂科昆虫黄边
胡蜂（仿李永禧，1990）

狩猎性寄生蜂，单栖性生活。雌、雄蜂均外出捕食，猎物多为鳞翅目幼虫。几乎所有种类均利用泥土或黏土在地下、土墙中、植物孔洞中筑巢。捕获猎物后，以足抱握寄主体躯，再以蛰针蛰刺、注入毒液，后带入巢中、供幼虫取食。

（18）胡蜂科 Vespidae　雌蜂触角 12 节，雄蜂 13 节。复眼内缘中部凹入。上颚闭合时呈横形，相互搭叠、但不交叉。前胸背板向后达翅基片。中足基节相互接触，中足胫节 2 距。爪简单。休息时，翅常纵褶。后翅具闭室，多数种类无臀叶。腹部第 1 背板与腹板部分愈合，背板搭叠在腹板上；第1、2腹板间有一明显缢缩（图25-157）。

社会性昆虫，生活习性复杂。胡蜂筑巢群居，蜂群中有蜂后、工蜂和雄蜂。蜂巢一般先由蜂后建造，多建于房檐、树枝、土坡、岩石等处。多先建造一个有几个纸质巢室的小巢，以短柄悬挂于高处。巢室端部开口，基部常有伞状保护性外壳包被。每巢室产一卵粒。幼虫孵化后，蜂后捕捉其他昆虫进行喂养；至幼虫化蛹，喂养工作结束。待蛹羽化成为工蜂后，工蜂便承担了相继的维持蜂巢的一切工作，蜂巢迅速扩大。胡蜂具喜光性，在完全黑暗的条件下一般停止活动。

大田中，胡蜂成虫可捕食多种农林害虫，偶也捕食蜜蜂等益虫。对甜性物质有趋性，如花蜜、树液、成熟的水果等。幼虫为肉食性，多依靠成虫捕食到的其他昆虫为食。胡蜂一般不主动攻击人畜；但当蜂巢受到扰动时，常有追袭、蛰刺习性。

蜜蜂总科 Apoidea

（19）蜜蜂科 Apidae　体小至大型。多数体被绒毛或由绒毛组成的条带，少数光滑或具金属光泽。中胸背板绒毛羽状或具分枝，为本科主要特征。雌蜂触角12节，雄蜂13节。前胸背板短，后侧方具叶突、但未达翅基片；后胸背板发达。翅发达，前、后翅均有多个闭室，后翅具臀叶。雌蜂腹部可见6节，雄蜂可见7节。前足基跗节具净角器。多数雌虫后足胫节及基跗节扁平，并着生由长毛形成的采粉器（图25-158）。

图 25-158　蜜蜂科昆虫意大利蜜蜂
（仿袁锋和徐秋园，1996）

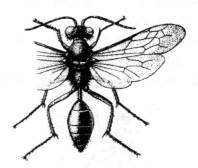

图 25-159　泥蜂科昆虫黑足
泥蜂（仿李永禧，1990）

生活习性复杂，分寄生性、独栖性和社会性。社会性群体中，分蜂王、雄蜂及工蜂。蜂王为发育完全的雌蜂，个体较大，主要负责产卵、繁殖后代；雄蜂个体小于蜂王，与蜂王交配后即死亡；工蜂为发育不完全的雌蜂，个体较小，负责筑巢、采集食物、饲喂幼虫、清洁等工作。

泥蜂总科 Sphecoidea

（20）泥蜂科 Sphecidae　一般体色暗，多具红色、黄色或白色斑纹。体多光滑裸露，被稀疏绒毛；部分种类头、胸部被密毛或腹部具毛带，但绒毛不具分枝。雌蜂触角12节，雄蜂触角13节。一般上颚发达。前胸短、横形，与中胸紧密连接，但未伸达翅基片。中胸发达，背面具纵沟。并胸腹节发达。足较长、转节1节，胫节及跗节具刺，中足胫节距1～2个。前翅翅脉发达、2～3个亚缘室，具翅痣；后翅有闭室，臀叶发达（图25-159）。

泥蜂一般为独居性蜂类，多有狩猎行为。多数于土中筑巢，巢室底部多是一扩大的育幼室。成虫常将猎物麻痹后，带入巢中，再产卵其上。幼虫孵化后，以猎物为食，直至化蛹、羽化为成虫。猎物范围广泛，可捕食鳞翅目、鞘翅目、直翅目、半翅目、双翅目、膜翅目等多类害虫。

第六篇　昆虫生态学

生态学（ecology）这一名词最早由德国生物学家赫克尔（Ernst Haeckel）在1896年提出，其定义为：生态学是研究动物对有机和无机环境的全部关系的科学。1979年，马世骏从系统论的观点出发，对生态学定义如下：生态学是一门多学科性的自然科学，它研究生命系统与环境系统之间的相互作用规律及其机理。昆虫生态学作为生态学的一个重要组成部分，主要研究昆虫个体与环境之间、昆虫种群与环境之间以及昆虫种群间与种群内部的联系与规律。

第二十六章　昆虫与环境

第一节　环境与生态因子

一、环境

环境（environment）一般是指生物有机体周围一切的总和，它包括空间以及其中可以直接或间接影响有机体生活和发展的各种因素，包括物理化学环境和生物环境。

生物个体周围的非生物体和它同种或异种个体都是其环境。严格地讲，只有那些对动植物直接起作用，又是不可缺少的一些理化因素，以及那些从本质上讲对生物新陈代谢、繁殖、种群数量起作用的因素才是生物个体的环境。

二、生态因子

1. 生态因子及其分类

生态因子（ecological factors）是指环境中对某一特定生物体或生物群体的生长、发育、生殖、分布等有直接或间接影响的环境要素。

生态因子通常可以分为生物因子（biotic factors）和非生物因子（abiotic factors）两大类。生物因子包括同种生物的其他有机体和异种生物有机体，如捕食性天敌、寄生性昆虫和昆虫病原微生物等；而非生物因子则包括温度、湿度、太阳辐射、气流、盐分、pH等理化因子。

史密斯（Smith，1935）根据生态因子与昆虫密度的关系将其分为密度制约因子（density dependent factors）和非密度制约因子（density independent factors）。前者如食物、天敌等生物因子，它们的影响程度随种群密度而改变；后者如温度、降水等气候因子，它们的影响程度不随昆虫种群密度而变化。

有些学者根据生态因子功能将其分为控制因子与灾害性因子。前者指能起调节生物种群平衡的一类生态因子；后者主要是非生物因子，可影响种群密度，但不能调节种群平衡，与密度制约因子和非密度制约因子相似。此外，还有稳定因子与变动因子等。

2. 生态因子作用特征

生态因子与生物之间相互影响、相互作用。主要的生态因子有气候、生物、土壤，这些生态因子作用的共同特征有以下几点。

（1）综合性　任何一个生态因子都是在与其他因子的相互影响、相互制约中起作用的，任何一个因子的变化都会在不同程度上引起其他因子的改变。

（2）主导因子　在诸多生态因子中，并不是所有因子对有机体所起作用都是等价的，只有某一个因子对生物体或生物类群起决定性作用，称为主导因子。主导因子的改变常常导致其他因子发生变化。如对寄生性昆虫而言，寄主的健康与营养状况就是主导因子。

（3）不可替代性　生态因子都有其各自的作用特点，一般不可缺少，一个因子的缺失不可由另一因子完全顶替。特别是当主导因子缺少时，就会影响作用对象的正常生长发育，甚至危及作用对象的生存。

（4）补偿性　虽然各种生态因子在总体上不可替代，但当某一因子数量不足时可以由另一因子的加强得到补偿，从而获得相近的生态效应。但补偿作用只能限定在一定范围，而且也不是经常存在。

（5）限制性　任何一种生态因子量或质的不足或过多都会对生物的生长发育产生不利影响，甚至导致死亡。例如，湿度的过高或过低都不利于生物的生长发育，甚至危及生命。

（6）阶段性　生物在生长发育的不同阶段需要不同的生态因子或同一生态因子的不同强度。例如，光周期对滞育性昆虫的作用具有明显的阶段性。

第二节　气候因子

气候因子与昆虫的生命活动联系紧密，主要包括温度、湿度、降水、光和风等因子，这些因子不仅直接影响昆虫的生长、发育、繁殖和分布，而且对昆虫的生命活动也具有间接作用。

一、温度对昆虫的作用

昆虫是变温动物，调节体温的能力较差，其体温主要取决于外界环境的温度。因此，环境温度对昆虫生命活动的影响是比较直接和明显的。在适宜的温度范围内，昆虫可以完成正常的生命过程，而在此范围之外将引起昆虫生理机能紊乱，甚至死亡。另外，温度也可以通过对植物、其他生物、湿度以及土壤理化性质等方面的影响，间接影响到昆虫的生命活动。

1. 温区

为了便于说明温度对昆虫生命活动的作用，可以假设把温度范围划分为下列5个温区，以说明在这些温度区域内生命活动的特点。

（1）致死高温区（high lethal temperature range）　一般在45℃以上，该温区内的高温破坏昆虫体内酶系统，甚至蛋白质也受到破坏，部分凝固，昆虫经短期兴奋后死亡。这种高温引起昆虫机体损伤的情况是不可逆的。

（2）亚致死高温区（high sublethal temperature range）　一般为40～45℃，昆虫各种代谢过程速度不一致，从而引起功能失调，表现出热昏迷状态。如果继续维持在这样的温度下，也会引起死亡，这取决于高温持续的时间。

（3）适温区（favorable temperature range）　一般为8～40℃，又称有效温区或积极温区，在这个温区内，昆虫能进行正常的生命活动。根据昆虫生长发育与温度的关系，常把该温区分为3个亚温区。

①　高适温区（high favorable temperature range）：一般为30～40℃，其上限称昆虫的最高有效温度。在该温区内，随着温度的升高，昆虫发育速度加快，但寿命短。

②　最适温区（most favorable temperature range）：一般为22～30℃，最适温区范围因虫种而异。在最适温区内，昆虫体内能量消耗最小，死亡率最低，生殖力最大，但寿命不一定最长。

③　低适温区（low favorable temperature range）：一般为8～22℃，其最低限为最低有效温度，在此温度之上昆虫才开始生长发育，所以又称为发育起点温度（development threshold temperature）或生物学零点（biological zero）。在该温区内，随着温度的下降，昆虫的发育速度变慢，生殖力下降，死亡率上升。

（4）亚致死低温区（low sublethal temperature range）：一般为 $-10 \sim 8℃$，在该温区内，昆虫体内代谢缓慢，处于冷昏迷状态。如果继续维持在这样的温度下，亦会引起死亡。若经短暂的冷昏迷后恢复正常温度，昆虫通常都能恢复正常生命活动，所以昆虫是否死亡决定于持续低温的时间。

（5）致死低温区（low lethal temperature range）：一般在 $-40 \sim -10℃$，其最下限温度称为最低致死温度。在该温区内，昆虫体液析出水分结冰，使原生质受到机械损伤，脱水和生理结构受到破坏而死亡。

2. 适温区内温度与生长发育速度的关系及有效积温法则

在适温区内，随着温度的升高昆虫发育速率加快，这是温度与生长发育速度关系的总趋势。而发育历期或发育速率是衡量昆虫发育速度的常用生态学指标。发育历期是指昆虫完成一定的发育阶段（1个世代、1个虫期或1个龄期）所经历的时间，通常以"日"为单位；发育速率是指昆虫在单位时间（如"日"）内能完成一定发育阶段的比率，即完成某一发育阶段所需发育时间的倒数，即发育历期的倒数。

昆虫在生长发育过程中必须从外界摄取一定的热量，其完成某一发育阶段所摄取的总热量为一常数，称为热常数（thermal constant）或称有效积温。对昆虫生长发育起到作用的温度应在其发育起点温度之上，常称为有效温度，通常在0℃以上。所以昆虫生长发育过程中所获得的总热量为有效温度的累加值，即发育所需的总积温为日平均温度减去发育起点温度后的累加值，这一规律称为有效积温法则（law of effective temperature），表示为：

$$K=N(T-C) \qquad (26-1)$$

式中，K 为有效积温，日·度或小时·度；C 为发育起点温度，℃，T 为该期平均温度，℃，$(T-C)$ 为发育有效平均温度，℃；N 为发育历期，日或小时。

由于发育速率 $V=1/N$，所以发育速率与有效积温的关系可用公式表示为：

$$V=\frac{T-C}{K} \qquad (26-2)$$

3. 极端温度对昆虫的影响

极端温度对昆虫的影响主要表现在两方面：一是在亚致死高温区与致死高温区，高温对昆虫的致死效应或昆虫的耐热性问题；二是在亚致死低温区与致死低温区，低温对昆虫的致死效应或昆虫的耐寒性问题。

（1）高温致死效应和昆虫的耐热性　高温引起昆虫体内蛋白质凝固，蛋白质结构被破坏而变性、酶系统或细胞线粒体破坏、体内水分过量蒸发、神经系统麻痹，使昆虫代谢功能失调，生理过程紊乱，发育抑制，生殖力下降，死亡率升高。多数昆虫种类在 $39 \sim 54℃$ 时都将被热死。但昆虫的耐热程度常因种类和生活环境而异。例如，生活在温泉中的水蝇科幼虫能忍受 $55 \sim 60℃$ 的高温。这些耐热性昆虫通过习性的适应，如夜晚活动、穴居、迁移以及生理机能的热调节，如夏眠、体壁蒸发水分、体内脂肪熔点高等躲过或度过高温季节。还有一些耐热昆虫在遭遇高温时可合成热休克蛋白（heat shock proteins），参与耐热反应过程。

（2）低温致死效应和昆虫的耐寒性　低温常引起昆虫体液冷冻结晶、机械损伤、原生质脱水，导致昆虫生命活动异常或死亡。此外，低温使昆虫体内代谢速度下降不一致，引起昆虫生理失调，最终也会导致昆虫死亡。昆虫对低温的耐受程度因种而异，一些昆虫可以抵抗外界环境较低温度的影响，少数种类甚至可以忍受一定程度的冰冻和结晶。例如，欧洲玉米螟 Ostrinia nubilalis 的北欧种群可以忍受 $-80℃$ 的低温，而且可以在体液结冰的状态下度过半年以上的严寒。昆虫耐寒性的产生主要是由于体内脂肪、甘油、糖等浓度较高，游离水较少，结合水较多，而且低温也会诱导产生一些抗冻结蛋白，形成了某些耐寒性和耐冻性机制，使昆虫可以抵抗较低的低温，体液结冰点降至0℃以下。俄罗斯物理学家巴赫梅捷耶夫（1898）对于昆虫的这种现象提出了过冷却理论（supercooling theory）加以解释。昆虫的体温随着环境温度的降低而下降，当体温降至0℃（N_1）时，体液仍不结冰，进入过冷却过程；当体温继续下降至一定温度时（T_1），体温突然以跳跃式上升，T_1称为"过冷却点"（supercooling point），表示体液开始结冰，由于结冰时放热而使体温突然上升；当体温上升接近（绝不达到）0℃（N_2）时，体液开始结冰，昆虫进入冷昏迷状态，N_2称为体液冰点；体液结冰后体温又下降至与环境温度相同为止；当体温下降至T_2（与T_1为同一温度）时，体液完全冻结，造成不可恢复的死亡，T_2称为冻结点或死亡点。如图26-1所示为昆虫体温随环境温度变化曲线。

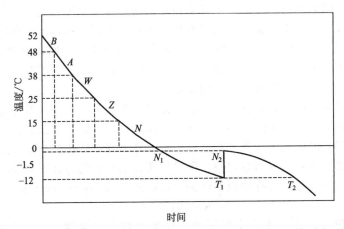

图 26-1　昆虫体温随环境温度变化曲线（仿 Бахматбев，1898）

B—热致死；B—A—高温昏迷；A—W—暂时高温昏迷；W—Z—高适温区；Z—最适温；Z—N—低适温区；
N—N_1—低温昏迷；N_1—开始进入过冷却点；T_1—过冷却点；N_2—体液冰点；T_2—冻结点

二、湿度和降水对昆虫的作用

昆虫体内的所有生理生化过程都是在水的参与下进行的。环境湿度会影响到昆虫体内水分平衡；因此，外界环境的湿度影响着昆虫的一切生命活动。

1. 湿度对昆虫繁殖、生长、发育、存活、行为的影响

环境湿度对许多昆虫的繁殖力影响较大，多数昆虫产卵时要求较高的湿度。这是由于充分湿润的环境有利于性腺的发育，可以增加微卵管数。衣鱼只在相对湿度85%～90%的条件下才能生殖。一般湿度过高或太低均不利于昆虫发育。湿度通过影响昆虫体内水分对其代谢产生作用，与代谢有关的生长发育以及昆虫的存活率都会受到影响。昆虫在最适湿度时，代谢最旺盛，生长发育就快，存活率也高。如米象 *Sitophilus oryzae* 当麦子湿度为10%时，幼虫才钻入麦粒发育。昆虫的行为活动也明显受空气湿度的影响。例如，蚊的活动随大气中的湿度升高而增加。在相对湿度为85%时，活动激增；湿度达到85%～95%时，蚊的活动率保持不变，但当湿度达到饱和点时，活动锐减。致乏库蚊 *Culex fatigans* Wiedemann 在湿度50%内尚能活动，但当湿度降低到40%时，活动就停止。湿度对昆虫的寿命长短也有一定影响。鼠蚤在32℃、相对湿度80%～90%的条件下，平均寿命为152h；但在同一温度、湿度为27%时，只能存活27h。

2. 降水对昆虫的影响

降水对昆虫的影响包括直接和间接的两方面。直接影响主要是暴雨冲刷掉昆虫，淹没它们的隐蔽地或巢穴，使昆虫停止飞翔、淹死或身体潮湿，热能代谢遭受破坏，从而因过冷而

死亡；如一场大雨过后，蚜虫、蓟马、粉虱等小型昆虫的发生数量显著下降。早春降水能解除越冬幼虫的滞育；降雪覆盖在地表，对土壤中越冬昆虫起到保护作用。间接影响主要表现在降水引起环境中温度和湿度，食物和水分的来源，以及与昆虫有关的其他生物因子发生变化，如昆虫病害的流行以及昆虫栖息地的变迁，因而间接地影响昆虫的生活及数量的变动。

三、温度、湿度的综合作用

温度和湿度对昆虫的作用是相互关联的，二者通常相互影响并共同作用于昆虫。温度、湿度对昆虫的综合作用在生物气候学上常用温湿度系数或气候图表示。

1. 温湿度系数

温湿度系数（Q）是降水量（M）和平均温度总和（$\sum T$）的比值，即降雨量和积温比。其基本公式为：

$$Q = \frac{M}{\sum T} \tag{26-3}$$

如果已知某种昆虫的发育起点温度（C）和发育起点温度以下期间的降水量（P），那么有效温湿度系数（Q_e）的公式可由上式推导为：

$$Q_e = \frac{M-P}{\sum (T-C)} \tag{26-4}$$

在生态学研究中，也有应用平均相对湿度（RH，去掉%）与平均温度的比值来计算温湿度系数（Q_w）的，其基本公式为：

$$Q_w = \frac{RH}{T} \tag{26-5}$$

用温湿度系数来分析昆虫发生的条件，这在实际应用中有一定的参考价值，但也存在着一定的局限性，并且有一定的地域性。

2. 气候图

在生态学中，还经常应用气候图（climograph）来说明温湿度对昆虫生活的综合影响。气候图是以纵轴表示月平均温度，横轴表示月总降水量或月平均相对湿度，以线条顺次连接12个月份两项指标的交合点，可以表示不同地区的气候特征，有时也称温雨图解。如果两个地区或同一地区不同年份的气候图基本吻合，可以认为它们的气候条件大致相同。

气候图已得到广泛应用，依据昆虫在各分布地的发生数量，用气候图说明其地理分布特点。

四、光和辐射对昆虫的作用

光对昆虫而言不是一种生存条件，但昆虫的习性和行为与光有着直接或间接的密切联系。它能影响有机体的物理和化学变化，产生各种各样的生态学效应。

1. 辐射热对昆虫的影响

太阳的辐射为昆虫提供了热能，在寒带地区或者高寒山区的昆虫往往颜色较深，利于吸收太阳的辐射热；在热带地区的昆虫往往色泽鲜艳且有强烈的金属光泽，利于反射太阳的辐射热，避免体温过高。还有些昆虫通过习性的改变来适应高温或者寒冷的天气。

2. 光的强度对昆虫的影响

光的强度主要影响昆虫的昼夜活动节律，包括迁飞、交尾、觅食等行为和习性。

3. 光的波长对昆虫的影响

昆虫的趋光性与光谱波长间的关系密切，许多昆虫都有不同程度的趋光性，但不同昆虫的视觉光区有差异。太阳辐射到达地球生物圈的波长为290～2000nm，而昆虫复眼能感受的光谱范围为250～725nm。可见，昆虫的视觉范围更接近于光谱中紫外光一端。例如，二化螟 *Chilo suppressalis*（Walker）对330～400nm的紫外光趋性最强，烟青虫 *Heliothis assulta* 对 330nm 的紫外光正趋性较敏感；但蚜虫对 550~600nm 的黄色光趋性更强。

4. 光周期对昆虫的影响

昆虫的滞育、季节生活史、世代交替，蚜虫的季节性多型现象等均与光周期的变化密切相关。例如，豌豆蚜 *Acyrthosiphum pisum* 在若虫期每天 8h 短光照、温度 20℃时即产生有性繁殖后代；在每天 16h 长光照、温度 25~26℃或 29~30℃时即产生无性繁殖后代。

一般认为，高纬度地区的昆虫对光周期反应较明显，低纬度地区昆虫受光周期影响较小。

五、风和气流对昆虫的作用

风和气流对昆虫种群的扩散迁移，特别是一些昆虫的远距离迁飞具有重要意义。昆虫可以借风和气流加强自己的飞翔和分布能力。许多昆虫的迁飞是依风的性质和天气状态而改变的。例如，草地螟 *Loxostege sticticalis* 群起飞行发生于气旋的温暖区，飞行方向与风向一致，飞翔距离则依风力大小而定，通常可达 400~600km 以上，飞行下降则发生在温度下降、风力急剧减弱的区域。

风直接影响昆虫的地理分布。经常有强风的地区，如海洋沿岸、岛屿、沙漠上等有翅的昆虫种类分布较少，而无翅昆虫占绝大多数。达尔文在"物种起源"中曾指出，昆虫的这种分布是自然选择的结果。

此外，昆虫在大风而且低温的天气常停止取食，而选择无风且气温回升时进食。昆虫的行为活动受风的影响，在无风的夜晚数量较多，大风天气的虫数大为减少。摇蚊、蜜蜂、白蚁等在平静的空中交尾，在有风天气停止交尾活动。

风还可以通过加速昆虫体表水分蒸发和热量散失，间接影响昆虫的代谢作用。

第三节　土　壤　因　子

土壤是一种特殊的生态环境，拥有大量生物群落，又有着各种物理化学性状。许多昆虫整个生长期都要在土壤中度过，还有一些昆虫的部分生命活动需要在土壤中完成。Buckle (1923) 估计，约 98%以上的昆虫种类在它的生命中某一时期与土壤环境有密切的关系。因此，土壤温度、湿度、理化性质以及土壤生物对昆虫有较大的影响。

一、土壤温度

土壤温度对昆虫生理上的作用与大气温度相同，但土壤温度的季节及昼夜变化与气温不同。据测定，在距地表 45cm 的土层中，几乎无昼夜温差；在 8~10m 深的土层中温度基本常年稳定。这就引起昆虫随着季节及昼夜的变化在土壤中垂直迁移，以躲避冬季寒冷的气候或夏季的高温天气。

二、土壤湿度

土壤湿度包括土壤颗粒间隙的空气湿度和土壤含水量。土壤中空气的湿度通常处于高湿度状态，外界湿度对其影响较小。含水量主要由外界降水情况以及土壤物理性质决定。一般在土壤中生活的昆虫要求较高的湿度。当湿度未达饱和时便会因失水而影响生命活动，严重时引起死亡。例如，棕色金龟甲 *Rhizotrogus* sp. 的卵，在土壤含水量 5%时全部干缩而死；在 10%时部分干缩死亡；在 15%~30%时全部正常孵化；超过 40%时则易被病菌寄生死亡。此外，土壤湿度偏低还会引起部分昆虫发生滞育。

三、土壤理化性质

土壤成分、土粒大小、土壤的紧密度、团粒的构造情况，以及含盐量、有机质含量等理化性状，不但影响植物的生长，同时也决定着地下昆虫和地面某些昆虫的种类及数量。例如，芜菁蝇 *Phorbia brassicae* 常选择砂壤土产卵，土壤越疏松产卵越深。白菜蝇 *Hylemyia floralis* 在砂壤土和黏壤土中为害最重，在砾质砂壤土中为害最轻，而在粉砂黏壤土中几乎不见为害。东亚飞蝗 *Locusta migratoria manilensis* 的发生与土壤含盐量密切相关。土壤含盐量在 0.3%～0.5% 的地区东亚飞蝗常年发生，含盐量在 0.7%～1.2% 的地区是其扩散区，而含盐量在 1.2%～1.5% 的地区则无分布。

四、土壤生物

土壤独特的特点吸引了大量生物栖息。在这个生物群落中，昆虫的数量并不是最大的，但已十分惊人。例如，1953 年四川南部小麦田每平方米的土壤中有小麦吸浆虫 2335 头。在温暖地区森林表土层的每克土壤中，有原生动物数十万种。这些生物中有许多是昆虫的食物，还有一些是昆虫的天敌。同时，它们能通过改变土壤的理化性质来影响昆虫的发生和分布。

土壤中昆虫的种类和数量，以及它们在土壤中的活动动态，都受土壤气候和理化性质的影响。人类可以通过耕作措施改善土壤状况，以利于作物生长，抑制害虫发生。

第四节 生物因子

生物因子主要分为食物和天敌两方面。它们与昆虫有着紧密的联系，对昆虫的生长、发育、生存、繁殖和种群数量动态等起着重要作用。

一、食物

在长期的进化过程中，昆虫食性发生分化，取食的食物出现差异，不同种类的食物对其生长、发育、生存、繁殖和种群数量动态会产生不同影响。即使同一种植物在其不同发育时期或同一发育时期的不同器官被取食后，对昆虫生长发育和繁殖影响也不同。例如，红肾圆盾蚧 *Aonidiella aurantii*（Maskell）在橙树的叶上发育最慢，在果上发育最快，在小枝上发育速率介于二者之间。

有些昆虫羽化后需要继续取食以摄取补充营养。补充营养对昆虫性器官继续发育达到性成熟以及卵的形成有重要作用。

此外，食物常常影响昆虫的地理分布，特别是对于单食性昆虫，由于其食性单一，对食物的依赖性强，食物的分布决定了昆虫的分布。

二、天敌

在自然界中，每种昆虫都有大量的捕食者和寄生者，这些统称为天敌（natural enemies）。天敌是害虫自然控制因子中的重要部分，大致分为昆虫病原物、天敌昆虫、食虫动物和食虫植物。

1. 昆虫病原物

能够引起昆虫致病的一类生物，包括病毒、细菌、真菌、原生动物、线虫和立克次体等。

（1）病毒（viruses） 是一类形态微小、无细胞结构的非细胞型微生物。其主要成分为核酸和蛋白质，并且每一种病毒只含有 DNA 或 RNA 中的一种核酸。病毒没有细胞器和细胞构造，所以只能在活的寄主细胞内复制增殖。目前已应用于害虫生物防治的主要病毒有核多角体病毒（NPV）、颗粒体病毒（GV）和质多角体病毒（CPV），这 3 种类型的病毒所引起的昆虫疾病占已知昆虫病毒病的一半以上。

（2）细菌（bacteria） 是无细胞核和线粒体的单细胞微生物，易于人工培养。目前在农业生产中应用较广泛的主要为芽孢杆菌的苏云金杆菌 *Bacillus thuringiensis*，现已工厂化生产。该科的球形芽孢杆菌 *Bacillus sphaericus* 和乳状芽孢杆菌 *Paenibacillus popilliae* 也已有相当深入的研究。

（3）真菌（fungi） 是一类具有细胞壁的多细胞微生物，营有性或无性生殖，多数种类易于人工培养。最常用于害虫防治的有白僵菌 *Beauveria*、绿僵菌 *Metarhizium*、虫霉 *Entomophthora*等。

（4）原生动物（protozoa） 是一大类多样的能运动的单细胞真核微生物。绝大多数原生动物不能离体繁殖，只能活体生物繁殖。目前已知可以作为微生物杀虫剂的原生动物有12种。其中已经实际开发应用的是蝗虫微孢子虫 *Antonospora locustae*。

（5）线虫（nematodes） 是寄生于昆虫的多细胞线形动物。应用较广泛的有斯氏线虫属 *Steinernema*、异小杆线虫属 *Heterorhabditis* 的线虫，前者只能活体培养，后者与发光杆菌共生，可人工培养，二者目前已经商业化生产。

（6）立克次体（Rickettsia） 立克次体是介于病毒和细菌之间的一种生物，核内含有RNA 和 DNA 两种核酸。据目前报道，能引起昆虫致病死亡的主要属于微立克次体属的种类 *Rickettsiella* spp.。

2. 天敌昆虫

天敌昆虫是指以其他昆虫为食，营捕食或寄生生活的昆虫，分为捕食性天敌和寄生性天敌两大类。

（1）捕食性天敌 其幼体或成虫以捕食其他昆虫为食物。一生中可捕食多头猎物。主要包括蜻蜓目、螳螂目、脉翅目、膜翅目、半翅目、双翅目、鳞翅目和鞘翅目中的部分种类。

（2）寄生性天敌 其幼体营寄生生活，通常在一头寄主上就可完成发育。主要包括膜翅目、双翅目的大部分种类、捻翅目的全部种，以及鳞翅目和鞘翅目的一些科也有寄生性种类。

3. 食虫动物

昆虫的捕食者还有蛛形纲、两栖纲、爬行纲、硬骨鱼纲、鸟纲和哺乳纲。

（1）蛛形纲 蜘蛛和螨是捕食昆虫的两个重要天敌类群。蜘蛛种类多，数量大。全世界的蜘蛛已知有 66 科，约 4 万种，80％出现在森林、草原、农田和果园中捕食害虫。螨类中的一些种类为益螨，可捕食农业害螨和害虫。例如，利用植绥螨防治叶螨的经典范例。

（2）两栖纲 主要是蛙类，全世界已知约 3500 种。成蛙以动物性食物为食，昆虫是其重要的食物来源，害虫占其食物来源的 90％以上。

（3）爬行纲 有些爬行动物以昆虫为食，例如，有些种类的蜥蜴主要取食各种害虫，在果园和林间较常见。

（4）硬骨鱼纲 在淡水中，昆虫的种类和数量较多，是鱼类的重要食物资源。国内外有利用鱼类防治害虫的例子。例如，利用柳条鱼 *Gambusia affinis* 防治蚊子的幼虫。

（5）鸟纲 已知全世界鸟类约有 9000 多种，其中有 50％左右的鸟类主要以昆虫为食。这些鸟类的捕食量大，捕食对象中有很多是农林重要害虫。

（6）哺乳纲 有近 20 个科的哺乳动物捕食昆虫，蝙蝠主要捕食鳞翅目和鞘翅目昆虫，而其他大多数种类是以白蚁或蚂蚁为食。

4. 食虫植物

已知全世界大约有 550 种食虫植物，它们借助特殊的捕虫器官来诱捕昆虫，并将其消化吸收。

第五节　昆虫地理分布

昆虫的地理分布（geographical distribution）是指昆虫在长期演化过程中形成适应特定地理条件的分布格局。它由昆虫种的遗传特性和阻止昆虫散布的各种障碍和生存条件所决定。历史上地面物理环境的不断变更，也影响到昆虫种的生存、灭亡和分布地的改变。在一定的地理区域和一定的自然条件下所形成的昆虫种的集群构成了昆虫区系（fauna），它的内容包括昆虫的分类、生态及昆虫地理学和古生物学。

一、世界陆地动物地理区划

一般把地球上的陆生动物划为 6 个自然分布区域，即古北界、东洋界、非洲界、澳洲界、新北界及新热带界。

（1）古北界（Palaearctic realm）　是面积最大且自然环境多样的动物区划。包括欧洲、撒哈拉沙漠以北的非洲、喜马拉雅山脉以北的亚洲、地中海沿岸和红海沿岸。由于受冰川时期影响，该界大部分区域自然条件恶劣，昆虫种类相对较少。但在史前时期曾是很多动物类群的演化中心。

（2）东洋界（Oriental realm）　又称印度-马来西亚界，包括印度河以东、喜马拉雅山脉以及长江以南的亚洲。该界气候温暖湿润，物种丰富。

（3）非洲界（Afrotropical realm）　也称埃塞俄比亚界（Ethiopian realm），是面积最大的热带动物区划。包括撒哈拉沙漠及以南的非洲地区，阿拉伯半岛南部和马达加斯加地区。

（4）澳洲界（Australian realm）　包括澳洲及接近澳洲大陆的岛屿。由于澳洲界与其他大陆板块分离时间早，隔离时间长，所以物种独立性最强。

（5）新北界（Nearctic realm）　是物种最少的动物地理区划。包括墨西哥高原以北的美洲区及格陵兰。古代亚洲东部和北美洲西部联结，两区的动物特征相似，有人把古北界和新北界合称为全北界（Holarctic realm）。

（6）新热带界（Neotropical realm）　包括墨西哥高原以南的美洲区。新热带界有世界上面积最大的热带雨林和热带草原，气候温暖湿润，是物种最丰富的动物区划。

二、中国昆虫地理区系

我国幅员广袤，地跨古北界和东洋界，昆虫种类十分丰富。两大地理区划之间是一个连续的地带，没有明显的隔离或障碍，昆虫种类相互渗透，形成了丰富的昆虫区系。我国陆地昆虫分为 7 个地理区系，分别为东北区、华北区、蒙新区、青藏区、西南区、华中区和华南区，前四者属于古北界，后三者属于东洋界。

（1）东北区　包括大兴安岭、小兴安岭、老爷岭、张广才岭、长白山地区、松嫩平原、辽河平原和三江平原。

（2）华北区　包括黄土高原、冀热山地和黄淮平原。

（3）蒙新区　包括内蒙古大部、新疆的塔里木盆地和准噶尔盆地、青海的柴达木盆地和天山-阿尔泰山地等。

（4）青藏区　包括青海（柴达木盆地除外）、西藏（喜马拉雅山脉南坡除外）和四川西北部。

（5）西南区　包括四川西南部、西藏的林芝和山南地区以及云南中部和北部。

（6）华中区　包括四川盆地、贵州高原以及以东的长江流域。

（7）华南区　包括云南、广西和广东南部、福建东南沿海、台湾、海南岛和南海诸岛。

三、影响昆虫地理分布的环境条件

昆虫的地理分布主要是由种的遗传特性和生态环境决定的。影响昆虫地理分布的环境因素包括地形地貌、气候条件和人类活动。

（1）地形地貌　由于历史年代中的地形变迁，形成了海洋、沙漠、高山等地理隔离或自然障碍，阻隔了昆虫的迁移和蔓延。因此，在地理上明显隔离的区域常形成不同的区系；即使是气候条件极其相似，但由于地理隔离中断了同种昆虫间的基因交流，在长期进化过程中也会形成不同的物种。

（2）气候条件　气候条件中对昆虫地理分布影响重大的因素主要是温度。更新世的冰川作用使昆虫向南迁移；冰河期由于海平面下降，使一些大陆板块出现大陆桥，扩大了昆虫的迁移范围。目前，全球气候不断变暖，引起昆虫分布区明显北移。

（3）人类活动　随着交通工具的不断发展，人类活动日益频繁，活动范围的不断扩大，昆虫人为传播的概率逐渐增加。人类栽培作物也拓宽了昆虫的分布区。同时，人类也可以通过检疫措施或有效的防控技术来控制害虫的扩散与蔓延。

第二十七章　昆虫种群生态学

种群（population）是指在一定的空间内同种有机体的集合体。它是一个自动调节系统，通过自动调节使种群能在生态系统内维持自身的稳定性。在自然界，种群是物种存在、物种进化、种间关系的基本单位，是生物群落、生态系统的基本组成成分，也是生物资源开发利用和有害生物综合治理的具体对象。昆虫种群生态学（population ecology）是昆虫生态学研究的核心内容，主要研究种群的结构、动态及其与环境之间的关系。

第一节　种群的基本特征与结构

一、种群特征

种群是由生物个体组成的，它具有生物个体相类比的生物学特性。种群同时也是一个有机的集合体，具有其独特的群体特性，如空间特征、数量特征和遗传特征。空间特征是指昆虫的所有种群都占据一定的空间分布区域；数量特征是指在一定空间区域内，种群具有一定的个体数量、种群密度、种群出生率、种群死亡率以及迁入和迁出，并随时间而改变；遗传特征是指种群具有自己的基因库，且通过迁入和迁出的基因交流，常处于变动之中。

二、种群结构

种群的结构也称种群的组成，是指种群内某些生物学特性互不相同的各类个体群在总体内所占的比例分配状况，或称在总体中的分布。其中主要的为性比和年龄组配，其他还有因多型现象而产生的各类生物型。

（1）性比（sex ratio）　是指昆虫种群内雌雄个体数量的比例。在多数昆虫的自然种群内，性比常接近1∶1。昆虫种群的性比因种类不同而不同，即使同一种群的性比也会因环境因子的改变而变化。种群性比的变化常引起种群数量的消长。

一些孤雌生殖的昆虫，如蚜虫，在全年大部分时间内只有雌性个体存在，雄性个体只是在有性繁殖的季节内出现，时间较短。对于这类昆虫，在分析其种群结构时可以忽略其性比。

（2）年龄组配（age distribution）　也称年龄结构，表示种群内各个年龄或各年龄组在整个种群中所占的比例。由于不同年龄的个体对于环境的适应能力有差异，种群内不同年龄群的比例即可决定当时种群的生存生产能力，而且也可预见未来的生产状况。一般快速扩张的种群，常具有高比例的年轻个体；稳定的种群，具有均匀的年龄分布结构；而一个衰退的种群，则具有高比例的老年个体。

此外，许多昆虫有生物多型现象或称多态现象，这些类群不但在形态上有一定的区别，更重要的是在行为和生殖能力上常有显著不同。例如，蚜虫的无翅型和有翅型。

第二节　种群空间分布型

种群的空间分布型（spatial distribution pattern），也称空间格局（spatial pattern），是指种群的个体在其生境（habitat）内的分布形式。种群的空间分布型不但因种而异，而且同一种群在不同年龄结构、密度或环境等条件下，空间分布型也有差别。昆虫种群的空间分布型有随机分布、聚集分布和均匀分布 3 类，其中前两者较常见，后者非常少见。

一、随机分布

随机分布（random distribution）是种群内个体间相互独立、互不干扰、随机地占据一定位点的空间分布型。每个个体占空间任何一点的概率是相等的，并且其分布不受其他个体存在的影响。可用泊松分布（Poisson distribution）理论公式表示。

二、聚集分布

聚集分布（aggregated distribution）指种群内个体间互不独立，因昆虫习性与行为或环境的不均匀等原因呈现出明显的聚集现象。聚集分布可分为核心分布和负二项分布。

（1）核心分布（contagious distribution）　昆虫个体间相互吸引形成多个核心，核心之间的关系是随机的分布型。可用奈曼分布（Neyman distribution）理论公式表示。

（2）负二项分布（negative binomial distribution）　也称嵌纹分布（mosaic distribution），是昆虫种群内个体分布疏密镶嵌，很不均匀的分布类型。这是昆虫种群最常见的一种分布类型，可用负二项分布理论公式表示。

三、均匀分布

均匀分布（uniform distribution）指种群内昆虫个体呈规则分布，个体间保持大致相等的距离。常用正二项分布（positive binomial distribution）理论公式表示。

第三节　种群数量动态

种群数量动态是指种群数量在一定时间和空间范围内的变化过程，是种群动态研究的核心问题。种群数量不仅包括个体的绝对数量，还包括种群出生率、死亡率、年龄组配、性比、生殖力、迁入和迁出等。昆虫种群数量动态决定于两方面，一是种群内的因素，包括生理、生态特征及适应性，二是内在因素与栖息地各外在因素间特殊的联系方式。

一、种群在地理上的数量分布动态

昆虫种群在一定空间上的数量分布是以种群种的特性及生境内生物因子和非生物因子共同决定的，是在一定环境条件下种内和种间相互作用的结果，反映了昆虫种群在特定环境内的生存和发展能力。在自然界经常可以看到一种昆虫在其分布区域内不同生境间种群密度差异很大的现象。有的地区内这种昆虫常年发生较多，种群密度常年维持高水平状态，其猖獗频率也极高，称为该种群发生基地、发生中心、主要发生地或适生区等。另一些地区该种昆虫密度常年维持在低水平状态，介于二者之间的为种群密度波动区，也就是该种昆虫在有的年份发生多，有的年份则发生很少，这就是种群在地理上的数量分布动态。

二、种群密度的季节性消长类型

昆虫的种群密度随着自然界季节的交替而消长。这种波动在一定的空间内常有相对的稳定性，形成了种群季节性消长类型。常见的昆虫种群密度季节性消长类型有斜坡型、阶梯上升型、马鞍型和抛物线型 4 类。

（1）斜坡型　昆虫种群数量在前期出现生长高峰，在后期数量下降。例如，小地老虎、黏虫、稻小潜叶蝇、稻蓟马、麦叶蜂和芜菁叶蜂等。

（2）阶梯上升型　昆虫种群数量逐代逐季递增，有多个峰期。例如，玉米螟、三化螟、棉铃虫和棉大卷叶虫等。

（3）马鞍型　昆虫种群数量在生长季节前、后期各出现一次高峰，中期常下降。例如，萝卜蚜、麦长管蚜、菜粉蝶、桃赤蚜和棉蚜（夏季发生伏蚜的地区除外）等。

（4）抛物线型　常在生长季节中期出现高峰，前期和后期发生数量较少。例如，大豆蚜、高粱蚜、斜纹夜蛾、棉红叶螨和稻苞虫等。

昆虫种群密度季节性消长的原因主要是由昆虫种的生物学特性以及生境内气候、食物和天敌的季节性变动引起的。

三、昆虫生命表

生命表（life table）是指将某一特定昆虫种群在各发育阶段的死亡数量和死亡原因等数据列成表，以便分析该昆虫的种群趋势和关键因子，是研究昆虫种群数量动态的重要方法。昆虫生态学中生命表的类型有 3 种。

（1）特定时间生命表（time specific life table）　也称垂直的或静态的生命表，是在年龄组配稳定的前提下，以特定时间（天、周、月等）为间隔单位，系统调查记载在时间 x 开始时的存活数量和 x 期间的死亡数量。在此生命表中可以获得种群在特定时间内的死亡率和出生率，以此估算种群在一定环境条件下的内禀增长力（innate capacity for increase, r_m）、周限增长率（finite rate of increase, λ）和净增殖率（net reproductive rate, R_0），预测种群数量动态的变化。特定时间生命表适用于世代重叠的昆虫，特别适用于室内实验种群的研究。但是它不能分析种群死亡的主要原因或关键因子，也不能用于世代分隔清楚或种群数量波动较大的种群。

（2）特定年龄生命表（age specific life table）　也称水平的或动态的生命表，是以昆虫的生理年龄阶段（虫态或虫期）作为划分时间的标准。系统记载不同年龄阶段的虫口数量变动情况和死亡原因。可以根据表中的数据分析影响种群数量变动的重要因子和关键因子，估算种群趋势指数和控制指数，组建预测模型。此类型生命表适用于世代不重叠的昆虫，特别适用于自然种群的研究。

（3）以作用因子组配的生命表　在特定年龄生命表的基础上，分别列出各虫期或虫态的作用因子，按各因子作用的先后次序排列；通过试验获得与作用因子对应的存活率数据；通过统计，取得各重要作用因子对存活率和繁殖率作用的数据，使各类重要因子成为相对独立的组分，而该虫期的存活率等于其各作用因子相对应的存活率的乘积，从而进行综合和分解。

第四节　种群生态对策

生态对策（ecological strategy）是种群在进化过程中，经自然选择获得的对不同栖境的适应方式，使昆虫朝着有利于其生存的方向发展，是种群的遗传学特性。

根据昆虫种群内禀增长力（r_m）和环境容纳量（environmental capacity, K）值的大小，将昆虫种群分为 K-对策类和 r-对策类。

（1）K-对策类　K-对策昆虫（K-strategist）沿着 K-选择的方向演化，其 K 值大，r 值小，种群密度常接近环境容纳量（K），种群数量稳定。这类昆虫通常体型较大，寿命长，发育缓慢，世代历期长，一年发生代数少，死亡率低，竞争能力强，生殖力小。当种群数量一旦下降到平衡水平以下时，短时间内很难恢复。例如，天牛类和金龟类的昆虫。

（2）r-对策类　r-对策昆虫（r-strategist）沿着 r-选择的方向演化，其 r 值较大，K 值较小，种群密度常远低于 K 值，种群数量变动大。这类昆虫通常个体较小，寿命短，发育快速，世代历期短，一年可发生较多代，死亡率高，竞争力弱，生殖力强。当种群数量下降后，一旦环境适宜可在短期内迅速恢复。例如，蚜虫和棉铃虫。

K-对策与 r-对策之间并没有明显的界限，中间还存在一些过渡类型，通常称为 r-K 连续体（r-K continuum）。

第五节　种群调节理论

种群的数量变动是出生和死亡、迁入和迁出相互作用的综合结果，所有影响出生率、死亡率和迁移的因素都对种群数量动态有影响。种群数量变动的机制是极其复杂的，生态学家提出了许多不同的学说和观点来解释种群数量动态的机理。

一、密度制约和非密度制约的因素

达尔文指出，没有一个自然种群能无限地增长，因此必然有许多使种群数量减少的因素。霍华德和菲斯克（1911）将引起昆虫种群死亡率的因素分为灾变性（catastrophic）的和选择性（facultative）的。灾变性因素是有些因素总能杀死一定比例的个体，而不受种群密度的影响，如气候因素。选择性因素是指种群数量减少的比例随着种群密度的增加而增长的因素，如寄生物。并认为自然种群的平衡只能通过选择性因素的作用才能保持，因为当昆虫种群数量增加时，选择性因素对种群的破坏作用更大。史密斯（1935）将这两种因素明确为非密度制约因子（density independent factors）和密度制约因子（density dependent factors）。

二、气候因素

以色列的博登海默（1928）最早提出气候是决定昆虫种群密度的因素。认为天气条件通过影响昆虫的发育与存活来决定种群密度。1938年，英国的尤瓦洛夫（Uvarov）总结了气候因素对昆虫生长率、产卵率和死亡率的影响，强调气候因子与昆虫种群的数量波动有关，是影响种群数量动态的主要动因。否认自然种群处于稳定平衡状态，强调野外种群的不稳定性。

早期气候学派的观点可归纳为三点：一是种群参数受气候因子的强烈影响；二是种群数量的大发生与气候因子的变化明显相关；三是强调种群数量的变动，否认其稳定性。

三、种间因素

种间因素包括捕食、寄生和种间竞争共同资源等，这些因素的作用通常是密度制约的。史密斯（1935）认为种群的特征既有稳定性也有连续的变化，种群密度围绕特征密度变化，只有密度制约因子才能决定种群的平衡密度。密度制约因子包括寄生、疾病、竞争、捕食等生物因素；而非密度制约因子是非生物因素，主要是气候。

有些学者综合气候学派和生物学派的观点，提出了折中的论点，米尔恩（1957）就是其中之一。他认为密度制约因子和非密度制约因子对种群密度均有决定作用，但二者所起作用不同。种群数量不至于达到绝灭性上限是由于完全的密度制约因子的作用，而种群数量不至于降到极低数量是由于非密度制约因子的作用。

四、食物因素

英国鸟类学家拉克认为食草性昆虫很少破坏它们的食物资源，因此食物不是限制因子，而寄生者和捕食者可能是限制因子。但优质的食物资源也会有严重的不足。往往气候因子对植物的生长直接产生影响，例如，剧降的温度、强烈的降水等都会间接影响到植食性昆虫的食物来源，进而也会影响捕食性和寄生性昆虫，使它们的种群数量动态发生变化。

五、种内调节

多数的学说和观点都集中在种群外部因素上，而自动调节学派强调种群自身的内部调节因素。按其强调点不同又可分为行为调节学说、内分泌调节学说和遗传调节学说三派。但它们之间有三个共同的特点：一是自动调节学派强调种群调节的内源性因素；二是种群自动调节学说是建立在种群内部的负反馈理论基础上；三是种群的自动调节是各物种所具有的适应性特征，这种特征可为种内个体带来进化上的利益。

第六节　竞争排斥原理与协同进化

昆虫的进化是在自然选择的作用下进行的，这种选择可以是环境的选择；也可以是与其他生物竞争引起的选择，包括种间和种内的竞争。

一、生态位

凡具有比较相似的土壤及气候条件，栖息着一定的动植物的地区称为生活小区（biotype），其中最小的单位称为生态小环境，即生态位（niche）。根据昆虫对空间或资源占据利用的程度，将生态位分为基础生态位（fundamental niche）和实际生态位（realized niche）。基础生态位是指昆虫能占据空间或利用资源理论上的最大空间；实际生态位指由于竞争者的存在，昆虫实际占据的空间或利用的资源。对于一维生态位，常用生态位宽度（niche breadth）和生态位重叠（niche overlap）指标衡量各物种占据空间的大小和利用资源的多少。

二、竞争排斥原理

种间竞争（interspecific competition）是指发生在同一营养阶层内的两种或多种生物利用同一资源或空间而发生的生存斗争。前苏联生物学家高斯（1934）通过草履虫竞争实验发现，生态位上相同的两个物种不可能在同一地区内长期共存，如果生活在同一地区内，由于剧烈竞争必然导致它们之间在栖息地、食性、活动时间或其他特征上的生态位分离（ecological separation），这就是竞争排斥原理（Principle of competitive exclusion），又称高斯原理（Gause's principle）或高斯假说（Gause's hypothesis）。但在以下 3 种情况则不会出现竞争排斥现象：①环境不稳定，物种之间不能达到平衡；②资源充足，物种之间不存在对资源的竞争；③环境变动，在某些物种被排挤掉之前竞争方向发生改变。

三、协同进化

协同进化（coevolution）是一个物种的性状作为对另一物种性状的反应而进化，而后一物种的这一性状本身又是作为对前一物种性状的反应而进化。所以，协同进化可以发生在捕食者和猎物物种间、寄生者和宿主物种之间、竞争物种之间。协同进化可分为对抗性协同进化（autagonistic coevolution）和共生性协同进化（mutualistic coevolution）；前者如植物与害虫的关系，后者如开花植物与传粉昆虫。

第二十八章　昆虫群落生态学

群落（community）是指在一定生境内各种生物种群彼此联系、相互影响而构成的有机集合体。昆虫群落生态学（insect community ecology）是研究昆虫群落与环境相互作用及其规律的学科，是生态学的一个重要分支。其主要研究任务包括群落的特征、结构、演替、形成机理和分布规律。

第一节　群落特征和结构

群落是由多个相互作用和相互联系的种群构成的，有着一定的种类组成和分布区，具有其自身的一系列基本特征和结构。

一、群落的基本特征

群落有一些基本特征，这些特征有别于生物个体和种群的水平，能说明群落是种群组合的更高层次上的群体特征。

（1）物种多样性（species diversity）　群落的第一特征是群落的生物组成。组成群落的物种及各物种种群数量是衡量群落多样性的基础。

（2）群落的结构和生长型（community structure and growth form）　群落的结构是指物种的组成，有时间和空间性的区别。群落的生长型常指的是主要植物的生长型。因为植物是群落中各物种间最重要和最基础的生产者。其生长型可分为乔木、灌木、草本等。生长型又决定群落的分层结构。

（3）优势度（dominance）和相对多度（relative abundance）　群落中各个物种在决定群落结构和功能上，其作用是不同的，总有少数几种起着决定性作用，它们从数量、大小等方面影响和控制着整个群落的兴衰。

组成群落的各个物种其个体数量相差很大。群落中各物种的个体数量占群落总个体数量的比例就是相对多度。

（4）群落的演替（community succession）　是指群落内的生物和环境间反复的相互作用，随着时间的推移使群落由一种类型不可逆转地转变为另一种类型的过程。这种不可恢复的变化是群落特有的一个属性。

（5）群落的空间和时间格局（spatial and temporal patterns）　群落的空间格局包括垂直分层现象和水平格局。群落的时间格局分昼夜相和季节相。

群落结构随时间和环境的变化而改变，表现出结构的松散性和边界的模糊性。

二、群落的结构

物种在环境中分布及其与环境之间的相互关系所形成的结构称为群落的结构（community structure）。一般包括垂直结构、水平格局、时间格局和营养结构 4 种类型。

（1）垂直结构　大多数群落都有空间的垂直分化，这种情况称为垂直分层现象（vertical stratification）。群落的分层结构取决于植物的生活型，即植物的高低、大小、分枝状况和叶等，它是受光照强度的递减所决定的。例如，森林群落的分层结构最明显，在每一个垂直结构层中栖息着一些特征昆虫。

（2）水平格局（horizontal pattern）　水平格局的形成与构成群落的个体的分布情况有

关。陆地群落的水平格局主要取决于植物的内分布型。

（3）时间格局（temporal pattern） 很多环境因素具有明显的时间节律，例如昼夜节律、季节节律，所以群落结构随时间而有明显的变化，这就是群落的时间格局。

（4）营养结构（trophic structure） 也称食物网格局（food-web pattern），是群落内各生物之间最重要的联系，是群落赖以生存的基础。营养结构可以用食物链（food chain）、食物网（food web）、生物量锥体（biomass pyramid）或能量锥体（energy pyramid）来表征，后两者统称为生态锥体（ecological pyramid）。食物链是指物种间通过取食与被取食关系而单向联结起来的链锁结构。而群落内的多条食物链各环节间彼此交错、相互联结，从而将群落内各种生物直接或间接地联系起来，形成复杂的网状结构，即为食物网。将群落中的植物作为底层，植食性昆虫与昆虫天敌依次向上排列，其生物量或能量呈锥形，称为生物量锥体。

第二节　群落演替

如前文所述，群落演替（community succession）是指群落内的生物和环境间反复的相互作用，随着时间的推移使群落由一种类型不可逆转地转变为另一种类型的过程。群落演替分为以下几种类型。

（1）按演替出现的起点分 原生演替（primary succession）和次生演替（secondary succession），原生演替是开始于从未被生物占据过的区域，又称初级演替。例如，在裸露的岩石、湖边沙丘和冰川泥上的演替。次生演替是指在已有生物群落或曾被生物占据过的区域发生的演替。例如，放牧演替、弃耕演替和开垦演替等。原生演替速度较慢，而次生演替速度较快，所需时间较短。

（2）按引起演替的原因分 内因性演替（endogenetic succession）和外因性演替（exogenetic succession），内因性演替是由于群落内部种间的竞争、抑制或生命活动改变环境条件而引起的演替；外因性演替是指非生物因子变动引起的演替，如海岸的升降、河流的冲积等。

（3）按群落代谢特征分 自养性演替（autotrophic succession）和异养性演替（heterotrophic succession），自养性演替是群落中主要生物以增加光合作用产物的方式进行的演替，植物活动所固定的生物量积累越来越多；反之属于异养性演替。例如，由裸岩→地衣→苔藓→草本植物→灌木→森林的演替过程属于自养性演替；而受污染的水体由于微生物的分解作用较强，群落的生物量逐渐减少，这种演替属于异养性演替。

（4）按演替过程时间长短分 地质演替（geological succession）和生态演替（ecological succession），地质演替是以地质年代计算的；而生态演替一般从几年到几百年。

第三节　群落特性分析

一、群落的丰富度

群落的丰富度（richness）常以群落中包含的总物种数来表示，是群落中包含物种多少的量度。物种数越多，丰富度越大，种间的关系愈复杂。

二、群落的优势度

群落的优势度（dominance）是指群落中个体数量最多的一个种群的个体数占群落生物总个体数的比例。优势度越大，群落内物种间个体数差异越大，其优势种突出，种间竞争剧烈，群落处于不稳定状态。

三、群落的物种多样性

物种多样性（species diversity）是利用群落中物种数和各物种个体数来表示群落特征的方法。当一个群落中物种数越多，而且各个物种的个体数量分布越均匀时，物种多样性指数越高，物种间相互关系越复杂，能保持相对的平衡状态，从而使群落趋于稳定。但有时出现一个物种数少而均匀度高的群落，其多样性可能与另一物种数多而均匀度低的群落的物种多样性相似。物种多样性可以反映出群落的丰富度、变异程度或均匀性，是比较群落稳定性的一种指标。

四、群落的均匀度

Pielou（1975）提出了用均匀度（evenness）指数来衡量群落的均匀程度。均匀度越大则表示群落内各物种间个体数分布越均匀，物种的多样性就越大，物种间的相互制约关系越密切。

五、群落的稳定性

群落稳定性（community stability）是指群落抑制物种种群波动和从扰动中恢复平衡状态的能力。包括两层含义：一是群落系统的抗干扰能力，即抵抗力（resistance）稳定性，表示群落抵抗干扰、维持系统的结构与功能保持原状的能力；二是群落系统受到干扰后恢复到原平衡态的能力，即恢复力（resilience）稳定性，表示群落遭受扰动后恢复到原状的能力。这是两个相互排斥的能力，一般具有高抵抗力的群落，其恢复力较差；反之亦然。例如，森林与草原相比，前者更能忍受温度的剧烈变动、干旱和病虫害；而后者在受到低温、干旱和病虫等灾害扰动时，其结构和功能就容易受到破坏。但草原受到扰动后恢复稳定性的能力又较森林高。

六、群落的相似性

群落相似性（community similarity）是指不同群落结构特征的相似程度。常用群落相似性系数（coefficient of similarity）表示，以比较不同地理分布区昆虫群落结构的异同。

（1）共有种相似　根据不同群落中共有种的多少，比较其相似程度。例如，A、B、C三个群落的物种数基本一致，但群落 A 与 B 的共有物种数多，群落 B 与 C 的共有物种数少，则可以认为群落 A 与 B 的相似性较大，群落 B 与 C 的相似性较小。

（2）种组成相似　在物种构成相似的群落中，采用物种总数和共有种数的综合性指标，即群落相似性系数，表示群落组成相似程度。常用杰卡特（Jaccad）群落相似性系数、索雷申（Sorensen）群落相似性系数和芒福德（Mountford）群落相似性系数表示。前两者的取值范围为 0～1，后者的取值范围为 0～∞。当两个群落所有物种完全相同时，其系数为最大值；反之，其系数为 0。

第二十九章　生态系统

生态系统（ecosystem）是指在一定空间内栖息的所有生物与其环境之间由于不断地进行物质循环和能量流动过程而形成的统一整体。

生态系统主要探讨生物群落与环境之间以及生物群落内部生物种群之间的关系。它的范围没有严格的限制，主要取决于所研究的对象、研究的内容和研究的方式。

第一节　生态系统

一、生态系统的结构、功能和类型

生态系统的结构是指系统中各种组成成分及其相互联系和作用的形式。从营养结构上讲，生态系统的结构包含 4 个主要成分。

（1）非生物环境（abiotic environment）　包括基质，如土壤、岩石、水以及土壤的理化性质和成分等，构成植物生长和动物活动的空间；物质代谢的环境，如太阳能、CO_2、O_2、N_2、无机盐和水等；生物代谢的媒介，如无机元素和无机化合物、有机物质、气候条件等。

（2）生产者（productors）　即自养生物（autotrophs），利用太阳能，经过光合作用将水和 CO_2 转化为碳水化合物的绿色植物和光合细菌等，为消费者和分解者提供营养。

（3）消费者（consumers）　即异养生物（heterotrophs），直接或间接依赖生产者所制造的有机物质而生活的生物，即以其他生物或生物残体为食。

（4）分解者（decomposers）　又称腐养者（saprothrophs），也属异养生物，主要是真菌和细菌等小型异养生物。可分解动物尸体和植物残体中的复杂有机物质，吸收其中一些分解产物。

此外，从空间结构考虑，陆地生态系统可以分为光合作用层和分解层。光合作用层为生产层，主要由绿色植物组成；分解层主要由分解者组成。从时间结构考虑，生态系统的结构随着时间的变化而改变，主要表现在生态系统的进化、群落的演替与周期性变化。

二、生态系统基本功能

生态系统的基本功能是在系统之间和系统内的物质循环和能量流动。生态系统中生命系统与环境之间、生命系统之间相互作用的过程中，始终伴随着能量的流动与转化，并呈不断递减的趋势，而且这种能量流动是单向的。例如，食肉动物捕食食草动物，食草动物取食绿色植物。

生命的维持和延续不仅需要能量，而且还必须有各种物质参与。生态系统中循环的物质是贮存化学能的载体，是生物维持生命活动的物质基础。主要包括水循环、气体型和沉积型生物地化循环（biogeochemical cycles）3 种类型，后两者又包括碳循环、氮循环、磷循环和硫循环等。讨论这些物质在生态系统中移动的规律是研究生态系统功能的重要方面。

除了上述功能外，生态系统还具有信息传递的功能，信息可将生物种内、种间的一切活动紧密联系起来。按照信息的属性和作用，可区分为物理信息、化学信息、营养信息和行为信息。生态系统中的信息传递形成一个信息流，信息流对探求种内、种间关系具有重要意义。

三、生态系统的类型

在生物圈内，可以根据生态系统的不同性质将其分为很多类型。根据生态系统所在环境的性质可以分为陆地生态系统（terrestrial ecosystem）、淡水生态系统（freshwater ecosystem）、海洋等生态系统（marine ecosystem）；根据生态系统的生物成分可以分为植物生态系统（plant ecosystem）、动物生态系统（animal ecosystem）、微生物生态系统（microbe ecosystem）和人类生态系统（human ecosystem）；根据生态系统能量和物质与外界交换情况可以分为开放系统（opened ecosystem）和封闭系统（closed ecosystem）；根据人类活动及其影响程度，可将生态系统分为自然生态系统（natural ecosystem）、半自然生态系统（semi-naturalecosystem）、人工生态系统（artificial ecosystem）。自然生态系统是未受人类活动干扰的生态系统，如热带雨林；半自然生态系统是自然生态系统通过人类影响的产物，典型的代表是农业生态系统；人工生态系统的典型代表是城市生态系统。

第二节　农业生态系统

农业生态系统（agroecosystem）是在人类干预下，利用社会资源和自然资源来调节生物群落和非生物环境的关系，通过合理的生态结构和高效的机能进行物质循环和能量转化，最终按人类的目的进行生产的综合体系。

在农业生态系统中，人类活动对物质循环和能量流动有着主要影响，人处于主导位置，只有符合人类需要的生物才能得以培养，反之则被抑制。农业生态系统受人为干扰程度较大，造成其物种单一，结构简单，自我调节机能差，稳定性低，易受外界环境影响。常会引起有害生物的大发生，对农业生产带来一定影响。但是，在农业生态系统中，各个因素的相互作用及其作用机理依然具有规律性，探讨和利用这些规律可以更好地改善农业生态系统，使其向着有利于人类的方向发展。

第七篇　昆虫实验

实验一　昆虫纲的基本特征和头部的基本构造

一、目的

1. 掌握昆虫纲的基本特征以及其与近缘纲的区别。
2. 了解昆虫头部基本构造，包括头部的沟、线、分区、复眼、单眼和头式。
3. 掌握触角的基本构造和常见类型。
4. 了解昆虫口器的基本构造和主要类型。

二、材料

1. 液浸标本：蝗虫、蟓、蝉、虾、鼠妇、家蚕和叶蜂的幼虫。
2. 针插标本：虎甲、步甲、蜻蜓、粉蝶、蜜蜂、丽蝇、金龟、瓢甲、天牛、天蛾、象甲、摇蚊、夜蛾、草蛉。
3. 玻片标本：原尾虫、弹尾虫、双尾虫、蓟马、雌库蚊口器玻片以及昆虫各类触角和口器玻片。
4. 示范标本：蝗虫模型标本。
5. 盒装标本：蜈蚣、蜘蛛、马陆、蝎子。

三、内容与方法

1. 昆虫纲的基本特征

用镊子夹取液浸蝗虫 1 头，将其平放在蜡盘上，用大头针从后胸垂直插入固定于蜡盘上，另取一大头针插入腹部末端将虫体轻轻拉直后固定在蜡盘上。用镊子将虫体背侧面的前翅和后翅水平拉开，使之向两侧伸展而不遮盖躯干，并用大头针将两对翅固定在蜡盘上。观察蝗虫整体的外部基本构造。

体躯分为头部、胸部和腹部 3 个体段，注意观察胸部和腹部的节数。

头部各节愈合成 1 个整体——坚硬的头壳，观察触角、口器、复眼和单眼的相对位置。

胸部由前胸、中胸和后胸 3 节构成，各胸节由背板、侧板和腹板组成。背板特别发达，前方盖及颈部，后方盖住中胸前部，呈马鞍形。在前胸、中胸和后胸两侧的侧板和腹板间分别着生有前足、中足和后足。中胸和后胸的背板着生 1 对前翅，中胸和后胸侧板间着生 1 对后翅。

腹部 11 个体节，第 1 腹节两侧有 1 对听器，第 1~8 腹节各具 1 对气门，其中第 1 腹节的气门位于听器前。

2. 昆虫纲与近缘纲动物的区别

（1）甲壳纲　体躯分为头胸部和腹部两个体段；有两对触角；至少有 5 对行动足，附肢大多为 2 支式。常见的如虾、蟹等。

（2）蛛形纲　体躯分为头胸、腹两个体段；头部不明显，无触角；具有 4 对行动足。常见的如蜘蛛、蝎子、蜱、螨等。

（3）多足纲　体躯分为头部和胸腹部两个体段；每个体节有 1 对行动足，有些种类体节除前部 3~4 节及末端 1~2 节外，其余各节均由 2 节合并而成，所以多数体节具两对行动足，常见的如蜈蚣、马陆等。

（4）原尾纲　无触角、复眼和单眼，但在头部背面两侧有1对假眼器，无翅；腹部12节，第1～3节各有1对退化的附肢；无尾须。如短身古蜓。

（5）弹尾纲　体小型，无翅；触角4节，少数5～6节；无复眼，但有的在头部两侧有8个以下小眼松散组成的小眼群，无单眼；腹部一般不超过6节，第1、3、4节腹面有特化的附肢，第1节具腹管或粘管、第3节具握弹器、第4节具弹器，共同组成跳器；无尾须。如长角跳虫。

（6）双尾纲　触角念珠状或丝状；无单眼和复眼，无翅；腹部11节，第1～7节或2～7节上有成对的刺突和囊泡；尾须1对，细长多节，或呈铗状不分节。

认真观察虾、蜘蛛、蜈蚣、原尾虫、弹尾虫和双尾虫等的外部形态特征，并与蝗虫进行比较。

3. 昆虫头部的基本构造

取液浸蝗虫1头，从头部的正面、侧面和后面观察头壳上的沟、缝以及由此形成的几个区域。

（1）正面　观察蜕裂线、额唇基沟、额和唇基。

取蝗虫平放在蜡盘中，从上方观察头顶蜕裂线，呈倒"Y"形。两复眼间区域为额，下方为唇基，唇基连着上唇，用镊子轻轻拉动上唇，观察额和唇基之间的额唇基沟。

（2）侧面　观察额颊沟、颊下沟、颊和颊下区。

从侧面观察蝗虫的头，中缝向下两侧区域为颊，额和颊之间以额颊沟为界。颊下方有一狭小的颊下区，中间以颊下沟为界。

（3）后面　观察后头沟、次后头沟、后头区和次后头区。

用镊子轻轻摘下蝗虫头部，放在显微镜下观察。头顶的后方为后头，下方两侧为后颊；后头的正中有1个大的后头孔；环绕后头孔之后依次有2条沟缝，第1条沟是次后头沟，第2条沟是后头沟。次后头沟后的骨片称为次后头。再取1头蝗虫，用镊子将头拉出，可以看到有颈膜与胸相连。

4. 昆虫的触角

昆虫触角常见类型有丝状、刚毛状、环毛状、锯齿状、锤状、双栉齿状、膝状、具芒状、念珠状、棍棒状、鳃叶状和栉齿状。

观察蝗虫、蝉、蜻蜓、象甲、蚕蛾、蜜蜂、丽蝇、摇蚊、粉蝶、瓢甲等成虫触角的基本构造，认识其触角类型。

仔细观察触角的玻片标本，了解各种触角类型的特征。

5. 昆虫的口器

昆虫口器主要类型有咀嚼式口器、刺吸式口器、嚼吸式口器、舐吸式口器、虹吸式口器、捕吸式口器、锉吸式口器。

（1）咀嚼式口器　取蝗虫1头，用镊子轻轻拨动口器各部分，先用镊子夹住上唇基部，沿上下方向取下上唇，放在镜下观察，上唇为表面坚硬的片状结构，内面为一层薄膜，中央有一棕色纤毛状突起物称内唇；取下之后露出的部分为上颚，坚硬，内侧端部为切齿叶，基部为臼齿叶；然后将头反转，沿后头孔按上下方向依次取下下唇，观察后颏、前颏、中唇舌、侧唇舌、下唇须；下颚分为轴节、茎节、内颚叶、外颚叶和下颚须；剩余部位居中的为囊状的舌，镜下可见表面生有许多毛，为味觉感受器。

观察家蚕与叶蜂幼虫的口器构造与蝗虫有哪些不同。

（2）刺吸式口器　取液浸蝉1头，轻轻将头取下，头部呈倒圆锥形，喙很长，3节，由下唇演化形成。头部正面的隆起是唇基，唇基沟将其分为前唇基和后唇基，盖在喙基部前面的是三角形的上唇。喙的前壁内陷成唇槽，内藏上颚口针和下颚口针。用镊子轻挑槽内的4根口针，最先分开的2根是上颚口针，余下的2根下颚口针紧密嵌合，形成两条管道，前面较粗的为食物道，后面较细的为唾道。舌位于口针基部口前腔内，下颚须和下唇须均消失。

观察蚊和蜻的口器构造，并与蝉比较。

(3) 嚼吸式口器　取蜜蜂1头，摘下头部，先用镊子从头部的背面仔细地沿上唇基将上唇取下，放在显微镜下仔细观察，上唇为横长方形的骨片，它盖于上颚的基部。然后再用镊子取下上颚，可见上颚长而大，基部与端部较粗，中部较细，端部内侧凹成一沟。再将头部后面朝上，可见1个三角形后颏，后颏下方连着1个长方形的前颏，前颏的前下方两侧有1对下唇须，用解剖针挑开下唇须，正中央可见1条多毛、扁管状的中唇舌，中唇舌基部有1对短小的侧唇舌。挑起下唇，可见1条匙状的下颚。在前颏前面的膜质构造是舌。再用镊子轻挑下颚，观察各节构成；其中，轴节极小，棒状，茎节宽大，外颚叶刀片状，内侧有一比较退化的内颚叶，外侧可见分2节的下颚须。

比较蜜蜂口器构造与蝉和蝗虫口器构造的异同。

(4) 舐吸式口器　取1头家蝇，从头下观察，可见一短粗的喙，分为基喙、中喙和端喙3部分。基喙最大，略呈倒锥状，其前壁有一马蹄形的唇基，唇基前生有1对棒状不分节的下颚须。中喙略呈筒状，由下唇前颏形成，前壁凹陷成唇槽，上方盖有长片状上唇，后壁骨化为唇槽鞘。端喙是中喙末端的两个大型的椭圆形瓣，即唇瓣，腹面膜质。舌贴在上唇下方，呈片状。上颚和下颚的其他部分均已退化。

在显微镜下观察家蝇口器玻片标本，注意观察舐吸式口器的基喙、中喙和端喙的构造特点。

(5) 虹吸式口器　取新捕捉天蛾成虫1头，观察其头部下方的下唇须之间有1个细长而卷曲似发条状的喙管，它是由1对下颚的外颚叶嵌合而成。首先用镊子将其拉直，再用解剖针将喙管分开，然后用剪刀将其剪下一段，用刀片切下很薄的一个横切面放在载玻片上，在解剖镜下观察其构造特点。

(6) 捕吸式口器　取1头草蛉幼虫，从头部背面观察，可见上颚和下颚组成的伸向前方的镰刀状的捕吸构造1对。上颚长而宽，末端尖锐，呈镰刀状，内缘有一深沟。下颚的轴节、茎节均很小，下颚须消失，外颚叶紧贴在上颚的下侧面，组成1个食物道。下唇退化，只可见1对细长的下唇须。

(7) 锉吸式口器　观察蓟马的玻片标本，喙短小，内藏有舌和由左上颚及1对下颚形成的3根口针，右上颚已消失或极度退化，左上颚发达，形成粗壮的口针，是主要的穿刺工具。下颚口针是由内颚叶形成。下颚的叶状茎节上有短小且分节的下颚须。

6. 昆虫的眼

(1) 复眼　观察蜻蜓、蝗虫、天牛、家蝇和天蛾复眼的形状和小眼的组成。观察叶蜂幼虫和家蚕幼虫是否有复眼。

(2) 单眼　观察蝗虫的背单眼、家蚕幼虫和叶蜂幼虫侧单眼，注意观察其数量和着生位置。

7. 昆虫的头式

昆虫的头式主要分为前口式、后口式和下口式3类。观察蝗虫、步甲、虎甲、蜻、草蛉幼虫各属于哪种头式类型。

作业

1. 绘制蝗虫头部正面观的线条图，分别注明各个沟和区的位置和名称。
2. 绘制昆虫触角的基本构造图，注明各部分名称。

3. 从所提供针插标本中选出不同的头式类型。

4. 描述刺吸式口器由咀嚼式口器特化的部位。

5. 昆虫纲与甲壳纲、蛛形纲、多足纲、原尾纲、弹尾纲和双尾纲有何不同？

实验二　昆虫的胸部和腹部

一、目的

1. 了解昆虫胸部和腹部的基本构造。

2. 掌握胸足的基本构造和类型。

3. 认识翅的基本构造和类型以及脉序和翅的连锁方式。

4. 了解昆虫的外生殖器的基本构造。

二、材料

1. 液浸标本：蝗虫（雌、雄）、粉蝶和叶蜂幼虫。

2. 针插标本：蝼蛄、螳螂、龙虱（雄、雌）、水龟虫、步甲、夜蛾、蛱蝶、粉蝶、天蛾（雌、雄）、蝙蝠蛾、大蚕蛾、犀金龟、蝉、角蝉、石蛾、蜜蜂、家蝇、蜻蜓、蟌、蜚蠊、蚁蛉、姬蜂、蜉蝣、螽斯（雌）、蟋蟀（雌）。

3. 玻片标本：蓟马、蜜蜂、家蝇翅和石蛾翅；蜜蜂携粉足、体虱的攀握足；蜜蜂后翅玻片。

4. 示范标本：昆虫的足和翅的类型、常见几种翅连锁的方式。

三、内容与方法

1. 胸节

先剪去蝗虫的翅，胸节最前面由膜质的颈与头部相连，后接腹部。胸部分前胸、中胸和后胸，每节可分背板、腹板和两侧板四个面，每胸节两侧下方生1对足，中、后胸两侧上方各着生1对翅，在中胸与后胸两侧各有1对气门。

（1）前胸　将蝗虫的前胸取下，观察和区分前胸背板、侧板和腹板。

① 背板：马鞍形，不分区，向前盖过颈部，向后盖住中胸前端，向两侧盖住侧板。用镊子轻敲，坚硬光滑。

② 侧板：用镊子将背板掀开，才能观察到全部侧板，侧板不发达，大部分被前胸背板盖住，并与背板前下方内壁相贴，仅外露三角形小骨片。

③ 腹板：不太发达，由基腹片及具刺腹片组成，翻转蝗虫，背面朝下，观察腹板构造。观察角蝉、犀金龟、螳螂、蟌和蜚蠊的前胸背板特化情况。

（2）翅胸

① 背板：将液浸的蝗虫背面向上，头向前，固定于蜡盘中，再把前、后翅展开固定，然后观察中胸背板的构造。

中、后胸背板构造相似，由端背片、前盾片、盾片、小盾片组成。端背片是背板最前端的狭长骨片，前脊沟和前盾沟在中央一段靠得很近；在端背片之后有一块中间狭窄、两侧膨大的骨片即前盾片。中央最大的1片为盾片，盾片的两侧缘骨化较强，前端向外突出，形成前背翅突，是翅在背面的主要支点。在盾片之后略呈三角形的骨片是小盾片，小盾片在近中后部处中央隆起，其后有"V"形沟，将小盾片分为前、后、左、右几小块。盾间沟不太明显，大部分已消失。

后胸背板的端背片已被中胸盖住，由第1腹节端背片向前扩展而成，与后胸小盾片接合很紧，形成后胸背板最后的一部分。

② 侧板：中胸侧板和后胸侧板中央各有1条深的侧沟将每节侧板分为前侧片和后侧片。侧沟上方连接侧翅突，下方连接侧基突。在侧翅突前、后膜质区内，各有1～2个分离的小骨片，即前上侧片和后上侧片，统称为上侧片。在侧翅突前面的称前上侧片，侧翅突后面的称为后上侧片。

③ 腹板：将蝗虫的腹板向上，可见中胸腹板合并形成一大块甲状腹板，腹板的沟缝将腹板划成倒"凹"字形，腹板前缘有一条前腹沟将基腹片划分出一块狭长的骨片，即前腹片；其后面一块大的骨片为基腹片，基腹片中央有一条横沟即腹脊沟，其两端的陷口是中胸腹内突陷，腹脊沟的中间或中下部有1个凹陷，即内刺突，小腹片位于其下，左右两侧各1片。

后胸腹板的沟缝将腹板划成"凸"字形，无前腹片，基腹片的前端突伸到中胸的2个小腹片之间，腹脊沟的两端内陷成后胸腹内突陷；后胸腹板的后面没有具刺腹片。第1腹板前移与后胸基腹片合并，节间膜消失。

2. 胸足

(1) 胸足的基本构造　观察并比较蝗虫和蜻蜓的胸足。

① 蝗虫：观察蝗虫的后足，辨别基节、转节、腿节、胫节、跗节和前跗节，注意观察跗节下面的跗垫和前跗节侧爪之间的中垫。

② 蜻蜓：观察蜻蜓的后足，注意转节的节数和前跗节侧爪之间的爪间突。

(2) 胸足的类型　昆虫胸足的常见类型有步行足、跳跃足、捕捉足、开掘足、游泳足、抱握足、攀握足和携粉足。

观察步甲、蝗虫、蝼蛄、龙虱（雌、雄）、水龟虫、蜜蜂、螳螂的胸足，确定其所属类型。

(3) 幼虫的胸足　昆虫幼虫胸足比较简单，5节，节与节之间常只有1个背关节，跗节不分亚节，前跗节只有单爪。

观察鳞翅目幼虫的胸足。

3. 翅

(1) 翅的基本结构　取蝗虫1头，将其后翅展开，用镊子将其自基部扯下，观察翅的形状并区分翅的三缘（前缘、外缘、内缘或后缘）、三角（肩角、顶角和臀角）、三褶（基褶、臀褶、轭褶）和四区（腋区、臀前区、臀区和轭区）的位置。观察翅的薄厚程度和翅脉分布，并注意翅脉在翅的前缘与后缘、翅基与翅顶的稀密程度差异，分析这与昆虫的飞行功能有何关系。

(2) 翅的常见类型　认真观察蝴蝶的前后翅、蜜蜂的前后翅、蝗虫的前后翅、蟋的前后翅、龙虱的前后翅、石蛾的前后翅、家蝇的前后翅、蓟马的玻片标本等，了解不同翅的类型特征。

(3) 脉序及翅脉的变化　认真观察石蛾的前后翅标本，仔细辨认各条横脉与纵脉的位置，并与"较通用的假想脉序"比较，牢记各脉序名称及相应位置。

比较姬蜂、粉蝶、蜻蜓和蜉蝣翅脉的增多和减少情况，同时观察蜻蜓的翅痣、三角室以及粉蝶的翅中室。

(4) 翅的连锁方式　观察粉蝶、蝙蝠蛾、天蛾（雌、雄）、夜蛾、大蚕蛾、蝉、蟋、蜜蜂的前后翅连锁方式，注意雌、雄蛾的翅缰数目区别，观察蚁蛉和蜻蜓前后翅是否有连锁。

取1头蝉，仔细观察，前翅后缘有一向下的卷褶，后翅前缘有一段短而向上的卷褶。起飞时，前翅向前平展，与后翅钩连在一起形成翅褶连锁。

取蜜蜂前后翅玻片镜下观察，可见前翅后缘有一向下的卷褶；后翅前缘中后部有1列向上弯的小钩，称翅钩列。小钩挂在前翅的卷褶上形成翅钩列连锁。观察蜜蜂的前后翅玻片，了解翅钩列的构造。

显微镜下观察天蛾翅上的翅缰和翅缰钩，注意比较雄蛾与雌蛾翅缰的数目、粗细、长短及翅缰钩的位置。

4. 腹部发音器和听器

(1) 蝗虫　听器位于第1腹节两侧，发音主要是以后足腿节内侧突起刮擦前翅基部。

(2) 蝉　雄蝉第1腹节腹面两侧有骨膜发音器，上面盖有盾形音盖，音盖常向后延伸到第2～6腹节。雌蝉没有发音器，但雌蝉和雄蝉的腹基部都有听器。雄蝉的听器位于发音器侧腹面，掀开雄蝉音盖，可见听膜，听膜下有气囊。雌蝉听器的结构也与雄蝉基本相同，只是音盖短且窄，掀开音盖，可见两块狭长的听膜。

仔细观察螽斯和蟋蟀的发音器和听器位置。

5. 外生殖器

(1) 产卵器　取雌蝗1头，观察其产卵器所在腹节，用镊子打开凿状产卵器十分坚硬的腹瓣（第1产卵瓣）和背瓣（第3产卵瓣），可见到位于背瓣基部退化的内瓣和位于腹瓣基部的导卵器，在导卵器的基部有产卵孔和交尾孔。

取雌性蝉1头，从腹面观察，在腹部端部几节的中央，可见到一根深色的刺状产卵器。

取姬蜂1头，观察其产卵器构造，与蝉、蝗虫仔细比较。

(2) 交配器　取活的雄性蝗虫1头，观察腹部末端呈船形的下生殖板，用镊子夹住下生殖板向下拉，并轻轻挤压腹部，交配器从生殖腔中伸出，在解剖镜下观察其结构。

6. 幼虫的腹足

(1) 鳞翅目幼虫　观察粉蝶科幼虫腹部第3～6节和第10节上的腹足；腹足端部有趾，趾的末端有成排的趾钩，是幼虫分类常用的鉴定特征。

(2) 叶蜂的幼虫　观察腹足的着生位置、构造和数量，并与粉蝶科幼虫进行对比。

作业

1. 昆虫的胸部和腹部构造具有哪些特点？
2. 如何区分鳞翅目幼虫和膜翅目幼虫？
3. 举例说明几种针插的昆虫翅连锁的类型及其特点。
4. 绘制胸足的基本构造图，并注明各部分名称。
5. 绘制石蛾前翅翅脉，标明各脉名称。

实验三　昆虫的内部结构和生理系统

一、目的

1. 了解昆虫体壁和肌肉结构、内部器官的位置。
2. 掌握消化、排泄系统的构造和内部生理及解剖方法与过程。
3. 掌握循环、呼吸、神经、生殖和内分泌几大系统的主要构造和功能。

二、材料

1. 液浸标本：蝗虫（雌、雄）、蜚蠊、家蚕和枯叶蛾幼虫，蜻蜓、豆娘和蜉蝣稚虫。
2. 玻片标本：蝗虫、夜蛾消化道的横切玻片。
3. 活体标本：粉蝶幼虫、毒蛾幼虫、家蚕幼虫、柞蚕幼虫。
4. 蝗虫模型标本。
5. 固定液：福尔马林固定液——40％甲醛10mL＋蒸馏水90mL；

布勒氏固定液——40％甲醛7mL＋冰醋酸3mL＋70％乙醇90mL。

三、内容与方法

1. 内部器官的位置

（1）取蝗虫1头，先剪掉足、翅等，用剪刀从腹部末端的肛上板侧角处插入，沿亚背线一直剪到颈部，剪时剪刀尖略向上，以免损伤内脏，再沿腹中线的旁边剪开，然后把左半边体壁轻轻取下，将剩下的蝗虫体躯放在蜡盘中，用大头针沿剪开处斜插体壁固定在蜡盘内，放入生理盐水浸没虫体，用镊子轻轻除去游离物后观察。

体壁：体躯外表的坚硬构造。

肌肉系统：注意观察具翅胸节内连接背板和腹板的背腹肌及悬骨间着生的背肌。

消化道：位于体中央，是一粗细不等的长管，它始于口终于肛门。

马氏管：位于消化道的中肠和后肠交界处，是游离在体腔内的淡黄色细丝状长管，是昆虫的排泄器官。

背血管：是消化道背面背血窦中的1条细管，紧贴在背面体壁上。用镊子轻轻除去体壁上的肌肉即可见到，是昆虫的循环器官。

腹神经索：位于消化道腹面的腹血窦中，是1条白色细带，其前端绕向消化道背方与脑相连，后端止于第8腹节。

气管系统：是由气门通入体内粗细分支的银白色气管。

生殖器官：位于消化道的背侧面，雌虫包括1对卵巢、1对侧输卵管、中输卵管；雄虫包括精巢和输精管；注意最后开口处是生殖孔。

（2）取家蚕或柞蚕幼虫1头，用解剖剪沿背中线偏左剪开，接着用大头针自剪开处沿体壁两侧向内斜插，将其固定于蜡盘内，加入生理盐水浸渍虫体，观察消化道的分段、马氏管的着生位置以及两侧长而弯曲的白色丝腺，并与蝗虫内部器官比较。

2. 消化系统

（1）消化道的构造　用镊子把已解剖蝗虫的消化道从头部位置开始摘下，小心取下放在蜡盘上，观察以下各部分。

① 消化道的分段，口、咽喉、食道、嗉囊、前胃（上有胃盲囊）、中肠、回肠（中肠与回肠的交界处生有马氏管）、结肠、直肠、肛门。

② 用剪刀把消化道自口一直剪到肛门。注意观察：嗉囊中的嗉囊刺，前胃中的前胃齿；前肠与中肠交界处的贲门瓣和胃盲囊开口；中肠与后肠交界处的幽门瓣；直肠中的直肠垫等。

（2）消化道组织结构　在生物显微镜下观察蝗虫和夜蛾幼虫的前肠、中肠和后肠横切玻片标本，比较其组织层次结构的排列差异。

3. 循环系统

（1）取活鳞翅目粉蝶科幼虫1头，腹面朝上，将头、尾两端固定在蜡盘上，快速用解剖剪沿腹部中线剪开，轻轻剥去消化道，在体视显微镜下观察，可见背板的背中线下方有1条黄白色管状结构，即是背血管，前面一段较短的细直管为动脉，后面是由11个心室构成的心脏，每个心室略膨大，两侧附有三角形翼肌。

背血管：将剪下的蝗虫背壁置于蜡盘中，加水淹没，放在解剖镜下小心地去掉其上的肌肉，观察其内壁上的1条黄白色直管，即背血管。

（2）心脏搏动与血液循环　在体视显微镜下观察刚刚解剖的粉蝶科幼虫的体背，可见1条浅色的背血管。加1滴生理盐水配制的亚甲基蓝染色液，仔细观察心脏搏动和血流方向。

4. 排泄系统

在体视显微镜下观察前面解剖的蝗虫和家蚕幼虫的马氏管着生位置、长短和数目，仔细观察游离的马氏管和与肠壁粘连形成隐肾结构的马氏管。

5. 气管系统

取蝗虫和家蚕幼虫各 1 头，观察并比较其胸部和腹部气门的位置和数目，并了解其形态。

将前面解剖的家蚕幼虫放入盛有 5%～10% KOH 溶液的烧杯中，加热煮沸后，再用微火维持数分钟，待体内肌肉全部溶解后，取出虫体用自来水冲洗，直到虫体全部透明为止，将标本放在盛有清水的培养皿中，置于解剖镜下观察。注意体壁两侧气门分出的褐色成丛、分支气管束及其在体内的分布情况。仔细辨认气门气管、背气管、围脏气管和腹气管。用同样方法观察蝗虫体内的气管系统。

6. 神经系统

中枢神经系统包括脑和腹神经索。

（1）脑　取蝗虫 1 头，将头部从背面剪开，沿眼周缘轻轻剪掉体壁，并小心去除一边的上颚及头壳，用解剖针及镊子剔除肌肉，露出消化道背面的脑，前脑位于脑的背上方，隐约成 1 对小球状，由此分出单眼神经与单眼相连，称单眼柄；视叶位于前脑的两侧，与前脑相连，为半球形；中脑位于前脑的下方，左右 1 对球体，小于前脑，向侧前方分出 1 对触角神经；后脑位于中脑的下方，左右成对，向侧下方分出若干对神经，其中主要是围咽神经连锁。另外，后脑又分出神经至额神经节。

（2）腹神经索　取枯叶蛾幼虫 1 头，将头尾分别用大头针固定在蜡盘上，从腹末沿背中线剪至前胸前缘，用大头针拨开体壁并固定于蜡盘上，加入生理盐水，将生殖器和消化道的嗉囊至肛门段移开或者剪去。观察咽下神经节、胸神经节和腹神经节，并了解其所在相对位置。

7. 生殖系统

（1）雌性内生殖器　取 1 头雌性蝗虫，先剪去翅和足，再用剪刀自背中线剪开，用大头针斜插将两侧体壁固定于蜡盘上，加入生理盐水浸渍虫体。在体视显微镜下观察，首先看见的是位于体腔中央消化道背侧面有 1 对卵巢和 1 对弯向消化道的侧输卵管。卵巢由卵巢管组成，每个卵巢管包括端丝、卵巢管本部及卵巢柄 3 部分。每一侧的端丝汇集成 1 条悬带。

剪断后肠的中部，小心地将消化道从两侧输卵管间抽出，然后进行解剖观察。卵巢管的基部以卵巢管柄与卵巢萼相连。与卵巢相连的是 2 条较粗的侧输卵管，并汇合为中输卵管。中输卵管的开口是雌虫的生殖孔。生殖孔与导卵器相连。在中输卵管的背面有 1 条端部膨大、细长的管子，即受精囊及其导管。在左右卵巢的前端各有 1 根管状、曲折的附腺，它是由侧输卵管前端延伸而成的，其分泌液可使产下的卵黏结成块。

（2）雄性内生殖器　取雄性蝗虫 1 头，按雌性蝗虫解剖方法进行解剖并观察。观察雄蝗精巢与雌蝗的卵巢形状和位置是否一样，观察精巢是否成对，精巢管是否也很多，以及精巢有无悬带。

腹部消化道背侧面有 1 对白色精巢。精巢由精巢小管组成，每个精巢小管与 1 条细小输精管连通到射精管基部。仔细寻找输精管，它是与精巢相连弯向消化道的腹面的 1 对很细的小管。在输精管与射精管连接处有 1 个贮精囊和 1 对附腺。两根侧输精管与射精管连接，射精管开口，即生殖孔。它位于雄性外生殖器的生殖腔中，观察时须将雄性蝗虫腹部末端的外生殖器剪破，并掰开才能见到短小的白色射精管。

8. 内分泌器官

主要观察心侧体、咽侧体和前胸腺等内分泌腺体。

将经固定液处理过的家蚕老龄幼虫沿背中线剪开，仔细用解剖剪平剪头部，然后用大头针斜插将虫体固定于蜡盘内，在体视显微镜下仔细地移除消化道两侧的丝腺、脂肪体和肌肉等，再用生理盐水漂洗干净，最后加入生理盐水浸渍。

在体视显微镜下观察，在脑后方消化道两侧仔细寻找，可见到 2 对近似于球状的腺体，前方 1 对略膨大、呈透明球体状的是心侧体，后方的 1 对乳白色、小球形的为咽侧体。在前胸气门的位置，可见到由前胸气门向体内伸出的气管丛，用镊子小心地除去气官丛，在前胸气门气管基部，靠近体壁处，有 1 对透明串状、呈"人"字形分枝的膜状腺体即为前胸腺。前胸腺可能有分支，前胸神经节、咽下神经节和中胸神经所发出的神经均通至前胸腺。

作业

1. 简述昆虫内部器官系统的相对位置。
2. 描述蝗虫消化系统的内外部构造。
3. 绘菜青虫背血管构造图，简述昆虫血液循环的过程和特点。
4. 绘枯叶蛾中枢神经系统图。
5. 绘蝗虫雌、雄性内生殖器构造图，并注明各部分的名称。

实验四　昆虫的生物学

一、目的

1. 掌握昆虫的不同变态类型的特点。
2. 了解昆虫卵的外部形态、产卵方式。
3. 认识昆虫的雌雄二型现象、多型现象、拟态和警戒色。
4. 了解幼虫的类型和蛹的类型。

二、材料

1. 液浸标本： 蝗虫、草蛉、椿象、瓢虫、枯叶蛾、螳螂、粉蝶的卵；蛱蝶、天牛、粉蝶、叩甲、叶蜂、龙虱、步甲、金龟子、蜜蜂、家蝇的幼虫；拟步甲、粉蝶、蛱蝶和家蝇的蛹。

2. 示范标本

生活史标本——菜粉蝶、蜜蜂、蝗虫、天牛、衣鱼、蜉蝣、蜻蜓、芜菁、天幕毛虫；

雌雄二型——锹甲、犀金龟、菜粉蝶、舞毒蛾；

多型现象——白蚁、褐飞虱；

警戒色——蓝目天蛾、胡蜂；

拟态——食蚜蝇、竹节虫、枯叶蝶、螽斯、螳螂。

三、内容与方法

1. 变态类型

（1）表变态　从卵孵化出来的幼虫基本具备了成虫的特征，在胚后发育中仅在个体大小、性器官的成熟度、触角和尾须的节数、鳞片和刚毛的密度、长度等方面有所变化，一般来说这些变化都不是很明显。另外一个特点就是成虫期还继续蜕皮。观察衣鱼的生活史标本，比较其幼体和成虫形态的异同。

（2）原变态　特点是幼虫期转变为成虫期之前要经历一个亚成虫期，亚成虫期在外形上与成虫期相似，性已成熟，翅已展开，但体色浅，足较短，多呈静止状，这个时期很短，可以看做是成虫期的继续蜕皮。

观察蜉蝣生活史标本，比较其稚虫、亚成虫和成虫形态的异同。

（3）不全变态　不全变态昆虫经历卵、幼期和成虫 3 个虫态，观察其下包含的几种类型。

① 半变态：蜻蜓目昆虫，成、幼虫有明显的形态分化，在体型、呼吸、取食、行动器官等方面都有不同程度的特化。观察蜻蜓的世代生活史标本，比较其稚虫与成虫形态的异同。

② 渐变态：直翅目、半翅目大部分昆虫，幼虫期和成虫期在外部形态、取食器官、运动器官、栖境和生活习性等方面都很相似，所不同的是幼虫的翅没有发育完全，生殖器官未发育成熟。观察蝗虫世代生活史标本，比较其若虫与成虫形态的异同。

③ 过渐变态：缨翅目、半翅目中的粉虱科和雄性介壳虫，其幼虫与成虫形态相似，均为陆生。但末龄幼虫不吃不动，类似于全变态的蛹（拟蛹或伪蛹），幼虫翅芽在体外发育，与完全变态幼虫翅在体内发生有着根本差别，发生了向全变态过渡的阶段。观察蓟马世代生活史标本，比较其各龄若虫的差异。

（4）全变态　全变态昆虫经历卵、幼虫、蛹和成虫4个虫态。观察粉蝶和天牛世代生活史标本，比较其幼虫、蛹和成虫形态的差异。

（5）复变态　一种特殊的全变态类型，在幼虫营寄生生活的捻翅目、脉翅目螳蛉科、鳞翅目寄蛾科和鞘翅目芫菁科等昆虫中，各龄幼虫因生活方式不同而出现外部形态的分化，其发育过程中的变化比一般全变态更加复杂。观察芫菁世代生活史标本，仔细比较其幼虫、蛹与成虫以及各龄幼虫间的形态差异。

2. 卵的外部形态及产卵方式

（1）卵的外部形态　卵的外部形态包括卵的大小、形状、颜色和卵壳上的饰纹等。

不同昆虫卵的形状和产卵的方式都有所不同，常常依据其卵的形状将其分为不同的类型，如球形、半球形、柄形、桶形、瓶形、顶针形、肾形等。

（2）产卵方式　有单产和集中产；有的产在寄主、猎物或者其他物体的表面，有的产在隐蔽场所或寄主组织内或土中；有的卵粒裸露，有的有卵鞘或覆盖物。

观察蝗虫、草蛉、瓢虫、枯叶蛾、粉蝶、天幕毛虫的卵以及螳螂的卵鞘。

3. 全变态昆虫的幼虫类型

（1）原足型　在胚胎发育的原足期就孵化，体胚胎形，胸足只是简单的芽状突起，腹部分节不明显，神经系统和呼吸系统简单，其他器官发育不完全。

观察小茧蜂幼虫玻片标本，注意观察其体段的分节以及胸足和口器的发育程度。

（2）多足型

① 蠋型幼虫：体近圆柱形，口器向下，触角无或很短，胸足和腹足粗短。观察鳞翅目幼虫和叶蜂科幼虫。

② 蛞型幼虫：体型似石蛞，长形略扁，口器向下或向前，触角和胸足细长，腹部有多对细长的腹足或其他附肢。观察毛翅目和部分水生鞘翅目的幼虫。

（3）寡足型

① 步甲型：体型略扁，口器向前，触角和胸足发达，无腹足。观察步甲和草蛉的幼虫。

② 蛴螬型：体肥胖，常呈"C"形或者"J"形弯曲，胸足较短。观察金龟子幼虫。

③ 叩甲型：体细长，体壁坚硬，胸部和腹部粗细相仿，胸足较短。观察叩甲幼虫。

④ 扁型幼虫：体扁平，胸足有或退化。

（4）无足型

① 无足无头型：头部缩入胸部，无头壳。观察家蝇的幼虫，注意其口钩。

② 半头无足型：头壳部分退化，仅前半部可见，后半部缩入胸内。观察天牛幼虫。

③ 显头无足型：头壳全部外露。观察蜜蜂幼虫。

4. 蛹的类型

（1）离蛹　又称裸蛹，特点是附肢和翅都可以活动，腹部各节也能扭动。观察黄粉虫的蛹，辨认触角、复眼、足、翅，以及气门的位置和排列情况。

（2）被蛹 特点是附肢和翅紧贴蛹体，不能活动，多数腹节或全部腹节不能扭动。观察粉蝶蛹，注意触角、复眼、足、翅以及气门的位置和排列、附肢和翅与体躯的附着情况。

（3）围蛹 其蛹体是离蛹，但是被第3~4龄幼虫的蜕形成的蛹壳包围。观察家蝇的蛹，然后剪开蛹壳，观察内部蛹体。

5. 雌雄二型与多型现象

（1）雌雄二型 观察犀金龟、锹甲、舞毒蛾、菜粉蝶标本，比较两性除生殖器外在个体大小、体型和体色等方面存在的差异。

（2）多型现象 观察白蚁和褐飞虱的标本，比较白蚁的蚁后以及长翅型、短翅型和无翅型繁殖蚁、兵蚁和工蚁，以及褐稻虱短翅型和长翅型个体的形态差异。

6. 昆虫的防御行为

（1）拟态 观察草地上绿色的蚱蜢、枯枝上灰暗的夜蛾图片、竹节虫和枯叶蝶标本、食蚜蝇和蜜蜂标本，了解昆虫在色彩、外形、斑纹或姿态方面对生活的背景和其他生物模仿的相似程度。

（2）警戒色 观察蓝目天蛾、胡蜂的标本，并联系实践指出警戒色的实际应用。

作业

1. 昆虫变态的类型有哪些？各有哪些特点？
2. 如何区别离蛹、被蛹与围蛹？
3. 举例说明不同幼虫足的类型。
4. 举例说明雌雄二型、多型现象、警戒色和拟态。

实验五 昆虫纲的分目

一、目的

1. 掌握昆虫纲各目的主要形态特征和生物学特性。
2. 学会初步区分不同目的代表昆虫。

二、材料

1. 液浸标本：蜉蝣、蜻蜓稚虫，石蝇的成虫和稚虫，蜚蠊和螳螂的卵鞘，蚁狮、蛴螬、蝇蛆、石蚕，粉蝶和叶蜂的幼虫。

2. 玻片标本：蓟马、体虱、蚜虫。

3. 针插标本：蜉蝣、蝗虫、蟋蟀、蝉、蟓、螽蟖、金龟子、蜻蜓、螳螂、蜚蠊、竹节虫、白蚁的蚁王和蚁后、草蛉、蝶角蛉、粉蛉、褐蛉、虻、蝇、石蛾、蝴蝶、蜜蜂、蝎蛉。

4. 示范标本：各目不同类群的幼虫及成虫示范标本。

三、内容与方法

昆虫纲分目的主要特征包括翅的有无和类型、口器的类型、足的类型、跗节的特征、变态类型、触角的类型和节数、尾须的有无和节数等。

根据昆虫形态特征鉴定所给标本所属的目，按照普通昆虫学教材的相应章节，仔细观察各目的形态特征，重点观察各目的分类特征。

（1）石蛃目 无翅，与衣鱼相似，但复眼大，两复眼在内面相接、胸部背面拱起、中尾丝明显长于尾须，这三个特征可以作为与衣鱼目区别的主要依据。

（2）衣鱼目 无翅，复眼背面不相接、胸部背面扁平、中尾丝与尾须几乎等长。将采集到的衣鱼在试管内饲养，观察其发育蜕皮情况。

（3）蜉蝣目　具中尾丝，与前两目不同的是具翅，前翅大三角形，后翅小，近圆形。注意观察蜉蝣稚虫，并与蜻蜓目与襀翅目稚虫进行比较。

（4）蜻蜓目　观察蜻蜓成虫复眼和触角、外生殖器和副生殖器形状以及着生位置。观察稚虫的尾鳃和下唇罩，并比较豆娘与蜻蜓成虫与稚虫形态、停留时翅的停放位置等的异同。

（5）襀翅目　比较其前胸背板、中胸背板和后胸背板的大小与形状，注意观察前翅中脉与肘脉间的横脉；展开后翅，观察后翅臀区发达程度。

（6）等翅目　比较白蚁的蚁王、蚁后、工蚁和兵蚁的头部形状、上颚发达程度、口向、触角节数和形状、单眼的个数、复眼的有无与形状、翅的有无和长短，并注意有翅型和无翅型复眼的有无。

（7）蜚蠊目　观察蜚蠊的长翅、短翅和无翅种类，辨别它们在单眼的有无及数目、复眼的有无与大小、前胸背板形状与大小、臭腺位置等方面有何差异，雌雄性之间主要区别在哪里，卵鞘结构与螳螂的有哪些异同，注意观察其尾须形态构造。

（8）螳螂目　观察头部形状、复眼和单眼位置、前胸和前足形状与结构，注意其前胸背板有何特征。在野外捕捉一活虫，观察其头的活动情况。

（9）蛩蠊目　观察单眼的有无、尾须节数，比较该目与蜚蠊目、蟋蟀目和缺翅目昆虫的异同。

（10）螳䗛目　比较该目与螳螂目和䗛目的异同。

（11）䗛目　比较竹节虫的长翅、短翅与无翅种类在前胸、中胸和后胸形状与大小以及单眼的有无和复眼大小等方面的异同。观察其后胸与腹部特征，比较其尾须与蜚蠊目昆虫的差别。

（12）纺足目　比较雌雄两性的异同，观察前足第 1 跗节的形状与结构。

（13）直翅目　观察单眼数目、前胸背板形状和大小，比较前翅与后翅形状、质地，注意各科昆虫的听器和发音器的有无以及位置、产卵器发育情况和形状、跗节形式等。

（14）革翅目　观察翅的有无，以及有翅种类后翅展开的形状和脉相，尾须形状，是否分节。

（15）缺翅目　比较有翅型与无翅型的不同，注意翅的有无和眼的有无有何关系。比较其与蛩蠊目的差别。

（16）啮虫目　注意后唇基的发达程度、形状以及前胸的大小，比较有翅型和无翅型的不同。

（17）虱目　比较咀嚼式口器与刺吸式口器类群在外部形态特征上的异同。

（18）缨翅目　观察翅的类型、口器构造和胸足末端泡状的中垫。比较其复眼构造与捻翅目及其他昆虫复眼的区别，注意锥尾亚目和管尾亚目形态上的差异。

（19）半翅目　观察成虫与若虫臭腺和蜡腺的位置、小盾片的有无、形状和大小。

（20）脉翅目　比较该目与广翅目、长翅目和蛇蛉目成虫和幼虫的形态特征，并注意该目幼虫口器的特征。

（21）广翅目　比较雌雄形态的差异、幼虫和蛹与毛翅目幼虫和蛹的形态异同。注意观察其复眼和前胸背板特征以及雄性成虫的上颚。

（22）蛇蛉目　比较雌雄个体形态的差异，注意观察其复眼和前胸特征。观察其幼虫与脉翅目幼虫和步甲幼虫形态的异同。

（23）鞘翅目　观察不同甲虫的触角类型、后翅类型、体型、跗节形式和隐节、中胸小盾片形状以及雌雄形态的差异。

（24）捻翅目　观察复眼中小眼的形状、雄性触角的形状、足的转节与腿节合并情况。比较雌雄的不同之处。注意观察雄虫与双翅目昆虫的异同。

（25）双翅目　观察不同双翅目昆虫的口器类型、触角节数和类型、有无额囊缝、翅瓣或腋瓣、爪间突形状和毛序等。

（26）长翅目　比较其成虫和幼虫与脉翅目、广翅目和蛇蛉目成虫和幼虫形态的不同。注意观察雄虫的外生殖器。

（27）蚤目　比较其与虱目的不同，注意观察其口器、后足类型以及体表的鬃毛。

（28）毛翅目　观察口器和翅，比较毛翅目与鳞翅目成虫和幼虫形态的差异。

（29）鳞翅目　观察翅的连锁方式、体型、触角、体色等，比较蝴蝶和蛾的不同。比较鳞翅目幼虫与膜翅目叶蜂总科幼虫的不同。

（30）膜翅目　比较膜翅目不同类群的触角类型与节数、中胸盾片和小盾片的特征、并胸腹节的有无、翅脉的连锁方式、净角器的构造、雌性产卵期的形状。观察膜翅目幼虫与双翅目、毛翅目和鳞翅目幼虫的差异。

作业

1. 列表比较蜉蝣稚虫、蜻蜓目稚虫与襀翅目稚虫的异同。

2. 列表比较鳞翅目幼虫与毛翅目幼虫和膜翅目叶蜂总科幼虫的异同。

3. 在昆虫纲的 30 个目中，哪些目具有典型的雌雄二型现象？哪些成虫完全无翅？

4. 列表比较半翅目、蚤目、虱目和双翅目中的刺吸式口器类群口器构造的异同。

5. 列表区分蜚蠊、螳螂、蟋蟀、蜻蜓、草蛉和石蛾，并编制蜚蠊目、螳螂目、革翅目、蜻蜓目、脉翅目和毛翅目成虫的二项式检索表。

实验六　直翅目昆虫的识别

一、目的

了解并掌握直翅目中各亚目、各科的形态特征。

二、材料

1. 液浸标本：稻蝗、棉蝗、蟋蟀、螽斯、蝼蛄、菱蝗。

2. 针插标本：稻蝗、棉蝗、车蝗、蟋蟀、螽斯、蝼蛄、菱蝗。

三、内容与方法

1. 直翅目 (Orthoptera) 昆虫的形态特征

① 身体中大型、细长；

② 触角丝状，咀嚼式口器；

③ 前翅复翅，具有听器、发音器；

④ 足的跗节 2～4 节；尾须有长有短，产卵器形状各不相同。

2. 直翅目分亚目、分科的重要依据

① 触角长短；

② 产卵器形状；

③ 足的类型、跗节形式；

④ 听器、发音器的有无和位置。

3. 直翅目分类阶元

直　翅　目		
蝗亚目	螽亚目	
蚱科(菱蝗科)	螽斯科	蝼蛄科
蝗科	蟋蟀科	

对照教材分类部分相应章节并结合下面各常见科的一些特征，仔细观察其形态特征。

蝗亚目 Caelifera

触角短于身体，如有听器，位于腹部第1节两侧，产卵器凿状，跗节3节。

（1）蚱科 Tetrigidae

① 体小，前胸背板延伸过腹部，整个身体呈菱形；

② 触角短，线状，没有发音器和听器；

③ 跗节形式2-2-3式，产卵器短，锥状。

注意观察其前胸背板大小及身体形状、跗节形式、产卵器形状，以及听器和发音器的有无。

（2）蝗科 Acrididae

① 体中型、粗状；

② 触角丝状或剑状，短于体长；

③ 前胸背板发达，但未盖过腹部；

④ 跗节3-3-3式；

⑤ 听器位于第1腹节两侧；

⑥ 产卵器短、瓣状（凿状）。

注意发音器位置，并在镜下观察其构造。观察产卵器形状。

螽亚目 Ensifera

触角丝状，长于或等于体长；听器，位于前足胫节基部；以左右前翅摩擦发声；跗节3节或4节；有刀状、剑状或矛状产卵器。

（3）螽斯科 Tettigoniidae

① 触角细长，端细，超过体长；

② 产卵器刀状，扁而阔；

③ 尾须短；

④ 发音器在前翅基部，听器位于前足胫节基部；

⑤ 跗节4节。

注意其触角与体长的关系，观察雌性产卵器形状、发音器和听器位置。

（4）蟋蟀科 Gryllidae

① 体色暗，触角细长，超过体长；

② 产卵器矛状，尾须长；

③ 足的跗节3节；

④ 雄虫发音器在前翅近中部，听器在前足胫节上。

观察其触角与体长关系，产卵器形状以及听器和发音器位置，并与螽斯科比较。

（5）蝼蛄科 Gryllotalpidae

① 体中型，黄褐色，被有短细的毛；

② 触角短于体长，前翅短，发音器不发达，后翅长，伸出腹末如尾状；

③ 前足开掘式；

④ 产卵器内藏，跗节3节，有尾须。

观察其产卵器和发音器，并与蝗科、螽斯科和蟋蟀科比较；注意观察其后足胫节棘的数目。

作业

1. 根据各科特征的异同绘一表区别各科昆虫。

2. 根据各科昆虫的形态特征编一个二项式分科检索表。

实验七　半翅目昆虫的识别

一、目的
了解并掌握半翅目中各总科、各科的形态特征。

二、材料
1. 液浸标本：斑须蝽若虫、麦蝽若虫、沫蝉若虫、飞虱。
2. 针插标本：划蝽、盾蝽、姬蝽、龟蝽、黾蝽、缘蝽、猎蝽、赤条蝽、长蝽、盲蝽、花蝽、蝎蝽、田鳖、斑须蝽、蝉、大青叶蝉、角蝉、沫蝉、蜡蝉。
3. 玻片标本：温室白粉虱、大豆蚜、桃蚜、粉蚧、吹绵蚧、柑橘木虱。

三、内容与方法

1. 半翅目 (Hemiptera) 形态特征
① 体微型至巨型，中型居多；
② 口器刺吸式，后口式；
③ 触角丝状或刚毛状；
④ 前翅半鞘翅、复翅或膜翅，翅停歇时平叠于体背，或呈屋脊状叠放于体背；
⑤ 前胸背板发达，中胸有发达的小盾片；
⑥ 胸部或腹部常有臭腺或蜡腺开口。

2. 半翅目分科的重要依据
① 触角的类型和节数以及触角是否隐藏在头下的凹沟内；
② 喙节数，口器着生位置；
③ 单眼的有无及个数；
④ 翅的类型、前翅的分区及膜区的翅脉；
⑤ 中胸小盾片的大小、形状；
⑥ 足类型、后足胫节有无距或刺突，腹管有无等。

3. 半翅目的分类阶元

半 翅 目					
胸喙亚目		蜡蝉亚目	蝉亚目	鞘喙亚目	异翅亚目
木虱科　绵蚧科		蜡蝉科	蝉科	鞘喙蝽科	划蝽科　　缘蝽科
粉虱科　粉蚧科		蛾蜡蝉科	叶蝉科		蝽科　　　猎蝽科
蚜科　　蚧科		飞虱科	沫蝉科		盾蝽科　　姬蝽科
球蚜科　盾蚧科			角蝉科		龟蝽科　　盲蝽科
根瘤蚜科　胶蚧科					长蝽科　　花蝽科
瘿绵蚜科					

对照教材分类部分相应章节并结合下面各常见科的一些特征，仔细观察其形态特征。

（1）划蝽科 Corixidae
① 头短，呈帽状能盖住前胸前缘；
② 触角较头短，不外露，通常隐藏于复眼下方的触角沟内；
③ 喙短，1 节；
④ 前足跗节铲状，周围有毛，后足游泳足，无爪，水栖生活；

⑤ 跗节 1-1-2 式或 1-2-2 式。

注意比较中足与前足和后足的长度，头的形状，以及触角停放位置。

（2）蝽科 Pentatomidae

① 体小至大型，体色多样；

② 头小，三角形、单眼 2 个，少数无单眼；

③ 触角 5 节，喙 4 节；

④ 小盾片发达，三角形或 U 字形，基部比前胸背板后缘窄，通常不能盖住整个腹部；

⑤ 跗节 3 节。

注意观察触角、喙和跗节的节数，小盾片的形状和大小。

（3）盾蝽科 Scutelleridae

① 触角 5 节，喙 4 节；

② 小盾片大，U 字形，小盾片基部比前胸背板后缘阔，通常能盖住整个腹部；

③ 前翅长，但不过腹部，膜片不能折叠；

④ 跗节 3 节。

观察其小盾片的形状和大小，与前胸背板的关系；前翅长度，膜片是否能折叠。

（4）龟蝽科（圆蝽科）Platasoididae

① 触角 5 节，喙 4 节，小盾片 U 字形，通常能盖住整个腹部；

② 前翅很长，过腹部，为体长 2 倍，能将膜质部折叠于小盾片下方；

③ 跗节 2 节。

与盾蝽科形态相似，但在小盾片的大小，与前胸背板的关系，以及前翅与体长的关系、膜片的折叠等方面两科有差异，要仔细观察比较。

（5）缘蝽科 Coreoidae

① 触角 4 节；喙 4 节，基部直形，不用时紧贴头部；

② 中胸小盾片三角形，不超过爪片长度；

③ 前翅膜质部分有 1 个横脉，上生许多分叉小纵脉，无缘片和楔片；

④ 触角着生于头部上方，位置比复眼高；有单眼；

⑤ 跗节 3 节。

观察喙基部形状，膜区纵脉数量，单眼有无。

（6）长蝽科 Lygaenidae

① 小至中型，狭长；

② 触角 4 节，着生在头的侧下方，位置比复眼低；有单眼；

③ 喙 4 节，基部直形，不用时紧贴头部；

④ 膜质部分有 4～5 条纵脉，无缘片和楔片。

与缘蝽科较相似，可通过膜区纵脉的数量、触角着生位置等进行区分。

（7）猎蝽科 Reduviidae

① 触角 4 节；喙 3 节，喙弯曲，与身体呈一定弧度，较短，不能伸达中足基节；

② 前翅膜片基部有两个大型翅室，从它们上面伸出两条长的纵脉，无缘片和楔片；

③ 有单眼；

④ 前足多为捕捉足。

注意喙的形状、长短、节数以及前足的类型。

（8）姬蝽科 Nabidae

① 触角 4 节，单眼有或无；

② 喙长，多为 4 节，超过前胸腹板，基部弯曲，不贴于头部；

③ 前胸背板狭长，前面有横沟；

④ 翅常退化，膜片上有 4 纵脉形成 2～3 个长形闭室，并由它们发出一些短的分支，无缘片和楔片；

⑤ 跗节 3 节。

比较与猎蝽科喙的差别。

（9）盲蝽科 Miridae

① 体小型，纤弱，无单眼；

② 触角细长 4 节；喙 4 节，基部直形，不用时紧贴头部；

③ 前翅分革区、楔区、爪区和膜区 4 部分，膜区基部有 2 个小翅室，无纵脉。

观察前翅的分区，注意其单眼和纵脉的有无，以及喙的形状。

（10）花蝽科 Anthocoridae

① 体小型或微小型；

② 触角 4 节，3+4＜1+2，喙长，4 节，伸长达中足基节，通常有单眼 2 个；

③ 半鞘翅上有明显的缘片和楔片，膜片上有不明显的纵脉 2～4 条；

④ 跗节 3 节。

仔细观察喙的节数，注意其特点；观察缘片和楔片。

（11）蝉科 Cicadidae

① 体大型，触角刚毛状，有 3 个单眼；

② 前翅膜质透明，翅脉坚硬粗壮；

③ 雄虫腹部第 1 节腹面有发音器。

观察其发音器和听器，注意其前足和翅脉特征。

（12）角蝉科 Membracidae

① 体中小型，前胸背板角状突起，形状特殊，似植物的刺或突起，通常盖住中胸和腹部；

② 单眼两个，位于复眼间，触角鬃状。

观察该科前胸背板的发达程度和形状。

（13）沫蝉科 Cercoptera

① 体中小型，背面隆起呈卵形；

② 单眼 2 个；

③ 前胸背板大，但不盖住中胸小盾片；

④ 前翅皮革质，过腹部；

⑤ 后足胫节有两个侧刺，第 1、2 跗节上有端刺。

观察其后足的刺的着生位置。

（14）叶蝉科 Cicadellidae

① 体小型，有些种类具跳跃能力；

② 触角刚毛状，3 节；

③ 前翅皮革质；

④ 后足胫节长方形，有 1～2 列短刺毛。

观察其后足特征以及触角的类型。

（15）飞虱科 Delphacidae

① 体小型，善跳；

② 多灰白、灰黄或褐色；

③ 触角短，3 节，锥状；

④ 翅透明，有短翅型和长翅型之别；

⑤ 后足胫节末端有 1 个活动的扁平大距。

注意观察该科后足胫节上的距以及后足的特点，并比较该科与沫蝉科和叶蝉科的区别。

（16）粉虱科 Aleyrodidae

① 体小，表面具白色蜡粉；

② 复眼的小眼分为上下两群，分离或连接在一起，单眼 2 个，触角 7 节；

③ 一般前翅有两条翅脉；

④ 跗节 2 节，前跗节有 2 个爪，有 1 个中垫。

观察体面背粉情况，并注意其触角节数。

（17）木虱科 Psyllidae

① 体小型，触角丝状，10 节；

② 前翅皮革质从基部发 1 纵脉到中部 3 分支，再各分 2 支；

③ 后足基节有瘤状突起，胫节端部有刺。

观察该科与粉虱科的不同，如触角节数、前翅翅脉数、是否背粉等。

（18）蚜科 Aphididae

① 体小型，柔软；

② 触角 6 节，少数有 5 节、3 节的，触角第 6 节明显分为基部和端部；

③ 前翅只有 1 条粗的纵脉，再分出 Sc、R_1、R_S、M、Cu_1；后翅由 1 条纵脉上分出径分脉、中脉和第 1 肘脉；

④ 腹部第 6 节两侧有腹管，腹末有尾片。

注意观察其感觉圈、腹管和尾片。

（19）蚧总科 Coccoidea　介壳虫是昆虫中较奇特的类群，由于长时期无休止地吸收植物汁液，已在进化过程中成为永久寄生者，身体的结构相应发生了巨大的变化。足、眼、触角退化，雌性无翅，身体圆形、椭圆形、圆球形，腹面扁，喙 1 节，口针特别长，超过身体几倍。幼虫有足，可分散，定居后足退化。雄性体小，出现时期很短暂，长形，只有 1 对薄的前翅，具 1 条两分叉的翅脉，后翅退化成平衡棒，触角长，念珠状，口器完全退化，跗节 1 节。

作业

1. 观察所给半翅目昆虫各科标本，鉴定并写出其所在科的主要特征。

2. 编一半翅目所给标本分科检索表。

3. 绘花蝽科昆虫前翅图。

实验八　鳞翅目成虫的识别

一、目的

1. 了解并掌握鳞翅目中各亚目、各科成虫的形态特征。

2. 掌握鳞翅目成虫的主要分类依据并灵活运用。

二、材料

1. 针插标本：蝙蝠蛾、菜蛾、苹果巢蛾、透翅蛾、卷叶蛾、螟蛾、尺蛾、枯叶蛾、苹果舟蛾、黄刺蛾、舞毒蛾、夜蛾、大蚕蛾、亚麻灯蛾、柳天蛾、蓝目天蛾、弄蝶、眼蝶、灰蝶（雌、雄）、菜粉蝶、蓝凤蝶（雌、雄）、蛱蝶（雌、雄）。

2. 生活史标本：菜蛾、菜粉蝶、舞毒蛾、夜蛾、天幕毛虫。

三、内容与方法

1. 鳞翅目 (Lepidoptera) 成虫的形态特征

① 体型有小有大，颜色变化很大，有的非常美丽，雌雄形态和颜色常有区别；

② 身上和膜质的翅上密被扁平细微的鳞片，组成不同颜色的斑纹；

③ 触角丝状、栉齿状、羽毛状；

④ 复眼发达，单眼2个或无，口器虹吸式。

2. 鳞翅目成虫目以下分类依据

① 体型大小、体长、翅展；

② 复眼形状、大小；饰毛、单眼有无；

③ 触角形状；

④ 口器构造，上唇、上颚的发达程度，下颚须、下唇须的节数、发达程度；

⑤ 足上距的多少、刺的有无、跗节变化；

⑥ 翅的连接方式；

⑦ 翅面上花纹、斑纹，脉序。

3. 鳞翅目分类阶元

鳞　翅　目				
外孔次目	**双孔次目**			
蝙蝠蛾科	巢蛾科	刺蛾科	灯蛾科	天蛾科	弄蝶科
	菜蛾科	螟蛾科	夜蛾科	大蚕蛾科	灰蝶科
	透翅蛾科	舟蛾科	尺蛾科	粉蝶科	眼蝶科
	卷叶蛾科	毒蛾科	枯叶蛾科	凤蝶科	蛱蝶科

对照教材分类部分相应章节并结合下面各常见科的一些特征，仔细观察其形态特征。

外孔次目 Exoporia

翅的连接方式翅轭型；前后翅形状相似，脉序相同或相似，翅脉在10条以上；喙短，常极度缩小。

（1）蝙蝠蛾科 Hepialidae

① 中等大小、体粗壮、多毛；

② 头小，触角短，雌性触角念珠状，雄性触角栉齿状；

③ 口器退化；

④ 没有翅缰，翅轭小。

观察蝙蝠蛾科生殖孔的着生位置，比较脉序与假想原始脉序的不同。

双孔次目 Ditrysia

前后翅连接方式多数翅缰型，有扩大型；前后翅脉相不同，前翅 Sc 脉 1 条，R 脉 3~5 条，M 脉 3 条，发自中室外方，Cu 脉 2 条，A 脉 3 条；后翅 Sc＋R_1 为第 1 条脉，Rs 不分支，其余大致与前翅相似；上颚多退化，触角类型多样。

（2）巢蛾科 Hyponomentidae

① 体小型，翅展 12~25mm，前翅较阔，外缘圆形，白色翅面上有黑点；

② 前翅内中脉主干的痕迹仍然存在，中室外方脉均不呈交叉状；后翅阔，不呈菜刀型。

观察其后翅形状并与菜蛾科对照，区分其不同。

（3）菜蛾科 Plutellidae

① 体小型，下唇须向上方，第 2 节生有向前伸的鳞毛，下颚须平伸或退化；

② 后翅狭长，菜刀型，后翅 M_1 与 M_2 在基部愈合呈叉状；成虫在休息时触角伸向前

方，易区分。

注意观察其体背斑纹形状，下唇须的鳞毛。

（4）透翅蛾科 Aegeridae

① 体狭长型，上唇须向上，体色黑色或蓝黑色，上有红色、黄色斑，外型似蜂；

② 翅狭长型，除翅脉边缘外，大部分透明；腹部雌 6 节，雄 7 节，有尾毛丛；

③ 前翅臀区小，臀脉退化；后翅亚前缘脉隐藏在褶内。

观察翅的形状、鳞片着生位置以及尾毛丛等的特征。

（5）卷叶蛾科 Tortricidae

① 体小型，黄褐色、棕黑色，上具条纹斑或云斑；下唇须鳞片厚，呈三角形；下颚须发达，折贴式；前翅略呈长方形，前缘向外突出，后翅狭长；

② 前翅翅脉都从基部或中室外方伸出，不合并，Cu_{1b} 从中室下方近中部伸出，Cu_2 基部消失；后翅 $Sc+R_1$、Rs 在中室部分离。

注意观察条纹斑或云斑特征，并比较下颚须与菜蛾科的不同。

（6）刺蛾科 Eucleidae

① 体中型，粗壮多毛，多为黄褐色、绿色，具有红褐色简单斑纹；

② 前翅中室内有 M 脉基部，R_3、R_4、R_5 共柄，M_2 发出位置近 M_3；后翅 $Sc+R_1$ 与 Rs 在中室前段处有短距离愈合，在中室外分开，Rs 与 M_1 脉基部极接近或同柄，后翅有 3 条臀脉，观察前后翅脉共柄和愈合情况，以及后翅 $Sc+R_1$ 与 Rs 关系、臀脉数目，并比较与螟蛾科的异同。

（7）螟蛾科 Pyralidae

① 身体中、小型，细长，下唇须特别长，伸出头部后向上弯曲；前翅三角形，足细长，单眼；

② 前翅 R 脉 5 支，有共柄现象，R_3 与 R_4；R_3、R_4 与 R_5 共柄；

③ 后翅 $Sc+R_1$ 与 Rs 在中室外接近，愈合，M_1 基部与 Rs 接近，M_2 与 M_3 由中室下方伸出；后翅有 3 条臀脉。

观察前后翅脉共柄和愈合情况，以及后翅 $Sc+R_1$ 与 Rs 关系、臀脉数目。

（8）舟蛾科 Notodotidae

① 体中大型，体色暗灰色、褐色，粗壮，多毛，尤其是足的腿节；喙较退化，下颚须缺；多数无单眼；

② 有翅缰，前翅在 R 脉附近有副室，R_3、R_4、R_5 共柄，M_2 发自中室中部，与 M_3 平行，少数部分接近 M_1，M_3 靠近 Cu 脉；后翅 $Sc+R_1$ 与 Rs 在中室之前平行或接近，Rs 与 M_1 共柄，后翅有 $1\sim2$ 条臀脉。

注意该科翅缰的有无，前后翅脉共柄和愈合情况，以及后翅 $Sc+R_1$ 与 Rs 关系、臀脉数目、M 与 Cu 脉关系，与毒蛾科对比区分。

（9）毒蛾科 Lymantriidae

① 体中型，体与足腿节多毛，无喙，下唇须退化，无单眼；某些种类雌性无翅，尾部具毛；

② 有翅缰，前翅带副室，R_3 与 R_4 共柄，M_2 的基部接近 M_3，M_2、M_3 均靠近 Cu 脉；

③ 后翅 $Sc+R_1$ 与 Rs 在中室 1/3 处或者在基部愈合或接近，然后分开，后翅有 $1\sim2$ 条臀脉。

注意翅缰的有无，前后翅脉共柄和愈合情况，以及后翅 $Sc+R_1$ 与 Rs 关系、臀脉数目、M 与 Cu 脉关系。

（10）灯蛾科 Arctaiidae

① 体中大型，粗壮但色艳；白、灰、黄、褐底色上具红色；有喙，有单眼；

② 有翅缰，前翅 M_2 基部近 M_3，M_2、M_3 均靠近 Cu 脉；后翅 $Sc+R_1$ 与 Rs 在中室基部愈合，接近直到中部或端部，后翅有 1~2 条臀脉。

注意该科翅缰和单眼的有无，后翅 $Sc+R_1$ 与 Rs 关系、臀脉数目、M 与 Cu 脉关系，与夜蛾科对比区分。

（11）夜蛾科 Notuidae

① 体中型，少数小型，体色暗淡，有许多色斑，体节粗壮，有单眼，喙发达，下唇须很长或失踪；

② 有翅缰，前翅狭长，上具各色斑，后翅阔；前翅 M_2 基部近 M_3，M_2、M_3 均靠近 Cu脉；后翅 $Sc+R_1$、Rs 在基部只有一小段愈合然后马上分开，后翅有 1~2 条臀脉。

注意该科翅缰和单眼的有无，后翅 $Sc+R_1$ 与 Rs 关系、臀脉数目、M 与 Cu 脉关系。

（12）尺蛾科 Ceometridae

① 体由小到大，身体细长，翅宽大薄，鳞片少，外缘有波状纹，颜色多样，有些种类的雌性无翅或退化；

② 前翅 R 脉 5 支，R_2、R_3、R_4 共柄，M_1 与 M_2 接近，M_3 由中室下角发出；后翅 $Sc+R_1$ 与 Rs 在基部呈叉状。

观察翅的特征，包括鳞片覆盖情况，前后翅脉共柄和愈合情况，以及后翅 $Sc+R_1$ 与 Rs 关系；比较该科与螟蛾科的差别。

（13）枯叶蛾科 Lasiocampidae

① 体中大型，粗壮多毛，触角一般双栉齿状，复眼上有毛，下唇须发达，前伸；喙退化，无单眼；

② 无翅缰，前翅 R_2 与 R_3、M_1 与 R_5 共柄，M_2 近 M_3；后翅肩角特别扩大，有基室，后翅有 1~2 条臀脉；前后翅 Cu 脉分 4 支，仔细观察翅缰及单眼的有无，前后翅 Cu 脉分支情况以及后翅臀脉数目，比较该科与刺蛾科和毒蛾科的区别。

（14）天蛾科 Sphingidae

① 体大型，整个体型呈纺锤形，末端带钩，口器较长，少数退化，无单眼；前翅狭长形，顶角尖，外缘向内倾斜，呈斜三角形；触角向前膨大，末端弯成细钩；

② 有翅缰，前翅 R_1 与 R_2 共柄，R_4 与 R_5 共柄，M_1 起源于中室上角，M_2 位于 M_1 与 M_3 之间；

③ 后翅在 $Sc+R_1$ 与 Rs 之间在基部有 1 个粗状的小横脉，Rs 与 M_1 在中室之前共柄，后翅有 1~2 条臀脉。

注意观察该科触角的特征、翅缰和单眼的有无、前翅形状以及后翅臀脉数目。

（15）大蚕蛾科 Saturniidae

① 体大型，无喙，下唇须短或缺，无单眼；

② 触角短，双栉齿状；翅大而宽，基部密生长毛，中室端部具眼状、半月状透明斑；

③ 无翅缰，前翅 R 脉 4 支，R_3 与 R_4 愈合，R_2、R_3+R_4、R_5 共柄，臀脉 1 支；后翅肩角发达，后翅 $Sc+R_1$ 与 Rs 从基部到端部一直分离，后翅有 1~2 条臀脉；前后翅 Cu 脉分 3 支。

观察该科翅缰和单眼的有无、翅上透明斑、前后翅 Cu 脉分支情况、后翅臀脉数目；并比较该科与枯叶蛾科的差异。

（16）粉蝶科 Pieridae

① 体中型，底色为白色、黄色，上具黑色或红色斑点；

② 前翅三角形，后翅卵圆形；

③ 前翅 R 脉 4 支，R_2 与 R_3 愈合成 R_2+R_3，R_4、R_5 共柄，A 脉只有 1 支，后翅 A 脉 2 支。

观察前后翅脉的分支情况，重点观察前翅 A 脉的数目。

（17）凤蝶科 Papilionidae

① 体大型，色艳；后翅有尾突或无，入尾突的脉为 M_3；内缘有圆弯；

② 前翅三角形，R 脉 5 支，R_4 与 R_5 共柄，A 脉 2 支：1A＋2A，3A；

③ 后翅肩部有钩状小脉。

观察前后翅脉的分支情况，尾突的大小和有无；重点观察前翅 A 脉的数目。

（18）弄蝶科 Hesperidae

① 体小型到中型，粗状，色深，头大，末端有小钩，前足发达，中足胫节 1 距，后足 2 距；

② 触角基节左右远离；

③ 前后翅脉均分离，放射状，直接由基部或由中室外部发出，中室开室，观察触角基节的距离，注意与其他蝶类有什么不同。

（19）眼蝶科 Satyridae

① 体中小型，翅灰褐色、棕褐色、灰白色，很少有光泽，翅反面看均具眼状斑纹；头小，复眼四周有长毛，下唇须挺直，侧扁，前足常短小；

② 前翅翅脉基部有 1～3 条脉膨大成囊状；

③ 前翅 R 脉 5 支，A 脉 1 支；后翅具肩横脉。

注意观察翅脉的膨大以及眼状斑的特征、前足的特点以及前翅 A 脉的数目。

（20）灰蝶科 Lycaenidae

① 体均为小型，身体纤细美丽，蓝灰色、绿色、金黄色；

② 触角上有白色鳞毛；

③ 前足雌性发达，雄性退化，跗节 1 节，爪 1 个，少数无跗节和爪；

④ 前翅 A 脉 1 支，R 脉分 3～4 支。

仔细观察前足的特点以及前翅 R 脉和 A 脉的数目。

（21）蛱蝶科 Nymphalidae

① 体大、中型；颜色鲜艳，常具有美丽色斑；

② 前足多半退化，较小；触角锤状部分特别大；

③ 前翅 R 脉 5 支，A 脉 1 支，中室闭室；后翅 A 脉 2 支。

观察前足的特点以及前翅 R 脉和 A 脉的数目，并与眼蝶科和灰蝶科进行对比区分。

作业

1. 鉴定所给标本所属科并说明其主要特征。

2. 编一鳞翅目蝶类二项式分科检索表。

3. 编一鳞翅目蛾类二项式分科检索表。

4. 比较蝶类与蛾类成虫的不同。

实验九　鳞翅目幼虫分类

一、目的

1. 掌握鳞翅目幼虫分类特征。

2. 识别主要鳞翅目幼虫。

二、材料

液浸标本：蝙蝠蛾、菜蛾、苹果巢蛾、透翅蛾、卷叶蛾、螟蛾、尺蛾、枯叶蛾、苹果舟蛾、黄刺蛾、舞毒蛾、夜蛾、大蚕蛾、灯蛾、柳天蛾、蓝目天蛾、弄蝶、眼蝶、灰蝶、菜粉蝶、蓝凤蝶、蛱蝶的幼虫。

三、内容与方法

1. 鳞翅目幼虫特征

① 蠋形幼虫（幼虫腹足2～5对），腹足末端有趾钩；

② 头部骨化，头式以下口式为主，单眼1～6对，触角1对；

③ 前胸上常有骨化板，叫前胸盾；

④ 腹部10节，腹足生于3～6腹节，一般有臀足1对，生在第10节；有些科的幼虫腹足减少或退化。

2. 鳞翅目幼虫分类依据

① 体形或体型；

② 体上有无被毛、翻缩腺、枝刺、尾角等；

③ 上唇缺切及其形状；

④ 腹足趾钩排列；

⑤ 毛序和臀栉。

3. 分类阶元

鳞 翅 目				
外孔次目	双孔次目			
蝙蝠蛾科	巢蛾科	刺蛾科	灯蛾科	天蛾科	弄蝶科
	菜蛾科	螟蛾科	夜蛾科	大蚕蛾科	灰蝶科
	透翅蛾科	舟蛾科	尺蛾科	粉蝶科	眼蝶科
	卷叶蛾科	毒蛾科	枯叶蛾科	凤蝶科	蛱蝶科

对照教材相应章节并结合下面各常见科的一些特征，仔细观察其形态特征。

（1）巢蛾科幼虫特征　体长8～25mm，体色黑、白，上具点；趾钩单序、双序环。

观察腹足趾钩是否为缺环，前胸气门前毛片上毛的数目。

（2）菜蛾科幼虫特征　体细长，通常绿色。腹足细长，趾钩单序或双序环。

观察腹足趾钩的序和腹足的发达程度。

（3）透翅蛾科幼虫特征　体长25～35mm，身体圆桶形，白色，节间常缢缩，唇基长度为头壳长度的2/3，第9腹节刚毛排成一直线，第8腹节气门又高又大，趾钩单序二横带。

仔细观察腹足趾钩的排列方式。

（4）卷叶蛾科幼虫特征　体长10～25mm，圆柱形，多呈白色、淡绿色、粉红色、棕褐色，唇基为头长的1/4或3/4，第6单眼靠近第4、5只单眼，趾钩为单序、双序环。

仔细观察腹足趾钩的排列方式和序，比较该科幼虫与透翅蛾科幼虫的差别。

（5）刺蛾科幼虫特征　短、肥，10～30mm，蛞蝓形，头小，入前胸内，胸足退化成小突起，腹足形成吸盘，体表有枝刺，刺上有毒毛。

观察幼虫体型、胸足的发达程度和枝刺的形状。

（6）螟蛾科幼虫特征　10～35mm，白色、黄绿色、粉红色、紫色，毛片上常具色斑，前胸较骨化，头在前胸下，背线色深，趾钩双序、三序环或缺环。

仔细观察该科幼虫前胸气门前毛片上毛的数目，趾钩的排列和序。

（7）舟蛾科幼虫特征　体长 25～35mm，体型不一，多有奇形怪状，体色鲜明，具淡青色、绿色、紫褐色斑纹，低龄红色、黑色；唇基膜具 5 片肉质突起；身体多具次生刚毛，有些种兼具毛瘤；在足的上方有许多次生刚毛；趾钩单序中带；前胸腹面有翻缩腺。

观察体背突起、趾钩排列，并注意其臀足的发达程度。

（8）毒蛾科幼虫特征　体具毛瘤或毛簇；腹部第 6、7 节背中央各有 1 个翻缩腺，呈红色、黄色；趾钩单序中带。

观察趾钩的排列和序，以及翻缩腺的有无。

（9）灯蛾科幼虫特征　体长 25～60mm，唇基宽度等于高度，达头壳长的 1/2；体具毛瘤，没有翻缩腺，没有毛簇；趾钩单序中带，少数异形中带。

观察趾钩的排列和序，前胸气门上方毛瘤数。

（10）夜蛾科幼虫特征　体长 25～50mm，常具暗灰色条纹，少数有次生刚毛，上唇缺切"U"字形；趾钩单序中带。

观察趾钩的排列和序，上唇缺切形状。

（11）尺蛾科幼虫特征　属于腹足减少类型。体中小型，20～50mm，身体圆细，腹部第 6 节、第 10 节上有腹足；上唇缺切"U"字形，体壁光滑；趾钩双序中带或双序、三序缺环。

观察该科幼虫腹足与其他科鳞翅目幼虫有何不同，并注意上唇缺切形状、趾钩的排列和序。

（12）枯叶蛾科幼虫特征　中、大型，身体略扁，具鲜明色，多具次生刚毛；上唇缺切超过上唇 1/2，趾钩双序中带。

观察趾钩的排列和序，比较该科幼虫与毒蛾科幼虫的不同。

（13）天蛾科幼虫特征　体中、大型，30～100mm，绿色、黄色、褐色；身体上常具斜线，头比前胸小，三角形或椭圆形；身体上具小的突起，每个体节由 5～8 个小环节组成，第 8 腹节上有尾角，左右两足靠得非常近。

观察尾角的有无、着生位置，左右腹足是否靠近。

（14）大蚕蛾科幼虫特征　身体中大型，体色淡绿、黄色、褐色；粗壮，体上多枝刺；趾钩双序中带。身体侧面足的附近有三角形骨化区。

观察体上枝刺的有无、上唇缺切形状，以及趾钩的排列和序。

（15）凤蝶科幼虫特征　体长 20～60mm，头比前胸小，头上有小的次生刚毛，体表光滑，通常从后胸以后逐渐缩小，前胸背面有横口，趾钩为三序中带。

观察趾钩的序和排列，以及头和前胸的特点。

（16）弄蝶科幼虫特征　体长 20～50mm，纺锤形，头部比前胸大，前胸缢缩如瓶颈；唇基达头长 2/3；每个体节由小的体节组成；有臀栉，体被短毛、颗粒；趾钩为双序环或三序环。

注意观察趾钩的序和排列，体形。

（17）眼蝶科幼虫特征　体中、小型，纺锤形；黄褐色、暗绿色；每个体节由 6 个小环节组成；头比前胸大，常具角状突起；第 3 个单眼大于其他单眼；趾钩为单序、双序中带；臀板分叉。

观察趾钩的排列、体形，并区别该科幼虫与蛱蝶科幼虫特征。

（18）灰蝶科幼虫特征　体小型，体长 10～20mm，体短、扁，蛞蝓形，暗黄、绿色；头小，可缩在前胸内，周身密被短毛，无瘤；足短，隐藏；趾钩双序、三序中带。

注意观察幼虫的体形，翻缩腺的有无和所在位置，并比较该科幼虫与刺蛾科幼虫的不同。

（19）蛱蝶科幼虫特征　体长 25～40mm，头小，圆形，有些头上具角状突起，体表具长短不一的枝刺，8、9两个腹节常愈合；趾钩单序、双序中带。

注意体表的枝刺有无、角状突起所在位置和趾钩的排列情况。

（20）粉蝶科幼虫特征　体长20～40mm，圆筒形，绿色、黄色，有时具白色纵线，唇基达头长1/2，身体密被毛突和次生刚毛，每个体节划分出4～6个小环节；趾钩双序中带或三序中带。

观察趾钩的排列、序；注意体上是否有短毛和小颗粒。

（21）蝙蝠蛾科幼虫特征　体毛长在毛瘤上，胸足和腹足发达，趾钩多序环状或缺环。

仔细观察趾钩的序和形状、毛瘤的有无。

注意事项：观察时将标本浸于生理盐水中，然后放置在蜡盘内，用纸巾吸干观察部位的水分后观察，以避免幼虫标本风干收缩变形。毒蛾和枯叶蛾幼虫标本的毒毛有毒，观察时应用镊子夹取，避免皮肤直接接触毒毛，以免中毒。

作业

1. 鉴定所给幼虫标本所属科，并说明其主要特征。

2. 绘幼虫腹足趾钩的序及排列。

3. 编一检索表区分各科鳞翅目幼虫。

实验十　鞘翅目昆虫的识别

一、目的

了解并掌握鞘翅目中各亚目、各科的形态特征。

二、材料

1. 液浸标本：步甲、天牛、豆象、叩甲、瓢甲（植食性和肉食性）、拟步甲、叶甲、花金龟、鳃金龟的幼虫。

2. 针插标本：步甲、虎甲、天牛、豆象、叩甲、瓢甲、拟步甲、叶甲、花金龟、丽金龟、芫菁（雌、雄）、吉丁甲、鳃金龟、龙虱（雌、雄）、水龟虫、象甲、小蠹等成虫。

3. 生活史标本：光肩星天牛、东北大黑鳃金龟、绿豆象、马铃薯瓢甲、榆紫叶甲、细胸金针虫。

三、内容与方法

1. 鞘翅目 (Coleoptera) 形态特征

① 体小型到大型，体壁坚硬，前胸背板发达，常露出三角形的中胸小盾片；

② 前翅加厚，合起来盖住胸腹部的背面和折叠的后翅；后翅膜质；

③ 口器咀嚼式，触角10～11节，形状变化很大，线状、锯齿状、锤状、棒状、膝状或鳃叶状，绝大多数成虫没有单眼，跗节5-5-5式或5-5-4式，很少3-3-3式；

④ 腹部末节常退化，缩在体内，可见腹节常在10节以下。

2. 鞘翅目分类阶元

鞘　翅　目					
肉食亚目	多食亚目				
步甲科	牙甲科	瓢甲科	鳃金龟科	芫菁科	象甲科
虎甲科	叩甲科	叶甲科	花金龟科	豆象科	小蠹科
龙虱科	吉丁甲科	天牛科	丽金龟科	拟步甲科	

对照教材相应章节并结合下面各常见科的一些特征，仔细观察其形态特征。

肉食亚目 Adephaga

腹部第1节腹板中间被后足基节窝所分割；基节固定在后胸腹板上；胸背侧板缝明显（前胸背板与侧板间分界明显）；下颚外叶须状；跗节5节。

（1）步甲科 Carabidae

① 体中大型，颜色较暗，有的鞘翅上有点刻、条纹、斑点；

② 头部比前胸背板窄；前口式；触角丝状，着生在上颚基部和复眼之间，触角间距大于上唇宽度；

③ 后翅不发达，不能飞翔；

④ 后胸腹板有一横沟；

⑤ 跗节5节。

观察步甲科鞘翅的刻点、头式、头与前胸背板的关系、触角着生位置，以及触角间距与上唇宽度的关系。

（2）虎甲科 Cicindelidae

① 体中小型，有金属光泽与斑纹；

② 头比前胸略宽；下口式；触角生于上颚基部的额区，触角间距小于上唇宽度；

③ 后翅发达、善飞；

④ 后胸腹板有一横沟。

该科与步甲科较相似，注意比较二者之间形态特征的不同，如头式、触角着生位置和翅的发达程度等。

（3）龙虱科 Dytiscidae

① 体小型到大型，身体卵圆形，扁，光滑；

② 触角丝状，11节；

③ 后胸腹板无基节前缝；后胸腹板无横沟；

④ 后足游泳足，胫节和跗节均扁，有缘毛；后足基节扁宽，固定在腹板上。

观察其体形、腹部第1腹节是否完整，注意观察后足的特征，并与牙甲科比较。

多食亚目 Polyphaga

后足基节不固定在后胸腹板上，也不将腹部第1节可见腹板完全分开。前胸无背侧板缝；下颚外叶非须状；跗节有多种形式。

（4）牙甲科 Hydrophilidae

① 体型似龙虱，背部更显隆起；

② 触角短，棒状，6~9节；

③ 下颚须长，比触角长或等长；

④ 中胸腹板常有纵隆起，有时呈锐刺状向后突出；

⑤ 跗节5节，第1节很小；中后足长，足上有绒毛，能游泳，但不是扁平的。

该科与龙虱科较相似，仔细观察它们的背部隆起情况、后足特点和腹部第1腹节是否完整，可进行区分。

（5）叩甲科 Elateridae

① 体小至中大型，狭长，末端尖削，成虫多数为暗色种类；

② 前胸背板后缘角向后突出成锐刺，前胸腹板中间有一尖锐的刺，嵌在中胸腹板凹陷内；

③ 前胸和中胸部有弹跳构造，能有力地活动；前胸背板与鞘翅相接处下凹；

④ 后足基节横轴型，向后扩展，左右基节几乎完全相遇；跗节5节。

观察前胸背板后缘的刺、前胸背板与鞘翅相接处是否下凹，前胸腹板中间的刺和后足基节的形状。

（6）吉丁甲科 Buprestidae

① 体长型，末端尖削，具美丽金属光泽；

② 触角锯齿状；前胸背板无向后缘突起，前、中胸无关节，不能动；前胸腹板下有 1 个扁平的突起，嵌在中胸腹板上；前胸背板与鞘翅相接处不下凹；

③ 腹部第 1、2 节腹板愈合；

④ 后足基节横轴型，向后扩展，左右基节几乎完全相遇；跗节 5 节。

观察腹部第 1、2 节腹板愈合情况，比较该科与叩甲科的形态差别，如前胸背板后缘刺的有无、前胸背板与鞘翅相接处是否下凹、前胸和中胸是否可以活动等。

（7）瓢甲科 Coccinellidae

① 身体半球形，腹面扁，背部拱起，常有明显色斑；

② 头小，后部缩在前胸背板下；触角棒状；

③ 跗节隐 4 节，第 3 节小，包藏于第 2 节形成的槽内；

④ 后足基节圆形，不向后扩展，左右基节远离。

注意观察后足基节形状、植食性和肉食性幼虫的形态特征有哪些不同，以及跗节隐节的情况。

（8）叶甲科 Chrysomelidae

① 体中、小型，体呈圆形或长卵圆形；体常具金属光泽；

② 触角线状，不超过身体；复眼卵圆形；

③ 跗节拟 4 节（隐 5 节），与天牛一样；

④ 某些种类后足特化成为跳跃足。

观察触角和体长的关系、跗节隐节情况等，比较该科与瓢甲科的差别。

（9）天牛科 Cerambycidae

① 体中大型，长形、背部扁平；

② 复眼肾形，围在触角基部；触角特别长，常超过体长；

③ 跗节隐 5 节，第 4 节特别小，嵌入第 3 节背面的窝内。

注意观察其复眼和口器形态，以及触角与体长的关系。

（10）鳃金龟科 Melolonthidae

① 体中大型，椭圆形或圆桶形；鞘翅光滑，有条纹或条沟；体色多为黑色、褐色、蓝绿色；

② 触角鳃叶状，10 节；

③ 腹末 2 节外露，1 对气门外露；

④ 后足基节末端有 2 个距，生得非常靠近，后足爪对称。

（11）花金龟科 Cetoniidae

① 体中大型，体背扁平，体色鲜明；鞘翅侧缘有凹刻，体节部分外露；

② 上唇退化，变为膜质；

③ 后足爪不对称。

（12）丽金龟科 Rutelidae

① 体中型，蓝、绿、黄色，多具金属光泽；

② 腹部有气门，3 对在节间膜上，3 对在腹板上；

③ 后足胫节有两个端刺，后足爪不对称。

注意比较鳃金龟科、花金龟科和该科的形态特征异同。

（13）芫菁科 Meloidae

① 身体长形，体壁柔软，鞘翅软；

② 头大，能活动，下口式，触角 11 节，雄性锯齿状，雌性丝状；

③ 前胸窄，鞘翅末端分离，外常露 1～2 个腹节；

④ 跗节 5-5-4 式，爪分叉，前足基节窝开放式。

观察雌雄性个体触角的变化、鞘翅的特点、跗节形式和前足基节窝是否开放式等。

（14）豆象科 Bruchidae

① 体小，卵圆形，被细绒毛；

② 头下口式，额延伸成短喙状；复眼圆形，有"V"字形缺刻；触角锯齿状、栉齿状、棒状；

③ 翅短，腹部外露，可见腹节 6 节；

④ 跗节拟 4 节。

仔细观察复眼缺刻形状、头式、额延伸成喙的长短和跗节隐节情况。

（15）拟步甲科 Tenebrionidae

① 体由小到大，多扁平、坚硬，体多暗色；

② 前胸背板发达，与鞘翅等宽或稍窄；

③ 触角丝状、棒状或念珠状，较短，11 节；

④ 后翅多退化，不能飞；

⑤ 跗节为 5-5-4 式，前足基节圆球形，基节窝闭式。

观察跗节形式、前足基节形状、基节窝是否开放和翅的发达程度，并比较该科与步甲科和芫菁科的不同。

（16）象甲科 Curculionidae

① 体型、体色各不相同；

② 头有一部分延伸成喙状或象鼻状，口器着生于喙的端部；

③ 触角肘状，端部膨大呈锤状，头部两侧有沟，平时放入沟内；

④ 跗节 5 节，也有拟 4 节。

注意观察触角形状、额的延伸程度。

（17）小蠹科 Scolytidae

① 身体从微小型到小型，圆柱形，体色暗；

② 头小，比前胸窄，前胸前部延伸一段，盖住头部；象鼻短且不明显；

③ 触角短，端部成锤；

④ 前足胫节外侧有强大的齿或刺；跗节 5 节，第 1 节短，第 3 节双叶状。

观察触角形状、额的延伸程度、前足胫节外侧是否有齿或刺，并比较该科与象甲科、豆象科的差别。

作业

1. 鉴定所给标本所属科并说明其主要特征。

2. 编一检索表区分鞘翅目各科昆虫。

3. 比较肉食亚目和多食亚目形态特征的不同。

4. 绘天牛跗节的特征图。

5. 对比鳃金龟科、花金龟科和丽金龟科形态特征有何异同。

实验十一　双翅目昆虫的识别

一、目的

了解并掌握双翅目中各亚目、各科的形态特征。

二、材料

1. 液浸标本：家蝇幼虫、蚊幼虫、食蚜蝇幼虫。

2. 针插标本：家蝇、丽蝇、麻蝇、食蚜蝇、实蝇、果蝇、潜蝇、花蝇、蚊、大蚊（雌、雄）、瘿蚊、食虫虻、牛虻（雌、雄）、寄蝇、摇蚊。

三、内容与方法

1. 双翅目 (Diptera) 形态特征

① 体中、小型，成虫只有 1 对前翅，后翅退化成平衡棒；

② 翅膜质透明，脉序简单；

③ 触角丝状、念珠状、具芒状；

④ 口器刺吸式或舐吸式；

⑤ 完全变态，卵长卵形，幼虫无足型。

2. 双翅目目以下分类依据特征

① 触角类型、长短；

② 触角上方的额上有无"新月缝"（额囊缝），当初羽化时，能从中翻出膀胱状的额囊来；

③ 复眼大小、左右复眼在背面是否接触，分为"合眼式"和"离眼式"（分眼式）；

④ 口器的有无、发达程度，舐吸式或刺吸式，肉质或角质；

⑤ 翅瓣的有无：双翅目昆虫前翅后缘基部，除臀叶外，常有 1～3 个小型的瓣，从外向基部数，第 1 片为轭瓣，第 2 片为翅瓣，第 3 片质地较厚，为腋瓣，也叫翅基鳞，后两瓣是双翅目分类特征之一；

⑥ 脉序：完整的脉序在低等的双翅目昆虫中可以看到；在高等的种类中，Rs 和 M 的分支呈不同形式地消失或合并，翅室又有基室、盘室、臀室之分；纵脉的情形和横脉的有无都是分类的依据；

⑦ 中垫的有无和形状（瓣状或刚毛状）；爪垫的有无；

⑧ 雄性的外生殖器构造；

⑨ 体毛：双翅目昆虫除细毛外，有时身体上生有粗毛，称为鬃，其排列有一定规律。

a. 头部

单眼鬃：着生在单眼三角区的鬃；

顶鬃：单眼区的后侧面的两对鬃，内顶鬃和外顶鬃；

后顶鬃：位于单眼三角区后面的鬃；

额鬃：单眼三角区的前面，新月缝上面的鬃；

额侧鬃：在额的两侧，沿复眼边缘的鬃；

下颜鬃：在额缝两侧的鬃；

口鬃：在口器上面，头的两侧角的毛，其中特别粗的 1 条叫髭。

b. 胸部

肩鬃：背面肩胛上的称为肩鬃；

中鬃和背中鬃：背面中间有 4 纵列，中间 2 列为中鬃，侧面 2 列为背中鬃；

前盾鬃：在盾间沟前两侧角的鬃；

翅上鬃和翅内鬃：在盾片盾间沟后两侧各有两组鬃，前面 1 组叫翅上鬃，后 1 组叫翅内鬃；

小盾鬃：小盾片上的鬃；

背侧鬃：背侧片上的鬃；

中（胸）侧鬃：中胸侧片上的鬃；

腹侧鬃：腹侧片的鬃；

翅侧鬃和下侧鬃：翅侧片和下侧片上的鬃。

鬃序是蝇类重要的分类依据。

3. 双翅目分类阶元

双 翅 目			
长角亚目	短角亚目	环裂亚目	
大蚊科	虻科	食蚜蝇科	潜蝇科
蚊科	食虫虻科	寄蝇科	果蝇科
摇蚊科		麻蝇科	实蝇科
瘿蚊科		蝇科	花蝇科
		丽蝇科	

对照教材相应章节并结合下面各常见科的一些特征，仔细观察其形态特征。

长角亚目 Nematocera

触角丝状、念珠状，6节或6节以上，长于头、胸部之长。

（1）大蚊科 Tipulidae

① 体大，细长，足特长，雌性触角线状，雄性触角梳状或锯齿状；

② 中胸背板上有"V"字形沟；

③ 翅狭长，Sc 近端部弯曲，连接于 R$_1$，Rs 脉 3 分支，A 脉 2 条，均直而长，在两长形的基室外有一小型的盘室。

观察雌雄性触角类型、节数、中胸背板沟的形状和脉序情况。

（2）蚊科 Culicidae

① 体小型，多毛，常具鳞片；头小，圆球形，复眼肾形；

② 触角雌性细长，丝状，有轮生的毛，但较少；雄性环毛状触角，毛密、长；

③ 前翅狭长，后缘有 3 条长脉达到翅缘，伸达翅缘的脉共有 9 条以上；翅脉上有"人"字形毛 2 行。

观察雌雄性触角类型、翅脉上"人"字形毛，以及伸达翅缘脉的数目。

（3）摇蚊科 Chironomidae

① 体小型、微小型；触角细，多毛；喙短，不适于刺吸，后胸具纵沟；

② 翅上无"人"字形毛和鳞片，翅脉明显，只有 1 条 r-m 横脉，R 与 M 都只有 2 条；伸达翅缘的脉有 8 条以下；

③ 前足特别长，休息时伸于前方；

④ 腹部瘦细，产卵器短。

观察喙的特征、触角类型，注意其喙与蚊科的差别。

（4）瘿蚊科 Cecidomyiidae

① 体小型，足细长；触角长，念珠状，雄虫触角节上具环状毛；无单眼；

② 翅脉退化，仅 3～5 条纵脉，Rs 脉不分支。

观察雌雄性触角类型、脉序情况。

短角亚目 Brachycera

触角短于头、胸之长；3 节，末节变异大；如果有触角芒，则从第 3 节顶端伸出。

（5）虻科 Tabanidae

① 体中、大型，体表光滑；头宽，半圆形；复眼大，雄性接眼式，雌性离眼式；

② 触角向前伸出，基部 2 节分明，端部的 3～8 节愈合成角状；

③ 口器适于刺吸，下颚宽阔，上颚强大，剑状；

④ 翅大，透明，翅上有斑纹，R_4、R_5 较分离，1 只到顶角前，1 只到顶角后；有发达翅瓣；

⑤ 爪间突垫状。

观察触角芒的有无和伸出位置、复眼在背面是否接触，雌、雄性有何不同；并注意观察口器和爪间突形状。

（6）食虫虻科 Asilidae

① 体小型到大型，体长，具许多刺毛；两复眼之间凹下；额上有一丛长毛，银白色；头顶下凹；触角前伸；喙短，但为角质，坚硬；

② 翅长形，R_1 脉极长，达翅顶端；R_{2+3} 愈合，M_1 由翅基直达翅端；

③ 足非常粗壮，多毛，爪间突刚毛状。

观察触角芒的有无和伸出位置、喙的形状和发达程度、体表毛的多少、头顶是否下凹，并注意其足的特征和爪间突类型。

环裂亚目 Cyclorrhapha

触角 3 节，短于头、胸之长，触角芒由第 3 节触角基部伸出。

（7）食蚜蝇科 Syrphidae

① 体中型，身上无刚毛，外形非常像蜜蜂，具鲜明色斑；

② 触角 3 节，芒状，生在瘤上；头顶平或向上凸出；

③ 翅大，R 脉、M 脉之间有 1 条伪脉，翅外缘有与翅边缘平行的横脉，使 R 脉与 M 脉的缘室成为闭室；

④ 爪间突呈细刚毛状。

观察触角芒的伸出位置、爪间突形状和头顶是否下凹；该科与蜜蜂科较相似，比较区分，如翅的类型、足的类型、体表是否有毛、触角类型等。

（8）寄蝇科 Tachinidae

① 体中小型，粗壮、多毛；触角芒上光滑无毛或具短毛；

② 翅 M_{1+2} 弯向 R_{4+5}，从侧面看，翅侧片和下侧片各具一列长鬃；

③ 腹部有明显的缘鬃、背鬃和端鬃，注意观察该科昆虫鬃的分布情况、触角芒的特点。

（9）麻蝇科 Sacophagidae

① 体中、大型，灰色，表面具粉、毛；中胸背板上常具暗色条纹，触角芒基部有毛，端部无毛；

② 翅 M_{1+2} 弯向 R_{4+5}，从侧面看，翅侧片和下侧片各具一列长鬃；腹部有明显的缘鬃、背鬃和端鬃。

观察中胸背板条纹特点、体表是否具粉、触角芒的特点，以及鬃的分布情况。

（10）蝇科 Muscidae

① 体小型到大型，体上鬃毛较少；头大，能活动；复眼大，离眼式，少数种类雄性合眼式；触角芒上全部具毛；

② 翅大，腋瓣发达；翅 M_{1+2} 弯向 R_{4+5}；翅侧片和下侧片的鬃不排成行列。

注意其复眼在背面是否接触、鬃的多少和触角芒的特点。

（11）丽蝇科 Calliphoidae

① 体中、大型，形状与家蝇相似，暗黑色、暗灰色、金蓝色、金绿色；

② 触角上全部具毛；

③ 复眼发达，雄性合眼式，雌性离眼式；

④ 翅 M_{1+2} 弯向 R_{4+5}，从侧面看，翅侧片和下侧片各具一列长鬃；

⑤ 腹部有明显的缘鬃、背鬃和端鬃。

注意其复眼在背面是否接触、体表是否具有光泽、鬃的多少和触角芒的特点。

（12）花蝇科 Anthomyiidae

① 体小型到中型，细长，多毛；

② 中胸背板有1条完整的盾间沟划分为前后两块（连小盾片3块）；中胸侧板有成列的鬃；

③ 翅侧片和下侧片上无鬃，腹侧片上有4列鬃；

④ 翅脉全是直的，直达翅的边缘。

观察中胸背板、鬃的分布和翅脉的特点。

（13）潜蝇科 Agromyzidae

① 体小或微小型，1.5～4mm，具有口刚毛和髭，具眼刚毛；

② 触角芒生于第3节背面基部；

③ 翅大，前缘脉只有1个折断处，Sc 退化或与 R 合并，R 脉3支，直达翅边，M 脉间有2条横脉，形成2个翅室（基室、盘室），臀脉地方有一臀室。

观察翅脉、触角芒着生位置。

（14）实蝇科 Tephritidae

① 体小至中型，色彩鲜艳，触角芒生于背面基部；

② 翅面有褐色的云雾状斑纹；C 脉在 Sc 末端处折断，Sc 呈直角弯向前缘，然后消失；中室2个，臀室三角形，末端呈锐角状突出；

③ 中足胫节有端距。

注意翅面的斑纹、触角芒着生位置、翅脉及翅室特点。

（15）果蝇科 Drosophilidae

① 体小型，黄色；后顶鬃会合；

② C 脉在 h 和 R_1 脉有两断裂处，Sc 退化，臀室小而完整。

观察后顶鬃和翅脉的特点。

作业

1. 鉴定所给标本所属科并说明其主要特征。

2. 编一检索表区分双翅目各科昆虫。

3. 比较食蚜蝇科与蜜蜂科的差别。

实验十二　膜翅目昆虫的识别

一、目的

了解并掌握膜翅目中各亚目、各科的形态特征。

二、材料

1. 液浸标本：叶蜂幼虫。

2. 针插标本：叶蜂、蜜蜂、胡蜂、熊蜂、姬蜂、蚁。

3. 玻片标本：茧蜂、赤眼蜂、金小蜂、小蜂

4. 生活史标本：蜜蜂的生活史。

三、内容与方法

1. 膜翅目昆虫形态特征

① 体中等、小型或微小型；

② 翅膜质透明，前翅大于后翅，翅的连接方式为翅钩列；

③ 翅脉特化成许多封闭的翅室，还有部分翅退化，少数种类无翅；

④ 口器嚼吸式或咀嚼式；

⑤ 触角膝状或丝状，有些膝状特化，末端成锤；

⑥ 腹部：常常第1腹节并入后胸，成为后胸的一部分，叫做并胸腹节；第2腹节有的缩小变细成腰，叫腹柄，腹部可见6～7节；

⑦ 雌性有发达的产卵器，多数针状。

2. 膜翅目以下分类特征

① 触角形状、节数；

② 前胸背板大小、是否向后延伸，多数向后延伸达肩板（肩角部分形成的骨片），只有小蜂科、青蜂科、泥蜂科、蜜蜂科不向后延伸；

③ 翅脉：趋于减少；趋于复杂，翅脉末端发生变异、逆转；

④ 翅室数目的多少；

⑤ 足的转节、基节、腿节发达程度；

⑥ 腹部第一节是否收缩成腰；

⑦ 雌性的产卵器是否从腹部末端伸出。

3. 膜翅目分类阶元

膜 翅 目			
广腰亚目	细腰亚目		
叶蜂科	姬蜂科	小蜂科	蚁科	蚜小蜂科
	茧蜂科	金小蜂科	熊蜂科	跳小蜂科
	赤眼蜂科	蜜蜂科	胡蜂科	瘿蜂科

对照教材相应章节并结合下面各常见科的一些特征，仔细观察其形态特征。

广腰亚目 Symphyta

体型中大型，胸部和腹部连接处不缢缩，腹部几乎与胸部等宽；翅脉多，后翅至少有3个基室；足的转节2节；产卵器锯状、管状；幼虫多足型，腹足多于5对，其末端不具趾钩。

（1）叶蜂科 Tenthredinidae

① 身体粗壮，中、小型，触角线状，7～10节；

② 前胸背板向后延伸达翅基片（翅基部同身体相连接的部位是1个膜质区，其中包括不少起关节作用的小骨片，统称为翅基片）；

③ 前翅有粗壮翅痣，翅室多，前翅1～2个缘室；

④ 前足胫节有2端距；

⑤ 产卵器短，呈锯状。

观察其产卵器形状、前足胫节距的数目和前翅翅痣有无。

细腰亚目 Apocrita

除瘿蜂总科外，均为寄生蜂类；腹部基部收缩成腰，腹部末节腹板多次纵裂（除细蜂总科），产卵器多从腹末之前发出；足的转节2节；后翅最多有2个基室，后翅无臀叶。

（2）姬蜂科 Ichneumonidae

① 体中、小型，细长，触角丝状，多节；

② 前胸背板两侧延伸达肩板；

③ 前翅亚缘室（第2列）常有五角形或四角形小室；前翅具2条逆行脉，或叫回脉，

在小室下是第 2 条逆行脉，其前是第 1 条逆行脉；有小室和第 2 回脉是姬蜂科的重要特征。

注意观察触角形状、第 2 回脉和小室，但一些种类前翅没有小室。

（3）茧蜂科 Braconidae

① 小型、微小型，2～12mm，脉序简单，前翅与姬蜂科相似，但只有 1 条逆行脉，无第 2 回脉，小室通常不明显或没有；

② 产卵器有时超过身体多倍。

观察回脉和小室情况，并注意产卵器长度；比较姬蜂科和茧蜂科的不同。

（4）小蜂科 Chalcididae

① 极微小，0.2～5mm，头横阔，眼大，单眼在头顶排成三角形或一字形；

② 触角多数膝状，柄节特长，端部成锤，6～13 节；

③ 前胸大小不一，侧面不达翅基片，中胸小盾片发达，翅脉极退化，前翅只有前缘脉、亚前缘脉，翅痣后脉连成一条脉；

④ 足的转节 2 节，跗节 5 节，后足腿节大，且下面常有刺，胫节有弯曲，末端 2 距。

观察翅脉、翅痣、触角和足的特点，并注意足上的刺和距。

（5）金小蜂科 Pteromalidae

① 体长 1～2mm，身体金绿、金蓝、金黄色，触角 13 节，胸部向背面隆起，中胸盾侧沟不完全；

② 前足腿节大，胫节有粗直的距，跗节 5 节；

③ 腹部短，无明显的柄。

观察前足腿节和腹部特点。

（6）赤眼蜂科 Trichogrammatidae

① 体微小型，0.3～1mm，黑色、褐色、黄色种类；

② 触角膝状，3 节、5 节或 8 节；

③ 前翅阔，有的较窄，边缘有毛，翅面上有微毛排列成纵列行；后翅窄，刀状；

④ 足短、细，跗节 3 节；

⑤ 产卵器短，在腹部末端伸出。

注意其复眼颜色、翅的特点。

（7）蚁科 Formicidae

① 体多小型，褐色、黄色、红色，头大而宽，变异大；触角 4～13 节，膝状；

② 上颚发达；

③ 腹部第 1、2 节背面有结节（结状、峰状）；

④ 翅脉简单，1～2 个肘室（亚中室），还有盘室；

⑤ 足的转节 1 节，跗节 5 节，胫节有发达的距，其中前足胫节的距成梳状。

观察触角类型、上颚的发达程度、胫节上的距。

（8）蜜蜂科 Apidae

① 体中型，黑褐色，密被毛，头和胸部一样阔，复眼卵形，有饰毛，单眼 3 个，排成三角形；

② 口器嚼吸式，前翅有 3 个亚缘室；

③ 前、中足各有 1 个端距，后足携粉足；

④ 腹部近椭圆形，第 6 节弯曲，具小齿，腹末有螫针。

注意其口器和触角类型、足的特点以及足上的距。

（9）熊蜂科 Bombycidae

① 体中大型，体粗壮，密生毛，黑、白、橙色；头比胸窄，复眼长形；单眼在头顶排

成一直线；

②足雌性长、大，雄性细，后足胫节扁、阔、光滑；第1跗节上有成排刺，整个后足近似携粉足；

③前翅长，有3个亚缘室，腹部圆球形。

观察其体色和体表被毛情况，注意足的特点、雌雄性之间有何差别，并与蜜蜂科对照比较。

(10) 胡蜂科 Vespidae

①体中大型，长，有毛或光滑，常具红、黄色花纹，具黑褐色斑；

②复眼大，上颚发达；

③触角细长，略呈膝状；前胸背板向后延伸达翅基片；

④翅细长，能纵折，前翅有3个亚缘室，第1盘室特别长，后翅无臀叶或较小。

观察体色的特点、体表被毛情况、上颚的发达程度和翅的特点。

(11) 蚜小蜂科 Aphelinidae

①体长 0.5～1.5mm，多为黄、黑、褐色，无金属光泽；体短而粗；

②触角5～8节，通常8节；中胸盾侧沟深而直；

③前翅缘脉长，亚缘脉及痣脉短；中足胫节端距发达；腹部无柄。

观察中胸盾侧沟是否明显、翅脉及中足胫节的距。

(12) 跳小蜂科 Encyrtidae

①体长 1～2mm，黑色有金属光泽。头阔，触角8～13节，柄节有时呈叶状膨大；

②中胸侧板大，背板无盾间沟；

③中足常膨大，适于跳跃，胫节有一粗而长的端距；腹部无柄。

注意观察触角特点、中足胫节距的发达程度和背板盾间沟的有无。

(13) 瘿蜂科 Cynipidae

①体长 1～6mm，蓝、褐或黄色，有光泽；触角11～16节，非膝状；

②前翅无翅痣，翅脉少；

③中胸小盾片中央无凹陷；

④足转节1节。

观察触角形状、前翅翅痣和翅脉，并注意足转节的个数。

作业

1. 鉴定所给标本所属科，写出其主要鉴定特征。

2. 编一检索表区分膜翅目各科昆虫。

3. 比较广腰亚目和细腰亚目形态特征的差异。

参 考 文 献

[1] 管致和等. 昆虫学通论. 北京：农业出版社，1981.

[2] 雷朝亮，荣秀兰. 普通昆虫学. 北京：中国农业出版社，2003.

[3] 彩万志，庞雄飞，花保祯等. 普通昆虫学. 北京：中国农业大学出版社，2001.

[4] 王荫长. 昆虫生理生化学. 北京：中国农业出版社，1994.

[5] 朱弘复. 动物分类学理论基础. 上海：上海科学技术出版社，1987.

[6] 牟吉元. 徐洪富，荣秀兰. 普通昆虫学. 北京：中国农业出版社，1996.

[7] 张孝曦. 昆虫生态及预测预报. 北京：中国农业出版社，1997.

[8] 秦玉川，石旺鹏，闫凤鸣等. 昆虫行为学导论. 北京：科学出版社，2009.

[9] 朱弘复，王林瑶. 刺蛾的破茧器. 昆虫学报，1982，25（3）：294-295.

[10] 郑乐怡，归鸿. 昆虫分类：上下册. 南京：南京师范大学出版社，1999.

[11] 南开大学. 昆虫学. 北京：高等教育出版社，1980.

[12] 周尧等. 普通昆虫学. 北京：高等教育出版社，1958.

[13] 郭郛，忻介六. 昆虫学实验技术. 北京：科学出版社，1988.

[14] 北京农业大学. 昆虫学通论、上下册. 第2版. 北京：农业出版社，1993.

[15] 袁锋. 昆虫分类学. 北京：中国农业出版社，1996.

[16] 南京农业大学. 昆虫生态及预测预报. 北京：农业出版社，1985.

[17] 孙儒泳，李博，诸葛阳，尚玉昌. 普通生态学. 北京：高等教育出版社，1998.

[18] Gullan P J, Cranston P S. The Insects：An Outline of Entomology. 3rd. London：Blackwell Publishing，2005.

[19] Gullan P J, Cranston P S. The Insects：An Outline of Entomology. 4th. London：Blackwell Publishing，2010.

[20] John L Capinera. Handbook of Vegetable Pests. San Diego，London：Academic Press，2001.

[21] Cedric Gillott. Entomology. 3rd. Dordrecht：Springer，2009.

[22] Robert W Matthews, Janice R Matthews. Insect Behavior. 2nd. Dordrecht，Heidelberg，London，New York，Springer，2010.

[23] Marc J Klowden. Physiological Systems in Insects. Burlington，San Diego，London：Academic Press，2007.

[24] Vincent H Resh，Ring T Cardé. Encyclopedia of insects. Burlington，San Diego，London：Academic Press，2009.